中国石油安全监督丛书

综合专业 安全监督指南

中国石油天然气集团有限公司质量安全环保部 编

U0370036

石油工业出版社

内 容 提 要

本书介绍了综合专业安全监督管理要求，针对重要领域（交通运输、供排水、供发电、城市燃气供应、供暖）、要害部位［加油（气）站、油库、油气管道、建构筑物］、危险物品、关键设备设施、非常规作业安全监督项目，进行了风险分析，明确了监督的内容、依据和要点，提供了常见违章和案例分析，同时介绍了安全监督管理基础知识以及安全技术与方法。

本书可作为相关专业领域安全监督培训教材，同时也可作为相关企业 HSE 管理人员及员工的参考用书。

图书在版编目（CIP）数据

综合专业安全监督指南 / 中国石油天然气集团有限

公司质量安全环保部编 . —北京：石油工业出版社，

2019.11

（中国石油安全监督丛书）

ISBN 978-7-5183-3556-5

Ⅰ . ①综… Ⅱ . ①中… Ⅲ . ①石油工业－安全监控－

指南 Ⅳ . ① TE687-62

中国版本图书馆 CIP 数据核字（2019）第 189669 号

出版发行：石油工业出版社

　　　　　（北京安定门外安华里 2 区 1 号　　100011）

　　　　　网　　址：www.petropub.com

　　　　　编辑部：（010）64523550　　　图书营销中心：（010）64523633

经　　销：全国新华书店

印　　刷：北京晨旭印刷厂

2019 年 11 月第 1 版　　2019 年 11 月第 1 次印刷

787×1092 毫米　开本：1/16　印张：29.25

字数：530 千字

定价：98.00 元

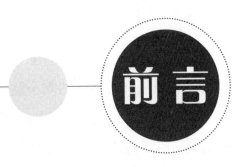

前言

　　"安全责任重于泰山"。无论你在什么岗位，无论职位高低，都肩负着对国家、对社会、对企业、对朋友、对亲人的安全责任。每一个人都应充分认识到安全的极端重要性，不辜负社会之托、企业之托、亲人之托，都应将安全责任感融于自己的一切行为之中。

　　细节决定成败。正是那些被忽视的细节、不起眼的隐患苗头，往往酿成重大的安全事故。"千里之行，始于足下"，人人都要从自己熟悉的、天天发生的操作细节入手，从看似简单、平凡的事情做起，扎实做好每一件事情，小心谨慎地排除每一个隐患，做到"不伤害自己、不伤害他人、不被他人伤害、保护他人不被伤害"，要做到管理到位、措施到位、责任到位和监督到位，"勿以恶小而为之，勿以善小而不为"，从点滴做起，杜绝违章，减少隐患，规范自己的一切行为。

　　安全监督是安全管理各项制度、规定、要求和各类风险控制措施在基层落实的一个重要控制关口，是安全监督人员依据安全生产法律法规、规章制度和标准规范，对生产作业过程是否满足安全生产要求而进行的监督与控制活动，是从安全管理中分离出来但与安全管理又相互融合的一种安全管理方式，是中国石油对安全生产实施监督、管理两条线，探索异体监督机制的一项创新。

　　石油行业作业环境复杂，风险点多，容易造成生产安全事故，因此，做好HSE管理工作，加强现场HSE监督，持续提高石油行业HSE管理水平尤为重要。

　　本书是中国石油安全监督丛书之一，由中国石油天然气集团有限公司质量安全环保部组织编写。由于中国石油天然气集团有限公司所属企业生产特点各异，涉及专业较多，因此将除物探、钻井、采油、工程建设、炼油化工专业等以外的较典型和较通用的安全监督内容汇总、合并纳入本书，根据不同领域、要害部位、设备设施、危险物品等监督项目，从安全监督内容、主要监督依据、监督控制要点、典型三违行为、典型案例分析等内容进行描述。初稿于2013年初完成编写，本次修订工作由渤海钻探职工教育培训中心负责完成。在修订过程中，大庆油田有限责任公司、辽河油田公司、西南油气田公司、大港油田公司、宁夏石化公司、锦西石化公司、西北销售公司、四川销售公司、甘肃销售公司、渤海钻探工程公司、运输公司和中国石油安全环保技术研究院等单位给予大力支持，在此一并表示感谢！

本书内容丰富而翔实，具有很强的实用性、操作性和很好的参考价值，除了可作为安全监督人员工具书以外，还可用于培训，也是安全管理人员的学习参考用书。由于编写人员水平所限，书中难免有不足和错误之处，希望各位安全监督人员和读者在使用过程中多提宝贵意见，以便于我们及时更正，并在今后的应用实践和理论探索中不断进步。

《综合专业安全监督指南》编写组
2019 年 3 月

目录 CONTENTS

第一章　综合专业安全监督管理

第一节　综合专业生产过程中的不安全因素

石油工业生产是集产、炼、运、销、储、贸等一体化的综合性生产过程,石油与天然气的生产是由地质勘探、钻井、试油、采油(气)、井下作业、油气集输与初步加工处理、储运和工程建设等环节组成。为此,认识和掌握石油工业生产的特殊性和石油生产过程中的不安全因素,对于做好安全监督工作至关重要。综合专业是指石油工业生产中除了物探、钻井、采油、工程建设、炼油化工等以外的较典型的和通用的生产作业。

生产过程中的不安全因素大体分为三类,即人的因素、物的因素和环境因素,现分述如下。

一、人的因素

在不安全因素中,人的因素是最重要的。从好的一面讲,只要人在思想上重视安全生产,而且技术上又过硬,就有可能把事故消除在萌芽之中;退一步讲,即使事故发生了,但由于处理事故的人在思想上和技术上都有所准备,也就有可能化险为夷,把事故排除,或是把事故造成的损失降至最低。但是,如果人的安全意识不强,重视程度不够,工作马虎大意,技术上似懂非懂,遇有问题处理不当,甚至视而不见,听之任之,则不仅小问题会酿成大事故,本来有可能排除的事故隐患未能排除,而且本不应该发生的事故也会由之而发生。大量的统计数据表明,70%~75%的事故中人为过失是一个决定因素。

具体来讲,人的不安全因素大体上可归纳为以下3个方面。

(一)思想意识方面

(1)认识不到"安全第一"在生产中的重大意义,表现为盲目追求产量或只顾生产、不顾安全。

(2)缺乏责任感和担当精神,表现为工作马虎,不负责任,见困难就躲,遇危险就避。

(3)缺乏集体观念和职业道德,表现为只顾个人,而忽视周围其他人及群体的安全。

(4)盲目乐观,表现为错误地认为,过去没有发生过事故,今后也就不可能发生事故,安全工作可有可无。

(5)自以为是,表现为随意违反操作规程、违章指挥或违反劳动纪律等。

（二）技术方面

（1）技术不熟练,对有关的安全生产制度不熟悉,表现为不能及时发现事故隐患,甚至会误操作。

（2）缺乏处理事故的经验,表现为一旦发生事故则手忙脚乱,不知道应该怎样正确地处理故障。

（3）设计上或施工中出现的技术性错误,表现为给生产上留下隐患。

（4）检查或检修中的技术错误,表现为不能及时发现并排除隐患,甚至造成新的隐患。

（5）不相信科学、不尊重科学,表现为遇事蛮干,不假思索。

（三）心理或生理方面

（1）过度疲劳或带病上岗,表现为精神不能集中,反应迟钝。

（2）酒后上岗,表现为大脑失去控制能力,往往会出现下意识行为。

（3）情绪波动和逆反心理,表现为该管的不管,甚至有意违反操作规程。

二、物的因素

产品、仪器与仪表、电气设施及工具等所包含的不安全因素,都属于物的因素。

（一）产品

石油工业生产中使用的机器与设备,多数是重型的或大型的或大容量的,而且是在重载、高速、高压、高温或低温等条件下运行,同时机械化及自动化程度也都比较高。就这些机器与设备的本身而言,都需要使用大量的各种规格、不同性质的金属材料来制造,并由多种零部件及辅助装置、控制元件等组装而成。一个不易检查出来的、极微小的内在缺陷,或制造装配过程中未能消除的附加应力,都将成为重大事故的隐患。因此,在石油工业生产中常会发生飞车、断轴、烧瓦、开裂、重物脱落等机械事故。石油工业生产中还使用了大量的管道及各种阀件,出于同样的原因,泄漏、断裂等事故也时有发生。另一个不可忽视的问题是,在机器与设备中被加工、储存或输送的,主要是易燃易爆的油与气,因此,机械事故发生后所产生的后果,与其他工业部门相比就严重得多。

（二）仪器与仪表

仪器与仪表是工业生产中的眼睛。在现代化石油工业生产中,由于自动化、密闭化及连续化生产的程度高,所以,仪器与仪表在生产过程中的作用就特别重要,而且使用的品种及数量也相当多。仪器与仪表都属于精密机械的范畴,现代化仪器、仪表中又都配用了大量的电子元器件,所以仪器与仪表的灵敏度和可靠性便成为至关重要的问题。在石油工业生产过程中,仪器与仪表一旦失灵或损坏,就有可能酿成一场重大事故。因此,在工程设计中对仪器、仪表采取双重、甚至多重保险及多回路控制,都不能视之为过分小心;在订货中也一定要选用名牌产品,而且绝不允许以次代好;在使用过程中进行定期检查和标定,以及及时的更换或维修,则更是十分必要的。

(三)电气设施

石油工业生产中,原料及产品的特殊性决定了在油气可能泄漏、聚积的场所,包括电动机、变压器、供电线路、各种调整控制设备、电器仪表、照明灯具及其他电气设备等一切的电气设施,在运行及启动、停止过程中绝不允许有电火花及电弧产生。因此,在上述场所中,电气设施应与生产场所隔离;不能隔离者,则必须使用有防爆性能的电气设施。

(四)工具

对于石油工业生产来说,对工具的一些特殊要求绝对不能忽视。例如,在油、气可能泄漏、聚积的场所中不允许使用钢质手锤和斧头,或镀铬、镀铜层脱落的扳手,是为了防止铁与铁碰击时产生火花;不允许使用化纤材料的抹布和纱头,是为了防止在擦拭过程中产生静电火花;不允许使用不防爆的手电筒及其他不防爆的手持灯具,是为了防止开关时和灯泡破裂时产生电火花等。

此外,在上述场所中对生产工人的着装也有严格的规定,防止因摩擦产生静电火花而发生危险。例如工作服的质地必须是天然纤维制成,如纯棉、纯麻等;工作鞋是防静电鞋,不允许穿电工绝缘鞋等。

三、环境因素

这里所指的环境,包括具体工作场所内的小环境及工作场所周围的大环境,即包括地理及气候条件在内的自然环境。在石油工业生产中,油气处理与初步加工、储存与分配等生产过程,都是在固定的工作场所范围之内的小环境进行;其他如勘探、钻井、试油、采油、井下作业、油气集输及工程施工等,都属于野外作业,小环境及大环境将同时对工作产生影响。

(一)工作场所

工作场所内的小环境所造成的不安全因素,大体上有下述几种:

(1)油气的蒸发、泄漏与聚积,以及毒性物质、射线或粉尘的扩散,会给生产带来不安全因素,并可能危及人身健康。

(2)噪声和振动能够影响机器的正常运行,影响仪表的灵敏度,分散人的注意力,并影响到人的健康和情绪。

(3)场所采光及照明设置不合理会影响人的视觉,给操作带来不便,同时也会对及时发现并排除故障带来不利影响。

（4）生产场所设备、设施布局不合理，工件、材料摆放不合适，地面状况不符合要求，以及车间通道、厂区干道布局不合理等，都会造成事故隐患，或为处理事故、紧急疏散带来不利影响，从而造成伤亡人数增加或使事故蔓延。

（二）自然环境

自然环境造成的不安全因素有：

（1）地理条件的影响。地势过低易被水淹，地势过高则易受雷电袭击，沿海台风、大风多，个别地区处于地震多发区，凡此均属于不安全因素。

（2）气候条件的影响。气温过低时，人的动作会变得不灵活，服装也比较臃肿，易于产生误操作及摔伤等事故，这在钻井及其他高空作业中尤为突出；气温过高，不仅会使人产生烦躁情绪或中暑，而且由于服装单薄、身体多汗，也易于造成碰伤、灼伤及触电等事故；其他如台风、暴雨、冰雹、寒潮等自然灾害，都会成为事故的触发性因素。

综上所述可以看出，石油工业生产的特点决定了其生产过程中的事故多发性，同时也奠定了安全监督工作在石油工业生产中的重要地位。

第二节　安全监督机构及人员管理

安全监督是安全监督机构和安全监督人员依据安全生产法律法规、规章制度和标准规范，对生产经营单位和作业人员的生产作业过程是否满足安全生产要求而进行监督与控制活动。安全监督是从安全管理中分离出来但又与安全管理相互融合的一种安全管理方式，是对安全生产工作实施监督、管理两条线，监管分离，以及探索异体监督机制的一项创新。安全管理与安全监督机构相互补充、相互支持、互不替代。

安全监督是与安全管理相辅相成的约束机制，其形式包括由业主（甲方）向承包商（乙方）派驻安全监督人员，总承包商向分承包商派驻安全监督人员，上级主管部门向项目或生产施工作业现场派驻安全监督人员等多种监督运作方式。安全监督是安全工作的重要组成部分，是减少施工作业现场违章行为、保护员工生命健康的重要保障。在监督作业现场及监督范围内，相关人员应主动接受安全监督人员的监督检查，对安全监督人员提出的事故隐患和问题要主动沟通，并及时整改。企业各级领导应正确处理好生产管理与安全监督的关系，支持、理解和配合安全监督机构和人员开展工作，树立安全监督机构和监督人员的权威性，确保安全监督人员正常履行职责，减少各类违章行为和生产安全事故的发生。

根据《中国石油天然气集团公司安全监督管理办法》（中油安〔2010〕287号）的有关要求，企业应当根据生产经营特点、从业人员数量、作业场所分布、风险程度等实际，对安全监督机构的地位、设置和职责等做出规定，对安全监督人员能力、质量和数量等提出要求，建立安全监督的监督方式、内容、考核与责任等管理制度,对安全监督机构及人员实施有效管理。

一、安全监督机构与职责

根据《中国石油天然气集团公司安全监督管理办法》(中油安〔2010〕287号)的有关规定,中国石油天然气集团有限公司(以下简称集团公司)及所属企业要按照有关规定设置安全总监(含安全副总监),统一负责集团公司及所属企业安全监督工作的组织领导与协调。油气田、炼油化工生产、工程技术服务、工程建设等企业要设立安全监督机构,其他企业根据安全监督工作需要可以设立安全监督机构,并为其履行职责提供必要的办公条件和经费;所属企业下属主要生产单位和安全风险较大的单位,可以根据需要设立安全监督机构;安全监督机构对本单位行政正职、安全总监(含安全副总监)负责,接受同级安全管理部门的业务指导。

安全监督机构是本单位安全监督工作的执行机构,主要职责包括制订并执行年度安全监督工作计划;指派或者聘用安全监督人员开展安全监督工作;负责安全监督人员考核、奖惩和日常管理;定期向本单位安全总监(含安全副总监)报告监督工作,及时向有关部门通报发现的生产安全事故隐患和重大问题,并提出处理建议。

二、安全监督机构运行管理

安全监督机构要定期对安全监督人员的工作情况进行检查和考核,协调解决监督人员工作中遇到的困难和问题。

(一)安全监督人员的聘任程序

安全监督机构提出聘任监督人员的需求;人事部门会同安全监督机构审查、考核拟聘监督人员;人事部门批准,下达聘任文件或者与受聘监督人员签订聘任合同。

(二)安全监督人员的选派

安全监督机构应根据被监督项目的性质、规模及上级相关要求,委派具备相应资质的安全监督人员实施监督工作。安全监督人员进驻现场前,监督机构应对其进行培训,对重点工作进行提示和要求。

企业安全监督机构要采取派驻监督方式,对于关键作业,建设单位和施工作业单位都要派驻安全监督人员进行监督。根据《中国石油天然气集团公司安全监督管理办法》(中油安〔2010〕287号),以下开发项目,建设单位应当在开工前15个工作日内,向本企业安全监督机构办理备案。同时,建设单位和施工作业单位所在企业的安全监督机构均应向项目现场派驻安全监督人员:

（1）国家及集团公司重点建设（工程）项目。

（2）重点勘探开发项目。

（3）风险探井、深井及超深复杂井施工项目。

（4）特殊的、复杂的工艺井和高压、高产、高含硫井施工项目。

（5）海上石油建设（工程）项目。

（6）炼油化工装置大检修项目。

当安排 2 名或 2 名以上安全监督人员在同一个项目工作时，安全监督机构应指定其中一名为负责人，并明确各自的监督职责。

（三）安全监督人员的资格培训与资质认可

安全监督资格培训由集团公司授权的培训机构组织培训，经考试、考核合格后发给培训合格证书。安全监督人员资格培训时间不少于 120 学时，其中现场培训不少于 40 学时。取得安全监督资格的人员应当由企业每年组织再培训，培训时间不少于 40 学时。

集团公司对安全监督实行资格认可制度，安全监督人员由所属企业组织审查和申报，经集团公司组织专业培训和考试，合格后颁发安全监督资格证书，取得上岗资格。安全监督资格每 3 年进行一次复训，考试合格的继续有效，不合格的取消其资格。

（四）安全监督工作的检查与考核

安全监督机构要定期对安全监督人员的日常工作进行检查、考核，每年对安全监督人员至少进行一次综合业绩考评，并根据监督工作的业绩、现场表现与专业水平等考核结果，评定监督人员资质并兑现奖惩。对监督业绩突出、保持安全生产无事故的安全监督人员，要给予表彰奖励。

企业每年对安全监督人员的工作业绩要至少进行一次考核，考核结果应当作为资格评定和年度考核的依据，对严格履行职责、工作表现突出的，或者在保护人员安全、减少财产损失及预防事故中取得显著效果的安全监督人员，应当给予表彰奖励。

集团公司对所属企业每年进行一次安全监督工作考核，考核结果作为评选集团公司安全生产先进企业、先进安全监督机构的重要依据。

（五）会议及培训

安全监督机构定期组织召开监督例会，通报安全监督现场工作情况，传达上级文件，对监督工作提出要求。新聘任的安全监督或较长时间未从事监督工作的安全监督重新上岗前，安全监督机构必须对其进行岗前培训。

安全监督机构应定期对安全监督集中业务培训，主要培训内容包括安全监督技能与监督技巧、上级要求、应急和防灾知识等。安全监督机构应对培训效果进行评价。

（六）安全监督沟通协调与异议处理

安全监督机构和现场监督人员应建立与被监督单位的工作沟通和协调渠道,通过会议、座谈和情况通报等方式,监督与被监督双方互通工作信息,协调双方的各项工作。需要其他部门和单位支持、配合的,应当通知相关部门和单位,相关部门和单位应当予以支持和配合。

被监督单位或者人员对安全监督结果产生异议的,可以向安全监督人员所在监督机构提出复议。复议结果仍有异议的,向监督机构所在单位的安全总监申请裁决。

三、安全监督人员的基本条件

安全监督人员应当具有大专及以上学历,并从事专业技术工作 5 年及以上;同时接受过安全监督专业培训,掌握安全生产相关法律法规、规章制度和标准规范,并取得安全监督资格证书;热爱安全监督工作,责任心强,有一定的组织协调能力和文字、语言表达能力。

安全监督人员应当遵纪守法、尊重民俗;信守合同、保守秘密;敬业诚信、恪尽职守;严以律己、敢于负责;客观公正、文明服务。

四、安全监督人员职责

安全监督人员的主要职责是接受委派负责作业现场安全监督,对被监督单位执行法律法规、标准规范和规章制度、操作规程等情况进行监督,查纠"三违"行为,督促隐患整改,做好监督记录,定期报告工作情况等。

具体职责主要包括以下内容:

（1）对被监督单位遵守安全生产法律法规、规章制度和标准规范情况进行检查。

（2）督促被监督单位纠正违章行为、消减事故隐患。

（3）及时将现场检查情况通知被监督单位,并向所在安全监督机构报告。

（4）对重点关键施工作业进行监督检查。

（5）安全监督机构赋予的其他职责。

五、安全监督人员的权利

安全监督人员行使的主要权利有:

（1）在监督过程中,有进入现场检查、调阅有关资料和询问有关人员的权利。

（2）对监督过程中发现的违章指挥、违章操作、违反劳动纪律行为,有批评教育、责令改正或者按规定进行处罚的权利。

（3）对发现的隐患有责令整改权,在整改前或整改过程中无法保证安全的,有暂时停止作业或者停工权。

（4）发现危及员工生命安全的紧急情况时,有立即停止作业或停工并责令作业人员立即撤出危险区域的权利。

(5)对被监督单位安全生产工作的业绩考评有建议权。

需要特别说明的是,依据《安全生产监管监察职责和行政执法责任追究的暂行规定》(国家安全生产监督管理总局 2009 年第 24 号令)第十九条及《中国石油天然气集团公司安全监督管理办法》(中油安〔2010〕287 号)第三十九条的规定,如果被监督单位及其员工拒不执行安全监督指令,而导致发生生产安全事故,安全监督机构和安全监督人员将不承担责任。

六、安全监督人员主要工作内容

《中国石油天然气集团公司安全监督管理办法》(中油安〔2010〕287 号)第十七条规定,企业应当重点对建设工程、工程技术服务、炼油化工装置检修施工现场和生产经营关键环节进行监督。作业现场的安全监督人员分别来自建设单位和施工单位,建设单位即业主单位,施工单位即承担施工作业任务的企业。根据《中国石油天然气集团公司安全监督管理办法》(中油安〔2010〕287 号)的有关规定,双方安全监督人员的主要职责分别如下。

(一)建设单位安全监督人员主要监督事项

(1)审查建设项目施工、工程监理、工程监督等相关单位资质、人员资格、安全合同、安全生产规章制度建立和安全组织机构设立、安全监管人员配备等情况。

(2)检查建设项目安全技术措施和 HSE"两书一表"、人员安全培训、施工设备和安全设施、技术交底、开工证明和基本安全生产条件、作业环境等。

(3)检查现场施工过程中安全技术措施落实、规章制度与操作规程执行、作业许可办理、计划与人员变更等情况。

(4)检查相关单位事故隐患整改、违章行为查处、安全费用使用、安全事故(事件)报告及处理情况。

(5)其他需要监督的内容。

(二)施工单位安全监督人员主要监督事项

(1)审查分包商资质、人员资格、安全合同、安全生产规章制度建立和安全组织机构设立、安全监管人员配备等情况。

(2)检查作业前危害分析、班组安全活动开展、风险控制与应急措施落实、劳动防护用品配备与使用、规章制度与操作规程执行、事故隐患整改等情况。

(3)检查施工组织、作业条件与环境、技术交底、安全技术措施落实和危害告知等情况。

(4)旁站监督项目开工和特殊作业、关键操作、异常生产情况处理等危险施工,监督作业许可办理和安全措施落实。

（5）其他需要监督的内容。

（三）划分区域巡回监督的现场安全监督人员主要监督内容

（1）现场法律法规、标准规范及规章制度、操作规程和安全指令等执行情况。

（2）危害因素辨识、风险削减及控制措施落实情况。

（3）设备、设施、装置、工具完整性及安全防护措施落实情况。

（4）劳动纪律、工艺纪律和现场标准化、规范化执行情况。

（5）培训教育计划落实及特种作业人员持证操作情况。

（6）事故隐患整改、重大危险源监控措施落实及应急演练情况。

（7）其他需要进行监督的活动。

七、安全监督工作程序

（一）收集有关资料

进入现场前，安全监督人员应当收集了解的主要内容包括：项目基本概况；作业计划、作业方法、工艺流程；主要设备的性能和主要危险因素；安全组织机构、安全管理人员和安全管理方式；主要风险及控制措施，HSE"两书一表"的有效文本；安全评价报告、应急预案；作业许可制度及作业票证管理；安全设施、监测仪器等的配备；执行的相关法律法规及标准等。

（二）编制监督方案

在项目开工前完成安全监督方案，经委托方或者安全监督机构审批后执行。安全监督方案主要内容包括：监督目的、工作任务、目标指标、编制依据、监督人员与职责、监督方式、监督内容、工作程序、执行文件和采用的表格、日志及记录式样等。

（三）开展现场监督

开工前，对项目开工的能力与条件进行确认，在满足安全开工条件后，签署安全作业许可。开工后，安全监督人员应当认真履行工作职责，严格遵守安全监督行为准则，按审批后的安全监督方案开展工作。对发现问题和隐患的整改情况应当跟踪验证。

（四）参与验收、签署监督意见

项目相应阶段完成或者整体完工后，安全监督人员应当参与阶段验收及整体验收工作，签署安全监督意见。

（五）提交安全监督档案资料

在项目监督过程中或完成后，应向委托方提交监督档案资料。主要包括：安全监督方案、监督检查表、变更资料、监督指令和其他约定提交的资料等。

（六）编写安全监督工作总结

安全监督人员应定期向委托方和安全监督机构提交现场监督工作报告,项目结束后应当提交监督工作总结。工作总结主要内容包括:安全监督工作概述、任务目标完成情况评价、改进安全管理的意见和建议等。

第三节　安全监督人员日常工作

一、监督检查

监督检查的形式可采用巡回检查、专项检查和旁站监督等。安全监督主要是对现场进行巡回检查,对关键要害部位进行抽查,对重点施工环节进行旁站监督,及时纠正人的不安全行为,发现问题立即督促整改,跟踪整改落实情况。

监督检查主要包括但不仅限于以下内容:

（1）督促施工单位各岗位对工程作业进行检查,对安全技术进行交底和确认。

（2）检查 HSE 设施,包括安全防护、安全警示、逃生、急救、报警等设施。

（3）检查易燃易爆危险化学品安全状况。

监督检查发现的隐患和问题,填写"违章(隐患)整改通知单",样式及格式见附录中"违章(隐患)整改通知单"。

二、监督日志

安全监督应在监督日志中详细记录当日工作情况,做到工作可追溯。安全监督日志记录内容及格式可参考附录中安全监督日志。

三、监督指令

监督指令是安全监督对施工单位安全工作方面的要求及做出的安全监督决定。监督指令具有强制性,被监督单位必须无条件接受并按指令要求执行。对现场 HSE 行为的表彰及处罚,以及停工、复工等决定都可以用监督指令的形式下达给施工队。

常见监督指令表格的具体形式见附录中相关表格。

四、流程和方法

现场安全监督的大部分日常工作就是对作业现场的人、物、管理及环境等情况实施监督和日常安全检查,并以监督日志的形式记录下来,据此对发现的隐患做出 HSE 提示,并督促制订安全防范措施,确保被监督单位作业人员的健康和安全。

（一）现场工作流程及内容

（1）现场检查：

① 按巡回检查路线进行。

② 检查设备设施、防护设施、作业过程、应急保障、作业环境、作业风险控制措施,以及 HSE 管理体系和程序、方案的执行情况。

③ 通常需要多次重复巡回检查来确保覆盖全部现场和涉及所有的方面。

④ 安排时间观察作业人员的行动,注意疏忽和背离的行为。

⑤ 注意现行的和潜在的不安全行为。

（2）分析现场不安全信息。

（3）对照相关准则归纳出主要结论。

（4）做出安全提示或指令。

（5）跟踪整改并记录。

（二）主要工作方法

（1）安全检查表对照核查。

（2）安全观察和沟通。

（3）对召开 HSE 会议进行交流。

（4）发布安全提示和公告。

五、监督确认

（一）班前班后会监督确认

（1）确认当班作业人员的巡检,确认对本班任务进行风险识别,制订控制措施。

（2）确认已经进行了班前讲话,程序、内容符合要求。

（3）确认当班作业结束后,现场处于安全状态。

（4）确认当班作业人员共同参与了安全经验分享。

（5）确认召开了班后会并做出总结。

（二）作业前监督确认

（1）确认进入作业区域的相关方具备安全条件,并持有作业许可证。

（2）确认施工队对外来人员进行入场登记并给予安全教育和提示。

（3）确认施工队新入厂和转岗人员经过"三级"教育和培训,并有签名的培训存档记录。

（4）确认特种作业人员持证上岗符合要求。

（5）确认进入现场的所有人员正确穿戴劳动防护用品、用具。

（6）确认作业现场安全防护用品、用具,以及安全设施按要求配置使用。

（7）确认作业现场各种安全标志完好,应急通道、逃生路线畅通。

（三）作业中的监督确认

1. 观察

（1）人的反应。

（2）人的位置。

（3）个人防护装备。

（4）工具和设备。

（5）程序和秩序。

（6）作业环境。

（7）人机工程。

2. 确认

（1）确认施工作业现场人员无不安全行为。

（2）确认施工作业现场不存在物的不安全状态。

（3）确认施工作业环境符合安全生产条件。

（4）确认施工作业现场不存在管理缺陷状况等。

（5）鼓励安全的作业方式和安全行为。

（四）作业后的监督确认

（1）对于作业现场不能立即整改的事故隐患,现场安全监督应要求被监督单位采取相应措施,限期整改。

（2）对事故隐患整改进行跟踪验证,若限期内未整改完成,应查明原因。

（3）对重大事故隐患和问题的整改情况,跟踪验证并及时将整改进度反馈至安全监督机构。

（4）对于管理方面的缺陷,确认被监督单位已经制订相应措施,完善安全管理。

六、HSE 培训

HSE 培训是为了提高员工岗位风险辨识与控制能力,满足岗位安全生产需要,所进行的以公司管理规范、程序和操作规程为主要内容,以在岗辅导、演练为主要形式的持续学习与经验分享的行为或过程。

安全教育和培训是做好安全工作的根本,任何好的工作程序、防护设施和操作规程,都只有在工作人员理解的基础上才得以高效实施。因此,安全监督有责任和义务对现场安全培训教育工作进行督促。

(一)安全宣传栏

安全监督应督促施工队在食堂、会议室、现场出入口等明显位置设立安全宣传栏。安全宣传栏主要内容包括:安全政策、目标、安全注意事项(入场须知)、信息通报、安全提示、目前安全业绩和施工公告等。

安全宣传栏可让施工队员工及相关人员清楚地了解现场安全状况,让每个人感觉到对安全负有责任,并有义务为了维护整体的安全业绩而努力。

(二)入场教育培训

人员的入场教育是现场负责人和安全管理人员的责任。安全监督督促施工队做好入场教育,确保每位新入场的人员都经过培训才可投入工作,并要求参加培训的人员在培训记录上签名存档。

入场教育应包括以下内容:

(1)安全(HSE)政策。

(2)当地法律法规、规章制度。

(3)安全生产新知识、新技术。

(4)本单位安全生产规章制度。

(5)劳动纪律。

(6)生产设备、安全装置、劳动防护用品(用具)的性能及正确使用方法。

(7)安全操作规程和安全技能。

(8)疾病预防和个人卫生注意事项。

(9)应急预案及应急措施。

(10)作业风险及控制措施。

(11)事故案例。

(12)相关作业安全管理规定。

(三)培训

1.安全监督督促施工队做好员工教育培训工作

(1)监督施工作业单位制订培训计划并按计划实施,建立培训档案。

(2)监督施工队对新入厂、重新上岗、转岗的员工应进行"三级"安全教育。

（3）监督对施工队实习、外来人员、临时劳务工、承包商和其他临时进入作业现场工作的人员，应根据需要进行相应的 HSE 培训。

（4）监督开展高风险作业前的专项培训。

（5）监督检查施工队关键岗位持证情况。

2. 培训课程

根据培训对象的不同，培训课程可包括但不限于以下科目：

（1）人员防护及人员防护设备的正确使用。

（2）作业现场的安全培训。

（3）有毒气体防护。

（4）现场作业管理。

（5）手动工具和电（气）动工具。

（6）眼睛的防护。

（7）噪声和听觉保护。

（8）应急响应与应急计划。

（9）消防知识和技能。

（10）危险化学品。

（11）紧急救护。

（12）作业许可证课程，包括受限空间、临时用电、高处作业、挖掘作业、吊装作业、动火作业、管线断开、上锁挂牌等。

七、HSE 会议

会议是解决问题、传达信息的一种很好的方式，是有组织、有目的、有计划、有领导地协商解决问题的方法。

安全监督应督促施工队及时召开 HSE 会议。

（一）会议种类

（1）例会：班前班后会、周例会、月度例会。

（2）专题会议：工作前安全会议、事故现场会、分析会、检查审核会议、研讨会等。

（二）会议议程

（1）重提上次会议提出的问题，目前落实情况——让所有人都知道。

（2）回顾事故和未遂事故——找出正面改进行为。

（3）回顾所辖区域内发生的主要事故——提纲性的。

（4）至少每月讨论一个安全专题——必要时召集专题会。

（5）会议决议事项——必要时形成纪要。

（三）会议内容

在施工作业现场,安全例会一般来说包括班前班后会和安全生产例会。班前安全会是对下一步工作进行交底和提出要求;安全生产例会是施工单位对前期的安全工作进行总结和评价,并提出下一步工作要求。

以下会议内容仅供现场安全监督参考,在实际工作中应视具体情况而定。

1. 班前、班后会议

班前会一般在工作开始前,班后会通常在工作结束后进行。会议一般由班组长主持。

（1）班前会流程和要求:

① 班组成员汇报巡回检查中存在的问题。

② 负责人传达班组工作任务,进行风险提示,制订控制措施,就任务进行人员分工和对作业安全等做要求。

③ 负责人解答和落实班组成员提出的问题,并做出要求等。

（2）班后会流程及要求:

① 对当班工作进行回顾、总结。

② 下一步工作安排。

③ 班组学习。

2. 安全生产例会

会议主要内容是:

（1）阶段安全活动完成情况。

（2）未整改的事故隐患。

（3）事故、事件调查回顾。

（4）违章行为、隐患统计分析。

（5）下一阶段安全活动安排。

（6）安全激励。

（7）其他安全事宜。

3. 注意事项

在召开 HSE 会议时,安全监督依据工作情况,提出安全方面的意见和建议,可从以下方面考虑:

（1）以前工作任务中出现的健康、安全、环境问题和事故。

（2）工作中是否使用新设备、新工艺、新材料等。

（3）工作环境、空间、光线、风向、出口和入口等。

（4）实施此项工作任务许可的关键环节。

（5）实施此项工作任务的人员是否有足够的知识技能。

（6）是否需要作业许可及作业许可的类型。

（7）是否有严重影响本工作安全的交叉作业。

（8）是否识别出该工作任务关键环节的危害及影响。

（9）是否进行了有效的沟通。

（10）其他对安全有影响的因素。

八、工作报告表

安全监督机构应健全各类监督报告表,安全监督应按要求填写有关报告、报表,格式见附录。

第二章 综合专业安全监督工作要点

本章主要描述了重要领域、要害部位、危险品和关键设备设施的安全监督内容、监督依据、控制要点和典型"三违"行为。综合专业包括交通运输、供排水、供发电、城市燃气供应和供暖等重要领域；加油(气)站、油库、油气管道、建构筑物等要害部位；危险化学品、民用爆炸物品、放射性物质与射线装置等危险品；特种设备、消防设备设施、防雷防静电防爆设备和安全监测报警设备设施等关键设备设施。安全监督应参照各项监督内容和控制要点，督促各相关岗位人员落实责任，防范"三违"行为，保证各项作业安全措施落实到位。

第一节 重要领域安全监督工作要点

重要领域指交通运输、供排水、供发电、城市燃气供应和供暖等。

一、交通运输

（一）主要风险

（1）危险品运输车辆驾驶员因自身素质不满足岗位要求，或技术能力不足、违章驾驶，或车辆设备故障，或不熟悉路况，或外力撞击和自然灾害等，发生交通事故致使危险化学品泄漏。

（2）因罐车装卸作业人员或驾驶员操作不当，产生静电或遭遇雷击，以及气体混合或过量充装，导致罐车着火爆炸。

（3）大客车驾驶员因操作不当，或超速、超员、疲劳驾驶等违章行为，或车辆自身存在安全隐患，以及路况复杂或恶劣天气等，导致发生重特大人员伤亡事故。

（二）监督内容

（1）检查车辆单位管理制度和文件是否齐全合规，停车场地是否符合消防要求，停车位标识清晰。

（2）检查车辆及相关设备运转是否正常、合规。

（3）检查相关人员（驾驶员、管理人员等）是否符合招聘和上岗条件，出车前是否携带相关有效证件，行车中遵守相关法律法规和公司各项规定，收车后按规定检查、摆放车辆。

（4）执行特殊运输任务（危险化学品、大件、客运）人员、车辆和企业具有的资质与能力及运输活动记录。

（三）主要监督依据

《道路危险货物运输管理规定》（交通运输部令第 2 号〔2013〕）；

《中国石油天然气集团公司道路交通安全管理办法》（中油安字〔2015〕367 号）；

《中华人民共和国道路交通安全法实施条例》（中华人民共和国国务院令第 687 号〔2017〕）；

《道路旅客运输及客运站管理规定》（交通运输部令第 82 号〔2016〕）。

（四）监督控制要点

（1）检查车辆单位管理人员是否按规定对车辆建立维修保养记录和技术档案，是否按规定执行车辆调派制度和出车安全交代制度，是否对驾驶员建立相应的安全技术档案和考核标准；车辆停放场地使用性质是否达到要求，场地规模和使用年限是否符合要求，场地设计和设施配备是否符合消防要求，标识清晰。

监督依据标准：《道路危险货物运输管理规定》（交通运输部令第 2 号〔2013〕）、《中国石油天然气集团公司道路交通安全管理办法》（中油安字〔2015〕367 号）。

《道路危险货物运输管理规定》（交通运输部令第 2 号〔2013〕）：

第 8 条

（二）有符合下列要求的停车场地

1. 自有或租赁期限为 3 年以上，且与经营范围、规模相适应的停车场地，停车场地应当位于企业注册地市行政区域内。

2. 运输剧毒化学品、爆炸品专用车辆以及罐式专用车辆，数量为 20 辆（含）以下的，停车场地面积不低于车辆正投影面积的 1.5 倍，数量为 20 辆以上的，超过部分，每辆车的停车场地面积不低于车辆正投影面积；运输其他危险货物的，专用车辆数量为 10 辆（含）以下的，停车场地面积不低于车辆正投影面积的 1.5 倍；数量为 10 辆以上的，超过部分，每辆车的停车场地面积不低于车辆正投影面积。

3. 停车场地应当封闭并设立明显标志，不得妨碍居民生活和威胁公共安全。

《中国石油天然气集团公司道路交通安全管理办法》（中油安字〔2015〕367 号）：

第 18 条　所属企业应建立车辆维护保养制度，定期开展车辆安全技术状况检查。车辆必须按国家车辆管理机关规定的期限接受检验，未按规定检验、检验不合格以及隐患整改未合格的车辆不得上路行驶。

第 21 条　所属企业应建立健全车辆技术档案。车辆技术档案应包括车辆基本情况、主要技术参数、运行记录、维修保养记录、车辆变更等信息。

> 第30条 所属企业应建立车辆调派审批制度,明确各类车辆调派审批的程序、职责和要求,派车前审批者应向驾驶员明确交代执行任务、行车路线、主要风险与削减措施。
>
> 第32条 所属企业应合理安排车辆任务,保证驾驶员每日累计驾驶时间不超过8h,以及连续驾驶4h应不少于20min停车休息的规定。确需连续行驶超过8h的车辆,应安排驾驶员轮换驾驶。

（2）检查车辆上路前是否合规,是否符合技术标准并纳入监控范围,监控车辆行车中各项数据是否正常,车辆行驶证、保险、环保检验合格证、年检贴是否齐全有效,收车后对车辆进行检查和维护。

> 监督依据标准:《中华人民共和国道路交通安全法实施条例》（中华人民共和国国务院令第687号〔2017〕）、《中国石油天然气集团公司道路交通安全管理办法》（中油安字〔2015〕367号）。
>
> 《中华人民共和国道路交通安全法实施条例》（中华人民共和国国务院令第687号〔2017〕）:
>
> 第13条 机动车号牌应当悬挂在车前、车后指定位置,保持清晰、完整。重型、中型载货汽车及其挂车、拖拉机及其挂车的车身或者车厢后部应当喷涂放大的牌号,字样应当端正并保持清晰。机动车检验合格标志、保险标志应当粘贴在机动车前窗右上角。机动车喷涂、粘贴标识或者车身广告的,不得影响安全驾驶。
>
> 第54条 机动车载物不得超过机动车行驶证上核定的载质量,装载长度、宽度不得超出车厢,并应当遵守下列规定:
>
> （一）重型、中型载货汽车,半挂车载物,高度从地面起不得超过4m,载运集装箱的车辆不得超过4.2m;
>
> （二）其他载货的机动车载物,高度从地面起不得超过2.5m;
>
> 载客汽车除车身外部的行李架和内置的行李箱外,不得载货。载客汽车行李架载货,从车顶起高度不得超过0.5m,从地面起高度不得超过4m。
>
> 第55条 机动车载人应当遵守下列规定:
>
> （一）公路载客汽车不得超过核定的载客人数,但按照规定免票的儿童除外,在载客人数已满的情况下,按照规定免票的儿童不得超过核定载客人数的10%;
>
> （二）载货汽车车厢不得载客。在城市道路上,货运机动车在留有安全位置的情况下,车厢内可以附载临时作业人员1人至5人;载物高度超过车厢栏板时,货物上不得载人。

《中国石油天然气集团公司道路交通安全管理办法》（中油安字〔2015〕367号）：

第16条 所属企业应根据车辆的分类实施专业化管理，制定车载终端安装、分级监控、车辆运行管理等管理制度，明确各类车辆的调派使用、维护保养、检验检查等程序及要求。

第17条 所属企业应依据车辆的车型、定员与载荷、运行风险、功能转换及用户变更等，组织车辆与所承担生产经营任务的适宜性评估，保证车辆与所承担的生产经营任务的安全要求相适应。

第35条 所属企业应建立并完善符合国家及集团公司标准的车辆卫星定位系统监控平台，并按照车辆类别对车辆运行过程进行实时监控与管理。不具备实时监控条件的单位，可依托集团公司内部专业机构利用符合标准的监控平台代为监控。

第36条 所属企业应至少对一类车辆实施全程监控，所属基层车队应对一类和二类全部车辆以及三类中的公务用车等重点车辆实施全程监控，监控内容至少应包括行车超速、疲劳驾驶、超时段、偏移规定行驶路线、违规停放等违法违章行为。集团公司及专业公司对各单位一类车辆运行情况以及分级监控情况进行抽查。

第46条 道路危险货物运输企业或者单位应当通过卫星定位监控平台或者监控终端及时纠正和处理超速行驶、疲劳驾驶、不按规定线路行驶等违法违规驾驶行为。监控数据应当至少保存3个月，违法驾驶信息及处理情况应当至少保存3年。

（3）检查驾驶员是否符合招聘条件，是否符合上岗条件，驾驶员上路所需证件是否齐全合法有效；行车中通过GPS和车载视频检查车辆行驶速度、行驶路线，检查行车接打电话、疲劳驾驶等违章行为，检查违规停车及停车后警示标志的摆放；收车后按规定检查、摆放车辆。

监督依据标准：《中华人民共和国道路交通安全法实施条例》（中华人民共和国国务院令第687号〔2017〕）、《中国石油天然气集团公司道路交通安全管理办法》（中油安字〔2015〕367号）。

《中华人民共和国道路交通安全法实施条例》（中华人民共和国国务院令第687号〔2017〕）：

第45条 机动车在道路上行驶不得超过限速标志、标线标明的速度。在没有限速标志、标线的道路上，机动车不得超过下列最高行驶速度：

（一）没有道路中心线的道路，城市道路为每小时30km，公路为每小时30km；

（二）同方向只有1条机动车道的道路，城市道路为每小时50km，公路为每小时70km。

第 46 条 机动车行驶中遇有下列情形之一的,最高行驶速度不得超过每小时 30km,其中拖拉机、电瓶车、轮式专用机械车不得超过每小时 15km:

(一)进出非机动车道,通过铁路道口、急弯路、窄路、窄桥时;

(二)掉头、转弯、下陡坡时;

(三)遇雾、雨、雪、沙尘、冰雹,能见度在 50m 以内时;

(四)在冰雪、泥泞的道路上行驶时;

(五)牵引发生故障的机动车时。

第 62 条 驾驶机动车不得有下列行为:

(一)在车门、车厢没有关好时行车;

(二)在机动车驾驶室的前后窗范围内悬挂、放置妨碍驾驶人视线的物品;

(三)拨打接听手持电话、观看电视等妨碍安全驾驶的行为;

(四)下陡坡时熄火或者空挡滑行;

(五)向道路上抛撒物品;

(六)驾驶摩托车手离车把或者在车把上悬挂物品;

(七)连续驾驶机动车超过 4h 未停车休息或者停车休息时间少于 20min;

(八)在禁止鸣喇叭的区域或者路段鸣喇叭。

《中国石油天然气集团公司道路交通安全管理办法》(中油安字〔2015〕367 号):

第 22 条 所属企业应建立驾驶员动态管理与内部准驾证管理制度。明确驾驶员的选用条件、技术等级与晋级标准,定期开展驾驶员综合素质测评或安全驾驶技能评定。明确内部准驾证的申领条件、考评标准、发放程序、审验和注销等要求,并按照车辆类别实行内部准驾证分类管理。未取得内部准驾证的人员禁止驾驶所属企业所使用的车辆。

第 23 条 驾驶员申领内部准驾证,除应持有与所驾驶车辆车型相符的有效驾驶证外,还应通过所属企业内部组织的身体状况审查以及基础理论和实际技能考核。驾驶道路危险货物运输车辆等专用车辆的驾驶员还应取得相应的从业资格证等资质。

第 24 条 内部准驾证的复审周期为一年、换证周期不超过五年。复审、换证应通过驾驶员遵纪守法情况、驾驶能力、安全驾驶业绩等内容的考核。驾驶员在一个考核周期(12 个月)内,未发生道路交通责任事故、无违法违规行为且日常教育培训考核合格的,内部准驾证可免年审。

驾驶员变更准驾车型应重新申领相应类别车型的内部准驾证。

第 27 条 所属企业应建立健全驾驶员档案。驾驶员档案应包括但不限于驾驶员的基本信息、资质、工作经历、教育培训、奖惩考核、事故记录、证件审验、驾驶员职业健康体检记录及安全行车记录等。

第31条 驾驶员应执行出车前、行车中和收车后的检查制度,对车辆各部件、安全设施和装载物品进行检查,确保车辆安全行驶。

第33条 法定节假日期间,所属企业应对非生产使用的车辆实行交车辆钥匙、交行驶证、交内部准驾证及定点封存车辆的"三交一封"制度。

第37条 驾驶员应遵守道路交通安全法律、法规和制度的规定,安全规范驾驶车辆。所属企业应严格驾驶员不安全驾驶行为的监督考核,严惩以下违法违章驾驶行为:

(二)超过限速标志、标线标明和所属企业规定的速度驾驶车辆行为;

(三)酒后驾驶车辆行为;

(四)疲劳驾驶行为;

(五)行车中强超强会、争抢车道、违法占道等行为;

(六)驾驶员及乘员不系安全带、驾车使用电话等行为;

(七)其他严重违反道路交通安全法律、法规和所属企业相关规定的行为。

(4)危险化学品运输从业车辆、驾驶员和企业是否取得相关资质或证件,有无违规载货,是否配备押运员和应急物品,管理制度是否健全,运输活动记录健全,不得违规停车。

监督依据标准:《道路危险货物运输管理规定》(交通运输部令第2号〔2013〕)、《中国石油天然气集团公司道路交通安全管理办法》(中油安字〔2015〕367号)。

《道路危险货物运输管理规定》(交通运输部令第2号〔2013〕):

第8条 申请从事道路危险货物运输经营,应当具备下列条件:

(一)有符合下列要求的专用车辆及设备:

5、配备有效的通讯工具。

6、专用车辆应当安装具有行驶记录功能的卫星定位装置。

7、运输剧毒化学品、爆炸品、易制爆危险化学品的,应当配备罐式、厢式专用车辆或者压力容器等专用容器。

8、罐式专用车辆的罐体应当经质量检验部门检验合格,且罐体载货后总质量与专用车辆核定载质量相匹配。运输爆炸品、强腐蚀性危险货物的罐式专用车辆的罐体容积不得超过$20m^3$,运输剧毒化学品的罐式专用车辆的罐体容积不得超过$10m^3$,但符合国家有关标准的罐式集装箱除外。

9、运输剧毒化学品、爆炸品、强腐蚀性危险货物的非罐式专用车辆,核定载质量不得超过10t,但符合国家有关标准的集装箱运输专用车辆除外。

10、配备与运输的危险货物性质相适应的安全防护、环境保护和消防设施设备。

（三）有符合下列要求的从业人员和安全管理人员：

2. 从事道路危险货物运输的驾驶人员、装卸管理人员、押运人员应当经所在地设区的市级人民政府交通运输主管部门考试合格，并取得相应的从业资格证；从事剧毒化学品、爆炸品道路运输的驾驶人员、装卸管理人员、押运人员，应当经考试合格，取得注明为"剧毒化学品运输"或者"爆炸品运输"类别的从业资格证。

《中国石油天然气集团公司道路交通安全管理办法》（中油安字〔2015〕367号）：

第28条 对重复使用的危险货物包装物、容器，在重复使用前应当进行检查；发现存在安全隐患的，应当维修或者更换。道路危险货物运输企业或者单位应当对检查情况做出记录，记录的保存期限不得少于2年。

第29条 到具有污染物处理能力的机构对常压罐体进行清洗（置换）作业，将废气、污水等污染物集中收集，消除污染，不得随意排放，污染环境。

第31条 危险货物托运人应当委托具有道路危险货物运输资质的企业承运。危险货物托运人应当对托运的危险货物种类、数量和承运人等相关信息予以记录，记录的保存期限不得少于1年。

第33条 不得使用罐式专用车辆或者运输有毒、感染性、腐蚀性危险货物的专用车辆运输普通货物。其他专用车辆可以从事食品、生活用品、药品、医疗器具以外的普通货物运输，但应当由运输企业对专用车辆进行消除危害处理，确保不对普通货物造成污染、损害。不得将危险货物与普通货物混装运输。

第39条 驾驶人员应当随车携带《道路运输证》。驾驶人员或者押运人员应当按照《汽车运输危险货物规则》的要求，随车携带《道路运输危险货物安全卡》。

第40条 在道路危险货物运输过程中，除驾驶人员外，还应当在专用车辆上配备押运人员，确保危险货物处于押运人员监管之下。

第41条 道路危险货物运输途中，驾驶人员不得随意停车。因住宿或者发生影响正常运输的情况需要较长时间停车的，驾驶人员、押运人员应当设置警戒带，并采取相应的安全防范措施。运输剧毒化学品或者易制爆危险化学品需要较长时间停车的，驾驶人员或者押运人员应当向当地公安机关报告。

第43条 驾驶人员、装卸管理人员和押运人员上岗时应当随身携带从业资格证。

第50条 道路危险货物运输企业或者单位应当委托具备资质条件的机构，对本企业或单位的安全管理情况每3年至少进行一次安全评估，出具安全评估报告。

（5）道路旅客运输从业车辆、驾驶员和企业是否取得相关资质或证件，是否配备行车记录仪器，是否为车辆投保承运人责任险，有无超载、疲劳驾驶行为，交通事故记录是否完整。

监督依据标准:《道路旅客运输及客运站管理规定》(交通运输部令第82号〔2016年〕)

第10条 申请从事道路客运经营的,应当具备下列条件:

(一)有与其经营业务相适应并经检测合格的客车:

1.客车技术要求应当符合《道路运输车辆技术管理规定》有关规定。

2.客车类型等级要求:

从事高速公路客运、旅游客运和营运线路长度在800km以上的客运车辆,其车辆类型等级应当达到行业标准《营运客车类型划分及等级评定》规定的中级以上。

3.客车数量要求:

(1)经营一类客运班线的班车客运经营者应当自有营运客车100辆以上、客位3000个以上,其中高级客车在30辆以上、客位900个以上;或者自有高级营运客车40辆以上、客位1200个以上。

(2)经营二类客运班线的班车客运经营者应当自有营运客车50辆以上、客位1500个以上,其中中高级客车在15辆以上、客位450个以上;或者自有高级营运客车20辆以上、客位600个以上。

(3)经营三类客运班线的班车客运经营者应当自有营运客车10辆以上、客位200个以上。

(4)经营四类客运班线的班车客运经营者应当自有营运客车1辆以上。

(5)经营省际包车客运的经营者,应当自有中高级营运客车20辆以上、客位600个以上。

(6)经营省内包车客运的经营者,应当自有营运客车5辆以上、客位100个以上。

(二)从事客运经营的驾驶人员,应当符合《道路运输从业人员管理规定》有关规定。

(三)有健全的安全生产管理制度,包括安全生产操作规程、安全生产责任制、安全生产监督检查、驾驶人员和车辆安全生产管理的制度。

(四)申请从事道路客运班线经营,还应当有明确的线路和站点方案。

第13条 申请从事客运站经营的,应当依法向工商行政管理机关办理有关登记手续后,向所在地县级道路运输管理机构提出申请。

第46条 客运经营者应当加强对从业人员的安全、职业道德教育和业务知识、操作规程培训。并采取有效措施,防止驾驶人员连续驾驶时间超过4h。

客运车辆驾驶人员应当遵守道路运输法规和道路运输驾驶员操作规程,安全驾驶,文明服务。

第69条 客运站经营者应当建立和完善各类台账和档案,并按要求报送有关信息。

第71条 县级以上道路运输管理机构应当定期对客运车辆进行审验,每年审验一次。审验内容包括:

（一）车辆违章记录;

（二）车辆技术等级评定情况;

（三）客车类型等级评定情况;

（四）按规定安装、使用符合标准的具有行驶记录功能的卫星定位装置情况;

（五）客运经营者为客运车辆投保承运人责任险情况。

审验符合要求的,道路运输管理机构在《道路运输证》审验记录栏中或者IC卡注明;不符合要求的,应当责令限期改正或者办理变更手续。

（五）典型"三违"行为

（1）违规或违规指挥载物载人。

（2）超速、超载行驶。

（3）行车中接打电话。

（4）吸烟、未系安全带、带病驾驶、酒后驾驶。

（5）不按道路标识牌指示行驶。

（6）不按规定路线行驶、违规停车。

（六）典型事故案例

违章驾驶导致交通事故的案例分析如下:

（1）事故经过:2002年10月13日,某运输公司驾驶员马某驾驶斯太尔重型半挂车执行润滑油运输任务,19时20分,马某驾车行驶至克拉玛依小拐油田公路29km加600m(驼峰顶)处(时速61km/h),马某俯下身捡掉在驾驶室的烟时方向跑偏,车辆离开原路线驶向左车道。此时,恰遇刘某驾驶的桑塔纳出租车迎面高速驶来,发现马某占道时,刘某当即采取制动措施,但因车速过快,刹车25m后与马某驾驶的斯太尔半挂车相撞。刘某及4名乘客当场死亡,桑塔纳出租车报废。

（2）主要原因:马某驾驶车辆违章吸烟,捡烟时方向跑偏占道,是事故发生的主要原因;刘某驾车在沙漠丘陵地带,路况不好、视线不清的情况下,盲目高速行驶,以致遇到突发情况,采取措施不当,是发生事故的重要原因。运输公司对纠正驾驶员习惯性违章和对驾驶员行车中的安全教育方面存在不足。

（3）事故教训:通过路检路查等方式,规范驾驶员安全行车行为,消除驾驶员习惯性违章、盲目性违章和盲从性违章行为。要认真落实防范措施,超前预防事故发生。为驾驶员提供运行路线、速度控制、急弯、陡坡及安全行车等重要信息,保证驾驶员提前熟悉运行路线,及时采取有效防范措施。要切实落实驾驶员教育培训制度，了解各类交通事故发生的原因和特点，掌握防范交通事故的要领。

二、供排水

（一）主要风险

（1）因危险化学品或废液储存不当、硫化氢气体泄漏聚集、人为破坏或人员失误等造成的人员中毒窒息。

（2）因防护设施失效、人员失误等造成的人员淹溺。

（二）监督内容

（1）检查各工种作业人员持证上岗情况。

（2）监督现场作业人员正确穿戴劳动防护用品。

（3）检查危险化学品的储存场所。

（4）检查预防危险化学品中毒防护设备设施。

（5）检查危险化学品管理、使用情况。

（6）检查用电安全管理情况。

（7）检查重点工艺环节运行安全措施落实情况。

（8）监督硫化氢场所安全防护措施。

（9）检查现场设备是否加装安全防护措施。

（三）主要监督依据

CJJ 58—2009《城镇供水厂运行、维护及安全技术规程》；

《中华人民共和国安全生产法》（中华人民共和国主席令第 13 号〔2014〕）

GB/T 12801—2008《生产过程安全卫生要求总则》；

GB 15603—1995《常用危险化学品贮存通则》；

《中国石油天然气集团有限公司危险化学品安全监督管理办法》（中油质安〔2018〕127 号）；

CJJ 60—2011《城镇污水处理厂运行、维护及安全技术规程》；

GB 11984—2008《氯气安全规程》；

GB 2894—2008《安全标志及其使用导则》；

《中国石油天然气股份有限公司预防硫化氢中毒事故管理暂行规定》（石油质字〔2003〕30 号）；

Q/SY 08124.4—2016《石油企业现场安全检查规范　第 4 部分：油田建设》。

（四）监督控制要点

（1）监督水质检验人员健康合格证。

监督依据标准：CJJ 58—2009《城镇供水厂运行、维护及安全技术规程》。

9.1.5 供水厂直接从事制水和水质检验的人员，必须经过卫生知识和专业技术培训且每年进行一次健康体检，并持证上岗。

（2）监督特种作业人员持证情况。

监督依据标准：《中华人民共和国安全生产法》（中华人民共和国主席令第13号〔2014〕）。

第二十七条 生产经营单位的特种作业人员必须按照国家有关规定经专门的安全作业培训，取得相应资格，方可上岗作业。

（3）监督作业人员按规定正确使用劳动防护用品。

监督依据标准：GB /T 12801—2008《生产过程安全卫生要求总则》。

6.2.1 企业应当按照 GB/T 11651《个体防护装备选用规范》和国家颁发的劳动防护用品配备标准以及有关规定，为从业人员配备劳动防护用品。

6.2.2 企业为从业人员提供的劳动防护用品，应符合国家标准或行业标准，不得超过使用期限。

6.2.3 企业应当督促、教育从业人员正确佩戴和使用劳动防护用品。

6.2.4 从业人员在作业过程中，应按照安全生产规章制度和劳动防护用品使用规则，正确佩戴和使用劳动防护用品，未按规定佩戴和使用劳动防护用品的，不得上岗作业。

（4）监督危险化学品的生产、储存和使用。

监督依据标准：GB 15603—1995《常用危险化学品贮存通则》、《中国石油天然气集团有限公司危险化学品安全监督管理办法》（中油质安〔2018〕127号）。

GB 15603—1995《常用危险化学品贮存通则》：

4.2 化学危险品必须贮存在经公安部门批准设置的专门的化学危险品仓库中，未经批准不得随意设置化学危险品贮存仓库。

4.3 化学危险品露天堆放，应符合防火、防爆的安全要求，爆炸物品、一级易燃物品、遇湿燃烧物品、剧毒物品不得露天堆放。

4.4 贮存化学危险品的仓库必须配备有专业知识的技术人员，其库房及场所应设专人管理，管理人员必须配备可靠的个人安全防护用品。

4.9 贮存化学危险品的建筑物、区域内严禁吸烟和使用明火。

5.3.1 化学危险品贮存建筑、场所消防用电设备应能充分满足消防用电的需要。

5.3.3 贮存易燃、易爆化学危险品的建筑,必须安装避雷设备。

5.4.2 贮存化学危险品的建筑通排风系统应设有导除静电的接地装置。

6.3 遇火、遇热、遇潮能引起燃烧、爆炸或发生化学反应,产生有毒气体的化学危险品不得在露天或在潮湿、积水的建筑物中贮存。

6.4 受日光照射能发生化学反应引起燃烧、爆炸、分解、化合或能产生有毒气体的化学危险品应贮存在一级建筑物中。其包装应采取避光措施。

6.6 压缩气体和液化气体必须与爆炸物品、氧化剂、易燃物品、自燃物品、腐蚀性物品隔离贮存。易燃气体不得与助燃气体、剧毒气体同贮;氧气不得与油脂混合贮存,盛装液化气体的容器属压力容器的,必须有压力表、安全阀、紧急切断装置,并定期检查,不得超装。

6.7 易燃液体、遇湿易燃物品、易燃固体不得与氧化剂混合贮存,具有还原性氧化剂应单独存放。

6.8 有毒物品应贮存在阴凉、通风、干燥的场所,不要露天存放,不要接近酸类物质。

6.9 腐蚀性物品,包装必须严密,不允许泄漏,严禁与液化气体和其他物品共存。

《中国石油天然气集团有限公司危险化学品安全监督管理办法》(中油质安〔2018〕127号):

第四十四条 从事危险化学品生产、储存以及使用危险化学品从事生产的所属企业应当组织进行开停工安全条件检查确认,开展启动前安全检查(PSSR),明晰责任,严格生产交检修、检修交生产两个界面的交接,按生产受控要求执行开停工方案。

第四十五条 涉及危险化学品生产、储存、使用的所属企业,应当在作业场所设置通信、报警装置,并根据其生产、储存的危险化学品的种类和危险特性,设置相应的监测、监控、通风、防晒、调温、防火、灭火、防爆、泄压、防毒、中和、防潮、防雷、防静电、防腐、防泄漏以及防护围堤或者隔离操作等安全设备设施。安全设备设施应当按照有关规定进行定期维护、保养和检测,如实记录。

第四十六条 涉及重点监管危险化工工艺和重点监管危险化学品的生产装置,应当按照安全控制要求设置自动化控制系统、安全联锁或紧急停车系统和可燃及有毒气体泄漏检测报警系统。

危险化学品储存设施应当采取液位报警、联锁、紧急切断等相应的安全技术措施,构成重大危险源储存设施设置温度、压力、液位等信息的不间断采集和监测系统以及可燃、有毒气体泄漏检测报警装置;危险化学品重大危险源中储存剧毒物质的场所或者设施,应当设置视频监控系统;涉及毒性气体、液化气体、剧毒液体的一级或者二级重大危险源,应当配备独立的安全仪表系统(SIS)。

第四十七条 从事危险化学品生产、储存和使用危险化学品从事生产的所属企业应当委托具有相应资质的安全评价机构,对本单位的安全生产条件每三年进行一次安全评价,并将安全评价报告及整改方案落实情况报所在地安全生产监督管理部门备案。

第四十八条 涉及生产、储存、使用剧毒化学品或者易制爆、易制毒危险化学品的所属企业,应当如实记录其生产、储存的剧毒化学品以及易制爆、易制毒危险化学品的品种、数量、流向,并采取必要的安全防范措施,防止丢失或者被盗;发现丢失或者被盗的,应当立即向当地公安机关报告,并依照规定向有关主管部门报告。

涉及生产、储存、使用剧毒化学品或者易制爆、易制毒危险化学品的所属企业应当设置治安保卫机构,配备专职治安保卫人员。

第四十九条 危险化学品应当储存在专用仓库、专用场地或者专用储存室(以下统称专用仓库)内,并由专人负责管理;危险化学品专用仓库的设计、建设应当符合国家法律、行政法规和标准的有关规定,并设置明显标志。

危险化学品的储存方式、方法以及储存数量应当符合国家标准或者国家有关规定。

储存危险化学品的所属企业应当对其危险化学品专用仓库的安全设备设施定期进行检测、检验,如实记录。

危险化学品储存场所应当实行封闭化管理,设置防止人员非法侵入的设施。危险化学品的储罐区和装卸区应当设置视频监控。危险化学品储存场所(罐区、仓库等)和设施不得随意变更储存的物质,不得超量储存。

第五十条 危险化学品储罐及其安全附件应当满足工艺安全技术要求。储罐的储存介质发生变更时,应当重新进行安全论证。

第五十一条 危险化学品露天堆放场所,应当符合国家和行业有关标准关于防火、防爆的安全技术要求,设置明显标识,并由专人负责管理。爆炸物品、一级易燃物品、遇湿燃烧物品及剧毒物品应当储存在远离热源、阴凉、通风、干燥的专用仓库,禁止露天堆放。

第五十二条 储存剧毒化学品、易制爆危险化学品的专用仓库,应当设置入侵报警系统、视频监控系统、出入口控制系统等技术防范设施。

剧毒化学品应当在专用仓库或储存室内单独存放,实行剧毒化学品双人验收、双人保管、双人发货、双把锁、双本账等管理制度。

采用仓库储存的数量构成重大危险源的其他危险化学品,应当在专用仓库内单独存放,并实行双人收发、双人保管制度。

第五十三条 危险化学品出入库应当进行核查、登记,定期盘库,账物相符;入库前应进行外观、质量、数量等检查验收,如实记录。

对剧毒化学品以及储存数量构成重大危险源的其他危险化学品,储存单位应当将其储存数量、储存地点以及管理人员情况,报所在地安全生产监督管理部门和公安机关备案。

第五十四条　所属企业应当根据危险化学品性能分区、分类、分库储存,禁忌物不得混合贮存,并编制危险化学品活性反应矩阵表。

第五十五条　涉及危险化学品生产、储存、使用的所属企业转产、停产、停业或者解散的,应当采取有效措施,及时、妥善处置其危险化学品生产装置、储存设施以及库存的危险化学品,不得丢弃危险化学品;处置方案应当报所在地政府主管部门备案。

第五十六条　使用危险化学品的科研院所、医院等单位应当建立危险化学品购买、储存、使用、废弃处置管理制度和危险化学品使用操作规程,以及危险化学品台账和使用记录,并严格执行。

第五十七条　涉及危险化学品的实验室、化验室应当符合国家和行业标准有关防火防爆、防止职业危害和环境污染的设计要求,配备必要的通风设施、消防器材、有毒有害物报警装置、视频监控系统、冲洗设施及个人劳动防护等设备设施。

实验室、化验室的危险化学品应当按照危险化学品特性和有关规定,采取隔离、隔开和分离等方式储存在相应的储存室或者库房。按照使用需要控制危险化学品储存量,明确危险化学品申请、领取、使用、交回、废弃等管理要求,账物相符。

（5）监督配电线路、设备设施及照明设备。

监督依据标准:CJJ 58—2009《城镇供水厂运行、维护及安全技术规程》。

5.9.2　巡视检查内容应符合下列规定:

1　导线与建筑物等是否摩擦、相蹭,绝缘支撑物是否有损坏和脱落;

4　电线管防水弯头有无脱落或导线蹭管口等现象;

6　配电盘及闸箱内各接头是否过热,各仪表及指示灯是否正常完好;

8　箱、盘金属外皮应良好接地;

9　清除内部的灰尘,检查开关接点是否紧固,闸刀和操作杆连接应紧固,动作灵活可靠。

5.1.1　各种泵的运行应符合下列规定:

2　水泵运行中,进水水位不应低于规定的最低水位。

5.2.13　电动机的运行应符合下列规定:

1　轴承温度;轴承的油位、油色及油环的转动状况;

2　电动机和各接触器有无异常声音、异味,各部温度、振动及轴向窜动的变化状况及开关控制设备状况;

3　电动机的周围环境,通风条件等。

（6）监督污水处理曝气系统安全运行情况。

监督依据标准：CJJ 60—2011《城镇污水处理厂运行、维护及安全技术规程》。

3.10.3 鼓风机叶轮严禁倒转。

3.10.4 鼓风机房应保证良好的通风。正常运行时，出风管压力不应超过设计压力值。停止运行后，应关闭进、出气闸阀或调节阀。

3.10.13 正常运行的鼓风机，严禁完全关闭排气阀，不得超负荷运行。

3.10.14 对以沼气为动力的鼓风机，应严格按照开停机程序进行，每班加强巡查，并应检查气压、沼气管道和闸阀，发现漏气应及时处理。

3.10.15 鼓风机运行中严禁触摸空气管路。维修空气管路时，应在散热降温后进行。

3.10.18 在机器间巡视或工作时，应与联轴器等运转部件保持安全距离。

3.10.19 进入鼓风机房时，应佩戴安全防护耳罩等。

（7）监督杀菌工艺过程安全运行情况。

监督依据标准：CJJ 60—2011《城镇污水处理厂运行、维护及安全技术规程》。

3.12.1 采用二氧化氯消毒时，必须符合下列规定：

2 固体氯酸钠应单独存放，且与设备间的距离不得小于5m；库房应通风阴凉；

3 在搬运和配制氯酸钠过程中，严禁用金属器件锤击或摔击，严禁明火；

4 操作人员应戴防护手套和眼镜。

3.12.2 采用二氧化氯消毒时，应符合下列规定：

3 开机前应检查防爆口是否堵塞，并应确保防爆口处于开启状态；

6 停机时，应关闭加热器电源。

3.12.3 采用次氯酸钠消毒时，应符合下列规定：

3 应将药剂贮存在阴暗干燥处和通风良好的清洁室内。

3.12.4 采用液氯消毒时，应符合下列规定：

1 应每周检查1次报警器及漏氯吸收装置与漏氯检测仪表的有效联动功能，并应每周启动1次手动装置，确保其处于正常状态；

2 氯库应设置漏氯检测报警装置及防护用具。

3.12.5 采用液氯消毒时，应符合下列规定：

6 应制定液氯泄漏紧急处理预案和程序；

9 氯瓶的管理应符合现行国家标准《氯气安全规程》GB 11984的规定。

3.12.6 消毒水渠无水或水量达不到设备运行水位时，严禁开启设备。

3.12.7 采用紫外线消毒时，应符合下列规定：

5 在紫外线消毒工艺系统上工作或参观的人员必须做好防护;非工作人员严禁在消毒工作区内停留;

6 设备灯源模块和控制柜必须严格接地,避免发生触电事故;

7 人工清洗玻璃套管时,应戴橡胶手套和防护眼镜。

3.12.8 应定期校准臭氧发生间内的臭氧浓度探测报警装置。

3.12.9 采用臭氧消毒时,应符合下列规定:

3 空气压缩机必须设有安全阀,应保证其在规定的压力范围内工作。

(8)监督消毒工艺安全运行情况。

监督依据标准:CJJ 58—2009《城镇供水厂运行、维护及安全技术规程》、GB 11984—2008《氯气安全规程》。

CJJ 58—2009《城镇供水厂运行、维护及安全技术规程》:

9.3.1 供水厂为加强气体的安全使用管理,应建立相应的岗位责任制度、巡回检查制度、交接班制度、气体投加车间的安全防护制度和事故处理报告制度。

9.3.3 供水厂使用的高压气体钢瓶应符合国家有关气瓶安全监察的规定。

9.3.5 氯气、氨气钢瓶的进、出库应进行登记。当气瓶外观出现明显变形、针型阀阀芯变形、防震圈不全、无针形阀防护罩是应拒绝入库。

9.3.7 待用氯瓶的堆放不得超过两层。投入使用的卧置氯瓶,其两个主阀间的连线应垂直于地面。

9.3.9 使用氯气的供水厂应按照现行国家标准《氯气安全规程》GB 11984 的有关规定配备防护和抢修器材。使用其他气体也应配备相应的防护和抢修器材。

9.3.11 加氯间应安装与其加氯量相配套的泄氯吸收装置,并应定期检查吸收液的有效性及机电设备的完好性。加氨间应安装氨气泄漏时的吸收和稀释装置。

9.3.12 氧气气源设备的四周应设置隔离区域,除氧气供应商操作人员或供水厂专职操作人员外,其他人员不得进入隔离区域。

9.3.13 距氧气气源设备 30m 半径范围内,严禁放置易燃、易爆物品以及与生产无关的其他物品,不得在任何储备、输送和使用氧气的区域内吸烟或有明火。

9.3.14 所有使用氧气的生产人员在操作时必须佩戴安全帽、防护眼罩及防护手套。操作、维修、检修氧气气源系统的人员所用的工具、工作服、手套等用品,严禁沾染油脂类污垢。

9.3.16 氧气以及臭氧输送投加管坑应避免与液氯、液氨、混凝剂等投加管坑相通,同时应防止油脂及易燃物漏入管坑内。

9.4.3 反应器、气路系统、吸收系统应确保气密性,并应防止气体逸出。对二氧化氯生产设备应定期进行检修,同时应使生产环境保持通风。

GB 11984—2008《氯气安全规程》:

3.6 氯气生产、使用、贮存、运输单位相关从业人员,应经专业培训、考试合格,取得合格证后,方可上岗操作。

3.8 生产、贮存、运输、使用等氯气作业场所,都应配备应急抢修器材和防护器材,并定期维护。

3.9 对于半敞开式氯气生产、使用、贮存等厂房结构,应充分利用自然通风条件换气;不能采用自然通风的场所,应采用机械通风,但不宜使用循环风。对于全封闭式氯气生产、使用、贮存等厂房结构,应配套吸风和事故氯气吸收处理装置。

3.10 生产、使用氯气的车间(作业场所)及贮存氯场所应设置氯气泄漏检查报警仪,作业场所和贮存氯场所空气中氯气含量最高允许浓度为 $1mg/m^3$。

(9)监督属地内风险源安全警示标识。

监督依据标准:GB 2894—2008《安全标志及其使用导则》。

9.1 标志牌应设在与安全有关的醒目地方,并使大家看见后,有足够的时间来注意它所表示的内容。环境信息标志宜设在有关场所的入口处和醒目处;局部信息标志应设在所涉及的相应危险地点或设备(部件)附近的醒目处。

9.2 标志牌不应设在门、窗、架等可移动的物体上,以免标志牌随母体物体相应移动,影响认读。标志牌前不得放置妨碍认读的障碍物。

9.3 标志牌的平面与视线夹角应接近90°,观察者位于最大观察距离时,最小夹角不低于75°。

9.4 标志牌应设置在明亮的环境中。

9.5 多个标志牌在一起设置时,应按警告、禁止、指令、提示类型的顺序,先左后右、先上后下地排列。

9.6 标志牌的固定方式分附着式、悬挂式和柱式三种。悬挂式和附着式的固定应稳固不倾斜,柱式的标志牌和支架应牢固地联接在一起。

(10)监督预防硫化氢中毒措施。

监督依据标准:《中国石油天然气股份有限公司预防硫化氢中毒事故管理暂行规定》(石油质字〔2003〕30号)。

第十五条 在含硫化氢的装置、设施、设备、管线附近区域进行作业,应对作业环境硫化氢浓度进行检测,并根据需要佩戴防护用品。

第十六条 非岗位人员,包括检验、计量等人员进入有可能泄漏硫化氢构成中毒危险的装置或区域时,要得到岗位人员的许可,并在岗位人员的监护下方可进入。

第二十九条 在所有可能产生硫化氢的沟、池、容器等低洼处作业时,应使用必需的防护用品,防止人员中毒。

第三十条 对于固定检测报警仪、便携式检测报警仪应进行定期校准及维护,确保检测仪完好。

(11)监督设备安全防护。

监督依据标准:Q/SY 08124.4—2016《石油企业现场安全检查规范 第4部分:油田建设》。

5.4.5.2.1 防护装置不应出现锐边、尖角或其他危险突出物。

5.4.5.2.3 防护装置可拆卸部件应能借助工具才可以拆卸。

5.4.5.2.4 活动式防护装置的关闭位置应可靠确定,防护装置应通过重力、弹簧、卡扣、防护锁定或其他方法保持在限定的位置。

5.4.5.3.1 对皮带轮、皮带、齿轮、导轨、齿杆、传动轴等运动传递部件产生的危险防护,应采用固定式防护装置或活动式连锁防护装置。

5.4.5.3.2 使用期间不要求进入的场合,应采用固定式防护装置。

5.4.5.3.4 不能完全禁制进入危险区,入刀具需要部分地暴露时,应采用自关闭式防护装置或可调式防护装置。

5.4.5.3.5 安全防护设施的选型、配套安装及使用应符合GB/T 8196标准要求。

危险部件涂刷鲜明的对比颜色,当防护装置打开或卸下时,会引起对危险的注意。

(12)监督预防人员淹溺防护措施。

监督依据标准:Q/SY 08124.4—2016《石油企业现场安全检查规范 第4部分:油田建设》。

5.4.3.6.2 防护栏杆的材料及构造符合下列规定:

1. 栏杆的全部构件采用性能不低于2235-A.F的钢材制造。

2. 防护栏的高度应为1.0m～1.2m,下杆离地面的高度应为0.5m～0.6m,挡脚板的高度应不低于180mm。

3.护栏的结构宜采用焊接,当不便焊接时,也可用螺栓连接,但应保证达到规定的机构强度。

6.如果平台设有满足挡板功能及强度要求的其他机构外沿时,可不另设挡板。

7.栏杆端部应设置立柱或与建筑物牢固连接。

8.所有结构表面应光滑、无毛刺,安装后不应有歪斜、扭曲、变形及其他缺陷。

9.栏杆表面应认真除锈,并作防腐涂装。

5.4.3.7.1 楼板、屋面和平台等面上短边尺寸小于25cm但大于2.5cm的孔口,应采用坚实的盖板,且盖板应防止挪动移位。

5.4.3.7.4 边长在150cm以上的洞口,四周应设防护栏杆。

5.4.3.7.6 对邻近的人与物有坠落危险性的其他竖向孔、洞口等均应盖没或防护,并采取固定措施。

对有存在人员跌落淹溺风险的区域,应张贴明显的警示标志,并配备相应的救生设施。

(五)典型的"三违"行为

(1)危险化学品、废液管理人员未按分类、数量、相似归集、单独收集法进行收集分类。

(2)消毒、杀菌生产人员在操作时未佩戴安全帽、防护眼罩及防护手套等劳动防护用品。

(3)私自停用、拆除、改装防护装置。

(4)未采取防护进入可能产生硫化氢的沟渠作业。

(5)危险化学品仓库管理人员对无产地、无安全标签、无安全技术说明书和检验合格证的物品入库。

(六)典型事故案例

爆管停水事故的案例分析如下:

(1)事故经过:2000年8月23日17时35分,某污水处理厂1名化验员取污水样品做硫化物分析,操作约20min,化验样品中硫化氢数值明显增高至627mg/L(正常为130~150 mg/L),倒样品液时嗅到臭鸡蛋味,10min后出现头痛、呕吐、眼干、眼痛等症状。约17时40分,污水处理厂硫化氢报警器开始报警,检测结果说明,当时车间空气中硫化氢浓度为231mg/m³,当晚20余名值班工人均出现上述类似症状。

(2)主要原因:硫化氢不仅在天然气和少数化工生产中存在,而且在沼气池、化粪池、纸浆池、污水池、污水井等有限空间都会产生并存在。

(3)事故教训:应对场所可能存在的有毒气体风险进行识别,增设报警装置和操作空间强制通风功能,有效预防硫化氢中毒。

三、供发电

（一）输、变电运行、检修

1. 主要风险

（1）因盖板或防护网缺失、联锁装置失效、起重作业未与带电高压线保持安全距离、设备老化、人员失误造成的人员触电。

（2）因强风、物体打击、能见度低、使用不合适或者破损的防坠落装置等造成的高处坠落。

（3）车辆所载材料、工器具等超限未落实安全运输要求、恶劣天气行驶、人员失误等造成的交通伤害。

（4）因起升设备、吊索具失效、指挥或操作失误等造成的起重伤害。

（5）因阀门失效、非匹配连接、连接破损、因压力过高或人员失误造成人员窒息。

2. 监督内容

（1）检查作业人员资格。

（2）监督作业人员按规定正确使用劳动防护用品。

（3）监督变电运行人员巡视高压设备、倒闸操作严格执行操作规程及相关安全标准。

（4）监督输、变电检修各专业作业前准备工作（现场勘察、检修方案、安全会议及设备材料准备）。

（5）监督输、变电检修专业严格履行作业许可审批程序。

（6）监督输、变电检修专业作业人员严格执行操作规程及相关安全标准。

3. 主要监督依据

《中华人民共和国安全生产法》（中华人民共和国主席令第 13 号〔2014〕）；

GB 26860—2011《电力安全工作规程　发电厂和变电站电气部分》；

GB/T 12801—2008《生产过程安全卫生要求总则》；

GB 26859—2011《电力安全工作规程　电力线路部分》；

GB 26861—2011《电力安全工作规程　高压试验室部分》。

4. 监督控制要点

（1）检查作业人员资格。

> 监督依据标准：《中华人民共和国安全生产法》（中华人民共和国主席令第 13 号〔2014〕）、GB 26860—2011《电力安全工作规程　发电厂和变电站电气部分》。

《中华人民共和国安全生产法》（中华人民共和国主席令第 13 号〔2014〕）：

第二十七条 生产经营单位的特种作业人员必须按照国家有关规定经专门的安全作业培训，取得相应资格，方可上岗作业。

GB 26860—2011《电力安全工作规程 发电厂和变电站电气部分》：

4.1.1 经医师鉴定，无妨碍工作的病症（体格检查至少每两年一次）。

4.1.2 具备必要的安全生产知识和技能，从事电气作业的人员应掌握触电急救等救护法。

4.1.3 具备必要的电气知识和业务技能，熟悉电气设备及其系统。

（2）监督作业人员按规定正确使用劳动防护用品。

监督依据标准：GB/T 12801—2008《生产过程安全卫生需求总则》

6.2.1 企业应当按照 GB 11651 和国家颁发的劳动防护用品配备标准以及有关规定，为从业人员配备劳动防护用品。

6.2.2 企业为从业人员提供的劳动防护用品，应符合国家标准或行业标准，不得超过使用期限。

6.2.3 企业应当督促、教育从业人员正确佩戴和使用劳动防护用品。

6.2.4 从业人员在作业过程中，应按照安全生产规章制度和劳动防护用品使用规则，正确佩戴和使用劳动防护用品；未按规定佩戴和使用劳动防护用品的，不得上岗作业。

（3）监督变电运行人员巡视高压设备。

监督依据标准：GB 26860—2011《电力安全工作规程 发电厂和变电站电气部分》。

7.1.3 高压设备发生接地故障时，室内人员进入接地点 4m 以内，室外人员进入接地点 8m 以内，均应穿绝缘靴。接触设备外壳和构架时，还应戴绝缘手套。

7.2.1 巡视高压设备时，不宜进行其他工作。

7.2.2 雷雨天气巡视室外高压设备时，应穿绝缘靴，不应使用伞具，并不准靠近避雷器和避雷针。

（4）监督变电运行人员严格执行规程进行倒闸操作。

监督依据标准：GB 26860—2011《电力安全工作规程 发电厂和变电站电气部分》。

7.3.6.1 停电操作应按照"断路器—负荷侧隔离开关—电源侧隔离开关"的顺序依次进行，送电合闸操作按相反的顺序进行。不应带负荷拉合隔离开关。

7.3.6.2 非程序操作应按操作任务的顺序逐项操作。

7.3.6.3 雷电天气时,不宜进行电气操作,不应就地电气操作。

7.3.6.4 用绝缘棒拉合隔离开关、高压熔断器,或经传动机构拉合断路器和隔离开关,均应戴绝缘手套。

7.3.6.5 雨天操作室外高压设备时,应使用有防雨罩的绝缘棒,并穿绝缘靴、戴绝缘手套。

7.3.6.6 装卸高压熔断器,应戴护目眼镜和绝缘手套,必要时使用绝缘夹钳,并站在绝缘物或绝缘台上。

7.3.6.7 在高压开关柜的手车开关拉至"检修"位置后,应确认隔离挡板已封闭。

7.3.6.8 操作后应检查各相的实际位置,无法观察实际位置时,可以通过间接方式确认该设备已操作到位。

7.3.6.9 发生人身触电时,应立即断开有关设备的电源。

(5)监督变电运行人员填写的操作票符合标准。

监督依据标准:GB 26860—2011《电力安全工作规程 发电厂和变电站电气部分》。

7.3.4.1 操作票是操作前填写操作内容和顺序的规范化票式,可包含编号、操作任务、操作顺序、操作时间,以及操作人或监护人签名等。

7.3.4.2 操作票由操作人员填用,每张票填写一个操作任务。

(6)监督输、变电检修各专业作业前准备工作(现场勘察、检修方案、安全会议及设备材料准备)。

监督依据标准:GB 26859—2011《电力安全工作规程 电力线路部分》、GB 26861—2011《电力安全工作规程 高压试验室部分》。

GB 26859—2011《电力安全工作规程 电力线路部分》:

4.3.3 在检修工作前应进行工作布置,明确工作地点、工作任务、工作负责人、作业环境、工作方案和书面安全要求,以及工作班成员的任务分工。

4.4.3 野外作业前。应根据野外工作特点做好工作准备,对工作环境的危险点进行排查,并做好防范措施。

GB 26861—2011《电力安全工作规程 高压试验室部分》:

7.1 试验开始前,试验负责人向全体试验人员详细布置试验任务和安全措施,并应进行如下检查:

a)安全措施是否已完备;

b）试验设备、试品及试验接线是否正确；

c）表计倍率、调压器零位及测量系统的开始状态；

d）试验设备高压端和试品加压端接地线是否已拆除；

e）所有人员是否已全部退离试区，转移到安全地带；

f）试区遮拦门是否已关上。

一切检查无误后方可开始试验升压。

（7）监督输、变电检修各专业严格履行电网检修作业许可程序。

监督依据标准：GB 26859—2011《电力安全工作规程 电力线路部分》。

5.1.1 安全组织措施作为保证安全的制度措施之一，包括工作票、工作许可、监护、间断和终结等。工作票签发人、工作负责人（监护人）、工作许可人、专责监护人和工作班成员在整个作业流程中应履行各自的安全职责。

5.1.2 工作票是准许在线路及配电设备上工作的书面安全要求之一，可包含编号、工作地点、工作内容、计划工作时间、工作许可时间、工作终结时间、停电范围和安全措施，以及工作票签发人、工作许可人、工作负责人和工作班成员等内容。

5.1.3 除需填用工作票的工作外，其他可采用口头或电话命令方式。

（8）监督输、变电检修各专业作业过程中涉及人身触电，检查现场安全措施及人员执行规程情况。

监督依据标准：GB 26859—2011《电力安全工作规程 电力线路部分》、GB 26860—2011《电力安全工作规程 发电厂和变电站电气部分》。

GB 26859—2011《电力安全工作规程 电力线路部分》：

7.5.1 砍剪靠近带电线路的树木时，人体、绳索应与线路保持本标准规定的安全距离。

7.5.2 树枝接触或接近高压带电导线时，应将高压线路停电或用绝缘工具使树枝远离带电导线，之前人体不应接触树木。

8.1.2 登杆作业时，应核对线路名称和杆号。

8.2 在带电线路杆塔上的工作

8.2.1 带电杆塔上进行测量、防腐、巡视检查、校紧螺栓、清除异物等工作，工作人员活动范围及其所携带的工具、材料等，与带电导线最小距离应符合规程规定。

8.2.2 风力大于5级时应停止工作。

8.3 邻近或交叉其他线路的工作

8.3.1　工作人员和工器具与邻近或交叉的运行线路应符合本标准规定的安全距离。

8.4.4　在杆塔上工作时,不应进入带电侧的横担,或在该侧横担上放置任何物件。

12.2.2　电缆试验时,应防止人员误入试验场所。电缆两端不在同一地点时,另一端应采取防范措施。

GB 26860—2011《电力安全工作规程　发电厂和变电站电气部分》:

5.5.2　工作许可后,工作负责人、工作许可人任何一方不应擅自变更安全措施。

6.1.1　在电气设备上工作,应有停电、验电、装设接地线、悬挂标示牌和装设遮拦(围栏)等保证安全的技术措施。

6.1.2　在电气设备上工作,保证安全的技术措施由运行人员或有操作资格的人员执行。

6.1.3　工作中所使用的绝缘安全工器具应满足本标准的要求。

6.2.2　停电设备的各端应有明显的断开点,或应有能反映设备运行状态的电气和机械等指示,不应在只经断路器断开电源的设备上工作。

6.2.3　应断开停电设备各侧断路器、隔离开关的控制电源和合闸能源,闭锁隔离开关的操作机构。

6.2.4　高压开关柜的手车开关应拉至"试验"或"检修"位置。

6.3.1　直接验电应使用相应电压等级的验电器在设备的接地处逐相验电。验电前,验电器应先在有电设备上确证验电器良好。在恶劣气象条件时,对户外设备及其他无法直接验电的设备,可间接验电。330kV及以上的电气设备可采用间接验电方法进行验电。

6.3.2　高压验电应戴绝缘手套,人体与被验电设备的距离应符合本标准规定的安全距离要求。

6.4.1　装设接地线不宜单人进行。

6.4.2　人体不应碰触未接地的导线。

6.4.4　可能送电至停电设备的各侧都应接地。

6.4.5　装、拆接地线导体端应使用绝缘棒,人体不应碰触接地线。

6.4.9　装设接地线时,应先装接地端,后装接导体端,接地线应接触良好,连接可靠。拆除接地线的顺序与此相反。

6.4.11　已装设接地线发生摆动,其与带电部分的距离不符合安全距离要求时,应采取相应措施。

6.4.13　在高压回路上工作,需要拆除部分接地线应征得运行人员或值班调度员的许可。工作完毕后立即恢复。

6.4.14　因平行或邻近带电设备导致检修设备可能产生感应电压时,应加装接地线或使用个人保安线。

6.5.1　在一经合闸即可送电到工作地点的隔离开关的操作把手上,应悬挂"禁止合闸,有人工作!"或"禁止合闸,线路有人工作!"的标示牌。

6.5.3　部分停电的工作,工作人员与未停电设备安全距离不符合标准规定时应装设临时遮栏,其与带电部分的距离应符合标准的规定。临时遮栏应装设牢固,并悬挂"止步,高压危险!"的标示牌。35kV及以下设备可用与带电部分直接接触的绝缘隔板代替临时遮栏。

6.5.4　在室内高压设备上工作,应在工作地点两旁及对侧运行设备间隔的遮栏上和禁止通行的过道遮栏上悬挂"止步,高压危险!"的标示牌。

6.5.6　在室外高压设备上工作,应在工作地点四周装设遮栏,遮栏上悬挂适当数量朝向里面的"止步,高压危险!"标示牌,遮栏出入口要围至临近道路旁边,并设有"从此进出!"的标示牌。

6.5.7　若室外只有个别地点设备带电,可在其四周装设全封闭遮栏,遮栏上悬挂适当数量朝向外面的"止步,高压危险!"的标示牌。

6.5.8　工作地点应设置"在此工作"的标示牌。

6.5.9　室外构架上工作,应在工作地点邻近带电部分的横梁上,悬挂"止步,高压危险!"的标示牌。在工作人员上下的铁架或梯子上,应悬挂"从此上下!"的标示牌。在邻近其他可能误登的带电构架上,应悬挂"禁止攀登,高压危险!"的标示牌。

13.7　二次回路通电或耐压试验前,应通知有关人员,检查回路上确无人工作后,方可加压。

13.8　继电保护、安全自动装置及自动化监控系统做一次设备通电试验或传动试验时,应通知设备运行方和其他相关人员。

13.9　试验工作结束后,应恢复同运行设备有关的接线,拆除临时接线,检查装置内无异物,屏面信号及各种装置状态正常,各相关压板及切换开关位置恢复至工作许可时的状态。

（9）作业过程中涉及高处作业,执行非常规作业监督工作指南。监督作业人员严格执行高处作业安全管理规定,防止人员坠落或其他伤害。

监督依据标准:GB 26859—2011《电力安全工作规程　电力线路部分》。

9.2.1　高处作业应使用安全带,安全带应采用高挂低用的方式,不应系挂在移动或不牢固的物件上。转移作业位置时不应失去安全带保护。

9.2.2 高处作业应使用工具袋,较大的工具应予固定。上下传递物件应用绳索拴牢传递,不应上下抛掷。

9.2.3 在线路作业中使用梯子时,应采取防滑措施并设专人扶持。

（10）监督变电检修人员在六氟化硫(SF₆)电气设备上的工作。

监督依据标准:GB 26860—2011《电力安全工作规程 发电厂和变电站电气部分》。

11.1 在六氟化硫(SF₆)电气设备上的工作内容包含,操作、巡视、作业、事故时防止六氟化硫泄漏的安全措施,其具体的安全要求、措施等应遵照国家、行业的相关标准、导则执行。

11.2 不应在 SF₆ 设备防爆膜附近停留。

11.6 进入 SF₆ 电气设备低位区或电缆沟工作,应先检测含氧量(不低于18%)和 SF₆ 气体含量(不超过 1000μL/L)。

11.7 SF₆ 设备发生大量泄漏等紧急情况时,人员应迅速撤出现场,开启所有排风机进行排风。未佩戴防毒面具或佩戴正压式空气呼吸器的人员不应入内。

（11）监督变电检修人员高压试验执行标准情况。

监督依据标准:GB 26860—2011《电力安全工作规程 发电厂和变电站电气部分》。

14.2.1 在同一电气连接部分,许可高压试验前,应将其他检修工作暂停;试验完成前不应许可其他工作。

14.2.3 试验装置的金属外壳应可靠接地。低压回路中应有过载自动保护装置的开关并串用双极刀闸。

14.2.4 应采用专用的高压试验线,试验线的长度应尽量缩短,必要时用绝缘物支撑牢固。

14.2.5 试验现场应装设遮栏,遮栏与试验设备高压部分应有足够的安全距离,向外悬挂"止步,高压危险!"的标示牌。被试设备两端不在同一地点时,一端加压,另一端采取防范措施。

14.2.6 未接地的大电容被试设备,应先行放电再做试验。高压直流试验间断或结束时,应将设备对地放电数次并短路接地。

14.2.7 加压前应通知所有人员离开被试设备,取得试验负责人许可后方可加压。操作人应站在绝缘物上。

（12）监督带电作业人员带电作业工具的使用、保管和试验符合标准要求。

监督依据标准：GB 26859—2011《电力安全工作规程 电力线路部分》。

11.3.1 存放带电作业工具应符合 DL/T 974《带电作业用工具库房》的要求。

11.3.2 不应使用损坏、受潮、变形、失灵的带电作业工具。

11.3.3 带电绝缘工具在运输过程中，应装在专用工具袋、工具箱或专用工具车内。

11.3.4 作业现场使用的带电作业工具应放置在防潮的帆布或绝缘物上。

11.3.5 带电作业工器具应按规定定期进行试验。

（13）监督带电作业人员严格执行安全技术措施。

监督依据标准：GB 26859—2011《电力安全工作规程 电力线路部分》。

11.2.1 等电位作业一般在 66kV、±125kV 及以上电压等级的线路和电气设备上进行。

11.2.2 等电位作业人员应穿着阻燃内衣，外面穿着全套屏蔽服，各部分应连接良好。不应通过屏蔽服断、接空载线路或耦合电容器的电容电流及接地电流。750kV 及以上等电位作业还应戴面罩。

11.2.3 等电位作业人员在电位转移前，应得到工作负责人的许可。750kV 和 1000kV 等电位作业，应使用电位转移棒进行电位转移。

11.2.4 交流线路地电位登塔作业时应采取防静电感应措施，直流线路地电位登塔作业时应宜采取防离子流措施。

11.2.6 等电位工作人员与地电位工作人员应使用绝缘工具或绝缘绳索进行工具和材料传递。

11.2.7 沿导（地）线上悬挂的软、硬梯或导线飞车进入强电场作业，应遵守下列规定：

a）在连续档距的导（地）线上挂梯（或导线飞车）时，钢芯铝导线和铝合金绞线导（地）线的截面应不小于 120mm²；钢绞线导（地）线的截面应不小于 50mm²。

b）在孤立档的导（地）线上作业，在有断股的导（地）线和锈蚀的地线上的作业，在 11.2.7 a）规定外的其他型号导（地）线上的作业，两人以上在同档同一根导（地）线上的作业时，应经验算合格并经批准后方能进行。

c）在导（地）线上悬挂梯子、飞车进行等电位作业前，应检查本档两端杆塔处导（地）线的紧固情况。

d）挂梯载荷后，应保持地线及人体对下方带电导线的安全距离比规定的安全距离数值增大 0.5m；带电导线及人体对被跨越的线路、通讯线路和其他建筑物的安全距离应比规定的安全距离数值增大 1m。

e）在瓷横担线路上不应挂梯作业，在转动横担的线路上挂梯前应将横担固定。

11.2.8 带电断、接空载线路,工作人员应戴护目眼镜,并应采取消弧措施,不应带负荷断、接引线。不应同时接触未接通的或已断开的导线两个断头。短接设备时,应核对相位,闭锁跳闸机构,短接线应满足短接设备最大负荷电流的要求,防止人体短接设备。

11.2.9 绝缘子表面采取带电水冲洗或进行机械方式清洗时,应遵守相应技术导则的规定。

11.2.10 绝缘子串上带电作业前,应检测绝缘子串的良好绝缘子片数,满足相关规定要求。

11.2.11 采用绝缘手套作业法或绝缘操作杆作业法时,应根据作业方法选用人体绝缘防护用具,使用绝缘安全带、绝缘安全帽。必要时还应戴护目眼镜。工作人员转移相位工作前,应得到工作监护人的同意。

(14)监督输电线路专业运行人员执行标准情况。

监督依据标准:GB 26859—2011《电力安全工作规程 电力线路部分》。

7.2.1 单人巡线时,不应攀登杆塔。

7.2.2 恶劣气象条件下巡线或事故巡线时,应依据实际情况配备必要的防护用具、自救器具和药品。

7.2.3 夜间巡线应沿线路外侧进行。

7.2.4 大风时,巡线宜沿线路上风侧进行。

7.2.5 事故巡线应始终认为线路带电。

7.4.5 测量带电线路导线的垂直距离(导线弛度、交叉跨越距离),可用测量仪或使用绝缘测量工具。不应使用皮尺、普通绳索、线尺等非绝缘工具。

5.典型"三违"行为

(1)无票工作、无证作业。

(2)未正确使用安全防护用品和工器具。

(3)未正确装拆接地线,未正确使用个人保安线。

(4)作业人员擅自进入带电设备区域。

(5)高处作业上下投掷工具和材料。

6.典型事故案例

检修作业触电亡人事故的案例分析如下:

(1)事故经过:2018年8月8日雷雨天,某供电所片区客户经理、配电线路工汪某(男,

28 岁）先后两次接到客户报修电话,反映 0.4kV 线路缺相。10 时 35 分,汪某等人到达作业现场,发现某台变 0.4kV 出线零线断线,台变低压侧计量箱出线 PVC 管内 0.4kV 线路绝缘外皮熔化后将四相导线粘连在一起,需要整体更换。10 时 37 分,汪某操作拉开 10kV 某台变高压侧跌落熔断器。10 时 49 分,汪某安排王某拆除变压器低压桩头计量箱,罗某在地面上负责配合,汪某自己带上脚扣,登上台区 0.4kV 出线台架。在将脚扣挂在 0.4kV 出线台架后,汪某在 0.4kV 出线横担上开始拆除并更换破损的低压线路。11 时 30 分,完成某台区出线 A、B、C 三相导线更换、搭接后,为便于更换零线,汪某起身转移工作地点,在由台变上方台架靠 0.4kV 线路 A 相导线侧向零线侧转移过程中,后背靠左侧部位与 10kV 台变引下线安全距离不足,发生触电,汪某从横担坠落于 10kV 台变下。经抢救无效汪某死亡。

（2）主要原因:事发当时正值雷雨大风天气,作业风险辨识不充分。作业人员在抢修过程中,未充分识别出临近带电部位安全距离不足的风险,冒险登杆作业。现场未按规定填写紧急抢修工作票,汪某准备开展台架上方零相导线更换和出线搭接作业时,在高处转移位置过程中,与带电的 10kV 引流线安全距离不足,发生触电坠落。

（3）事故教训:班组作业前必须充分评估安全风险,特别是在恶劣环境、复杂条件下的临时性抢修作业,工作负责人要切实履行职责,监督作业人员落实好安全措施,严禁无票作业、冒险作业。真正做到作业安全心中有数,安全风险可控、在控。

（二）发电运行、检修

1. 主要风险

（1）因运行误操作、发电机励磁系统故障、发电机非全相运行、发电机定转子水路堵塞和漏水、发电机转子匝间短路和一点接地、变压器损坏和互感器爆炸、开关设备故障、水冲击、调节系统故障、超速飞车、大轴弯曲、凝汽器真空下降造成的设备损坏或人员伤亡。

（2）因运行操作错误、炉膛爆炸、锅炉结焦、汽包满水或缺水造成的爆炸。

2. 监督内容

（1）检查人员健康状况和人员安全教育情况。

（2）检查交接班制度执行情况和风险防控措施制订情况。

（3）检查操作人员是否按规定配备和使用劳动防护用品。

（4）检查作业过程中涉及特种设备管理和非常规作业的作业许可证和人员资质证。

（5）检查机组启动与停运操作中,机组设备系统是否达到要求,机组启动与停运参数控制情况及操作人员是否严格执行操作规程及相关标准。

（6）检查输煤设备运行过程中,输煤系统工作场所是否符合安全要求,作业人员是否严格执行作业操作规程及相关安全标准。

（7）电除尘系统运行与维护过程中,检查电除尘系统工作场所是否符合安全要求及电除尘系统设备的维护情况。

（8）机组大小修过程中,监督检查检修班组人员是否按规定正确使用工器具,作业人员是否严格执行检修作业操作规程及相关安全标准。

3. 主要监督依据

GB 26164.1—2010《电业安全工作规程　第1部分:热力和机械》;

Q/SY 08234—2018《HSE 培训管理规范》;

GB 26860—2011《电业安全工作规程　发电厂和变电站电气部分》;

GB/T 12801—2008《生产过程安全卫生要求总则》;

DL/T 608—1996《200MW 级汽轮机运行导则》;

DL/T 1164—2012《汽轮发电机运行导则》;

DL/T 610—1996《200MW 级锅炉运行导则》。

4. 监督控制要点

（1）检查人员健康证、安全会议、入场教育、安全取证学习、安全急救知识等人员安全教育情况。

监督依据标准:GB 26164.1—2010《电业安全工作规程　第1部分:热力和机械》、Q/SY 08234—2018《HSE 培训管理规范》。

GB 26164.1—2010《电业安全工作规程　第1部分:热力和机械》:

3.3.1　新录用的工作人员应经过身体检查合格。工作人员至少两年进行一次身体检查。凡患有不适于担任热力和机械生产工作病症的人员,经医生鉴定和有关部门批准,应调换从事其他工作。

3.3.2　企业必须对所有新员工进行厂(公司)、车间(部门)、班组(岗位)的三级安全教育培训,告知作业现场和工作岗位存在的危险因素、防范措施及事故应急措施,并按本部分和其他相关安全规程的要求,考试合格后方可上岗作业。调整岗位人员,在上岗前必须学习本部分的有关部分,并经考试合格后方可上岗。

3.3.4　与热力和机械相关的工作人员应每年考试一次,中断工作连续3个月以上者,必须重新安全学习,并经考试合格后,方能恢复工作。

3.3.5　所有工作人员应具备必要的安全救护知识,应学会紧急救护方法,特别要学会触电急救法、窒息急救法、心肺复苏法等,并熟悉有关烧伤、烫伤、外伤、气体中毒等急救常识。

Q/SY 08234—2018《HSE 培训管理规范》:

5.1.1 员工被指定进行某项工作之前，必须接受该工作相关的 HSE 培训，经考核证明能安全地胜任该工作，方能独立上岗。

6.5.1.3 特殊施工和关键作业时，应进行风险评估，制定风险削减措施并实施。

（2）检查交接班制度执行情况，危害因素辨识、风险防控措施制定情况。

监督依据标准：GB 26860—2011《电业安全工作规程　发电厂和变电站电气部分》、GB 26164.1—2010《电业安全工作规程　第 1 部分：热力和机械》。

GB 26860—2011《电业安全工作规程　发电厂和变电站电气部分》：

4.2.1 作业现场的生产条件、安全设施、作业机具和安全工器具等应符合国家或行业标准规定的要求，安全工器具和劳动防护用品在使用前应确认合格、齐备。

4.3.3 在检修工作前应进行工作布置，明确工作地点、工作任务、工作负责人、作业环境、工作方案和书面安全要求，以及工作班成员的任务分工。

4.4.1 作业人员应被告知其作业现场存在的危害因素和防范措施。

GB 26164.1—2010《电业安全工作规程　第 1 部分：热力和机械》：

4.6.5 工作班成员

a）工作前认真学习安全工作规程、运行和检修工艺规程中与本作业项目有关规定；

b）参加危险点分析，提出控制措施，并严格落实；

c）遵守安全规程和规章制度，规范作业行为，确保自身、他人和设备安全。

（3）检查操作人员是否按规定配备和使用劳动防护用品。

监督依据标准：GB/T 12801—2008《生产过程安全卫生要求总则》、GB 26164.1—2010《电业安全工作规程　第 1 部分：热力和机械》。

GB/T 12801—2008《生产过程安全卫生要求总则》：

6.2.1 企业应当按照 GB 11651 和国家颁发的劳动防护用品配备标准以及有关规定，为从业人员配备劳动防护用品。

6.2.2 企业为从业人员提供的劳动防护用品，应符合国家标准或行业标准，不得超过使用期限。

6.2.3 企业应当督促、教育从业人员正确佩戴和使用劳动防护用品。

6.2.4 从业人员在作业过程中，应按照安全生产规章制度和劳动防护用品使用规则，正确佩戴和使用劳动防护用品，未按规定佩戴和使用劳动防护用品的，不得上岗作业。

GB 26164.1—2010《电业安全工作规程　第 1 部分：热力和机械》：

3.3.9 作业人员的着装不应有可能被转动的机器绞住的部分和可能卡住的部分，进入生产现场必须穿着材质合格的工作服，衣服和袖口必须扣好；禁止戴围巾，穿着长衣服、裙子。工作服禁止使用尼龙、化纤或棉、化纤混纺的衣料制作，以防遇火燃烧加重烧伤程度。工作人员进入生产现场禁止穿拖鞋、凉鞋、高跟鞋；辫子、长发必须盘在工作帽内。作业接触高温物体，从事酸碱作业，在易爆场所作业，必须穿着专用的手套、防护工作服。接触带电设备工作，必须穿绝缘鞋。

3.3.11 任何人进入生产现场（办公室、控制室、值班室和检修班组室除外），必须戴好安全帽。

3.3.13 工作服、专用防护服，个人防护用品应根据产品说明或实际情况定期进行更换。

（4）检查作业过程中涉及特种设备管理和非常规作业的作业许可证和人员资质证及检维修工作票，焊接切割作业、高处作业、脚手架搭设、吊装作业、动火作业等非常规作业监督检查要点参照本书第五节执行。

监督依据标准：GB 26164.1—2010《电业安全工作规程 第1部分：热力和机械》。

4.1.1 在热力、机械和热控设备、系统上进行安装、检修、维护、试验工作，需要对设备、系统采取安全措施或需要运行人员在运行方式、操作调整上采取保障人身、设备安全措施的工作时，必须开工作票。

4.1.8 现场进行动火作业的，应根据消防规程的相关规定，同时使用动火工作票。

4.4 工作票的执行程序

4.4.1 工作票的生成。根据工作任务的需要和计划工作期限，确定工作负责人。工作负责人根据工作内容及所需安全措施选择使用工作票的种类，填写工作票或调用标准工作票。

4.4.2 工作票的签发。工作负责人填写好工作票，交给工作票签发人审核，由工作票签发人对票面进行审核，确认无误后签发。

4.4.3 工作票的送达。计划工作需要办理第一种工作票的，应在工作开始前，提前一日将工作票送达值长处，临时工作或消缺工作可在工作开始前，直接送值长处。

4.4.4 工作票的接收。值班人员接到工作票后，单元长（或值班负责人）应及时审查工作票全部内容，必要时填好补充安全措施，确认无问题后，填写收到工作票时间，并在接票人处签名。

4.4.5 安全措施的执行。根据工作票计划开工时间、安全措施内容、机组启停计划和值长（或单元长）意见，由运行班长（或单元长）安排运行人员执行工作票所列安全措施。

4.4.6 安全措施中如需由（电气）运行人员执行断开电源措施时，（热机）运行人员应填写停、送电联系单，（电气）运行人员应根据联系单内容布置和执行断开电源措施。措施执行完毕，填好措施完成时间，执行人签名后，通知热机运行人员，并在联系单上记录受话的热机运行人员姓名，停电联系单保存在电气运行人员处备查，热机运行人员接到通知后，应做好记录。对于集控运行的单元机组，运行人员填写电气倒闸操作票并经审查后即可执行。严禁口头联系或约时停、送电。

4.4.7 现场措施执行完毕后，登记在工作票记录本中。

4.4.8 工作许可。检修工作开始前，工作许可人会同工作负责人共同到现场对照工作票逐项检查，确认所列安全措施完善和正确执行。工作许可人向工作负责人详细说明哪些设备带电、有压力、高温、爆炸和触电危险等，双方共同签字完成工作票许可手续。开工后，严禁运行或检修人员单方面变动安全措施。

4.4.9 工作监护。开工后，工作负责人应在工作现场认真履行自己的安全职责，认真监护工作全过程。

工作负责人因故暂时离开工作地点时，应指定能胜任的人员临时代替并将工作票交其执有，交待注意事项并告知全体工作班人员，原工作负责人返回工作地点时也应履行同样交接手续；离开工作地点超过两小时者，必须办理工作负责人变更手续。

4.4.10 工作人员变更。工作班成员变更，新加入人员必须进行工作地点和工作任务、安全措施学习，由工作负责人在两张工作票的"备注"栏分别注明变更原因、变更人员姓名、时间并签名。

工作负责人变更，应经工作票签发人同意并通知工作许可人，在工作票上办理变更手续。工作负责人的变更情况应记入运行值班日志

4.4.11 工作间断。工作间断时，工作班人员应从现场撤出，所有安全措施保持不动，工作票仍由工作负责人执存。间断后继续工作前，工作负责人应重新认真检查安全措施应符合工作票的要求，方可工作。当无工作负责人带领时，工作人员不得进入工作地点。

4.4.12 工作延期。工作票的有效期，以值长批准的工作期限为准。工作若不能按批准工期完成时，工作负责人必须提前2h向工作许可人申明理由，办理申请延期手续。延期手续只能办理一次，如需再延期，应重新签发新的工作票。

（5）机组启动与停运。

① 检查机组设备系统是否达到要求。

监督依据标准：DL/T 608—1996《200MW 级汽轮机运行导则》、DL/T 1164—2012《汽轮发电机运行导则》。

DL/T 608—1996《200MW级汽轮机运行导则》：

4.5.2 冷态滑参数启动操作要点

a）启动的准备工作是指以下方面：

1）各种设备、系统处于预备启动状态，所有主、辅设备的试验合格，达到随时可以投入的条件。

2）主机润滑油系统投入运行，密封油系统投入运行，顶轴油泵、盘车、排油烟机投入并处于正常运行状态。启动高压油泵进行循环，提高油温到35℃以上。在锅炉点火前完成调节系统的静止试验、主机保护试验及汽轮机、锅炉、电气之间的大连锁试验。

3）锅炉具备点火条件时，启动射水泵、凝汽器冷却水泵和凝结水泵，建立凝汽器真空。

4.6.2 温态启动操作要点

a）确证符合启动条件，启动准备工作已完善，盘车装置连续运行，状态正常。

b）凝汽器通入冷却水，轴封供汽母管、分管充分暖管后，先向轴封送汽。温态启动时，以不使用高温轴封供汽系统为宜。高、中压汽缸轴封同低压汽缸轴封应分别供汽。继后，主机抽真空，数值上可要略高于冷态启动，即在77kPa以上，以利于大量疏水的排放及全开旁路系统，快速提升蒸汽参数。冲动前开启汽缸本体疏水阀。

4.7.2 热态启动操作要点

a）具备热态启动的条件，准备工作完善。

b）按照先送轴封供汽，再建立主机真空，然后进行锅炉点火的顺序进行操作。当汽缸温度超过350℃时，高低温轴封供汽可以同时分别送入。建立高于温态启动时的真空值，管道疏水阀和旁路系统减压阀尽量开大，投入疏水扩容器和低压排汽缸的冷却喷水。冲动前开启汽缸本体疏水阀。

4.8.2 极热态启动操作要点

a）首先进行轴封供汽系统暖管和充分疏水，再向轴封供汽，建立主机真空，然后进行锅炉点火。有条件的机组可将轴封高、低温汽源同时送入轴封供汽系统，使用高温轴封供汽时，必须注意汽源温度和压力，将其控制在合适的范围内。因为冲动参数较高，要求旁路减压阀全开，疏水量大，故应建立比冷态更高、更稳定的真空。同时，应投入低压排汽缸和疏水扩容器的冷却喷水。

b）从锅炉点火、旁路系统投入一直到冲动前，应注意监视汽缸温度及上、下缸温差，做好防止水和冷汽进入汽缸的措施。

DL/T 1164—2012《汽轮发电机运行导则》：

5.1.2　发电机安装和检修后,在启动前应确认检修工作已结束并将工作票收回,发电机各部位及其周围应清洁,各有关设备应完好,短路线和接地线应拆除。应完成启动前的各种试验。启动前的检查项目和试验项目应在现场运行规程中详细规定。

5.1.3　发电机启动前定子及励磁回路绝缘电阻应符合规定。

5.1.4　在机组检修后启动前,应完成发电机主断路器、灭磁开关的合、分闸传动试验及联锁试验。

② 检查机组启动与停运参数控制。

监督依据标准:DL/T 608—1996《200MW 级汽轮机运行导则》、DL/T 610—1996《200MW 级锅炉运行导则》。

DL/T 608—1996《200MW 级汽轮机运行导则》:

4.2.1　冷态启动冲动参数

4.2.1.1　冷态启动时,主蒸汽温度的选择主要考虑蒸汽对汽缸、转子等部位的热冲击,既要避免产生过大的热应力,还应保证汽轮机具有合理的加热速度。

4.2.1.2　主蒸汽压力的选择主要取决于主蒸汽温度。它既要与汽温的要求相对应,又能满足迅速通过临界转速并达到额定转速的需要,以便简化操作、调整工作。

4.2.1.3　冲动时,再热蒸汽温度与中压汽缸金属温度相匹配,力求接近主蒸汽温度,与主蒸汽的最大偏差不超过50℃,并具有50℃以上的过热度。

4.2.1.4　凝汽器真空偏低,冲动时蒸汽流量大,汽轮机内蒸汽压力高,低压汽缸排汽温度则高;真空过高,暖机效果差,启动时间延长。

4.2.1.5　连续盘车时间不少于2h(大修后或新装机组的盘车时间可适当延长)。

4.2.1.6　油温和油压:汽轮机油系统油压过高,影响油管道等部件的安全,易发生油管法兰等处漏油。调节油压太低会使调节系统工作失调、动作困难。润滑油压过低,影响轴承正常润滑和冷却。油温过高会使轴承油膜减薄,长期过高还会加速油质老化。油温过低,油的运动粘度增大,轴承油膜增厚,油膜稳定性差,可能会引起轴承油膜振荡。

4.2.2　温态、热态、极热态冲动参数选择

4.2.2.1　汽轮机启动实质是对汽轮机金属的加热过程,要求进入汽轮机的蒸汽温度高于汽缸金属温度50℃~100℃。主蒸汽温度启动时容易达到,因此,主蒸汽温度应尽可能取上限。再热蒸汽的压力低,排汽、疏水条件不如主蒸汽,实际启动过程中,往往只能达到高于中压汽缸金属温度30℃~50℃的水平。再热蒸汽温度应接近主蒸汽温度,至少要高于中压汽缸内上壁金属温度30℃~50℃。均应具有50℃以上的过热度。主蒸汽压力的选择取决于主蒸汽温度,在汽轮发电机并网后应满足汽轮机负荷能尽快提升到汽缸温度相对应的水平的要求。

4.2.2.2 汽缸上、下缸温差大会造成汽缸拱曲变形,使动静部件之间的径向、轴向间隙都发生改变,严重时会产生动静部分摩擦现象。

4.2.2.3 高、中、低压胀差在规定范围内,并具有一定裕度。

4.2.2.4 大轴晃动度要合格、稳定。温态、热态启动时,冲动前连续盘车时间一般为2h。

4.2.2.5 凝汽器真空保持在77kPa以上。

4.2.2.6 其他冲动参数与冷态冲动参数相同。

4.10.1 轴封供汽

轴封供汽的温度和转子的温度需在一定的范围内相互协调。一般允许轴封供汽温度与转子温度偏差 $\pm150℃$。过大的温度偏差会引起轴封区间转子表面产生很高的热应力,而每次热应力循环要消耗金属寿命。反复循环会引起表面产生热疲劳裂纹。过大的温度偏差还要引起转子和汽缸部件局部变形,严重时,将发生动静部分摩擦。

滑参数停机时,当除氧器压力不能满足轴封供汽时,应及时切换为由厂用蒸汽提供蒸汽的供汽方式。

4.10.2 汽轮机胀差

汽轮机的转子和汽缸,由于在启动、停机及正常运行过程中的热交换条件不同,重量、材质、表面积、结构等方面上的差异,在加热时,转子的膨胀值大于汽缸,冷却时,转子的收缩值也大于汽缸,从而形成了汽缸和转子的膨胀差。

监视和调整胀差,是机组启动、停机和运行中的重要内容,控制汽轮机胀差的主要措施是:

a) 严格控制蒸汽的温度变化率在规定的范围内。蒸汽温度的剧增或剧减,将直接明显地影响到胀差的变化。如果胀差已接近报警值,应停止升温或降温,在稳定的参数、负荷下暖机,直到胀差稳定并回复,这是控制胀差正、负向增长的有效措施之一。必要时,临时进行反方向的升温或降温,可以作为应急手段。

b) 滑参数启动或停机过程中,及时投入汽缸法兰加热装置。滑参数停机时,可适当提前投入汽缸法兰加热系统,打闸前停用。投入汽缸法兰加热时,应充分加热或冷却,使之不限制汽缸的膨胀或收缩。

f) 低压胀差的控制措施:当低压胀差正向增大时,可临时有限度地降低凝汽器真空,提高低压排汽缸温度;负向增大时,可以投入低压排汽缸减温水,降低低压排汽缸温度。

g) 启动和停机过程中,应尽可能避免蒸汽流量的突增或突减,以防止对汽轮机金属产生热冲击,进而造成胀差的突变。

h）启动、停机过程中，还应检查滑销系统是否卡涩，发现有卡涩现象时，应暂时停止滑参数、变负荷。查明原因后，采取相应措施予以处理。

4.10.4 疏水

汽轮机组的本体疏水系统和蒸汽管道疏水系统是为了及时排除汽缸和蒸汽管道内的积水而设置的。主要作用是暖管、暖机，防止管道和汽轮机水击，避免金属部件受到热冲击，防止汽缸产生上、下缸温差以及防腐等。在汽轮机启动、停机、空负荷及工况变动时，都应按要求打开有关疏水阀门。

4.10.5 汽缸和法兰加热装置

正确地使用汽缸、法兰、螺栓加热装置，可以在启动、停机过程中有效地减小汽缸、法兰及螺栓间的金属温差，加速其膨胀或收缩，避免胀差过大，延长机组寿命，缩短启动和停机时间。

滑参数停机时，可使用主蒸汽汽源或冷段蒸汽与主蒸汽混合的低温汽源。使用低温汽源时，其温度不低于法兰温度120℃。使用前应充分暖管。在汽缸温度350℃以上时投入，在金属温降率允许的情况下，也可以把时间提前些，以利于控制胀差，缩短停机时间。打闸前必须停止加热装置，防止打闸后汽缸进汽。

无论是加热还是冷却，都应保证所使用的蒸汽具有50℃以上的过热度，汽缸、法兰、螺栓本身温升率或温降率及其之间的温差必须控制在规定范围内。

DL/T 610—1996《200MW级锅炉运行导则》：

7.3 停炉过程中的安全规定。

7.3.1 蒸汽温度的下降速度不大于1.5℃/min，并应具有50℃以上的过热度。

7.3.2 汽包上、下壁温差不大于50℃。

7.3.3 应根据具体情况，必要时将自动切为手动调整。

7.3.4 煤燃烧器停止前应将一次风管管内煤粉吹净，油燃烧器应将内部积油吹净（严禁向无火焰的炉膛内吹扫）。

7.3.5 锅炉熄火后，若过热器出口蒸汽压力大于2.0MPa，投入Ⅰ、Ⅱ级蒸汽旁路系统或开启过热器向空排汽10min。

③ 监督检查运行人员在机组启动与运行过程中是否严格执行操作规程及相关标准。

监督依据标准：GB 26860—2011《电业安全工作规程 发电厂和变电站电气部分》、DL/T 610—1996《200MW级锅炉运行导则》、DL/T 1164—2012《汽轮发电机运行导则》。

GB 26860—2011《电业安全工作规程 发电厂和变电站电气部分》：

7.3.4 操作票的填写

7.3.6.2 非程序操作应按操作任务的顺序逐项操作。

DL/T 610—1996《200MW级锅炉运行导则》：

5.4 锅炉启动中的安全规定。

5.4.1 汽包上、下壁温差不大于50℃，否则应停止升压，消除原因后再继续升压。

5.4.2 蒸汽的升温速度为1℃/min～1.5℃/min，启动前期应慢些，后期可快些。

5.4.3 汽包水位波动范围在0±50mm。

5.4.4 两侧蒸汽温差不大于30℃，两侧烟气温差不大于50℃，并控制过热器、再热器管壁温度不超过允许值。

5.4.5 从汽轮机冲转开始，过热蒸汽温度应具有50℃以上的过热度。

5.4.6 燃煤锅炉的炉内最小风量应大于额定风量的25%。

5.4.7 经常检查设备膨胀状况，若有发生异常现象时，应及时消除。

5.4.8 热风温度达200℃以后，方可启动制粉系统。采用直吹式制粉系统时，应达到锅炉启动时投粉所具备的条件后方可投粉。

5.4.9 汽轮机带负荷之前蒸汽温度的调整，应以燃烧调整为主，尽量少用减温水。

DL/T 1164—2012《汽轮发电机运行导则》：

5.1.5 对安装和检修后第一次启动的机组，应缓慢升速并监听发电机及主、副励磁机的声音，检查发电机静、动部分之间有无摩擦，集电环上的电刷是否有跳动、卡涩或接触不良等现象。

5.1.6 发电机升压前，应注意定子三相电流应为零或接近于零。启励后，检查发电机三相电压是否平衡并不超过额定值，励磁电流、励磁电压是否与空载额定值相符，如果差别较大，应查明原因。

5.1.7 采用准同期并列时，发电机的频率与系统频率相差在1Hz以内方可投入自动准同期装置。在现场规程中，应具体规定同期并列的方法及所使用的开关和同期装置。

5.1.10 将发电机有功负荷及无功负荷降至最低，然后再执行停机操作。宜采用先关主汽门，通过逆功率保护停机的方式，防止汽轮机超速。

（6）输煤设备运行。

① 检查输煤系统工作场所是否符合安全要求。

监督依据标准：GB 26164.1—2010《电业安全工作规程 第1部分：热力和机械》。

3.2 厂区布局及工作场所

3.2.8 工作场所必须设有符合规定照度的照明。主控制室、重要表计、主要楼梯、通道等地点，必须设有事故照明。工作地点应配有应急照明。高度低于2.5 m的电缆夹层、隧道应采用安全电压供电。

3.2.9　室内的通道应随时保持畅通,地面应保持清洁。

3.2.10　所有楼梯、平台、通道、栏杆都应保持完整,铁板必须铺设牢固。铁板表面应有纹路以防滑跌。在楼梯的始级应有明显的安全警示。

3.2.11　门口、通道、楼梯和平台等处,不准放置杂物;电缆及管道不应敷设在经常有人通行的地板上;地板上临时放有容易使人绊跌的物件(如钢丝绳等)时,必须设置明显的警告标志。当过道中存在高度低于2m的物件时,必须设置明显的警告标志。地面有油水、泥污等,必须及时清除,以防滑跌。

3.2.12　工作场所的井、坑、孔、洞或沟道,必须覆以与地面齐平的坚固盖板。在检修工作中如需将盖板取下,必须设有牢固的临时围栏,并设有明显的警告标志。临时打的孔、洞,施工结束后,必须恢复原状。

3.2.13　所有升降口、大小孔洞、楼梯和平台,必须装设不低于1050mm高的栏杆和不低于100mm高的脚部护板。离地高度高于20m的平台、通道及作业场所的防护栏杆不应低于1200mm。如在检修期间需将栏杆拆除时,必须装设牢固的临时遮栏,并设有明显警告标志。并在检修结束时将栏杆立即装回。原有高度1000mm或1050mm的栏杆可不做改动。

3.2.18　生产厂房及仓库应备有必要的消防设施和消防防护装备,如:消防栓、水龙带、灭火器、砂箱、石棉布和其他消防工具以及正压式消防空气呼吸器等。消防设施和防护装备应定期检查和试验,保证随时可用。严禁将消防工具移作他用;严禁放置杂物妨碍消防设施、工具的使用。

3.2.30　应根据生产场所、设备、设施可能产生的危险、有害因素的不同,分别设置明显的安全警示标志。

②检查作业人员是否严格执行作业操作规程及相关安全标准。

监督依据标准:GB 26164.1—2010《电业安全工作规程　第1部分:热力和机械》。

5.5.1　运煤皮带及各种有关设备旁边的人行通道,应保持畅通,所有转动部分及拉紧皮带的重锤,均应有遮栏。运行中加油的装置,应接在遮栏外面。不准用手伸入遮栏内加油。

5.5.2　运煤皮带的两侧人行道均应装设防护栏杆和紧急停运的"拉线开关"。皮带上方适当位置宜安装高置停运装置,以备紧急时刻自救。各段皮带及转运站等重要场所应设有皮带起动的警告电铃。相关管理部门应明确规定起动预警铃声响时间的长短、间隔和次数。在紧急情况下,任何人都可拉"拉线开关"停止皮带的运行。事后,必须经过检查联系,方可再次起动。

5.5.3 禁止在皮带上或其他有关设备上站立、越过、爬过及传递各种用具,跨越皮带必须经过通行桥。螺旋输粉机、刮板给煤机上盖板应完好,封闭严密,不应敞口运行。禁止在螺旋输粉机、刮板给煤机盖板上作业、行走或站立。

5.5.4 禁止在运行中的皮带上直接用手撒松香、涂油膏等防滑物料。皮带在运行中不准对设备进行维修、人工取煤样或检出石块等杂物的工作。工作人员应站在栏杆外面,袖口要扎好,以防被皮带挂住。

5.5.5 人工疏通下煤管时应站在平台上,并注意防止被捅煤工具打伤。

5.5.6 清理磁铁分离器的铁块时,应先停止皮带运行并切断电源。工作人员应戴上手套,并使用工具(如铁铲)进行清理工作。

5.5.7 运煤皮带和滚筒上,应装刮煤器。禁止在运行中人工清理皮带滚筒上的粘煤或对设备进行其他清理工作。

5.5.8 禁止与工作无关的人员在运煤皮带的通廊及各种有关设备的室内通行或逗留。外人进入以上地点时,应先得到值班人员的许可,并遵守注意事项。

5.5.9 在拨煤小车的车轮前,应装清道器,以防小车行走时伤人。

5.5.11 在清理振动筛、碎煤机设备时,应待设备完全停稳后,做好安全措施才能进行清理。

(7)电除尘系统运行与维护。

检查电除尘系统设备的维护情况。

监督依据标准:GB 26164.1—2010《电业安全工作规程 第1部分:热力和机械》。

3.4.4 禁止在运行中清扫、擦拭和润滑机器的旋转和移动的部分,严禁将手伸入栅栏内。清拭运转中机器的固定部分时,严禁戴手套或将抹布缠在手上使用,只有在转动部分对工作人员没有危险时,方可允许用长嘴油壶或油枪往油盅和轴承里加油。

3.4.7 设备异常运行可能危及人身安全时,应停止设备运行。在停止运行前除必须的运行、维护人员外,其他人员不准接近该设备或在该设备附近逗留。

9.2.1 在电除尘器运行时严禁打开人孔门,严禁对阴极系统进行检修。

9.2.9 电除尘检修结束试运振打、进行空载升压试验前,检修负责人必须对本体内部详细检查一次,确认检修人员全部离开除尘器内部,人孔门全部关闭螺栓拧紧后,可进行升压试验。

9.2.10 电除尘运行中检修或更换整流变压器出口阻尼电阻时,应将高压隔离开关打到接地位置,并通过临时接地线可靠接地。若阻尼电阻位于电场侧,还应将两侧电场停运,做好接地措施。

9.5.1 脱硫系统运行时,严禁关闭与该套脱硫系统相连的出、入口烟道挡板门;严禁停止脱硫塔系统上全部浆液循环泵的运行;严禁停止烟气换热器的运行。

9.5.2 石灰石制浆系统斗提机运行时,严禁打开手孔进行检查。

9.5.3 石灰石卸料机在运行时,严禁打开手孔,伸手检查卸料机内部叶轮。

（8）机组大小修。

① 监督检查检修班组人员是否按规定正确使用工器具。

监督依据标准:GB 26164.1—2010《电业安全工作规程 第1部分:热力和机械》。

3.6.1.1 使用工具前应进行检查,严禁使用不完整的工具。

3.6.1.2 大锤和手锤的锤头须完整,其表面须光滑微凸,不得有歪斜、缺口、凹入及裂纹等缺陷。大锤及手锤的柄须用整根的硬木制成,且头部用楔栓固定。楔子长度不应大于安装孔的三分之二。锤把上应有油污。严禁戴手套或用单手抡大锤,使用大锤时周围不准有人靠近。

3.6.1.4 锉刀、手锯、木钻、螺丝刀等的手柄应安装牢固,没有手柄的不准使用。

3.6.1.5 使用撬杠作业时,支垫物应可靠,并采取措施防止被撬物倾倒或滚落。在使用加力杠时,必须保证其强度和嵌套深度满足要求,以防折断或滑脱。

3.6.2.6 使用砂轮机时,禁止撞击,禁止用砂轮的侧面磨削,严禁站在砂轮机的正面操作,严禁两人同时使用一个砂轮机。操作人员应戴合格的防护眼镜。

3.6.2.8 角向磨光机的砂轮应选用增强纤维树脂型,其线速度不得小于80m/s,磨削时,应使砂轮与工件保持15°～30°的倾斜位置;切削时,砂轮不得倾斜,不得横向摆动。

3.6.2.9 使用手提砂轮、坡口机,应选用结构特性符合削磨材料的砂轮,选用可调式砂轮护罩,其圆周和侧面的最大外露角应不大于180°。

3.6.2.10 使用磨削机具时,应采取防火措施,防止火花引发火灾。

3.6.3.1 使用无齿距应符合3.6.2的规定。操作人员应站在锯片的侧面,锯片应缓慢地靠近被锯物件,不准用力过猛。火花飞溅方向不准有人停留或通过,并应预防火花点燃周围物品。

3.6.5.2 不熟悉电气工器具使用方法的工作人员不准擅自使用。使用中发生故障,须立即找专业人员修理。

3.6.5.4 电气工器具的电缆不应接触热体,不放在潮湿的地上,经过通道时必须采取架空或套管等其他保护措施,严禁重载车辆或重物压在电线上。

3.6.5.6 使用电气工具时,不应提着电气工具的导线或转动部分。在梯子上使用电气工具,应做好防止感电坠落的安全措施。工作中离开工作场所、暂停作业或遇到临时停电立即切断电气工具的电源。

3.6.5.7　使用电钻等电气工具时必须戴绝缘手套。装卸钻头应在断电情况下进行,装卸钻头不应用锤子或其他金属敲击,严禁手持工件进行钻孔。

3.6.5.8　使用电剪时,应先根据工件厚度调节刀头间隙。操作时应渐进用力,当刀轴往复次数急剧下降时,应立即减少推力。

3.6.5.9　在金属容器内或狭窄场所工作时,必须使用24V以下的电气工具,或选用Ⅱ类手持式电动工具,必须设专人不间断地监护。监护人可随时切断电动工具的电源。电源联接器和控制箱等应放在容器外面、宽敞、干燥场所。

3.6.6.1　行灯电压不应超过36V,在周围均是金属导体的场所和容器内工作时,不应超过24V,在潮湿的金属容器内、有爆炸危险的场所(如煤粉仓、沟道内)、脱硫烟道系统等处工作时,不应超过12V。行灯变压器的外壳应可靠地接地,不准使用自耦变压器。

3.6.6.2　行灯电源应由携带式或固定式的降压变压器供给,变压器不应放在金属容器或特别潮湿场所的内部。

3.6.6.4　行灯变压器的外壳必须有良好的接地线,高压侧应使用三线插头。

3.6.9.2　风动工具的锤子、钻头、钎子等工作部件,应安装牢固,以防在工作时脱落。工作部件停止转动前不准拆换。

3.6.9.3　风动工具应使用干燥的压缩空气。风动工具的送风软管必须和工具连接牢固;连接前应把软管吹净;只有在停止送风时才可拆装软管;工作中禁止采用折弯软管的方法停止供气。

3.6.9.4　在有可能对眼、面部造成伤害的场所使用风动工具时,操作人员应佩戴防护眼镜或其他眼、面部防护用品。

3.6.9.7　在梯子或移动平台上使用风动工具,必须将梯子或平台固定牢固。

3.6.9.8　禁止使用氧气瓶等高压气源作为风动工具的气源。

② 监督作业人员严格执行检修作业操作规程及相关安全标准。

监督依据标准:GB 26164.1—2010《电业安全工作规程　第1部分:热力和机械》。

10.1.1　汽轮机在开始检修之前,应用阀门与蒸汽母管、供热管道、抽汽系统等隔绝,阀门应上锁并挂上"禁止操作,有人工作"警告牌。还应将电动阀门的电源切断,并挂"禁止合闸,有人工作"警告牌。疏水系统应可靠地隔绝。对汽控阀,也应隔绝其控制装置的气源,并在进汽汽源门上挂"禁止操作,有人工作"警告牌。检修工作负责人应检查汽轮机前蒸汽管确无压力后,方可允许工作人员进行工作。

10.2.1　揭开汽轮机汽缸大盖时,必须遵守下列要求:

a)必须在一个负责人的指挥下进行吊大盖的工作;

b）使用专用的揭盖起重工具，起吊前应按照 16.2.18 的要求进行检查；

c）检查大盖的起吊是否均衡时，以及在整个起吊时间内，严禁工作人员将头部或手伸入汽缸法兰结合面之间。

10.2.2 大修中需将汽轮机的汽缸盖翻身时，应由检修工作负责人或其指定的人员（必须是熟悉该项起重工作的）指挥，复原时也是一样。严禁工作人员在汽缸盖下方进行工作。进行翻汽缸盖的工作时应注意下列各项：

a）场地应足够宽大，以防碰坏设备；

b）选择适当的钢丝绳和专用夹具，应能承受翻转时可能受到的动负载；

c）在整个翻大盖的过程中应使用正确的钢丝绳结绳方法，以防发生滑脱、弯折或与尖锐的边缘发生摩擦，并能保持汽缸的重心平稳地转动，不致再翻转时发生撞击；

d）汽缸离开支架时，应立即检查所有吊具，确认无问题才能继续起吊。起吊高度以保证小钩松开后不碰地即可；

e）指挥人员和其他协助的人员应注意站立的位置，防止在大盖翻转时被打伤。

10.2.3 使用加热榜拆装汽缸螺丝时，应先测绝缘。现场电线应放置整齐。工作人员离开现场应切断电源。使用时应特别注意，电加热器只有在插入螺栓孔后才应接通电源，严禁将带电的加热杆从一个螺栓孔移至另一个螺栓孔中，在使用时严禁敲击、碰撞，以免折断碰坏，使用后每支加热器应旋入配电工具箱内固定座中，妥善保管。

10.2.4 拆卸轴承工作必须遵守下列规定：

a）揭开和盖上轴承盖应使用环首螺栓，将丝扣牢固地全部旋进轴瓦盖的丝孔内，以便安全地起吊；

b）为了校正转子中心而需转动轴瓦或加装垫片时，必须把所转动的轴瓦固定后再进行工作，以防人手被打伤；

c）在轴瓦就为时严禁用手拿轴瓦的边缘，以免在轴瓦下滑时使手受伤；

d）用吊车直接对装在汽缸盖内的转子进行微吊工作，应检查吊车的制动装置动作可靠。微吊时钢丝绳应垂直，操作应缓慢，装千分表监视，并应派有经验的人员进行指挥和操作。

10.2.5 装卸汽轮机转子，必须使用专用的直型或弓型铁梁和专用的钢丝绳，并必须仔细检查钢丝绳的绑法是否合适，然后将转子调整平衡。起吊时严禁人站在转子上使起吊平衡。

10.2.6 如果需要在吊起的隔板、隔板套、轴承盖、汽封套、轴瓦以及汽缸盖下面进行清理结合面、涂抹涂料等工作时，必须使用专用的撑架，由检修工作负责人检查合格后方可进行。

10.2.7　检修中如需转动转子时,必须遵守下列规定:

a)必须在一个负责人的指挥下,进行转动工作,转动前必须先通知附近的人员;

b)如用吊车转动转子时,严禁站立在拉紧的钢丝绳的对面;

c)如需站立在汽缸水平接合面用手转动转子,严禁戴线手套,鞋底必须擦干净。开始转动前,应先站稳,脚趾不准伸出汽缸接合面。

10.2.8　盖上汽缸盖前,必须事先检查确实无人、工具和其他物件留在汽缸或凝汽器内,汽缸内各抽汽口、疏水孔堵塞的物品确认全部取出,方允许盖上。

10.2.10　拆卸自动主汽门、调速汽门及离心式调速器时,应根据其构造使用专用工具(如长丝扣螺栓等),均衡地放松弹簧,以防弹簧弹出伤人。严禁将手插入阀门与阀座之间。

10.2.11　在清理端部轴封、隔板轴封或其他带有尖锐边缘的零件时,应戴手套。

10.2.12　在下汽缸中工作时,凝汽器喉部的孔和抽汽孔应用木板盖上。

10.2.14　在对抗燃油系统进行检修时,应注意通风,着合适的防护衣和手套,不应使用抗燃油接触到皮肤和眼睛,严禁吸入到人体内,工作后应彻底洗手和洗脸,确保安全。

10.2.15　给水泵在解体拆卸螺丝前,工作负责人必须先检查进出口阀门确已关严,然后将泵体放水门打开,放尽存水,防止拆卸螺丝后有压力水喷出伤人。

10.3.1　打开凝汽器门前,应由工作负责人检查循环水进出口水门已关闭,同胶球清洗系统隔绝,挂上"禁止操作,有人工作"警告牌,并放尽凝汽器内存水。如为电动阀门,还应将电动机的电源切断。并挂上"禁止合闸,有人工作"警示牌。

10.3.2　进入凝汽器内工作时,应使用12V行灯。

10.3.3　当工作人员在凝汽器内工作时,应有专人在外面监护,防止别人误关人孔门,并在发生意外时进行急救。凝汽器循环水进水口应加装临时堵板,以防人、物落入。

10.3.4　清扫完毕后,工作负责人应清点人员和工具,查明确实无人和工具留在凝汽器内,方可关闭人孔门,然后报告值长。办理工作票终结手续。

10.4.1　在检修以前,为了避免蒸汽或热水进入热交换器内,应将热交换器和联接的管道、设备、疏水管和旁路管等可靠地隔断,所有被隔断的阀门应上锁,并挂上"禁止操作,有人工作"警告牌。检修工作负责人和运行人员应共同检查上述措施符合要求后,方可开始工作。

10.4.2　检修前必须把热交换器内的蒸汽和水放掉,打开疏水门和放空气门,确认无误后方可工作。在松开法兰螺丝时应当特别小心,避免正对法兰站立,以防有残存的水汽冲出伤人。

11.1.8　安装管道法兰和阀门的螺丝时,应用撬棒校正螺丝孔,不准用手指伸入螺丝孔内触摸,以防轧伤手指。

11.3.1 进入容器、槽箱内部进行检查、清洗和检修工作,应加强通风。严禁向内部输送氧气。

11.3.6 凡在容器、槽箱内进行工作的人员,应根据具体工作性质,事先学习必须注意的事项(如使用电气工具应注意事项,气体中毒、窒息急救法等),工作人员不得少于2人,其中一人在外监护。在可能发生有害气体的情况下,则工作人员不得少于3人,其中2人在外监护。监护人应站在能看到或听到容器内工作人员的地方,以便随时进行监护。监护人不准同时担任其他工作。发生问题应防止不当施救。

11.3.9 在关闭容器、槽箱的人孔门以前,工作负责人必须清点人员和工具,检查确实没有人员或工具、材料等遗留在内,才可关闭。

13.4.4 为了防止因阀门不严密发生漏氢气或漏空气而引起的爆炸,当发电机为氢气冷却运行时,置换空气的管路必须隔断,并加严密的堵板。当发电机为空气冷却运行时,补充氢气的管路也应隔断,并加装严密的堵板。

5.典型"三违"行为

(1)不按操作票顺序进行逐项操作。

(2)电气专业单人操作,不严格执行操作监护制。

(3)作业人员脱岗、睡岗。

(4)高空作业不系安全带。

(5)使用电动工具不戴防护眼镜。

6.典型事故案例

未经许可改动燃烧控制系数,控制系统失去保护功能爆燃,案例分析如下:

(1)事故经过:2005年12月27日21点35分左右,某公司锅炉房当班司炉工齐某听见2号蒸汽炉原火焰监控仪发出熄火报警,立即观察2号锅炉燃烧控制系统控制箱显示屏,发现该装置显示锅炉处于正常进气燃烧状态,齐某和闵某马上到炉前燃烧器上的观火孔检查,确认该燃烧器已经熄火。两人立即按下锅炉燃烧控制系统控制箱上的"停炉"按钮。司炉工王某认为锅炉熄火是因为蒸汽压力设定值低,导致进气量小突然熄火,于是将锅炉燃烧控制系统控制箱蒸汽压力设定值从0.12MPa调到0.14MPa,再次点炉。21时40分左右发生了2号锅炉爆燃事故,造成炉顶护板鼓开,未造成人员伤亡。

(2)主要原因:作业人员未经许可改动燃烧控制系统的控制系数,导致燃烧控制系统失去保护功能,在进行锅炉热态启动时锅炉发生爆燃;风险识别不到位,未采取相应的防范措施;厂家设定的控制口令过于简单,未做到分级管理。

(3)事故教训:作业人员应严格按照操作规程操作设备;设备使用前应对风险进行充分识别,并制订相应的防范措施。

四、城市燃气供应

（一）管道天然气

1. 主要风险

因超压运行、供气管道气密性及严密性不足、设备设施损坏、管道腐蚀、架空燃气管道与铁路、道路、其他管线交叉的垂直距离高度不足、地下燃气管道与建筑物、构筑物或相邻管道之间的水平净距离不足、燃气器具不合格、人员失误等原因引起的燃气管道泄漏、火灾、爆炸。

2. 监督内容

（1）督促供气服务单位人员进行安全培训。

（2）监督供气服务单位供气压力符合要求。

（3）监督供气服务单位供气管道压力检测符合要求。

（4）监督供气服务单位设备设施管理符合安全要求。

（5）监督供气服务单位对燃气管道的技术检测符合安全要求。

（6）监督供气服务单位天然气管道探漏符合安全要求。

（7）监督供气服务单位输配管网符合安全要求。

（8）监督供气服务单位天然气调压箱符合安全要求。

（9）监督供气服务单位入户检查符合安全要求。

3. 主要监督依据

《城镇燃气管理条例》（中华人民共和国国务院令第 666 号〔2016〕）；

GB 50028—2006《城镇燃气设计规范》；

Q/SY 12173—2018《矿区生活燃气供应服务规范》；

CJJ 33—2005《城镇燃气输配工程施工及验收规范》；

CJJ 51—2006《城镇燃气设施运行、保护和抢修安全技术规程》；

Q/SY 12585—2018《矿区入户用气、用电安全检查规范》。

4. 监督控制要点

（1）督促供气服务单位各岗位人员进行安全培训。

监督依据标准：《城镇燃气管理条例》（中华人民共和国国务院令第 666 号〔2016〕）。

第十五条　企业的主要负责人、安全生产管理人员以及运行、维护和抢修人员经专业培训并考核合格。

（2）监督供气服务单位供气压力符合要求。

监督依据标准：GB 50028—2006《城镇燃气设计规范》、Q/SY 12173—2018《矿区生活燃气供应服务规范》。

GB 50028—2006《城镇燃气设计规范》：

6.1.6　城镇燃气管道的设计压力（P）分为7级，并应符合表6.1.6的要求。

表6.1.6　城镇燃气管道设计压力（表压）分级

名称		压力（MPa）
高压燃气管道	A	$2.5<P\leq4.0$
	B	$1.6<P\leq2.5$
次高压燃气管道	A	$0.8<P\leq1.6$
	B	$0.4<P\leq0.8$
中压燃气管道	A	$0.2<P\leq0.4$
	B	$0.01<P\leq0.2$
低压燃气管道		$P<0.01$

6.1.7　燃气输配系统各种压力级别的燃气管道之间应通过调压装置相连。当有可能超过最大允许工作压力时，应设置防止管道超压的安全保护设备。

10　燃气的应用

10.2　室内燃气管道

10.2.1　用户室内燃气管道的最高压力不应大于表10.2.1的规定。

表10.2.1　用户室内燃气管道的最高压力（表压 MPa）

燃气用户		最高压力
工业用户	独立、单层建筑	0.8
	其他	0.4
商业用户		0.4
居民用户（中压进户）		0.2
居民用户（低压进户）		<0.01

注：1 液化石油气管道的最高压力不应大于0.14MPa；

2 管道井内的燃气管道的最高压力不应大于0.2MPa；

3 室内燃气管道压力大于0.8MPa的特殊用户设计应按有关专业规范执行。

10.4 居民生活用气

10.4.1 居民生活的各类用气设备应采用低压燃气,用气设备前(灶前)的燃气压力应在 $0.75 \sim 1.5P_n$ 的范围内(P_n 为燃具的额定压力)。

10.5 商业用气

10.5.1 商业用气设备宜采用低压燃气设备。

Q/SY 12173—2018《矿区生活燃气供应服务规范》:

4.3 非居民用户的供气压力,由天然气供应服务单位与用户在签订供用气合同时商定。

(3)监督供气服务单位供气管道压力检测符合要求。

监督依据标准:CJJ 33—2005《城镇燃气输配工程施工及验收规范》。

12.3 强度试验

12.3.4 试验用压力计的量程应为试验压力的 $1.5 \sim 2$ 倍,其精度不得低于 1.5 级。

12.3.8 进行强度试验时,压力应逐步缓升,首先升至试验压力的 50%,应进行初检,如无泄漏、异常,继续升压至试验压力,然后宜稳压 1h 后,观察压力计不应少于 30min,无压力降为合格。

12.4 严密性试验

12.4.3 严密性试验介质宜采用空气,试验压力应满足下列要求:

1 设计压力小于 5kPa 时,试验压力应为 20kPa。

2 设计压力大于或等于 5kPa 时,试验压力应为设计压力的 1.15 倍,且不得小于 0.1MPa。

12.4.4 试压时的升压速度不宜过快。对设计压力大于 0.8MPa 的管道试压,压力缓慢上升至 0.3 倍和 0.6 倍试验压力时,应分别停止升压,稳压 30min,并检查系统有无异常情况,如无异常情况继续升压。管内压力升至严密性试验压力后,待温度、压力稳定后开始记录。

12.4.5 严密性试验稳压的持续时间应为 24h,每小时记录不应少于 1 次,当修正压力降小于 133Pa 为合格。

(4)监督供气服务单位设备设施管理符合安全要求。

监督依据标准:《城镇燃气管理条例》(中华人民共和国国务院令第 666 号〔2016〕)、Q/SY 12173—2018《矿区生活燃气供应服务规范》。

《城镇燃气管理条例》(中华人民共和国国务院令第 666 号〔2016〕):

第五章 燃气设施保护

第三十三条 县级以上地方人民政府燃气管理部门应当会同城乡规划等有关部门按照国家有关标准和规定划定燃气设施保护范围,并向社会公布。

在燃气设施保护范围内,禁止从事下列危及燃气设施安全的活动:

(一)建设占压地下燃气管线的建筑物、构筑物或者其他设施;

(二)进行爆破、取土等作业或者动用明火;

(三)倾倒、排放腐蚀性物质;

(四)放置易燃易爆危险物品或者种植深根植物;

(五)其他危及燃气设施安全的活动。

Q/SY 12173—2018《矿区生活燃气供应服务规范》:

5 设备设施管理

5.1 总体要求

5.1.1 供气服务单位应有供气管网平面布置图,并及时更新。

5.1.2 设备实行"三定一挂"(定人、定时、定点、挂牌)责任管理。

5.1.3 按"十字"(调整、紧固、润滑、防腐、清洁)作业法对供气设备每日保养一次。

5.1.4 改建、扩建供气管网及主要设备设施时,应保存原有设备设施的影像资料。

5.1.5 供用气设备设施的维护、检修,应由具有相应资质的单位及专业人员进行。

5.1.6 易燃易爆场所内的运转设备、用电设备设施应符合防爆规定。

(5)监督供气服务单位对燃气管道的技术检测符合安全要求。

监督依据标准:CJJ 51—2006《城镇燃气设施运行、保护和抢修安全技术规程》。

3 运行与维护

3.2.4 地下燃气管道的泄漏检查应符合下列规定:

1 高压、次高压管道每年不得少于1次;

2 聚乙烯塑料管或设有阴极保护的中压钢管,每2年不得少于1次;

3 铸铁管道和未设阴极保护的中压钢管,每年不得少于2次;

4 新通气的管道应在24h之内检查1次,并应在通气后的第一周进行1次复查。

3.2.5 地下燃气管道的检查应符合下列规定:

2 对燃气管道设置的阴极保护系统应定期检测,并应做好记录;检测周期及检测内容应符合下列规定:

1)牺牲阳极阴极保护系统、外加电流阴极保护系统检测每年不少于2次;

2)电绝缘装置检测每年不少于1次;

3）阴极保护电源检测每年不少于6次,且间隔时间不超过3个月;

4）阴极保护电源输出电流、电压检测每日不少于1次;

5）强制电流阴极保护系统应对管道沿线土壤电阻率、管道自然腐蚀电位、辅助阳极接地电阻、辅助阳极埋设点的土壤电阻率、绝缘装置的绝缘性能、管道保护电位、管道保护电流、电源输出电流、电压等参数进行测试;

6）牺牲阳极阴极保护系统应对阳极开路电位、阳极闭路电位、管道保护电压、管道开路电位、单支阳极输出电流、组合阳极联合输出电流、单支阳极接地电阻、组合阳极接地电阻、埋设点的土壤电阻率等参数进行测试;

7）阴极保护失效区域应进行重点检测,出现管道与其他金属构筑物搭接、绝缘失效、阳极地床故障、管道防腐层漏点、套管绝缘失效等故障时应及时排除。

3 在役管道防腐涂层应定期检测,且应符合下列规定:

1）正常情况下高压、次高压管道每3年进行1次,中压管道每5年进行1次,低压管道每8年进行1次;

2）上述管道运行10年后,检测周期分别为2年、3年、5年。

4 应对沿聚乙烯塑料管道敷设的可探示踪线及信号源进行检测。

5 运行中的钢制管道第一次发现腐蚀漏气点后,应对该管道选点检查其防腐涂层及腐蚀情况,并应针对实测情况制定运行、维护方案;钢制管道埋设20年,应对其进行评估,确定继续使用年限,制定检测周期,并应加强巡视和泄漏检查。

（6）监督供气服务单位天然气管道探漏符合安全要求。

监督依据标准:CJJ 51—2006《城镇燃气设施运行、保护和抢修安全技术规程》。

3.2.5 地下燃气管道的检查应符合下列规定:

1 泄漏检查可采用仪器检测或地面钻孔检测,可沿管道方向和从管道附近的阀门井、窨井或地沟等地上(下)建(构)筑物检测。

3 在役管道防腐涂层应定期检测,且应符合下列规定:

3）已实施阴极保护的管道,当出现运行保护电流大于正常保护电流范围、运行保护电位超出正常保护电位范围、保护电位分布出现异常等情况时应检查管道防腐层;

4）可采用开挖探坑或在检测孔处通过外观检测、粘结性检测及电火花检测评价管道防腐层状况。

3.5.6 城镇燃气供应单位应向用户宣传下列用户必须遵守的规定:

5 严禁使用明火检查泄漏;

8 当发现室内燃气设施或燃气用具异常、燃气泄漏、意外停气时,应在安全的地方切断电源、立即关闭阀门、开窗通风,严禁动用明火、启闭电器开关等,应及时向城镇燃气供应单位报修,严禁在漏气现场打电话报警。

4 抢修

4.3 抢修作业

4.3.5 处理地下泄漏点开挖作业时,应符合下列规定:

1 抢修人员应根据管道敷设资料确定开挖点,并对周围建(构)筑物进行检测和监测;当发现漏出的燃气已渗入周围建(构)筑物时,应根据事故情况及时疏散建(构)筑物内人员并驱散聚积的燃气。

2 应连续监测作业点可燃气体或一氧化碳浓度。当环境中可燃气体浓度在爆炸范围内或一氧化碳浓度超过规定值时,必须强制通风,降低浓度后方可作业。

3 应根据地质情况和开挖深度确定作业坑的放坡系数和支撑方式,并设专人监护。

4 对钢制管道进行维护、抢修作业后,应对防腐层进行恢复并达到原管道防腐层等级。

(7)监督供气服务单位输配管网符合安全要求。

监督依据标准:GB 50028—2006《城镇燃气设计规范》、Q/SY 12173—2018《矿区生活燃气供应服务规范》。

GB 50028—2006《城镇燃气设计规范》:

6 燃气输配

6.3 压力不大于1.6MPa的室外燃气管道。

6.3.3 地下燃气管道不得从建筑物和大型构筑物(不包括架空的建筑物和大型构筑物)的下面穿越。地下燃气管道与建筑物、构筑物或相邻管道之间的水平和垂直净距,不应小于有关规定。

6.3.7 地下燃气管道不得在堆积易燃、易爆材料和具有腐蚀性液体的场地下面穿越,并不宜与其他管道或电缆同沟敷设。当需要同沟敷设时,必须采取有效的安全防护措施。

6.3.8 地下燃气管道从排水管(沟)、热力管沟、隧道及其他各种用途沟槽内穿过时,应将燃气管道敷设于套管内。套管伸出构筑物外壁不应小于燃气管道与该构筑物的水平净距。套管两端应采用柔性的防腐、防水材料密封。

6.3.12 穿越或跨越重要河流的燃气管道,在河流两岸均应设置阀门。

6.3.13 在次高压、中压燃气干管上,应设置分段阀门,并应在阀门两侧设置放散管。在燃气支管的起点处,应设置阀门。

6.3.14 地下燃气管道上的检测管、凝水缸的排水管、水封阀和阀门,均应设置护罩或护井。

6.3.15 室外架空的燃气管道,可沿建筑物外墙或支柱敷设,并应符合下列要求:

1 中压和低压燃气管道,可沿建筑耐火等级不低于二级的住宅或公共建筑的外墙敷设;次高压 B、中压和低压燃气管道,可沿建筑耐火等级不低于二级的丁、戊类生产厂房的外墙敷设。

2 沿建筑物外墙的燃气管道距住宅或公共建筑物中不应敷设燃气管道的房间门、窗洞口的净距:中压管道不应小于 0.5m,低压管道不应小于 0.3m。燃气管道距生产厂房建筑物门、窗洞口的净距不限。

3 架空燃气管道与铁路、道路、其他管线交叉时的垂直净距不应小于有关规定。

6.4 压力大于 1.6MPa 的室外燃气管道

6.4.15 高压燃气管道的布置应符合下列要求:

1 高压燃气管道不宜进入四级地区;当受条件限制需要进入或通过四级地区时,应遵守下列规定:

1)高压 A 地下燃气管道与建筑物外墙面之间的水平净距不应小于 30m(当管壁厚度 $\delta \geq 9.5mm$ 或对燃气管道采取有效的保护措施时,不应小于 15m);

2)高压 B 地下燃气管道与建筑物外墙面之间的水平净距不应小于 16m(当管壁厚度 $\delta \geq 9.5mm$ 或对燃气管道采取有效的保护措施时,不应小于 10m);

3)管道分段阀门应采用遥控或自动控制。

2 高压燃气管道不应通过军事设施、易燃易爆仓库、国家重点文物保护单位的安全保护区、飞机场、火车站、海(河)港码头。当受条件限制管道必须在本款所列区域内通过时,必须采取安全防护措施。

3 高压燃气管道宜采用埋地方式敷设。当个别地段需要采用架空敷设时,必须采取安全防护措施。

Q/SY 12173—2018《矿区生活燃气供应服务规范》:

5.3 天然气输配管网

5.3.1 地下燃气管道:

a)燃气供气埋地管道应在直管段每 15m～20m 处、转角处、路口两端设置标桩,标桩应与路面齐平;

b)燃气管道两侧的 5m 内不应有土壤塌陷、滑坡、下沉、人工取土、堆积垃圾或重物、管道裸露、种植深根植物及搭建建(构)筑物等;

c）管道沿线不应有燃气异味、水面冒泡、树草枯萎和积雪表面有黄斑等异常现象或燃气泄出声响等。

5.3.3 架空敷设的燃气管道跨越道路或交通路口时，应有警示标识。

5.3.4 阀门应每半年检查一次，不应有燃气泄漏、损坏等现象；阀门井内无积水、无杂物、无塌陷。

5.3.5 凝水缸不应有泄漏、腐蚀、堵塞等现象。

（8）监督供气服务单位天然气调压箱符合安全要求。

监督依据标准：GB 50028—2006《城镇燃气设计规范》、Q/SY 12173—2018《矿区生活燃气供应服务规范》。

GB 50028—2006《城镇燃气设计规范》：

6 燃气输配

6.6.2 调压装置的设置应符合下列要求：

1 自然条件和周围环境许可时，宜设置在露天，但应设置围墙、护栏或车挡。

2 设置在地上单独的调压箱（悬挂式）内时，对居民和商业用户燃气进口压力不应大于0.4MPa；对工业用户（包括锅炉房）燃气进口压力不应大于0.8MPa。

3 设置在地上单独的调压柜（落地式）内时，对居民、商业用户和工业用户（包括锅炉房）燃气进口压力不宜大于1.6MPa。

4 设置在地上单独的建筑物内时。应符合本规范第6.6.12条的要求。

6.6.12 地上调压站的建筑物设计应符合下列要求：

1 建筑物耐火等级不应低于二级。

2 调压室与毗连房间之间应用实体隔墙隔开，其设计应符合下列要求：

1）隔墙厚度不应小于24cm，且应两面抹灰；

2）隔墙内不得设置烟道和通风设备，调压室的其他墙壁也不得设有烟道；

3）隔墙有管道通过时，应采用填料密封或将墙洞用混凝土等材料填实。

3 调压室及其他有漏气危险的房间，应采取自然通风措施，换气次数每小时不应小于2次。

4 城镇无人值守的燃气调压室电气防爆等级应符合现行国家标准《爆炸和火灾危险环境电力装置设计规范》GB 50058有关要求。

5 调压室内的地面应采用撞击时不会产生火花的材料。

6 调压室应有泄压措施，并应符合现行国家标准《建筑设计防火规范》GB 50016的有关规定。

7　调压室的门、窗应向外开启,窗应设防护栏和防护网。

8　重要调压站宜设保护围墙。

9　设于空旷地带的调压站或采用高架遥测天线的调压站应单独设置避雷装置,其接地电阻值应小于10Ω。

10　当受到地上条件限制,且调压装置进口压力不大于0.4MPa时,可设置在地下单独的建筑物内或地下单独的箱体内,并应分别符合本规范第6.6.14条和第6.6.5条的要求。

6.6.14　地下调压站的建筑物设计应符合下列要求:

1　室内净高不应低于2m。

2　宜采用混凝土整体浇筑结构。

3　必须采取防水措施;在寒冷地区应采取防寒措施。

4　调压室顶盖上必须设置两个呈对角位置的人孔,孔盖应能防止地表水浸入。

5　室内地面应采用撞击时不产生火花的材料,并应在一侧人孔下的地坪设置集水坑。

6　调压室顶盖应采用混凝土整体浇筑。

6.6.15　当调压站内、外燃气管道为绝缘连接时,调压器及其附属设备必须接地,接地电阻应小于100Ω。

Q/SY 12173—2018《矿区生活燃气供应服务规范》:

5.4　天然气调压箱

5.4.1　调压箱应接地牢固,并设置警示标识,调压装置不应泄漏。

5.4.2　调压箱应防雨、防尘。

5.4.3　调压箱上各种仪表显示准确。

5.4.4　调压箱内各部件灵敏,无锈蚀。

5.4.5　天然气调压箱内的各连接点及调压器应每周检查一次。

(9)监督供气服务单位入户检查符合安全要求。

监督依据标准:《城镇燃气管理条例》(中华人民共和国国务院令第666号〔2016〕)、Q/SY 12585—2018《矿区入户用气、用电安全检查规范》、Q/SY 12173—2018《矿区生活燃气供应服务规范》。

《城镇燃气管理条例》(中华人民共和国国务院令第666号〔2016〕):

第四十一条　燃气经营者应当建立健全燃气安全评估和风险管理体系,发现燃气安全事故隐患的,应当及时采取措施消除隐患。燃气管理部门以及其他有关部门和单位应当根据各自职责,对燃气经营、燃气使用的安全状况等进行监督检查,发现燃气安全事故隐患的,应当通知燃气经营者、燃气用户及时采取措施消除隐患;不及时消除隐患可能严重威胁公共安全的,燃气管理部门以及其他有关部门和单位应当依法采取措施,及时组织消除隐患,有关单位和个人应当予以配合。

Q/SY 12585—2018《矿区入户用气、用电安全检查规范》:

2 基本要求

2.6 入户用气、用电安全检查人员上岗前,相关知识培训不少于8h。

2.7 入户用气、用电安全检查应编制检查计划,并提前三天告知住户。

Q/SY 12173—2018《矿区生活燃气供应服务规范》:

7.3.3 天然气供应服务单位应对天然气用户设施定期进行安全检查,每半年检查一次。

7.3.4 入户检查必须做好记录,检查内容应包括:

a) 确认用户设施完好;

b) 确认各类用户无擅自拆改、移动天然气设施或变更燃气用气性质;

c) 管道不应被擅自改动或作为其他电器设备的接地线使用,应无锈蚀、重物搭挂,连接软管安装牢固且应提醒用户及时更换,阀门应完好有效;

d) 用气设备应符合安装、使用规定;

e) 不应有燃气泄漏;

f) 计量仪表应完好。

7.3.5 天然气供应服务单位对检查合格的用户出具安检单;对检查不合格的用户发出整改通知书,整改通知书应由用户签收。

7.3.6 用户拒绝入室安全检查的,或者拒绝在安全检查记录上签字的,或者不签收隐患整改通知书的,天然气供应服务单位应做好相关记录,并留档备查。

5. 典型"三违"行为

(1) 未按规范进行强度试验和严密性试验。

(2) 燃气设施保护范围内,从事危及燃气设施安全的活动。

(3) 采用明火试漏。

(4) 在火灾爆炸区域作业时,未采取防爆措施。

(5) 人为修改上报监测、检测燃气管道相关数据。

(6) 停送气时,未对天然气用户进行告知。

6. 典型事故案例

长春居民楼连环爆炸事故案例分析如下：

（1）事故经过：2010年7月30日16时46分许，长春市硅谷大街928号的世纪花园8号楼连续发生4起天然气爆炸事件。事件共造成1人死亡、25人受伤。爆炸造成四至六楼居民家受损、窗户玻璃被崩碎，楼内的两部电梯门全部脱落，各种设施受损严重。天然气泄漏之后顺着地沟进入了屋内，随后引发了爆炸，消防员灭火救援时又发生了3次爆炸，4名消防员被炸伤。

（2）主要原因：连续的降雨造成大楼周围土的不均匀下沉，压断了天然气管道，从而造成天然气泄漏。

（3）事故教训：定期对燃气管道进行安全评估，针对评估结果制定并实施整改方案。

（二）液化石油气

1. 主要风险

因安全附件失灵、不当储存、静电危害、接地、跨接缺陷、人员操作失误等造成的液化石油气瓶爆炸。

2. 监督内容

（1）监督液化气管理单位人员培训和持证上岗情况。

（2）监督易燃易爆场所符合安全要求。

（3）督查液化气存储符合安全技术要求。

（4）监督作业人员严格按要求进行充装作业。

（5）监督作业人员严格执行液化气钢瓶装载的相关规定。

（6）督查液化气气瓶发放过程符合安全管理要求。

（7）监督燃气管理单位入户检查过程符合安全管理要求。

3. 主要监督依据

SY/T 5985—2014《液化石油气安全规程》；

Q/SY 1431—2011《防静电安全技术规范》；

GB 50028—2006《城镇燃气设计规范》；

GB 5842—2006《液化石油气钢瓶》；

GB 11174—2011《液化石油气》；

Q/SY 12173—2018《矿区生活燃气供应服务规范》；

GB 14193—2009《液化气体气瓶充装规定》；

Q/SY 12585—2018《矿区入户用气、用电安全检查规范》。

4. 监督控制要点

（1）监督液化气管理单位人员培训和持证上岗情况。

监督依据标准：SY/T 5985—2014《液化石油气安全规程》。

3.2.2 充装厂（站）操作员工应取得地市级及以上技术监督部门颁发的特种设备操作证。

4.5.6 充装厂（站）应加强对气瓶的运输、贮存和使用的安全管理，明确专人负责气瓶的安全监督检查和有关人员的培训工作。

（2）监督易燃易爆场所符合安全要求。

监督依据标准：Q/SY 1431—2011《防静电安全技术规范》、SY 5985—2014《液化石油气安全规程》、GB 50028—2006《城镇燃气设计规范》。

GB 50028—2006《城镇燃气设计规范》：

8.3.29 储配站和灌装站应设置残液回收倒空和回收装置。

Q/SY 1431—2011《防静电安全技术规范》：

3.1.2 对易发生静电事故的爆炸危险场所，应考虑：

a）配备可靠发出报警并同时联动的自动检测控制仪表装置，如可燃气体自动报警、通风系统、静电接地自动闭锁机构等。

b）配置消防器材或设施。

c）采取通风等措施，减少可燃气体的积聚。

3.1.4 易发生静电危害的设备，其必要的安全防护、安全检测、接地与跨接、保险装置及信号系统等，应齐全、有效。

SY/T 5985—2014《液化石油气安全规程》：

3.5.1 充装厂（站）投产前应建立安全生产管理制度，操作规程、特殊作业许可、装卸过程关键点控制、岗位责任制、巡回检查等制度及应急预案。

3.3.11 充装厂（站）、气瓶库消防器材配置应符合 GB 50140 的规定，各种消防用品和器材专人负责，每月检查一次。

3.3.12 充装厂（站）消防设备、设施、消防水应处于随时可用状态。

5.1 贮罐检验

5.1.1 安全状况等级为 1 级、2 级的每 6 年检验一次，安全状况等级为 3 级的每 3 年~6 年检验一次，安全状况等级为 4 级的，检验周期由检验部门确定，但新贮罐投用后满 3 年时，应进行首次全面检验。

5.1.2 贮罐的检验由具有相应资质的检验单位承担。

（3）督查液化气存储符合安全技术要求。

监督依据标准：GB 5842—2006《液化石油气钢瓶》、GB 11174—2011《液化石油气》、Q/SY 12173—2018《矿区生活燃气供应服务规范》、SY/T 5985—2014《液化石油气安全规程》。

GB 5842—2006《液化石油气钢瓶》：

11.1　按本标准制造的钢瓶设计使用年限为8年。

GB 11174—2011《液化石油气》：

6.2　液化石油气储罐应设在储罐区。液化石油气储罐场所应符合GB 50015和GB 50028的要求，应设"易燃品、严禁烟火"等醒目的标志牌。

6.3　液化石油气应装入液化石油气储罐或液化石油气专用钢瓶储存。

Q/SY 12173—2018《矿区生活燃气供应服务规范》：

5.5.5　储罐区应设安全监控装置。

5.5.6　罐体、管网、阀门、消防管线等无锈蚀，防腐涂层无剥落。

5.5.7　压力表、液位计每天巡检一次。

5.6.1　在用的液化气钢瓶应符合以下要求：

a）有气瓶制造许可证的单位生产。

b）原始标记符合规定，钢印标识清楚。

c）颜色标记符合GB 7144的规定，字迹清楚、完整。

d）首次使用或定期检验后的首次使用、经置换或抽真空处理的。

e）没有报废标记的。

f）没有超过检验期限的。

5.6.5　气瓶检验单位出具气瓶判废通知书的钢瓶以及使用期限超过15年的任何类型的钢瓶应报废。

5.6.6　报废钢瓶的处理，应交有关部门集中进行破坏性处理。

5.7.3　消防器材应挂牌，定位、定人、定时检查保养。

5.8.8　避雷设施、防静电装置应在每年雨季前检测一次。

5.8.9　每月对避雷、防静电设施的安全技术情况检查一次。

6.2.2　站（点）内指示标识、警示标识、禁令标识应醒目、准确。

6.2.11　气瓶应置于专用仓库储存，气瓶仓库应符合GB 50057的规定。

6.2.13　空瓶与实瓶应分开放置，有分类标识牌。

6.2.18　作业现场应设立警示标志和通道指示标志，安全通道畅通。

SY/T 5985—2014《液化石油气安全规程》：

4.5 气瓶贮存

4.5.1 气瓶库建筑应符合 GB 50016 和 GB 50183 的规定。

4.5.2 空瓶与实瓶应分开放置,并有明显标志,库内不得存放其他物品。

4.5.3 气瓶库实瓶总贮量应不超过站库级别规定的贮存量。

4.5.4 气瓶库安装的可燃气体报警装置应符合 SY/T 6503 的规定,所有电器设备一律采用防爆型,电器开关的熔断器应装在室外。

5.3 气瓶检验

5.3.1 承担气瓶定期检验的单位,应取得检验资格证书。从事气瓶检验工作的人员,应取得气瓶检验员资格证书。

5.3.6 气瓶定期检验符合 GB 8334 的要求,检验合格的气瓶由检验单位装上检验标志,并出具《气瓶检验合格证》。

5.3.7 经检验报废的气瓶,检验单位应及时进行整体破坏处理,并填写《气瓶判废通知书》,通知气瓶使用单位,同时上报企业安全管理部门。

（4）监督作业人员严格按要求进行充装作业。

监督依据标准:GB 14193—2009《液化气体气瓶充装规定》、SY/T 5985—2014《液化石油气安全规程》。

GB 14193—2009《液化气体气瓶充装规定》:

4.3 充装前的气瓶应由专人负责,逐只进行检查。

4.7 新投入使用或经内部检查后首次充气的气瓶,充气前应按规定先置换瓶内的空气,并经分析合格后方可充气。

5 充装

5.2 易燃液化气体中的氧含量超过 2%（体积分数）时禁止充装。

5.3 气瓶充装液化气体时,必须严格遵守下列规定:

a）充气前必须检查确认气瓶是经过检查合格的;

b）用卡子连接代替螺纹连接进行充装时,必须认真检查确认瓶阀出气口螺纹与所装气体所规定的螺纹型式相符。

SY/T 5985—2014《液化石油气安全规程》:

4.4 气瓶充装

4.4.1 资质及要求

4.4.1.1 气瓶充装单位应向省级质量技术监督部门提出允装许可申请。未取得《气瓶充装许可证》的,不得从事气瓶充装工作。

4.4.2　充装前的检查

充装单位在充装前应设有专人对气瓶逐只进行检查,并填好检查记录,当发现下列情况之一时,不应进行充装:

a)首次充装的气瓶,事先未经抽真空的。

b)不具有"气瓶制造许可证"的单位生产的。

c)钢印标记、颜色标记不符合规定及无法判定瓶内气体的。

d)附件不全、损坏或不符合规定的。

e)气瓶内无剩余压力的。

f)超过检验期限的。

g)外观检查中发现有明显损伤或有怀疑而需进一步进行检查的。

h)没有带橡胶圈的。

i)发现有火烧痕迹的。

4.4.3　充装

4.4.3.3　严禁用液化气体罐车直接向气瓶充装,不允许瓶对瓶直接倒气。

4.4.3.4　充装接头应保证可靠的严密性。

4.4.3.5　对充装后的气瓶应逐只进行检查,发现有泄漏或其他异常现象应妥善处理。

4.4.3.6　充装前的检查记录、充装操作记录、充装后的复检和检查记录应完整。

(5)监督作业人员严格执行液化气钢瓶装载的相关规定。

监督依据标准:SY/T 5985—2014《液化石油气安全规程》、Q/SY 12173—2018《矿区生活燃气供应服务规范》。

SY/T 5985—2014《液化石油气安全规程》:

4.6　气瓶装卸

4.6.1　驾驶员、押运员应取得相应资格证。

4.6.2　气瓶拉运车辆进站前,驾驶员、押运员应接受厂(站)HSE告知。

4.6.3　厂(站)管理人员应对车辆、驾驶员、押运员进行检查。

4.6.4　车辆灭火器、阻火器及其他安全附件不全、损坏、失灵或不符合规定的严禁进站。

4.6.5　气瓶装卸应填写记录,包括气瓶运输车使用单位、车号、日期、气瓶数量、交班人签名等。

4.6.6　气瓶装卸时,应做到轻装轻卸,严禁"抛、滑、滚、碰"。

Q/SY 12173—2018《矿区生活燃气供应服务规范》:

6.2.3 机动车辆进站应戴防火帽,摩托车熄灭、进站人员关闭手机。

6.2.4 司机、押运员上路应携带道路运输驾驶员从业资格证、特种作业操作证等相关从业证书。

6.2.5 运输液化气钢瓶的车辆应持特种设备使用登记证上路,并符合《中华人民共和国道路交通安全法实施条例》(中华人民共和国国务院令第 405 号〔2004〕)的规定,其他运输工具应有安全警示标识。

6.2.6 装卸钢瓶时安全附件齐全,不应抛、滑、滚、碰等。

6.2.7 车辆运输时,气瓶应立放、固定牢靠、车厢高度应在瓶高的 2/3 以上。

6.2.8 运输气瓶的车不应在人员密集的学校、剧场、大商店、繁华区等附近停靠。必须停靠时,驾驶与押运人员不应同时离开。

(6)督查液化气气瓶发放过程符合安全管理要求。

> 监督依据标准:Q/SY 12173—2018《矿区生活燃气供应服务规范》。
>
> 7.4.4 向用户发出的液化气气瓶应达到如下条件:
>
> a)气瓶外表面的颜色、字样的色环,应符合 GB 7144 的规定。
>
> b)气瓶警示标志的字样、制作方法及应用,应符合 GB 16804 的规定。
>
> c)钢瓶安全附件齐全,角阀与瓶口连接密封,不漏气,瓶体干净。
>
> 7.4.5 首次使用液化气的用户,液化气供应站(点)应向用户发放安全用气知识手册。

(7)监督燃气管理单位入户检查过程符合安全管理要求。

> 监督依据标准:Q/SY 12585—2018《矿区入户用气、用电安全检查规范》、Q/SY 12173—2018《矿区生活燃气供应服务规范》。
>
> Q/SY 12585—2018《矿区入户用气、用电安全检查规范》:
>
> 2.6 入户用气、用电安全检查服务人员上岗前,相关知识培训不少于8h。
>
> 2.7 入户用气、用电安全检查服务应编制检查方案,并提前三天告知住户。
>
> 2.8 入户用气、用电安全检查服务应配备可燃气体检测仪、验电仪等检测工具。
>
> 2.9 入户用气、用电安全检查服务人员应遵守文明服务规范。
>
> Q/SY 12173—2018《矿区生活燃气供应服务规范》:
>
> 7.4.8 入户检查必须做好记录,检查内容应包括:
>
> a)钢瓶摆放的位置及钢瓶与炉具间隔距离;
>
> b)钢瓶与炉具导管连接的两端捆绑牢固,导管无老化、漏气现象;

c）钢瓶角阀、炉具开关不漏气，启闭灵活；

d）减压阀与钢瓶连接紧密，无堵塞、漏气现象；

e）用户掌握液化气使用常识。

5. 典型"三违"行为

（1）充装不同种液化气瓶时未及时调整灌装数据。

（2）充装作业人员不具备相应资质作业。

（3）充装或发放存有安全缺陷的液化气瓶。

（4）检查人员未按要求试漏。

（5）随意倾倒气瓶残液。

6. 典型事故案例

液化气瓶漏气未重视，燃烧爆炸人烧伤，案例分析如下：

（1）事故经过：2009年2月19日，某女大学生左某（20岁）晚上在换装新的液化气瓶时，发现连接气瓶减压阀接头的垫片坏了，有点漏气，以为没有什么关系，并用热水器洗澡。洗完澡后，用电吹风来吹干头发，电吹风前部有热红的电阻丝引发室内液化气突然燃烧爆炸，左某与其父亲两人均被严重烧伤。

（2）主要原因：应重视液化气瓶的安全使用，减压阀必须是合格产品，减压阀前端头与液化气瓶连接密封的橡胶垫圈必须完好无损，不得有泄漏，如果液化气或煤气泄漏，不能用任何火源点火。

（3）事故教训：安全使用液化气瓶，确保减压阀是合格产品，减压阀前端头与液化气瓶连接处不得有泄漏，如果液化气或煤气泄漏，不能用任何火源点火。

五、供暖

（一）主要风险

（1）因气化、超温、超压或燃油、气管网系统泄漏起火，或者人员失误、违章操作，造成的锅炉房供暖运行过程中火灾、爆炸。

（2）因受限空间内窒息、烧烫伤、机械伤害、燃烧不充分中毒或人员失误及违章操作，造成的人员伤害。

（二）监督内容

（1）监督检查锅炉是否按要求进行安全检验，岗位操作人员是否持有效操作证件上岗等。

（2）监督检查燃煤锅炉房上煤设施设备安全管理情况。

（3）监督检查锅炉及安全附件的运行管理情况。

（4）监督检查机泵安全运行情况,转动设备的安全防护及热网管线的敷设等是否符合规范。

（5）监督检查工业盐、工业碱及化验药品的安全管理使用情况。

（6）监督检查锅炉房应急出口、标识设置,应急物资配备及应急预案演练和评估等管理情况。

（7）监督检查劳动防护用品配备及正确使用情况。

（三）主要监督依据

《中华人民共和国安全生产法》（中华人民共和国主席令第 13 号〔2014〕）;

TSG G7002—2015《锅炉定期检验规则》;

GB 50041—2008《锅炉房设计规范》;

GB/T 8196—2003《机械安全　防护装置　固定式和活动式防护装置的设计与制造一般要求》;

CJJ 34—2010《城镇供热管网设计规范》;

GB/T 5462—2015《工业盐》;

GB 15603—1995《常用化学危险品贮存通则》;

《中国石油天然气集团公司安全目视化管理规范》（安全〔2009〕552 号）;

《中国石油天然气集团公司安全生产应急管理办法》（中油安〔2015〕175 号）;

GB/T 12801—2008《生产过程安全卫生要求总则》。

（四）监督控制要点

（1）监督检查锅炉是否按要求进行安全检验,岗位操作人员是否持有效操作证件上岗等。

监督依据标准:《中华人民共和国安全生产法》（中华人民共和国主席令第 13 号〔2014〕）、TSG G7002—2015《锅炉定期检验规则》。

《中华人民共和国安全生产法》（中华人民共和国主席令第 13 号〔2014〕）:

第十三条　特种设备生产、经营、使用单位及其主要负责人对其生产、经营、使用的特种设备安全负责。

特种设备生产、经营、使用单位应当按照国家有关规定配备特种设备安全管理人员、检测人员和作业人员,并对其进行必要的安全教育和技能培训。

第十四条 特种设备安全管理人员、检测人员和作业人员应当按照国家有关规定取得相应资格,方可从事相关工作。特种设备安全管理人员、检测人员和作业人员应当严格执行安全技术规范和管理制度,保证特种设备安全。

TSG G7002—2015《锅炉定期检验规则》:

1.3 基本要求

锅炉定期检验,是指根据本规则的规定对在用锅炉的安全与节能状况所进行的符合性验证活动,包括运行状态下进行的外部检验、停炉状态下进行的内部检验和水(耐)压试验。

1.3.1 定期检验周期

锅炉的定期检验周期规定如下:

(1)外部检验,每年进行一次;

(2)内部检验,一般每2年进行一次,成套装置中的锅炉结合成套装置的大修周期进行,电站锅炉结合锅炉检修同期进行,一般每3年~6年进行一次;首次内部检验在锅炉投入运行后一年进行,成套装置中的锅炉和电站锅炉可以结合第一次检修进行;

(3)水(耐)压试验,检验人员或者使用单位对锅炉安全状况有怀疑时,应当进行水(耐)压试验;锅炉因结构原因无法进行内部检验时,应当每3年进行一次水(耐)压试验。

成套装置中的锅炉和电站锅炉由于检修周期等原因不能按期进行锅炉定期检验时,使用单位在确保锅炉安全运行(或者停用)的前提下,经过使用单位安全管理负责人审批后,可以适当延期安排检验,但是不得连续延期。不能按期安排定期检验的使用单位应当向负责锅炉使用登记的部门(以下简称登记机关)备案,注明采取的措施以及下次检验的期限。

1.3.2 定期检验特殊情况

除正常的定期检验以外,锅炉有下列情况之一时,也应当进行内部检验:

(1)移装锅炉投运前;

(2)锅炉停止运行1年以上(含1年)需要恢复运行前。

1.3.3 使用单位的义务

使用单位应当履行以下义务:

(1)安排锅炉的定期检验工作,并且在锅炉下次检验日期前至少1个月向检验机构提出定期检验申请;

(2)做好检验配合工作以及安全监护工作;

(3)对检验发现的缺陷和问题提出处理或者整改措施并且负责落实,及时将处理或者整改情况书面反馈给检验机构,对于重大缺陷,提供缺陷处理情况的见证资料。

（2）监督检查燃煤锅炉房上煤设施设备安全管理情况。

监督依据标准：GB 50041—2008《锅炉房设计规范》。

11.2.16 连续机械化运煤系统、除灰渣系统中，各运煤设备之间、除灰渣设备之间，均应设置电气联锁装置，并使在正常工作时能按顺序停车，且其延时时间应能达到空载再启动。

11.2.17 运煤和煤的制备设备应与其局部排风和除尘装置联锁。

（3）监督检查机泵安全运行情况，转动设备的安全防护及热网管线的敷设等是否符合规范。

监督依据标准：GB 8196—2003《机械安全 防护装置 固定式和活动式防护装置的设计与制造一般要求》、CJJ 34—2010《城镇供热管网设计规范》。

GB 8196—2003《机械安全 防护装置 固定式和活动式防护装置的设计与制造一般要求》：

6.4.1 运动传递部件

对运动传递部件，如皮带轮、皮带、齿轮、导轨、齿杆、传动轴产生的危险的防护，应采用固定式防护装置或活动式联锁防护装置。

6.4.2 使用期间不要求进入的场合

基于简易性和可靠性，宜采用固定式防护装置。

6.4.3 使用期间要求进入的场合

6.4.3.1 仅在机器调整、工艺校正或维修时才要求进入的场合宜采用下列形式的防护装置：

a）如果可预见的进入频次高（例如每班超过一次），或拆卸和更换固定式防护装置很困难，则采用活动式防护装置。活动式防护装置应与联锁装置或带防护锁定的联锁装置（见 GB/T 18831）组合使用；

b）只有当可预见的进入频次低，且防护装置容易更换，拆卸和更换均可在工作的安全系统下进行时，才能采用固定式防护装置。

CJJ 34—2010《城镇供热管网设计规范》：

8 管网布置与敷设

8.2.20 热力网管沟内不得穿过燃气管道。

8.2.21 当热力网管沟与燃气管道交叉的垂直净距小于300mm时，必须采取可靠措施防止燃气泄漏进管沟。

8.5.1 热力网管道干线、支干线、支线的起点应安装关断阀门。

10.1.3 站房设备间的门应向外开。热水热力站当热力网设计水温大于100℃,站房长度大于12 m时,应设2个出口。蒸汽热力站均应设置2个出口。安装孔或门的大小应保证站内需检修更换的最大设备出入。多层站房应考虑用于设备垂直搬运的安装孔。

（4）监督检查工业盐、工业碱及化验药品的安全管理使用情况。

监督依据标准: GB/T 5462—2015《工业盐》、GB 15603—1995《常用化学危险品贮存通则》。

GB/T 5462—2015《工业盐》:

9 包装、标识、运输、贮存

工业盐出厂(场)时可以带包装,也可以散装。带包装的产品应在包装上注明产品名称(类别)、规格、商标、生产单位、本标准编号以及禁止食用字样。

运输时应有遮盖物,禁止与能导致产品污染的货物混装。

产品存放要防止灰尘及其他杂物的污染、防止雨淋。

GB 15603—1995《常用化学危险品贮存通则》:

6.9 腐蚀性物品,包装必须严密,不允许泄漏,严禁与液化气体和其他物品共存。

10.3 按化学危险品特性,用化学的或物理的方法处理废弃物品,不得任意抛弃、污染环境。

（5）监督检查锅炉房应急出口、标识设置,应急物资配备及应急预案演练和评估等管理情况。

监督依据标准: GB 50041—2008《锅炉房设计规范》、《中国石油天然气集团公司安全目视化管理规范》(安全〔2009〕552号)、《中国石油天然气集团公司安全生产应急管理办法》(中油安〔2015〕175号)。

GB 50041—2008《锅炉房设计规范》:

4.3.7 锅炉房出入口的设置,必须符合下列规定:

1 出入口不应少于2个。但对独立锅炉房,当炉前走道总长度小于12m,且总建筑面积小于200m²时,其出入口可设2个;

2 非独立锅炉房,其人员出入口必须有1个直通室外;

3 锅炉房为多层布置时,其各层的人员出入口不应少于2个。楼层上的人员出入口,应有直接通向地面的安全楼梯。

4.3.8 锅炉房通向室外的门应向室外开启,锅炉房内的工作间或生活间直通锅炉间的门应向锅炉间内开启。

《中国石油天然气集团公司安全目视化管理规范》(安全〔2009〕552号):

第二十三条 企业应使用红、黄指示线划分固定生产作业区域的不同危险状况。红色指示线警示有危险,未经许可禁止进入;黄色指示线提示有危险,进入时注意。

第二十四条 应按国家和行业标准的有关要求,对生产作业区域内的消防通道、逃生通道、紧急集合点设置明确的指示标识。

《中国石油天然气集团公司安全生产应急管理办法》(中油安〔2015〕175号):

第九条 集团公司及所属企业根据需要建立跨企业、跨区域的应急救援响应联动机制,相关业务部门按照职责分工对其管理的生产经营单位联动机制建设给予必要的指导。

（6）监督检查劳动防护用品配备及正确使用情况。

监督依据标准 GB/T 12801—2008《生产过程安全卫生要求总则》。

6.2.1 企业应当按照 GB 11651 和国家颁发的劳动防护用品配备标准以及有关规定,为从业人员配备劳动防护用品。

6.2.2 企业为从业人员提供的劳动防护用品,应符合国家标准或行业标准,不得超过使用期限。

6.2.3 企业应当督促、教育从业人员正确佩戴和使用劳动防护用品。

6.2.4 从业人员在作业过程中,应按照安全生产规章制度和劳动防护用品使用规则,正确佩戴和使用劳动防护用品,未按规定佩戴和使用劳动防护用品的,不得上岗作业。

（五）典型"三违"行为

（1）特种作业人员未取得有效操作证件上岗作业的。

（2）操作人员未按规定正确使用劳动防护用品的。

（3）作业人员违规借助上煤输送皮带运送物品的。

（4）岗位值班人员巡检不到位、漏检的,或未留有检查记录的。

（5）岗位操作人员未按照锅炉运行安全操作规程操作的。

（六）典型事故案例

锅炉运行管理不善,后拱管受热区发生爆管漏水,案例分析如下:

（1）事故经过:某单位 SHL360–7/95/70 热水锅炉投入运行后的第二个采暖期,后拱管受热区发生爆管漏水事故,现场检查发现左水冷壁管 3 根、顶棚管 2 根存在严重脱碳变性现象。

(2)主要原因:锅炉运行管理不善,水质不达标,使管内结垢、腐蚀严重;水质化验人员的责任心不强,安全意识差;水处理设备陈旧,交换树脂失效。

(3)事故教训:加强锅炉运行管理,水质不达标不允许使用;水质化验人员要加强责任心,提高安全意识;加强设备设施管理,确保设备有效运行。

第二节　要害部位安全监督工作指南

一、加油(气)站

(一)主要风险

(1)因设备质量和状态不完好、静电危害、雷击、电火花、火花或因人员操作不规范造成的火灾爆炸。

(2)因设备不完好或者操作不规范发生油(气)外溢,造成的环境污染。

(二)卸油作业

1. 监督内容

(1)监督检查劳动防护用品的配备和使用情况。

(2)监督检查卸油操作规程的实施情况。

(3)监督检查属地内设备设施是否完整有效。

(4)监督检查应急演练执行情况、应急处置程序合理性、应急物资配备情况。

2. 主要监督依据

GB 12158—2006《防止静电事故通用导则》;

Q/SY 164—2007《汽车罐车成品油、液化石油气装卸作业安全规程》;

《中国石油销售公司加油站管理规范操作部分(2017 年版)》;

AQ 3010—2007《加油站作业安全规范》;

GB 50156—2012《汽车加油加气站设计与施工规范》。

3. 监督控制要点

(1)监督检查劳动防护用品的配备和使用情况。

监督依据标准：GB 12158—2006《防止静电事故通用导则》、Q/SY 164—2007《汽车罐车成品油、液化石油气装卸作业安全规程》。

GB 12158—2006《防止静电事故通用导则》：

6.5 人体静电的防护措施

6.5.1 当气体爆炸危险场所的等级属0区和1区，且可燃物的最小点燃能量在0.25mJ以下时，工作人员需穿防静电鞋、防静电服。当环境相对湿度保持在50%以上时，可穿棉工作服。

6.5.2 静电危险场所的工作人员，外露穿着物（包括鞋、衣物）应具防静电或导电功能，各部分穿着物应存在电气连续性，地面应配用导电地面。

6.5.3 禁止在静电危险场所穿脱衣物、帽子及类似物，并避免剧烈的身体运动。

6.5.4 在气体爆炸危险场所的等级属0区和1区工作时，应佩戴防静电手套。

6.5.5 防静电衣物所用材料的表面电阻率 $<5\times10^{10}\Omega$，防静电工作服技术要求见GB 12014。

Q/SY 164—2007《汽车罐车成品油、液化石油气装卸作业安全规程》：

3.1.6 装卸人员必须穿戴好防静电服装，作业前应消除人体静电，严禁穿戴钉子鞋作业，作业时必须使用经国家有关部门鉴定认可的防爆工具及照明设备，接触钢铁设备时严禁敲打和撞击。

（2）监督检查卸油作业准备情况。

监督依据标准：《中国石油销售公司加油站管理规范操作部分（2017年版）》。

（一）作业准备

（1）引导车辆。油罐车进站后，前庭主管清理卸油区，必要时打开卸油区照明，确保卸油区内无闲杂人员和车辆，疏导通道，指挥油罐车低速驶入卸油平台，且停车后车头朝向出口。驾驶员停车后拉紧手刹确保不溜车，以避免车辆自行移动。

（2）安全提示。前庭主管对驾驶员进行安全提示，包括拉上手刹、打开海底阀、关闭发动机、切断罐车总电源、正确穿戴防静电工服、释放人体静电、严禁烟火、禁止使用手机等。

（3）释放静电。作业人员释放人体静电。前庭主管检查静电接地夹是否完好有效，将静电接地夹接在罐车专用接地端子上，不得接在距卸油口1.5m范围之内。罐车静电接地拖带有效接触地面，静置15min。如静电接地报警器故障，不得进行卸油操作。

（4）安全准备。佩戴个人安全防护用品，放置灭火器，设置警示标志，检查罐车、卸油现场的安全。

（5）检查铅封。前庭主管根据油罐车铅封登记本记录的铅封号,对油罐车卸油口处铅封进行核对并检查其完好性。

（6）核对表单。前庭主管和驾驶员共同核对罐车所装油品品号、仓号与"成品油配送单"是否一致。

（7）计算空容。前庭主管读取液位仪显示的待进油罐罐存量、空容量数据。根据进油罐卸前空容量、"成品油配送单"上油品配送数量,确认卸后库存量是否在安全容量范围内。通过质量验收,若发现罐车内油品质量异常,标准密度偏差超过 $1.2kg/m^3$,按加油站油品接卸质量异议处理程序处理。

（3）监督检查卸油过程中安全措施落实情况。

监督依据标准:GB 12158—2006《防止静电事故通用导则》、AQ 3010—2007《加油站作业安全规范》。

GB 12158—2006《防止静电事故通用导则》:

6.2.5 油罐汽车在装卸过程中应采用专用的接地导线(可卷式),夹子和接地端子将罐车与装卸设备相互联接起来。接地线的联接,应在油罐开盖以前进行;接地线的拆除应在装卸完毕,封闭罐盖以后进行。有条件时可尽量采用接地设备与启动装卸用泵相互间能联锁的装置。

AQ 3010—2007《加油站作业安全规范》:

5.2.3 卸油过程中,卸油人员和油罐车驾驶员不应离开作业现场,打雷时应停止卸油作业。

5.2.4 向地下罐注油时,与该罐连接的给油设备应停止使用。卸油前应检查油罐的存油量,以防灌油时溢油。卸油作业中,严禁用量油尺计量油罐。

5.2.5 卸油作业中,必须有专人在现场监视,并禁止车辆及非工作人员进入卸油区。

5.2.9 卸油前,核对罐车与油罐中油品的品名、牌号是否一致,各项准备工作检查无误后,能自流卸油的不泵送卸油。

5.2.10 油罐车驾驶员缓慢开启卸油阀卸油。卸油员集中精力监视、观察卸油管线、相关闸阀、过滤器等设备的运行情况,随时准备处理可能发生的问题。

5.2.11 卸油时严格控制油的流速,在油面淹没进油管口 200mm 前,初始流速不应大于 1m/s,正常卸油时流速控制在 4.5m/s 以内,以防产生静电。

5.2.12 卸油完毕,油罐车驾驶员应关闭卸油阀;卸油员应先拆卸油管与油罐车连接端头,并将卸油管抬高使管内油料流入油罐内并防止溅出。盖严罐口处的卸油帽,收回静电导线。收存卸油管、油气回收管时不可抛掷,以防接头变形。

5.2.13 卸油完毕罐车静置5min后,卸油员引导油罐车启车、离站,清理卸油现场,将消防器材放回原位。

5.2.14 待罐内油面静止平稳后,通知加油员开机加油。

5.2.15 卸油时若发生油料溅溢时,应立即停止卸油并立即处理。

5.2.16 卸油时如发生交通事故、火灾事故、爆炸事故、破坏事故和伤亡事故等重大事故,应立即停止卸油作业,同时应将油罐车驶离加油站。

5.2.17 在卸油过程中,严禁擦洗罐车物品、按喇叭、修车等,对器具要轻拿轻放,夜间照明须使用防爆灯具。

（4）监督检查卸油作业现场环境条件。

监督依据标准:Q/SY 164—2007《汽车罐车成品油、液化石油气装卸作业安全规程》。

3.1.7 装卸人员禁止在装卸现场穿脱衣服、帽子或从事可能产生静电的活动。

3.1.8 装卸人员现场严禁使用非防爆的对讲机、移动电话等通讯工具。

3.2 装卸场地

3.2.1 各单位应根据装卸工作的实际情况,设置相应的装卸场地。装卸场地应符合GB 50160《石油化工企业设计防火规范》的相关规定。

3.2.2 装卸场地的地面应采用现浇混凝土地面,需平坦、坚固,并应有良好的排水设施。

4.1.1.2 在装卸区域应设围栏或明显的警戒线,装卸现场严禁各种无关的机动车辆及人员进入。

4.1.1.3 装卸人员检查装油鹤管、软管、管道、罐车的跨接和接地情况,合格后方可作业。

（5）监督检查现场应急物资配备情况。

监督依据标准:GB 50156—2012《汽车加油加气站设计与施工规范》。

10.1.1 加油加气站工艺设备应配置灭火器材,并应符合下列规定:

4 地下储罐应配置1台不小于35kg推车式干粉灭火器。当两种介质储罐之间的距离超过15m时,应分别配置。

4. 典型"三违"行为

（1）接卸油作业未按规定准备消防器材并处于临战状态。

（2）接卸油作业静电接地夹连接顺序有误、位置不当或未连接。

（3）油罐车静置时间不足 15min。

（4）作业人员未按要求着装,上罐车未规范佩戴安全帽,携带灭火毯,未升起油罐车护栏。

（5）接卸油作业人员未做到全程安全监护。

5. 典型事故案例

标识不清误操作,造成混油损失,案例分析如下:

（1）事件经过:2005 年 12 月 20 日 15 时 15 分,某加油站接收 10t-20 号柴油,计量员 A 验收合格后准备卸油。计量员 A 第一次取来 -20 号柴油罐卸油口钥匙,却去开 -10 号柴油罐卸油口锁,没有打开。计量员 A 以为钥匙拿错了,又换来 -10 号柴油罐卸油口钥匙,打开卸油口,开始卸油。-10 号柴油罐中当时只能卸下 5890L 油,油品卸满后从计量孔中溢出。15 时 50 分,计量员 B 到达现场,发现油品卸错,立即停止向 -10 号柴油罐中卸油,并将油罐车内剩余油品卸入 -20 号柴油罐中。卸后计量发现 -20 号柴油罐中共卸入 5980L。

（2）主要原因:卸油口未标识罐号和品名,造成计量员开错阀门;卸油过程现场无人监护,导致混油和溢油。

（3）事故教训:严格按照《加油站细节管理手册》油罐区定置化设置油品标识牌,对应品种横向固定在卸油箱内后挡板的卸油口上方。加强加油站人员岗位责任制教育,提高岗位责任意识,确保卸油过程全程监护。

（三）发油作业

1. 监督内容

（1）监督检查劳动防护用品的配备和使用情况。

（2）监督检查加油操作基本要求。

（3）监督检查加油操作规程的实施情况。

（4）监督检查应急演练执行情况、应急处置程序合理性、应急物资配备情况。

2. 主要监督依据

GB 12158—2006《防止静电事故通用导则》;

AQ 3010—2007《加油站作业安全规范》;

《中国石油销售公司加油站管理规范操作部分（2017 年版）》。

3. 监督控制要点

（1）监督检查劳动防护用品的配备和使用情况。

监督依据标准：GB 12158—2006《防止静电事故通用导则》。

6.5　人体静电的防护措施

6.5.1　当气体爆炸危险场所的等级属 0 区和 1 区，且可燃物的最小点燃能量在 0.25mJ 以下时，工作人员需穿防静电鞋、防静电服。当环境相对湿度保持在 50％以上时，可穿棉工作服。

6.5.2　静电危险场所的工作人员，外露穿着物（包括鞋、衣物）应具防静电或导电功能，各部分穿着物应存在电气连续性，地面应配用导电地面。

6.5.4　在气体爆炸危险场所的等级属 0 区和 1 区工作时，应佩戴防静电手套。

6.5.5　防静电衣物所用材料的表面电阻率＜$5×10^{10}\Omega\cdot m$，防静电工作服技术要求见 GB 12014。

（2）监督检查加油操作基本要求。

监督依据标准：AQ 3010—2007《加油站作业安全规范》。

6.1　基本要求

6.1.1　加油机运转时，电机和泵温度应保持正常，计量器和泵的轴封应无明显泄露，汽油加油流量不应大于 60L/min。

6.1.2　加油机机件应保持性能良好，油气分离器及过滤器应保持功能正常，排气管应畅通、无损，泵安全阀应保持压力正常。加油员在使用加油机前，应检查加油机运转是否正常及有无渗漏油品现象，并要保持加油机的整洁。

6.1.3　加油岛上不得放置收录音机，电扇、延长线、冷藏设备等一般电器设备及其他杂物。

6.1.4　有加油车辆进站时，加油人员应站在加油岛上以防被撞，作业人员避免穿过两车中间。

6.1.5　客车进站加油时不得载有乘客。

6.1.6　禁止使用绝缘性容器加注汽油、煤油等。

（3）监督检查加油操作规程的实施情况。

监督依据标准：AQ 3010—2007《加油站作业安全规范》、《中国石油销售公司加油站管理规范操作部分（2017 年版）》。

AQ 3010—2007《加油站作业安全规范》：

6.2　加油

6.2.1　车辆驶入站时，加油员应主动引导车辆进入加油位置。当进站加油车停稳，发动机熄火后，方可打开油箱盖，加油前加油机计数器回零后，启动加油机开始加油。

6.2.2 加油作业应由加油员操作,不得由顾客自行处置。

6.2.3 加油时应避免油料溅出,尤其机车加油时应特别注意不可溅出油料溅及高温引擎及排气管。

6.2.4 加油时若有油料溢出,应立即擦拭,含有油污布料应妥善收存有盖容器中。

6.2.5 加完油后,应立即将加油枪拉出,以防被拖走。

6.2.6 加油前及加油后应保持橡皮管放置于加油机上,防止被车辆压坏。

6.2.7 当加油、结算等程序完成后,应及时引导车辆离开加油岛。

6.2.8 站内有人吸烟或使用移动电话时,应立即停止加油。

6.2.9 摩托车加油后,应用人力将摩托车推离加油岛4.5m后,方可启动。

6.2.10 加油站上空有高强闪电或雷击频繁时,应停止加油作业,采取防护措施。

《中国石油销售公司加油站管理规范操作部分(2017年版)》:

3.5.1 加油

1. 加油操作

(1)站立迎候。当有车辆进站时,营业员应站在加油岛端,面向车辆入口一侧,正面迎接顾客。

(2)引导车辆。当车辆驶入站内时,营业员应迅速判断车辆的油箱位置和应加油品品种,五指并拢,抬起手臂引导车辆到加油位停泊,在5s内到达车前,做到"车到人到"。

(3)开启车门。车停稳后,营业员在征得顾客同意后主动为顾客开启车门(如顾客主动降下车窗进行交流,则无需为顾客开启车门)。

(4)微笑招呼。营业员礼貌地向顾客打招呼:"您好,欢迎光临!"同时提醒顾客熄灭发动机,并进行HSE相关提示,如请顾客不要在现场使用手机、禁止吸烟等(对主动配合的客户,可不再进行提示)。

(5)热情询问。礼貌地询问顾客油品、品号、数量或全额、支付方式。先问:"请问您加什么油,加满吗?""使用加油卡还是现金?"如顾客未听清或有疑问,应再次询问。待顾客回答后应立即复述:"好的,××油品,加满(或××升,或××元),请稍等!"。

(6)开启油箱。营业员应提示顾客开启油箱外盖,然后主动为顾客开启油箱。轿车应将油箱旋塞挂在油箱外盖处,货车应将油箱旋塞放置于油箱上。如顾客自行开启,营业员应表示谢意。

(7)预置归零。

(8)提枪加油。再次确认油品无误后,将加油枪插入车辆油箱口,启动加油。正确的加油姿势为一手持加油枪,一手扶住加油胶管,同时根据油箱位置采取站立或半蹲的姿势加油。

拉动加油枪时,应注意松开盘管,以免扭断胶管或拉长到极限。加油时应先缓慢加入,避免油箱内的气压将刚加入的油品反冲出来。加油过程中应密切注意油箱口,根据加油枪流量或声音判断油箱是否快要加满,提前将加油枪由大流量改为小流量,以防止自封加油枪发生故障时油品溢出。

2. 快速加油操作服务和沟通的技巧

(4)加油沟通。确认油品无误后,将加油枪插入车辆油箱口,启动加油。加油过程中,如顾客未使用加油卡,可向顾客推介加油卡和促销商品,适时告知店内优惠促销活动内容,通过沟通与顾客拉近距离,加深印象,融洽气氛。如为熟悉的顾客,语言交流应更具亲和力。

3. 摩托车加油操作

(6)收款送行。参照快速加油操作中"收款送行"部分执行。收款完毕后,应引导或提示顾客将摩托车推离加油机4.5m外方可启动。

3.5.2 加油操作注意事项

(1)杜绝以下违规操作。

① 把加油枪交给顾客操作(顾客要求自己持枪加油和自助加油站除外)。

② 将加油枪口对准顾客。

③ 向塑料容器或木制容器内直接加注油品。

④ 特殊时期未严格执行公司及当地政府禁止销售散装汽油的规定。

⑤ 车辆未熄火加油。

⑥ 为存在明显事故隐患的车辆加油。

⑦ 加油站上空电闪雷鸣时加油。

⑧ 洒、冒油品未擦拭干净,继续加油。

⑨ 用加油枪敲打油箱口。

(4)监督检查现场应急物资配备情况。

监督依据标准:《中国石油销售公司加油站管理规范操作部分(2017年版)》。

10.1.1 加油加气站工艺设备应配置灭火器材,并应符合下列规定:

2. 每2台加油机应配置不少于2具4kg手提式干粉灭火器,或1具4kg手提式干粉灭火器和1具6L泡沫灭火器。加油机不足2台应按2台配置。

6. 一、二级加油站应配置灭火毯5块、沙子2m²;三级加油站应配置灭火毯不少于2块、沙子2m²。加油加气合建站应按同级别的加油站配置灭火毯和沙子。

---

4. 典型"三违"行为

（1）给未熄火车辆加油。

（2）未及时制止顾客拨打手机的行为。

（3）向存在明显事故隐患的车辆加油。

（4）向塑料容器或木制容器内直接加注汽油。

（5）加油站上空电闪雷鸣时加油。

（6）洒、冒油品未处理，继续加油。

5. 典型事故案例

油枪复位不到位，导致油枪掉落喷油，案例分析如下：

（1）事件经过：2013 年 11 月，某加油站由于进站加油车辆较多，1 名员工给 1 名顾客加完柴油后，未将油枪卡子回位，直接放到油枪托架上。由于未放稳妥，导致油枪掉落，瞬间加油机自助开启，油枪喷油，其他员工看到此情况，立即跑过去关闭了加油机开关。加油站经理立即组织员工对现场进行清理后恢复正常工作。

（2）主要原因：加油枪卡子未归位，造成油枪掉落，油品喷洒；加油站现场员工监控不到位，提示力度不够，现场没有告知警示牌。

（3）事故教训：按照《加油站管理规范》的规定，严格执行操作规程。加强加油站人员岗位责任制教育，提高岗位责任意识，确保加油过程全程监护。

（四）配发电作业

1. 监督内容

（1）监督检查人员持证情况。

（2）监督检查劳动防护用品的配备和使用情况。

（3）监督检查操作规程的实施情况。

2. 主要监督依据

《中华人民共和国安全生产法》（中华人民共和国主席令第 13 号〔2014〕）；

AQ 3010—2007《加油站作业安全规范》；

《中国石油天然气集团公司计量管理办法》（中油质字〔2001〕214 号）；

《中国石油销售公司加油站管理规范操作部分(2017 年版)》。

3. 监督控制要点

（1）监督检查人员持证情况。

> 监督依据标准:《中华人民共和国安全生产法》(中华人民共和国主席令第 13 号〔2014〕)、AQ 3010—2007《加油站作业安全规范》、《中国石油天然气集团公司计量管理办法》(中油质字〔2001〕214 号)。
>
> 《中华人民共和国安全生产法》(中华人民共和国主席令第 13 号〔2014〕):
>
> 第二十七条 生产经营单位的特种作业人员必须按照国家有关规定经专门的安全作业培训,取得相应资格,方可上岗作业。
>
> AQ 3010—2007《加油站作业安全规范》:
>
> 8.6.1 电气作业必须由经过专业培训、考试合格、持有电工特种作业资格证的人员进行。
>
> 《中国石油天然气集团公司计量管理办法》(中油质字〔2001〕214 号):
>
> 第二十九条 计量人员是指从事计量管理、计量检测、计量校准、计量操作、计量器具维修等工作的人员。计量检定、计量校准和油气计量操作人员,必须经考核合格后持证上岗。

(2)监督检查劳动防护用品的配备和使用情况。

> 监督依据标准:AQ 3010—2007《加油站作业安全规范》。
>
> 8.6.1 电气作业人员上岗,应按规定穿戴好劳动防护用品并正确使用符合安全要求的电气工具。

(3)监督检查操作规程的实施情况。

> 监督依据标准:AQ 3010—2007《加油站作业安全规范》、《中国石油销售公司加油站管理规范操作部分(2017 年版)》。
>
> AQ 3010—2007《加油站作业安全规范》:
>
> 8.6.2 变、配电房间必须制定运行规程、巡回检查制度,明确巡回检查路线,值班人员的职责应在规程制度中明确规定。
>
> 《中国石油销售公司加油站管理规范操作部分(2017 年版)》:
>
> 配电系统
>
> (一)操作
>
> (1)操作人员戴好绝缘手套,站在绝缘胶垫上。
>
> (2)停电。依次切断生活、动力、照明用电设备开关,再将转换开关置于停电位。
>
> (3)送电(供市电)。将转换开关置于市电位,检查确认电压值正常、无缺相后,再依次开启照明、动力、生活用电设备开关。

（二）检查

（1）绝缘胶垫完好，上下无水渍。

（2）绝缘手套、绝缘鞋完好无破损。

（3）柜（箱）门锁闭，通向柜、箱及配电室的孔洞封堵。

（4）接地线完好。

（5）无烧焦味及异常杂声。

（6）"严禁合闸"及"当心触电"警示牌完好，配电柜内各开关功能提示标签齐全完好。

（7）各类指示灯及电压正常。

（8）挡鼠板、门窗完好。

（9）保持良好通风。

（10）配电室无液体物品及其他杂物。

（11）配电室无渗漏水。

（12）应急照明完好。

（三）保养

（1）用干清洁布对外壳进行清洁。禁止用湿清洁布擦拭配电柜（箱）。

（2）专业维护由上级公司组织专业人员实施。

（四）故障排除

故障排除由上级公司组织专业人员实施。实施时注意以下几点：

（1）故障排除时，必须切断上级电源，按规定悬挂"严禁合闸"牌。

（2）维修操作实行监护制，1人操作，1人监护。

（3）严禁无关人员在维修期间进入配电室。

（4）未经修复的电器严禁使用。

发电机

（一）操作

1.启动准备

（1）按常规检查要求进行检查。

（2）机组第一次启动或停机较长时间后再次启动，应先用手压泵排尽燃油系统的空气。

（3）启动前保证机组处于空载状态。

2.启动机组

（1）启动分为手摇启动、电启动、自动启动3种。

① 手摇启动。一手控制减压开关，一手握紧摇柄，均匀用力摇动手柄，机组转速达到启动转速后松开减压开关，机组启动。

② 电启动。一手控制减压开关（或将调速器手柄置于减压状态），一手操作启动开关按钮 3～5s，机组转速达到启动转速后松开减压开关按钮，机组启动。启动不成功，应 20s 后再次启动；多次启动不成功，应停止启动操作，排除故障后，再次启动。

③ 自动启动。按照自动启动发电机组说明书进行操作。

（2）急速运行 3～5min（或水温达到 60℃ 以后）。

（3）缓慢调整转速至额定电压（电压为 360～400V，频率为 50Hz），禁止骤增转速。

（4）出现声音异常等故障，应立即停机检查。

3. 送电

（1）站在绝缘胶垫上。

（2）至额定转速，且空载运行的各项参数稳定后，打开发电机电源输出开关。

（3）发电供电操作。依次切断生活、动力、照明用电设备开关，将转换开关置于发电位，检查发电电压正常、无缺相后，再依次开启照明、动力、生活用电设备开关。

4. 机组运行

（1）运行期间须专人监护，定时巡查水箱、油箱液位高度是否符合使用要求。

（2）检查油、液是否渗漏。

（3）检查仪表显示数据是否在额定范围内。

（4）检查有无异常振动、异味、异常声响等。

5. 机组停机

（1）确认加油站所有电气设备处于停机状态。

（2）断开倒向开关，让发电机空负荷运转。

（3）发电停电操作。依次切断生活、动力、照明用电设备开关，将转换开关置于市电位，检查市电电压正常、无缺相后，再依次开启照明、动力、生活用电设备开关。

（4）停机时，逐渐减速至急速状态运行 3～5min（或待水温降至 70℃ 以下），缓慢松开减压开关熄火停机。禁止转速突降。

（5）关闭油箱、电瓶控制开关。

（6）清洁保养，做好运行记录。

6. 紧急停机

（1）发电机组运转时声音、温度或仪表指数、排烟出现异常情况时，必须立即停机。

（2）紧急停机时，按下急停按钮或将喷油泵停机控制手柄迅速推到停机位置。

（二）检查

（1）发电机组外观是否清洁，铭牌是否清晰，附件是否齐全完好。

（2）机油液位及清洁情况。

（3）发电机供油、润滑、冷却等系统各个管路及接头有无漏油、漏水现象。

（4）发电机安全防护罩以及防烫伤装置是否完好。

（5）传动皮带是否松紧适度，有无毛边和裂纹。

（6）电气线路有无破损、漏电现象，电气接地线是否松动。

（7）机组各连接处是否紧固。

（8）电瓶电量是否充足，正负极表面有无氧化物，螺栓是否松动。

（9）散热器水箱是否清洁、有无结垢，水位是否正常。

（三）保养

（1）每次运行后，须对基座及其他连接部件螺栓螺帽进行紧固、对机组外部进行清洁。

（2）每周空载运行 1 次，时间为 10~15min。

（3）每季度更换 1 次冷却水。高寒地区未添加防冻液的冷却水，运行结束后应及时排除。

（4）防止受潮，避免造成线圈损坏。

（5）做好发电机运行记录，达到规定运行时间应更换机油、机油滤清器、燃油滤清器及空气滤芯，保养周期。

（6）紧固脱落的发电机安全防护罩及防烫伤装置。

（7）油箱内燃油存放时间不宜超过 3 个月。

（8）保护接地电阻值不大于 4Ω。

（4）监督检查其他安全要求落实情况。

监督依据标准：AQ 3010—2007《加油站作业安全规范》。

8.6.3　高压设备无论带电与否，值班人员不得单人移开或越过遮栏进行工作。若必须移开遮栏时，必须有监护人在场，并符合设备不停电检修安全距离要求。

8.6.4　雷雨天气巡检室外设备时，巡检人员必须穿绝缘靴，并不得靠近避雷装置。

8.6.5　在高压设备或大容量低压总盘上倒闸操作及在带电设备附近工作时，必须由两人进行，且由经验丰富的人员担任监护。

8.6.6　在低压配电系统中，必须正确选择、安装、使用电流动作型漏电保护器，其运行管理从其规定。

8.6.7　电气检修必须执行电气检修工作票制度，并明确工作票签发人、工作负责人（监护人）、工作许可人、操作人员责任。工作票必须经签发人签发，许可人许可，并办理许可手续后方可作业。

8.6.8 不得在电气设备、供电线路上带电作业(无论高压或低压)。停电后,应在电源开关处上锁、拆下熔断器,并挂上"禁止合闸、有人工作"等标示牌,工作未结束或未得到许可,任何人不准随意拿下标示牌或送电。工作完毕并经复查无误后,由工作负责人将检修情况与值班人员做好交接后方可摘牌送电。

8.6.9 不应随意拉设临时线路。

8.6.10 更换熔断器,要严格按照规定选用熔丝,不得任意用其他金属丝代替。

8.6.11 发电、供电过程中必须有专人监护。

8.6.12 当外线停电后,及时断开配电柜中外电总闸和加油站内主要设备及大负荷设备的电源开关(如:加油机、加油区照明、微机等)。按发电操作规程启动发电设备。

8.6.13 恢复外线供电,当外线来电时断开加油站内各主要设备及大负荷设备的电源开关(如:加油机、加油区照明、微机等)。注意观察外电指示灯及电压表变化情况,确认电压稳定后,按操作规程恢复供电。

4. 发电操作注意事项。

(1)严禁在运行期间拆卸或调整机组零部件。

(2)严禁在运行期间使用抹布等擦拭设备。

(3)不得把手伸到风扇防护罩以下和其他相对运动的部位。

(4)不得用手触摸机组排气管。

(5)室内必须保持良好通风。

(6)禁止在机组壳上搁置任何物件。

(7)严禁在水温过高时骤然停机。

5. 典型事故案例

违规操作造成高压触电亡人,案例分析如下:

(1)事件经过:2018 年 5 月 15 日 17 时 13 分,宁夏销售公司中卫分公司海原片区小河桥加油站员工汪某,站在加油站专用变压器横担上,用木棍挑落 10kV 高压线上悬挂的纤维包装袋过程中,变压器高压侧(C 相)放电,造成汪某触电坠落地面,经抢救无效死亡。

(2)主要原因:汪某违规登上变压器横担带电作业,高压弧光放电,击中左手肘肩部、头部、脚部,从横担上坠落,导致死亡;超越职责作业;超越能力作业;作业许可管理制度执行不到位。

(3)事故教训:强化基层班组日常管理,严厉处罚"三违行为",杜绝"三违行为";强化员工安全意识,应清楚"什么能干,什么不能干";开展员工电气安全专项培训。

二、油库

（一）主要风险

（1）因设备质量和状态不佳、静电危害、雷电、电火花、火花、非常规作业，或者人员失误等，造成的火灾爆炸。

（2）因进库车辆车速过快、设施不完善，造成的车辆伤害。

（3）因设备状态不佳或者人员操作行为不当，发生油气外溢、废水超标排放，造成环境污染。

（4）因强风、作业面光滑、能见度低、人员操作失误、使用不合适或者破损的防坠落装置，造成的人员或设备高处坠落。

（5）因设备状态不佳、非常规作业、操作行为或人员失误，造成的触电。

（二）收发油作业

1. 监督内容

（1）督促作业人员按规定正确使用劳动防护用品。

（2）监督岗位作业人员严格执行操作规程及相关安全标准。

（3）监督作业人员进行作业过程中的巡检。

（4）监督作业人员确认油罐可输出量与输转数量一致或多于输转数量。

（5）监督作业人员对发油储罐实时监控，关注油罐液位、管线压力等参数的变化。

（6）督促作业人员进行作业过程中的巡检，检查沿线管线、储罐及运行设备状态。

（7）监督作业过程中，作业人员每 2 小时须记录排量、压力、流速、输转量等信息。

（8）监督作业人员油罐切换时遵循先开后关的原则，内、外操作岗位人员保持通信畅通，确保切换无误。

（9）监督铁路收发油作业前的准备工作（包括确认罐车油品计质量达标、确认油品输转及卸车通知单、开通铁路收油工艺流程、复核确认收油工艺流程）。

（10）监督码头收发油作业前的准备工作（包括确认收油作业通知单、协助油船靠泊、核对船舶作业信息、核对油船作业人员信息、对油船进行安全检查和防污染检查、静电跨接、布放围油栏、导通甲板围堰流程、检查布置消防设备与器材、正确操作吊机、导通收油工艺流程、复核收油工艺流程）。

（11）监督公路收发油作业前的准备工作（包括确认油品质量达标、确认油品输转及卸车通知单、开通公路收油工艺流程、复核确认收油工艺流程、确认机泵、静电接地及防溢油装置完好有效）。

（12）收油结束后监督作业人员关闭相应的工艺流程，对相应阀门施铅封并登记。

（13）收发油结束后监督作业人员关闭相应的工艺流程。

（14）监督岗位作业人员对设备进行复位。

2. 主要监督依据

Q/SY 1309—2010《铁路罐车成品油、液化石油气装卸作业安全规程》；

Q/SY 08124.13—2016《石油企业现场安全检查规范 第13部分：油品销售》；

AQ 3018—2008《危险化学品储罐区作业安全通则》；

SY/T 5921—2017《立式圆筒形钢制焊接油罐操作维护修理规范》；

Q/SY 164—2007《汽车罐车成品油、液化石油气装卸作业安全规程》；

GB 18434—2001《油船油码头安全作业规程》；

GB 6067.1—2010《起重机械安全规程 第1部分：总则》；

《中华人民共和国内河避碰规则（2003修订）》；

《港口危险货物安全管理规定》（中华人民共和国交通运输部令第27号〔2017〕）。

3. 监督控制要点

（1）铁路收发油作业前，监督作业人员确认栈桥消防器材配备齐全完好、所装油品与罐车允许的油品相符、车体检查符合要求、静电跨接和接地、品种质量数量符合、装车工艺符合要求。

监督依据标准：Q/SY 1309—2010《铁路罐车成品油、液化石油气装卸作业安全规程》。

5.1 成品油的装卸

5.1.1.4 装卸前，栈桥消防器材应配备齐全，处于完好状态。

5.1.1.5 装卸人员应使用防爆工具打开罐（槽）盖。开关车盖应轻开轻放，禁止猛烈撞击，以防产生火花。

5.1.1.6 装卸人员应确认所装油料与油罐（槽）车允许运输的油料相符，若改装其他油品，应经过清洗和安全处理，经检验合格后方可使用，铁路罐车未经清洗不应换装油品。航煤等特殊油品应按特洗管理要求进行。

5.1.1.7 装卸人员在装卸前应对罐（槽）车进行检查，符合下列要求：

a）罐（槽）车内部不允许存在未接地的浮动物。

b）罐（槽）体无渗漏现象。

c）阀门应关严，无泄漏。

d）罐（槽）车各附件处于完好状态。

---

e）罐（槽）体与车身应紧固，罐（槽）盖应密封。

f）卸车时罐（槽）车已脱水；装车时贮罐内装车油已脱水。

g）接好罐（槽）车静电接地线，接地连接点不准接在装卸油口 1.5m 之内。

h）车位对好后严格按罐（槽）车装车卡片对车号、对品种、对鹤管、对数量；看铅封是否完好。

5.1.1.8 装卸人员应检查装油鹤管、软管、管道、罐车的跨接和接地情况是否完好。

（2）监督岗位作业人员严格执行操作规程及相关安全标准。

监督依据标准：Q/SY 1309—2010《铁路罐车成品油、液化石油气装卸作业安全规程》。

5.1.2.1 从下部接卸铁路油罐（槽）车的卸油系统，应采用密闭管道系统。从上部向铁路油罐（槽）车灌装可燃油品时，鹤管应伸入到油罐（槽）车底部，且装卸鹤管距罐（槽）底部距离不应大于 200mm。

5.1.2.2 灌装铁路油罐（槽）车时，油品在鹤管内的容许流速应按式（1）计算：

$$v \cdot D \leq 0.8 \qquad （1）$$

式中：

v——油品流速，单位为米每秒（m/s）；

D——鹤管管径，单位为米（m）。

装车初始流速不应大于 1m/s，当液体浸没管口后方可提高至规定流速，装卸过程的油品规定流速应满足式（1）所得计算值，但不得大于 5m/s。

5.1.2.3 装卸人员应站在上风处，注视进料情况，防止溢出，禁止离开操作岗位。

5.1.2.4 装车时应控制充装量，不应超过罐（槽）车规定的充装系数；卸车时，罐（槽）内油品应卸除干净，装卸完毕后加盖进料口盖并加铅封。

5.1.2.6 装油完毕，应确保规定的静置时间后，才允许进行拆卸鹤管、采样、测温、检尺等作业，最后拆除静电接地线。

5.1.2.7 不准使用绝缘材质的检尺、测温、采样工具进行作业，检尺、采样或测温设备的金属部件应保持接地。

5.1.2.8 进行油品采样、计量和测温时，不应猛拉快提，上提速度不应大于 0.5m/s，下落速度不应大于 1m/s。

（3）作业过程中，监督作业人员对铁路、栈桥、鹤管、泵房等设备设施进行巡检，确认管线、机泵、阀门及鹤管正常。

监督依据标准：Q/SY 08124.13—2016《石油企业现场安全检查规范 第 13 部分：油品销售》。

5.2.3 铁路收发油作业

5.2.3.1 检查对象包括铁路、栈桥、鹤管、泵房、离心泵、水环真空泵、真空罐、铁路罐车成品油装卸作业等。

（4）管输收油作业前准备。

监督依据标准：AQ 3018—2008《危险化学品储罐区作业安全通则》。

4.9 作业前的准备

4.9.1 应确认相关工艺设备符合安全要求。

4.9.2 应确认品种、数量、储罐有效容积和工艺流程。

4.9.3 应确认安全设施、监测监控系统完好。

（5）监控储油罐，确认油面上升情况及浮盘上升速度正常。

监督依据标准：SY/T 5921—2017《立式圆筒形钢制焊接油罐操作维护修理规范》。

3.3.1.1 按要求切换工艺流程。

3.3.1.2 进油时应缓慢开启进罐阀，在进出油管为浸没前，进油管流速应控制 1m/s 以下，浸没后管线油流速应控制在 3m/s 以下，以防止静电荷积聚。

3.3.1.3 浮顶油罐进出油开始时，应检查浮顶有无卡阻、倾斜及冒油现象，查看浮梯有无卡阻和脱轨现象。如有异常应采取紧急措施予以处理。

3.3.1.4 固定顶油罐每次进出油开始时，应确保呼吸阀和安全阀运行正常，雷雨天气不宜大量收油作业。

3.3.1.5 油罐在进出油过程中，应密切观测液位的变化，确保液位升降平稳，呼吸阀工作正常。油罐应在安全罐位范围内运行，特殊情况需在极限罐位范围内运行时，应经上级调度主管部门批准并采取降低进出油速度，严密监视液位等措施。

（6）监督作业人员按时记录流量、压力、温度、密度、累积量等信息，确认分输正常。

监督依据标准：AQ 3018—2008《危险化学品储罐区作业安全通则》。

4.10 输送危险化学品的流速和压力应符合安全要求。

4.11 不得在未采取安全保障措施的情况下采用同一条管道输送不同品种、牌号的危险化学品。

4.12 作业过程中作业人员不得擅离岗位。

（7）作业过程中,监督作业人员对管线、阀门、机泵及收油罐进行巡检,确认管线、阀门、储油罐及运行设备正常。

> 监督依据标准: Q/SY 08124.13—2016《石油企业现场安全检查规范 第13部分:油品销售》。
>
> 5.1.4.1 检查对象包括油罐、油罐附件、工艺管线、液位仪、油气回收装置、静电接地报警器、装卸作业等。

（8）公路收发油作业前准备。

> 监督依据标准: Q/SY 164—2007《汽车罐车成品油、液化石油气装卸作业安全规程》。
>
> 4.1.1 装卸前的准备
>
> 4.1.1.1 装卸人员检查罐(槽)车携带证件是否齐全,阻火器配带是否合格。合格后准许罐(槽)车进入场地,并停靠在指定位置,熄灭发动机,切断总电源,并用手闸制动;有滑动可能时,应加防滑块。
>
> 4.1.1.3 装卸人员检查装油鹤管、软管、管道、罐车的跨接和接地情况,合格后方可作业。
>
> 4.1.1.4 装卸人员必须使用防爆工具打开罐(槽)盖。
>
> 4.1.1.5 装卸人员确认所装卸油料必须与罐(槽)内油料相符;若改装其他液体,必须经过清洗和安全处理,经检验合格后方可使用。
>
> 4.1.1.6 装卸前应对罐(槽)车进行检查,必须符合下列要求:
>
> a)罐车内部不允许存在未接地的浮动物。
>
> b)罐体无渗漏现象。
>
> c)阀门必须关严,无泄漏。
>
> d)罐(槽)体与车身应紧固,罐(槽)盖必须密封完好。
>
> e)卸油软管,应采用防静电软管,软管必须完好。
>
> f)车体要等电位连接,车体与接地线、接地夹良好连接,接地夹应清洁无污物。

（9）收发油作业现场环境条件检查。

> 监督依据标准: Q/SY 164—2007《汽车罐车成品油、液化石油气装卸作业安全规程》。
>
> 3.1.7 装卸人员禁止在装卸现场穿脱衣服、帽子或从事可能产生静电的活动。
>
> 3.1.8 装卸人员现场严禁使用非防爆的对讲机、移动电话等通讯工具。

3.2 装卸场地

3.2.1 各单位应根据装卸工作的实际情况,设置相应的装卸场地。装卸场地应符合 GB 50160—2008《石油化工企业设计防火标准》。

3.2.2 装卸场地的地面应采用现浇混凝土地面,需平坦、坚固,并应有良好的排水设施。

4.1.1.2 在装卸区域应设围栏或明显的警戒线,装卸现场严禁各种无关的机动车辆及人员进入。

4.1.1.3 装卸人员检查装油鹤管、软管、管道、罐车的跨接和接地情况,合格后方可作业。

（10）监督岗位作业人员严格执行操作规程及相关安全标准。

监督依据标准：Q/SY 164—2007《汽车罐车成品油、液化石油气装卸作业安全规程》。

4.1.2 装卸过程

4.1.2.1 鹤管装卸时应调整鹤管位置,使之与罐(槽)口正对。

4.1.2.2 鹤管装卸的成品油,应采用液下装卸鹤管(插底管),距罐(槽)底距离不大于200mm。

4.1.2.3 使用导管装卸时,首先连接快速接头,并确认快速接头的连接情况。

4.1.2.4 装卸时阀门要缓慢开启,鹤管装车时装卸人员应站在上风处,密切注视进料情况,防止溢出。

4.1.2.5 鹤管装卸有速度应满足 GB 12158—2006 的要求,见式（1）：

$$v \cdot D \leqslant 0.5 \qquad （1）$$

式中：

v——油品流速,单位为米每秒(m/s)；

D——鹤管管径,单位为米(m)。

装车初始流速不应大于 1m/s,当液体浸没管口后方可提高至规定流速,最大流速不超过 7m/s。

4.1.2.6 装车时按车辆核定吨位装载,并留有规定的膨胀余位,充满系数最高不得超过 95%,严禁超载；卸车时,罐(槽)内货物应卸净,装卸完毕后关严罐(槽)车进料口盖。

4.1.2.7 装卸过程中操作人员必须注意观察装卸情况,不得擅离操作岗位。

4.1.2.8 卸油时严禁打开储油罐量油口,严禁从量油口直接卸油。

4.1.2.9 在装卸作业中不准进行任何车辆维修工作。不准将与装卸无关的其他易燃易爆物质、氧化剂等带入装卸区域内。

4.1.2.10 采用鹤管装卸火灾危险性属于甲 A 类、乙 A 类的成品油,装车鹤管与装卸泵的距离不应小于 8m,装卸场内无缓冲罐时,在距装卸车鹤位 10m 以外的装卸管线上,应设置便于操作的紧急切断阀。

4.1.2.11 装卸作业结束,应采用泵吸或氮气吹扫等方法将管线内剩余的介质清扫干净,关闭阀门,盖好防尘罩,收好装卸油胶管。

4.1.2.12 装卸操作完毕后,静置时间不少于 2min,然后才能进行采样、测温、检尺、拆卸鹤管等作业,最后拆除静电接地线。

(11)收油作业前监督作业人员确认水路收油通知单、连接装船输油软管、开通水路收油工艺流程、复核确认收油工艺流程,静电接地完好有效。

监督依据标准:GB 18434—2001《油船油码头安全作业规程》。

6.5.2 应在海水或河流中定点位置连接围油栏组。

8.4.1.1 油船抵达油码头,油码头应将消防系统备妥随时可用。

9.1.2 准备卸货的资料:拟卸货油的数量。

9.2.2 准备卸货的资料:货油规格。

9.4 受载前油船货油舱的检查。

(12)使用吊机起吊输油金属软管时,必须一人指挥,一人操作,吊臂下严禁站人。

监督依据标准:GB 6067.1—2010《起重机械安全规程 第 1 部分:总则》

17 起重机械的操作

17.1 总则

起重机械安全操作一般要求如下:

c)司机应接受起重作业人员的起重作业指挥信号的指挥。当起重机的操作不需要信号员时,司机负有起重作业的责任。无论何时,司机随时都应执行来自任何人发出的停止信号。

g)在接通电源或开动设备之前,司机应查看所有控制器,使其处于"零位"或空挡位置。所有现场人员均在安全区内。

(13)收油结束监督作业人员正确关闭相应的工艺流程,对关键阀门进行施铅封并登记。

　　监督依据标准：GB 18434—2001《油船油码头安全作业规程》。

　　11.6.12　完成转载后,船上人员应认真检查、确认货油系统所有阀门是否都已关闭。

　　（14）夜间开启船舶信号灯。

　　监督依据标准：《中华人民共和国内河避碰规则（2003 修订）》。

　　第三十六条　装运危险货物

　　装运易爆、易燃、剧毒、放射性危险货物的船舶在停泊、装卸及航行中,除显示为一般船舶规定的信号外,夜间还应当在桅杆的横桁上显示红光环照灯一盏,白天悬挂"B"字信号旗一面。

　　（15）船舶吃水变化后及时调整缆绳。

　　监督依据标准：GB 18434—2001《油船油码头安全作业规程》。

　　8.2　靠泊期间的系泊缆具的管理

　　8.2.1　船方人员应经常检查和谨慎照管油船的系泊缆具,岸方有关人员也应定期对系泊缆具定期检查和谨慎管理。

　　（16）监督岗位作业人员严格执行操作规程及相关安全标准。

　　监督依据标准：《港口危险货物安全管理规定》（中华人民共和国交通运输部令第 27 号〔2017〕）。

　　第四十六条　危险货物港口作业应当符合有关安全作业标准、规程和制度,并在具有从业资格的装卸管理人员现场指挥或者监控下进行。

　　4. 典型"三违"行为

　　（1）收发油过程中未按要求穿戴劳保。

　　（2）收油过程中未按要求进行巡检。

　　（3）收发油作业前未按要求进行确认、检查及复核工作。

　　（4）收发油过程中未按要求进行现场监督。

　　（5）收发油作业中船舶存在维修施工行为。

　　（6）收发油过程中未按要求确认油品数量、质量和核对收油工艺流程。

　　（7）收油过程中未按要求监控液位及浮盘上升速度,未及时记录分输实时数据。

　　（8）收发油结束后未对设备进行复位。

5. 典型事故案例

未按规定对管线防腐进行检测,造成输油管线泄漏,案例分析如下:

(1)事故经过:2013年1月13日15时40分,某石化公司湛江至茂名输油管529管线麻章段发生原油泄漏事件,逾10t泄漏原油流入南溪河。截至14日10时,原油管道阀门已关闭,漏油已得到控制,市区饮用水源未受污染。

(2)主要原因:未按规定对管线防腐进行检测,巡线检查不及时。

(3)事故教训:按规定对管线防腐进行检测,按规定及时进行巡线检查。

(三)检维修操作

1. 监督内容

(1)监督检维修作业前的准备工作(制订检维修作业计划书,确认检维修内容、确认检维修设备标准,进行检维修作业前的安全分析)。

(2)监督作业人员按规定正确使用劳动防护用品。

(3)监督操作人员严格执行检维修操作规程及相关安全标准。

(4)监督检维修结束后启动设备确认设备完好正常运行。

(5)监督作业人员对设备进行复位,对现场进行清理。

2. 主要监督依据

AQ 3018—2008《危险化学品储罐区作业安全通则》。

3. 监督控制要点

(1)作业前的准备。

监督依据标准:AQ 3018—2008《危险化学品储罐区作业安全通则》。

4.1 作业前应对作业全过程进行风险评估,制定作业方案、安全措施和应急预案。

4.2 作业前应确认作业单位资质和作业人员的操作能力,确认特种作业人员资质。

4.3 应为作业提供必要的安全可靠的机械、工具和设备,并保证完好。

4.4 应按GB 16179和GB 2894的规定设置安全标志。同时设置危险危害告知牌。

4.5 安全培训

4.5.1 作业人员应定期进行专门的安全培训,经考试合格后上岗。特种作业人员应按有关规定经专业培训,考试合格后持证上岗,并定期参加复审。

4.5.2 储存的危险化学品品种改变时以及检维修作业前,应根据风险评估的结果及应采取的控制措施对作业人员进行有针对性的培训。

4.5.3 外来作业人员在进入作业现场前,应由作业现场所在单位组织进行进入现场前的安全培训教育。

4.9 作业前的准备

4.9.1 应确认相关工艺设备符合安全要求。

4.9.2 应确认品种、数量、储罐有效容积和工艺流程。

4.9.3 应确认安全设施、监测监控系统完好。

（2）监督作业人员按规定正确使用劳动防护用品。

监督依据标准：AQ 3018—2008《危险化学品储罐区作业安全通则》。

4.6 个体防护

4.6.1 应根据接触的危险化学品特性和 GB 11651 的要求,选用适宜的劳动防护用品。

4.6.2 作业人员应佩戴适合作业场所安全要求和作业特点的劳动防护用品。

4.6.3 现场定点存放的防护器具应有专人负责保管,经常检查、维护和定期校验。

（3）作业过程中,需有现场监护人员对检维修作业进行监护。

监督依据标准：AQ 3018—2008《危险化学品储罐区作业安全通则》。

4.6 个体防护

4.8 安全监护

4.8.1 作业时应根据作业方案的要求设立安全监护人,安全监护人应对作业全过程进行现场监护。

4.8.2 安全监护人应经过相关作业安全培训,有该岗位的操作资格;应熟悉安全监护要求。

4.8.3 安全监护人员应告知作业人员危险点,交待安全措施和安全注意事项。

4.8.4 作业前安全监护人应现场逐项检查应急救援器材、安全防护器材和工具的配备及安全措施的落实。

4.8.5 安全监护人应佩戴安全监护标志。

4.8.6 安全监护人发现所监护的作业与作业票不相符合或安全措施不落实时应立即制止作业,作业中出现异常情况时应立即要求停止相关作业,并立即报告。

4.8.7 作业人员发现安全监护人不在现场,应立即停止作业。

（4）检维修作业过程管控。

监督依据标准：AQ 3018—2008《危险化学品储罐区作业安全通则》。

5.2 作业前应办理相应的检维修作业的作业票。

5.3 检维修作业应设立现场监护人，作业时现场监护人不得离开作业现场。

5.4 应对检维修作业的作业现场设置警戒区域、警示标志和危险危害告知牌。

5.5 应根据作业场所危险危害的特点，现场配置消防、气体防护等安全器具。

5.6 在作业过程中，如有人员变动，作业负责人必须及时通知作业主管部门，并按规定进行安全教育，办理有关手续后，方可进入施工现场。

5.7 罐区内不宜进行不同的施工作业，如必要时应采取可靠有效的安全控制措施。

5.8 作业前应根据需要采取通风、置换、吹扫、隔断和检测等安全措施，并采取相应的预防措施。

4. 典型"三违"行为

（1）作业时未穿戴安全防护用品，爆炸危险区域作业未使用防爆工具。

（2）现场没有安全监护人员。

（3）作业结束后未对设备进行复位。

（四）油气回收与污水处理操作

1. 监督内容

（1）监督操作前的准备工作（检查确认供油／回油油路工作正常，检查确认各阀门位置、仪表、电气设备到位，确认油气分离罐液位处于正常位置50%左右，确认设备及周边没有其他异常情况，确认各种润滑油加装到位，消防工具器材已准备齐全）。

（2）监督作业人员按规定正确使用劳动防护用品。

（3）监督操作人员严格执行操作规程及相关安全标准。

（4）督促汽车或火车油槽车开始发油作业前，作业人员已接好油气回收管线。

（5）监督操作人员实时监控油气回收系统运行。

（6）监督装置停机后作业人员对设备进行复位，对现场进行清理。

（7）督促岗位人员定期检查污水处理系统压力正常。

（8）督促岗位人员定期检查污水处理系统电流正常。

（9）监督岗位人员定期检查污水处理系统密封点无泄漏。

2. 主要监督依据

GB 20950—2007《储油库大气污染物排放标准》；

AQ 3018—2008《危险化学品储罐区作业安全通则》；

《中华人民共和国大气污染防治法》(中华人民共和国主席令第 31 号〔2015〕)。

3. 监督控制要点

(1)油气排放控制和限值。

> 监督依据标准:GB 20950—2007《储油库大气污染物排放标准》。
>
> 4.1 油气回收系统和回收处理装置应进行技术评估并出具报告,评估工作主要包括:调查分析技术资料;核实应具备的相关认证文件;检测至少连续 3 个月的运行情况;列出油气回收系统设备清单。完成技术评估的单位应具备相应的资质,所提供的技术评估报告应经由国家有关主管部门审核核准。
>
> 4.2 排放限值
>
> 4.2.1 油气密闭收集系统任何泄漏点排放的油气体积分数浓度不应超过 0.05%,每年至少检测一次。
>
> 4.2.2 油气回收处理装置的油气排放浓度和处理效率应同时符合规定:油气排放浓度≤25g/m³,油气处理效率≥95%,排放口距地平面高度应不低于 4m,每年至少检测一次。
>
> 4.2.3 油气回收处理装置应设置测压装置,收集系统在收集油罐车罐内的油气时对罐内不宜在场超过 4.5kPa 的压力,在任何情况下都不应超过 6kPa。

(2)监督作业人员按规定正确使用劳动防护用品。

> 监督依据标准:AQ 3018—2008《危险化学品储罐区作业安全通则》。
>
> 4.6 个体防护
>
> 4.6.1 应根据接触的危险化学品特性和 GB 11651 的要求,选用适宜的劳动防护用品。
>
> 4.6.2 作业人员应佩戴适合作业场所安全要求和作业特点的劳动防护用品。
>
> 4.6.3 现场定点存放的防护器具应有专人负责保管,经常检查、维护和定期校验。

(3)监督作业人员严格执行检维修作业操作规程及相关安全标准。

> 监督依据标准:《中华人民共和国大气污染防治法》(中华人民共和国主席令第 31 号〔2015〕)。
>
> 第二十四条 企业事业单位和其他生产经营者应当按照国家有关规定和监测规范,对其排放的工业废气和本法第七十八条规定名录中所列有毒有害大气污染物进行监测,并保存原始监测记录。其中,重点排污单位应当安装、使用大气污染物排放自动

监测设备,与环境保护主管部门的监控设备联网,保证监测设备正常运行并依法公开排放信息。监测的具体办法和重点排污单位的条件由国务院环境保护主管部门规定。

第四十七条　石油、化工以及其他生产和使用有机溶剂的企业,应当采取措施对管道、设备进行日常维护、维修,减少物料泄漏,对泄漏的物料应当及时收集处理。储油储气库、加油加气站、原油成品油码头、原油成品油运输船舶和油罐车、气罐车等,应当按照国家有关规定安装油气回收装置并保持正常使用。

第四十九条　工业生产、垃圾填埋或者其他活动产生的可燃性气体应当回收利用,不具备回收利用条件的,应当进行污染防治处理。

可燃性气体回收利用装置不能正常作业的,应当及时修复或者更新。在回收利用装置不能正常作业期间确需排放可燃性气体的,应当将排放的可燃性气体充分燃烧或者采取其他控制大气污染物排放的措施,并向当地环境保护主管部门报告,按照要求限期修复或者更新。

（4）加强排放检测。

监督依据标准:《中华人民共和国大气污染防治法》(中华人民共和国主席令第31号〔2015〕)。

第二十二条　向水体排放污染物的企业事业单位和其他生产经营者,应当按照法律、行政法规和国务院环境保护主管部门的规定设置排污口;在江河、湖泊设置排污口的,还应当遵守国务院水行政主管部门的规定。

第二十三条　实行排污许可管理的企业事业单位和其他生产经营者应当按照国家有关规定和监测规范,对所排放的水污染物自行监测,并保存原始监测记录。重点排污单位还应当安装水污染物排放自动监测设备,与环境保护主管部门的监控设备联网,并保证监测设备正常运行。具体办法由国务院环境保护主管部门规定。

4.典型"三违"行为

（1）装置日常运行时间不够,记录不全。
（2）作业人员在操作过程中劳动保护用品佩戴不齐全。
（3）作业结束后未对设备进行复位。
（4）爆炸危险区域作业未使用防爆工具。
（5）现场没有作业人员。
（6）发油作业未接油气回收管线。
（7）油气回收装置未启动。

（五）油罐操作

1. 监督内容

（1）操作前的准备工作（确定倒出罐号、确定倒入罐号、核实油品名称、核实可动转量、确定倒罐数量，确保倒出量不能大于导入罐的空容量及数量）。

（2）督促作业人员按规定正确使用劳动防护用品。

（3）监督作业人员严格执行检维修操作规程及相关安全标准。

（4）督促作业人员在作业过程中检查储罐。

（5）督促作业人员认真核对工艺流程。

（6）监督作业人员实时监控油罐液位变化。

（7）监督作业停止后作业人员对设备进行复位，对现场进行清理。

2. 主要监督依据

AQ 3018—2008《危险化学品储罐区作业安全通则》；

SY/T 5921—2017《立式圆筒形钢制焊接油罐操作维护修理规范》；

Q/SY 08124.13—2016《石油企业现场安全检查规范 第13部分：油品销售》。

3. 监督控制要点

（1）作业前监督作业人员各项准备工作到位。

监督依据标准：AQ 3018—2008《危险化学品储罐区作业安全通则》。

4.9 作业前的准备

4.9.1 应确认相关工艺设备符合安全要求。

4.9.2 应确认品种、数量、储罐有效容积和工艺流程。

4.9.3 应确认安全设施、监测监控系统完好。

（2）监督作业人员确保所有人员按规定正确使用劳动防护用品。

监督依据标准：AQ 3018—2008《危险化学品储罐区作业安全通则》。

4.6 个体防护

4.6.1 应根据接触的危险化学品特性和GB 11651的要求，选用适宜的劳动防护用品。

4.6.2 作业人员应佩戴适合作业场所安全要求和作业特点的劳动防护用品。

4.6.3 现场定点存放的防护器具应有专人负责保管，经常检查、维护和定期校验。

（3）油罐检查。

监督依据标准: SY/T 5921—2017《立式圆筒形钢制焊接油罐操作维护修理规范》。

3.2 油罐检查

3.2.1 运行油罐的检查

3.2.1.1 工艺管线和加热系统的阀门应完好,各阀门及管路连接牢固、密封可靠,设置状态应符合工艺要求。

3.2.1.2 排污阀应完好,处于关闭状态。

3.2.1.3 搅拌器应完好,起停灵活。

3.2.1.4 各人孔、清扫孔、透光孔等应封闭严密。

3.2.1.5 呼吸阀、液压安全阀应每季度至少检查一次,冬季应每月检查一次,确保灵活好用,按产品说明书要求进行校验。阻火器应每年至少检查一次。

3.2.1.6 浮顶罐应检查:

a) 紧急排水装置的水封槽水位应达到设计要求。

b) 导向装置无卡阻现象。

c) 浮梯导轨上无杂物,浮梯转动灵活。

d) 浮顶集水坑内无杂物,浮球(碟)单向阀无卡阻。浮顶排水管出口阀完好,处于开启状态。

e) 密封装置严密、无失效现象。

f) 定期检查外浮顶船舱无渗漏现象。

g) 二次密封或挡雨板与罐壁之间无杂物,排污口畅通无阻。

h) 内浮顶罐的内浮顶、密封装置、内导向钢索牢固可靠,无卡阻。

i) 浮顶与固定顶或罐壁之间的静电导出装置牢固可靠、完好。

j) 自动通气阀运行正常,密封良好。

3.2.1.7 液压安全阀油位正常,油品符合要求。

3.2.1.8 油罐的检测仪器、仪表系统、工业电视监视系统应齐全完好。

3.2.1.9 油罐消防系统、防静电设施、防雷装置应符合 SY 5225 的规定。

3.2.1.10 罐前防震金属软管应连接可靠;波纹补偿器的辅助拉杆调整应符合有关规定,留有合理的余量。

3.2.1.11 接地装置断接卡应连接完好,螺栓无锈蚀。等电位跨接线应连接完好。

3.2.1.12 入冬前,应对放水阀门的保温情况进行检查,防止阀门冻裂。

3.2.2 新建或修理后的油罐进油前检查

除进行 3.2.1 的各项检查并按 GB 50128 的有关要求进行复查外,还应进行以下试运及检查:

a）罐底加热盘管及浮顶罐加热除蜡装置应在工作压力、温度下进行热试运。进罐检查盘管支撑应完好，焊口及管路、连接件无渗漏。

b）将搅拌器与电机联轴器脱开，盘车检查搅拌器转动灵活，无卡阻；对电机进行空运，调试转向，然后连接备用。

c）浮顶罐检查刮蜡机构应安装牢固，刮蜡板应紧贴罐壁，且相邻两板无重叠或漏刮。

d）浮顶罐应在罐内检查密封装置，无透光现象。

e）检查液位计等罐内仪表元件安装完好，校验合格。

f）清除罐内杂物。

g）封闭所有人孔、清扫孔、透光孔等工艺孔。

h）检查与油罐有关的所有阀门应完好，符合工艺要求并且开关状态正确。

i）对消防系统进行试运行。

j）检查结束后应按以上内容做好检查记录，并归入油罐技术档案。

（4）监控储油罐，确认油面上升（下降）情况及浮盘上升（下降）速度正常。

监督依据标准：SY/T 5921—2017《立式圆筒形钢制焊接油罐操作维护修理规范》。

3.3.1.1 按要求切换工艺流程。

3.3.1.2 进油时应缓慢开启进罐阀，在进出油管为浸没前，进油管流速应控制 1m/s 以下，浸没后管线油流速应控制在 3m/s 以下，以防止静电荷积聚。

3.3.1.3 浮顶油罐进出油开始时，应检查浮顶有无卡阻、倾斜及冒油现象，查看浮梯有无卡阻和脱轨现象。如有异常应采取紧急措施予以处理。

3.3.1.4 固定顶油罐每次进出油开始时，应确保呼吸阀和安全阀运行正常，雷雨天气不宜大量收油作业。

3.3.1.5 油罐在进出油过程中，应密切观测液位的变化，确保液位升降平稳，呼吸阀工作正常。油罐应在安全罐位范围内运行，特殊情况需在极限罐位范围内运行时，应经上级调度主管部门批准并采取降低进出油速度，严密监视液位等措施。

（5）监督作业人员按时记录流量、压力、温度、密度、累积量等信息，确认分输正常。

监督依据标准：AQ 3018—2008《危险化学品储罐区作业安全通则》。

4.10 输送危险化学品的流速和压力应符合安全要求。

4.11 不得在未采取安全保障措施的情况下，采取同一条管道输送不同品种、牌号的危险化学品。

4.12 作业过程中作业人员不得擅离岗位。

（6）作业过程中,监督作业人员对管线、阀门、机泵及收油罐进行巡检,确认管线、阀门、储油罐及运行设备正常。

> 监督依据标准: Q/SY 08124.13—2016《石油企业现场安全检查规范　第 13 部分:油品销售》。
>
> 5.1.4.1　检查对象包括油罐、油罐附件、工艺管线、液位仪、油气回收装置、静电接地报警器、装卸作业等。

（7）监督作业人员严格执行油罐操作规程及相关安全标准。

> 监督依据标准: SY/T 5921—2017《立式圆筒形钢制焊接油罐操作维护修理规范》。
>
> 3.4　油罐的使用管理
>
> 3.4.1　上罐前应通过人体静电导出装置消除静电;上罐时不应穿化纤服装和带铁钉的鞋;罐顶不应使用非防爆的照明及其他通信、照相设备。
>
> 3.4.2　固定顶油罐同时上罐不应超过 5 人,且不应集中在一起;浮顶油罐的浮梯不应超过 3 人且不应同一步调行走。
>
> 3.4.3　油罐使用的其他安全事项按 SY 5225 的规定执行。
>
> 3.4.4　油罐操作人员应定期进行液位计与人工检尺数据的对比,发现问题及时处理并报告。
>
> 3.4.5　油罐的液位低于 4m 时不宜使用搅拌器;浮顶油罐在运行过程中最低液位应高于浮顶或浮盘的支撑高度 0.5m 以上。
>
> 3.4.6　浮顶油罐在运行过程中,浮顶排水管的放水阀应处于常开状态,浮顶集水坑应加盖金属网罩。
>
> 3.4.7　浮顶罐浮顶或罐壁的脏物应定期清除。
>
> 3.4.8　浮顶罐在运行过程中应将浮盘支柱与支柱套管及定位销孔间的缝隙密封,以减少油气挥发。
>
> 3.4.9　浮顶罐因油罐或其他原因需将液面降到低于浮盘的支撑高度之下,为确保不发生支柱垫板压裂、单盘板顶裂等事故,应做以下检查:
>
> a）检查浮盘支柱的垂直度和单盘的水平度,如遇盘面严重变形影响支柱垂直度时,应采取相应的防护措施。
>
> b）适当调整支柱,使得每个支柱都能均匀受力。
>
> c）将检查及处理结果报告有关部门,经审查无误后,应在严密监视下进行抽油操作。
>
> 3.4.10　应根据工艺要求,定期运行油罐搅拌器并确认其状况良好。

3.4.11　油罐消防系统应定期试运,电气、仪表检测控制系统应定期检测。

3.4.12　油罐工业电视监视系统应定期检测维护,保证图像清晰、状态完好。

3.4.13　对于汛期可能存在被洪水淹浸而产生漂浮的油罐,为了防止储油罐水淹漂浮,在发生洪水时,应保证油罐液位不低于计算高度(不使油罐漂浮的液位高度);当无法填充石油产品时,应考虑填充水来保证其不产生漂浮。

3.4.14　油罐在使用过程中若发现以下情况,操作人员应按照有关规程和应急预案采取紧急措施,并及时报告有关部门:

a)浮顶罐转动浮梯脱轨或浮顶倾斜、沉没。

b)浮顶罐浮顶排水管漏油。

c)浮顶罐单盘或浮舱、浮筒渗、漏油。

d)油罐基础信号孔发现渗油、渗水。

e)油罐罐底翘起或基础环墙有裂纹危及安全生产。

f)油罐突沸、溢罐。

g)罐体发生裂纹、泄漏、鼓包、凹陷等异常情况危及安全生产。

h)管线焊缝出现裂纹或阀门、紧固件损坏,难以保证安全生产。

i)油罐发生火灾。

3.4.16　停用的油罐应用法兰盲板隔离。

（8）监督油罐的检查、维护保养。

监督依据标准:SY/T 5921—2017《立式圆筒形钢制焊接油罐操作维护修理规范》。

4　维护

4.1　一般规定

4.1.1　维护保养分为日常维护保养、季维护保养和年维护保养。

4.1.2　凡进行各种维护保养均应有记录,并存档。

4.2　日常维护保养

4.2.1　罐体无渗漏,与油罐相连阀门应完好,各人孔、阀门及管路连接处应牢固、密封可靠,开关状态符合工艺要求。

4.2.2　检查维护好盘梯、平台、仪表接头、量油孔、取样孔、浮梯等处清洁卫生,做到无油污、鸟巢等杂物,罐壁通气孔防护网无脱落、无锈蚀。

4.2.3　浮梯运行正常,滚轮无损坏,静电导出线连接完好。

4.2.4　浮顶集水坑应无油污、污泥、树叶等杂物,单向阀灵活好用,排水管口盖活动灵活。及时清理局部堵塞杂物。

4.2.5 紧急排水管内水封水位、空高区范围值达到设计要求。

4.2.6 一、二次密封完好,无较大变形,挡雨板或二次密封与罐壁板间应无杂物及油蜡。夏季检查二次密封或挡雨板与一次密封之间可燃气体浓度不应超过爆炸下限的25%。

4.2.7 浮顶盘板表面不存雨(雪)水,无油污、无漏油现象。

4.2.8 搅拌器齿轮箱内润滑油液位应在满刻度 $1/3 \sim 2/3$ 之间,运行时无异常声响。

4.2.9 冬季应定期检查清除呼吸阀阀瓣上的水珠、霜和冰,以防与其阀座间冻结。不应出现阀门卡住、结冻、安全网结冰、堵住呼吸阀的外部孔等情况。

4.2.10 固定顶油罐应检查液压安全阀油位正常、液压油指标合格,检查呼吸阀进出口应无堵塞,安全阀、呼吸阀法兰与阻火器法兰连接完好。寒冷地区,冬季应及时清除外罩内外表面的霜和冰。

4.2.11 外浮顶罐浮顶浮舱盖板开启灵活,舱内无渗油现象,密封良好。在进出油一个运行周期内完成对运行油罐所有浮舱进行顺序检查。对于内浮顶罐,应通过固定顶透光孔对内浮盘进行检查,要求内浮盘上表面无渗油现象。

4.2.12 浮顶感温电缆或光纤光栅等传感器完好、无异物覆盖,系统完好。

4.2.13 液位计及高低位报警等完好,无异常。

4.2.14 消防系统泡沫发生器内完好,无杂物。

4.2.15 检查测试油罐工业电视监视系统运行良好。

4.2.16 浮顶导向柱应无卡阻。

4.2.17 油罐保温、伴热系统完好。

4.2.18 在特殊天气如雪、雨、风沙天之后,应及时进行 4.2.1 至 4.2.17 的维护保养内容。

4.2.19 检查情况及时记录,发现的问题汇总上报,对影响安全运行的问题及时安排处理,其他问题安排保养或专项维修。

4.3 季维护保养

4.3.1 包括日常维护保养的全部内容。

4.3.2 进出油阀、排水阀、蒸汽阀、消防管线阀门等阀体漆面、保温壳体应无脱落;填料函处应无渗漏,做好阀杆的防腐润滑和防尘。

4.3.3 加热盘管、罐外阀门冬季无冻裂现象,加热盘管停用时应排净管内的积水。

4.3.4 搅拌器球面组件压盖填料处不应有渗漏现象。

4.3.5 检查罐顶表面和罐底边缘板的腐蚀情况,局部腐蚀部位重新防腐。

4.3.6 消防泡沫发生器装置完整、无锈蚀、无阻塞。

4.3.7 浮顶密封装置与罐壁间应接触严密,密封件无翻边、撕裂等损坏现象。

4.3.8 浮顶加热除蜡装置金属软管接口无漏汽,软管无裂纹。

4.3.9 挡雨板或二次密封应无变形、损坏现象,装置完整。

4.3.10 呼吸阀、安全阀、阻火器、排水阀维护保养内容如下:

a)检查呼吸阀的阀盘等部件状况,呼吸阀动作正常,确保安全。

b)清理阻火器的杂物,清洗防火网(罩)。

c)清理排水阀中杂物,保持畅通。

d)对锈蚀的螺钉、螺栓进行保养或更换。

e)必要时更换安全阀的密封油(推荐使用变压器油),并保持正常液位。

4.3.11 油罐防雷接地、防静电设施完好。

4.3.12 填写季维护保养记录,并归入油罐技术档案。

4.4 年维护保养

4.4.1 保养内容

包括季维护保养的全部内容。

4.4.2 基础与罐底

4.4.2.1 维护修补基础外缘顶面的散水坡,采取相应措施,该顶面不应积水。

4.4.2.3 修补或修理、更换边缘板与基础顶面间密封胶或防水裙等密封,做到无裂缝、脱胶或损坏。

4.4.2.4 罐底应无渗漏。

4.4.3 罐壁、罐顶

4.4.3.1 罐壁维护保养要求如下:

a)对于保温储罐,在储罐运行过程中,目视检查保温板完好情况,如有局部破损,应详细检查该处罐壁表面腐蚀情况,如有腐蚀应做壁厚检测,评估后进行修复。

b)对于无保温储罐,每年应对罐壁进行目视检查(如有必要,可用望远镜进行确认),如发现有疑似腐蚀部位,应对该部位做壁厚检测,评估后进行修复。

4.4.3.2 固定顶维护保养要求如下:

a)顶板间焊缝及罐顶附件焊缝不应有裂纹、开焊和穿孔。

b)对中心板、每块瓜皮板及其肋板处进行坚固性检查。

c)目测检查防腐涂层,对腐蚀严重部位进行测厚,必要时进行修补。

4.4.3.3 浮顶维护保养要求如下:

a)单盘板、船舱顶板和底板及舱壁、浮筒、蒙皮、框架结构等焊缝和连接处不应有裂纹、开焊、穿孔和不紧固现象。

b）目测逐个检查浮舱的腐蚀及渗漏情况。

c）检查浮舱盖板的严密性。

d）目测检查浮顶防腐涂层，对点蚀和凹面积水腐蚀部分进行测厚，必要时进行修补。

4.4.3.4 罐壁板的几何形状和尺寸及浮顶的局部凹凸变形应符合 GB 50128 的要求。

（9）油罐的清洗。

监督依据标准：SY/T 5921—2017《立式圆筒形钢制焊接油罐操作维护修理规范》。

5.2 油罐清洗

5.2.1 准备工作

5.2.1.1 对拟清洗油罐的竣工图、技术档案、事故记录及使用情况进行调查，制定清罐的施工方案和安全技术措施。

5.2.1.2 对从事清罐的工作人员应进行技术和安全培训，包括熟悉施工方案和安全技术措施，学习安全规则和防火、防爆、防毒的安全常识，并进行实际考核合格。

5.2.1.3 检查油罐防雷、防静电接地装置，沿罐周长的间距不应大于 30m，接地点不少于 2 个，接地电阻不宜大于 4Ω。

5.2.1.4 检查浮顶油罐浮船与罐壁连接的静电导出线，其截面积不应小于 50mm^2 时，数量不应少于两根，连接牢固可靠。

5.2.1.5 按照清罐施工方案和技术措施要求，对与油罐相关的工艺管线、阀门、法兰、液位计、感温电缆、光纤光栅等采取必要的安全保护措施。

5.2.1.6 备齐清罐所需的符合防火、防爆安全要求的动力源、设备、工具、检测仪器等。

5.2.2 清洗部位与要求

5.2.2.1 清洗部位包括罐内所有金属结构部分的表面、焊缝、罐顶（浮顶）内外表面和油罐的附件。

5.2.2.2 清洗后应达到动火要求，表面无污油、积水及其他杂物。

5.2.2.3 清罐过程中应采取措施，减少油品损失。

5.2.3 安全技术规定

5.2.3.1 油罐清洗和修理的安全管理应符合 SY/T 6306 的规定。

5.2.3.2 机械清罐应符合 SY/T 6696 的规定。

5.2.3.3 人工清罐。

5.2.3.4　清罐施工全过程的安全生产管理应符合 SY 5225 的规定。

5.2.3.5　清罐过程的施工动火管理应按有关规定进行。

5.2.3.6　清罐过程的消防措施应符合 SY 5225 的规定。

5.2.3.7　蒸罐作业的安全技术要求按5.3的规定进行。

5.2.3.8　作业区周围 30m 以内严禁动火。

5.2.3.9　清罐人员进罐作业时,应对罐内进行强制通风,并定时对罐内气体取样分析(一般含氧量不小于 18%,可燃气体含量低于爆炸下限的 10%),并进行测爆实验,落实防护措施和办理特种作业工作票,保证安全用电和充足照明,一般作业每 30min 更换人员一次。

5.2.3.10　清洗污油时,应使用防爆工具作业。

5.2.3.11　清罐过程中不应使用轻质油或溶剂擦洗油罐罐体和附件。

5.2.3.12　清罐排出的油污应及时处理,不应污染罐体外部和周围的场地。

4. 典型"三违"行为

(1)作业时未穿戴安全防护用品,爆炸危险区域作业未使用防爆工具。

(2)设备运行过程中未进行巡检。

(3)作业前没有核对倒罐油品质量、数量。

(4)现场没有核实作业工艺流程。

(5)作业结束后未对设备进行复位。

三、油气管道

(一)主要风险

因安全距离不足与占压、外力破坏、管线腐蚀、超压或者人员失误,造成的油气管道泄漏,引发着火或爆炸。

(二)监督内容

(1)监督检查管道企业是否有健全的管道相关管理职责及要求。

(2)监督检查管道周边建构筑物安全距离与占压情况。

(3)监督检查管道检验情况。

(4)监督检查管道标识情况。

(5)监督检查管道相关应急预案制修订情况,是否进行应急演练和评价。

(6)监督检查管道的防腐、保温、阴极保护等措施。

（三）主要监督依据

《中华人民共和国石油天然气管道保护法》（中华人民共和国主席令第 30 号〔2010〕）；

AQ 2012—2007《石油天然气安全规程》；

SY/T 6186—2007《石油天然气管道安全规程》；

SY/T 5536—2016《原油管道运行规范》；

CJJ 95—2013《城镇燃气埋地钢质管道腐蚀控制技术规程》；

GB/T 21448—2008《埋地钢质管道阴极保护技术规范》；

Q/SY 1357—2010《油气管道地面标识设置规范》；

GB/T 29639—2013《生产经营单位生产安全事故应急预案编制导则》。

（四）监督控制要点

（1）检查管道企业是否有健全的管道相关管理职责及要求。

> 监督依据标准:《中华人民共和国石油天然气管道保护法》（中华人民共和国主席令第 30 号〔2010〕）。
>
> 第七条　管道企业应当遵守本法和有关规划、建设、安全生产、质量监督、环境保护等法律、行政法规,执行国家技术规范的强制性要求,建立、健全本企业有关管道保护的规章制度和操作规程并组织实施,宣传管道安全与保护知识,履行管道保护义务,接受人民政府及其有关部门依法实施的监督,保障管道安全运行。
>
> 第二十四条　管道企业应当配备管道保护所必需的人员和技术装备,研究开发和使用先进适用的管道保护技术,保证管道保护所必需的经费投入,并对在管道保护中做出突出贡献的单位和个人给予奖励。
>
> 第二十五条　管道企业发现管道存在安全隐患,应当及时排除。对管道存在的外部安全隐患,管道企业自身排除确有困难的,应当向县级以上地方人民政府主管管道保护工作的部门报告。接到报告的主管管道保护工作的部门应当及时协调排除或者报请人民政府及时组织排除安全隐患。

（2）检查管道周边建构筑物安全距离与占压情况。

> 监督依据标准:《中华人民共和国石油天然气管道保护法》（中华人民共和国主席令第 30 号〔2010〕）。
>
> 第二十六条　管道企业依法取得使用权的土地,任何单位和个人不得侵占。为合理利用土地,在保障管道安全的条件下,管道企业可以与有关单位、个人约定,同意有关单位、个人种植浅根农作物。但是,因管道巡护、检测、维修造成的农作物损失,除另有约定外,管道企业不予赔偿。

第二十七条 管道企业对管道进行巡护、检测、维修等作业,管道沿线的有关单位、个人应当给予必要的便利。因管道巡护、检测、维修等作业给土地使用权人或者其他单位、个人造成损失的,管道企业应当依法给予赔偿。

第三十条 在管道线路中心线两侧各五米地域范围内,禁止下列危害管道安全的行为:

（一）种植乔木、灌木、藤类、芦苇、竹子或者其他根系深达管道埋设部位可能损坏管道防腐层的深根植物;

（二）取土、采石、用火、堆放重物、排放腐蚀性物质、使用机械工具进行挖掘施工;

（三）挖塘、修渠、修晒场、修建水产养殖场、建温室、建家畜棚圈、建房以及修建其他建筑物、构筑物。

（3）检查管道是否进行监测和检验。

监督依据标准:AQ 2012—2007《石油天然气安全规程》、SY/T 6186—2007《石油天然气管道安全规程》。

AQ 2012—2007《石油天然气安全规程》:

7.4.1 管道监控

7.4.1.1 输油气生产的重要工艺参数及状态,应连续监测和记录;大型油气管道宜设置计算机监控与数据采集（SCADA）系统,对输油气工艺过程、输油气设备及确保安全生产的压力、温度、流量、液位等参数设置联锁保护和声光报警功能。

SY/T 6186—2007《石油天然气管道安全规程》:

9.1 管道运营单位应制定检验计划,并报主管部门备案。

9.2 管道检验分为:

a）外部检验:除日常巡检外,1 年至少 1 次,由运营单位专业技术人员进行。

b）全面检验:按有关规定由有资质的单位进行。新建管道应在投产后 3 年内进行首次检验,以后根据检验报告和管道安全运行状况确定检验周期。

9.3 管道停用 1 年后再启用,应进行全面检验及评价。

（4）检查管线防腐层完好情况及管道企业对防腐层的监测检查记录。

监督依据标准:SY/T 5536—2016《原油管道运行规范》、CJJ 95—2013《城镇燃气埋地钢质管道腐蚀控制技术规程》。

SY/T 5536—2016《原油管道运行规范》:

6.2.2 应按设计图纸和有关施工及验收规范组织对所有施工项目进行投产前检查。

CJJ 95—2013《城镇燃气埋地钢质管道腐蚀控制技术规程》:

5.3 防腐管的检验、储存和搬运

5.3.1 防腐管现场质量检验指标应符合下列规定:

1 外观:防腐层表面不得出现气泡、破损、裂纹、剥离等缺陷;

2 厚度:防腐层厚度不得低于本规程表5.1.3的最低厚度要求;

3 粘结力:防腐层与管道的粘结力不得低于相应防腐层技术标准要求;

4 连续性:防腐层中暴露金属的漏点数量应符合相应防腐层技术标准要求。

5.3.2 防腐管现场质量检验及处理方法应符合下列规定:

1 外观:应逐根检验,对发现的缺陷应修补处理直至复检合格;

2 厚度:每根管应检测两端和中部共3个圆截面,每个圆截面测量上、下、左、右共4个点,以最薄点为准。每20根抽检1根(不足20根按20根计),如不合格应加倍抽检,加倍抽检仍不合格,则应逐根检验,不合格者不得使用;

3 粘结力:采用剥离法。取距防腐层边界大于10mm的任一点进行测量。每100根抽检1根(不足100根按100根计),如不合格应加倍抽检,加倍抽检仍不合格,则应逐根检验,不合格者不得使用;

4 连续性:应采用电火花检漏仪逐根检验。挤压聚乙烯防腐层的检漏电压为25000V;熔结环氧粉末防腐层、双层环氧防腐层的检漏电压为5V/μm。对发现的缺陷应进行修补处理至复检合格。

5.3.3 防腐管露天存放时,应避光保存,存放时间不宜超过6个月。

5.3.4 防腐管在装卸、堆放、移动和运输过程中必须采取保护防腐层不受损伤的措施,应使用专用衬垫及吊带,严禁钢丝绳直接接触防腐层。

5.4 防腐管的施工和验收

5.4.1 防腐管的施工应符合下列规定:

1 管沟底土方段应平整且无石块,石方段应有不小于300mm厚的细软垫层,沟底不得出现损伤防腐层或造成电屏蔽的物体;

2 防腐管下沟前应对防腐层进行外观检查,并应采用电火花检漏仪进行检漏;检漏范围包括补口处,检漏电压应符合本规程第5.3.2条的规定;

3 防腐管下沟时应采取措施保护防腐层不受损伤;

4 防腐管下沟后应对防腐层外观再次进行检查,发现防腐层缺陷应及时修复;

5 防腐管的回填应符合现行行业标准《城镇燃气输配工程施工及验收规范》CJJ 33的有关规定。

5.4.2 防腐管的补口和补伤应使用与原防腐层相容的材料,补口和补伤材料理论使用寿命不得低于管道系统设计使用年限,施工、验收应符合国家现行有关标准规定。当补口材料为热收缩套时,补口处检漏电压应为 15000V。

5.4.3 防腐管切、接线处的表面处理应使用电动或气动工具。

5.4.4 防腐管切、接线所用防腐材料应紧密包覆在所有裸露钢材表面,切、接线处防腐层厚度不宜小于管道防腐层厚度,并应进行电火花检漏。

5.4.5 防腐管回填后必须对防腐层完整性进行检查。

5.4.6 完整性检查组发现的防腐层缺陷应进行修补至复检合格。

5.4.7 定向钻施工的管段应进行防腐层面电阻率检测,以评价防腐层的质量,可根据评价结果采取相应的措施。

5.4.8 防腐管施工后,应提供下列竣工资料:

1 防腐管按本规程第 5.3.1 条和第 5.3.2 条进行的检测验收记录;

2 防腐管现场施工补口、补伤的检测记录;

3 隐蔽工程记录;

4 防腐层原材料、防腐管的出厂合格证及质量检验报告;

5 补口、补伤材料的出厂合格证及质量检验报告;

6 防腐管完整性检验记录。

8.1 防腐层的检测和维护

8.1.1 管道防腐层的检测周期应符合下列规定:

1 高压、次高压管道每 3 年不得少于 1 次;

2 中压管道每 5 年不得少于 1 次;

3 低压管道每 8 年不得少于 1 次;

4 再次检测的周期可依据上一次的检测结果和维护情况适当缩短。

8.1.2 管道防腐层的检测方法与内容也要符合下列规定:

1 管道防腐层检测评价应符合现行行业标准《钢制管道及储罐腐蚀评价标准 埋地钢质管道外腐蚀直接评价》SY/T 0087.1 的有关规定;

2 管道防腐层的绝缘性能可用电流—电位法定量检测或交流电流衰减法定性检测;

3 管道防腐层的缺陷可采用直流电位梯度法、交流电位梯度法、交流电流衰减法、密间隔电位法等进行检测。对一种检测方法检出和评价为"重"的点应用另一种检测方法进行再检,加以校验;

4 可采用开挖探坑或在检测孔处通过外观检测、粘结力检测及电火花检测评价管道防腐层状况;

5 已实施阴极保护的管道,可采用检测阴极保护的保护电流、保护电位、保护电位分布评价管道防腐层状况。出现下列情况应检查管道防腐层:

1)运行保护电流大于正常保护电流范围;

2)运行保护电位超出正常保护电位范围;

3)保护电位分布出现异常。

8.1.3 管道防腐层发生损伤时应修补或更换,进行修补或更换的防腐层应与原防腐层具有良好的相容性,且应符合相应国家现行有关标准的规定。

8.1.4 当管道出现泄漏、腐蚀深度大于或等于50%壁厚时,应先进行管道补焊、补伤或更换,再实施防腐层的修补或更换。

(5)检查阴极保护测试记录是否完整。

监督依据标准:GB/T 21448—2008《埋地钢质管道阴极保护技术规范》、CJJ 95—2013《城镇燃气埋地钢质管道腐蚀控制技术规程》。

GB/T 21448—2008《埋地钢质管道阴极保护技术规范》:

4.1.1 新建管道应采用防腐层加阴极保护的联合防护措施或其他业已证明有效的腐蚀控制技术;已建带有防腐层的管道应限期补加阴极保护措施。

CJJ 95—2013《城镇燃气埋地钢质管道腐蚀控制技术规程》:

8.2 阴极保护系统的运行和维护

8.2.1 阴极保护系统的检测周期和检测内容应符合下列规定:

1 牺牲阳极阴极保护系统检测每6个月不得少于1次;

2 外加电流阴极保护系统检测每6个月不得少于1次;

3 电绝缘装置检测每年不得少于1次;

4 阴极保护电源检测每2个月不得少于1次;

5 阴极保护电源输出电流、电压检测每日不得少于1次;

6 检测内容应符合本规程第6.4.2条的规定。

8.2.2 阴极保护系统的检测数据应记录在案,并应依此绘出电位分布曲线图和电流分布曲线图。

8.2.3 对阴极保护失效区域应进行重点检测,出现下列故障时应及时排除:

1 管道与其他金属构筑物搭接;

2 绝缘失效;

3　阳极地床故障；

4　管道防腐层漏点；

5　套管绝缘失效。

8.2.4　阴极保护系统的保护率应为 100%，强制电流阴极保护系统的运行率应大于或等于 98%。

8.2.5　阴极保护系统的保护率和运行率应每年进行 1 次考核。

8.2.6　阴极保护系统可采用遥测技术实时监测。

（6）检查管线标识完好情况。

监督依据标准：《中华人民共和国石油天然气管道保护法》（中华人民共和国主席令第 30 号〔2010〕）、Q/SY 1357—2010《油气管道地面标识设置规范》。

《中华人民共和国石油天然气管道保护法》（中华人民共和国主席令第 30 号〔2010〕）：

第十八条　管道企业应当按照国家技术规范的强制性要求在管道沿线设置管道标志。管道标志毁损或者安全警示不清的，管道企业应当及时修复或者更新。

Q/SY 1357—2010《油气管道地面标识设置规范》：

4　设置原则

4.1　按设计要求将地面标识设置于指定地点。在满足可视性和通视性需求的前提下，除转角桩外，可沿管道方向适当调整间距，兼做里程桩的阴极保护测试桩调整间距不应大于 50m。

4.2　桩体宜设置在路边、田埂、堤坝等空旷荒地处，减少对土地使用和农耕机械作业的影响。

4.3　地面标识的主色调为黄色，沙漠、黄土地区宜采用白色，字体颜色为红色。

4.4　同期建设的相同介质的两条管道同沟敷设时，宜在两条管道中间合并设置管道地面标识；三条及以上同沟同期建设同介质的管道时，应分别设置管道地面标识。

4.5　除转角桩外，多个管道桩体需要在同一地点设置时，应合并设置，按如下顺序优先设置，依次为里程桩、标志桩、通信标石、加密桩。

5　设置位置

5.1　里程桩

5.1.1　里程桩应自首站 0km 起，每 1km 设置一个。因地面限制无法设置的，可隔桩设置，编号顺延。管道与铁路、高速公路、高压电缆及其他管道交叉时应增设测试桩。

5.2 标志桩

5.2.1 埋地管道采用弯头或水平方向转角大于5°时,应设置转角桩,转角桩设置在转折管道中心线的正上方。

5.2.2 埋地管道与其他地下构筑物(如电缆、其他管道、坑道等)交叉时,交叉桩应设置在交叉点正上方。

5.2.3 标识固定墩、牺牲阳极、埋地绝缘接头及其他附属设施,设施桩应设置在所标识物体的正上方。

5.2.7 管道跨越铁路、公路、河渠处,宜在两侧设置标志桩。标志桩设置在管道干线架空段的起点和终点处。

5.3 通信标识

5.3.1 当管道与光缆不同沟敷设时,应分别设置管道标志桩、通信标识。

5.4 加密桩

5.4.1 在管道正上方每100m处设置一个加密桩。管道穿越高后果区、高风险区时,应增设加密桩,埋设间距可根据现场实际情况进行调整。通信标识和加密桩不宜重复设置。

5.4.2 管道及光缆浅埋地段应增设加密桩。

5.5 警示牌

5.5.1 警示牌应设置在管道穿越大中型河流、山谷、冲沟、隧道、临近水库及泄洪区、水渠、人口和建(构)筑物密集区、自然与地质灾害频发区、地震断裂带、矿山采空区、第三方施工活动频繁区等地段。其设置间距应满足通视性的要求。

5.6 标识带

在油气管道新建、改(扩)建和大修过程中,可在管顶上方0.5m处设置标识带。

7.6 设置在少数民族地区的加密桩及警示牌,其标记内容应增加该民族文字的警示用语。

8 维护与管理

8.1 应定期检查地面标识的完好情况,及时补栽丢失的地面标识;定期对地面标识进行位置校核和维护;桩体损坏或桩体表面1/3以上标记的字迹不清时,应及时进行修复;桩体位置变化时,应及时恢复原位。

(7)检查管道企业巡线职工管理及巡线记录。

监督依据标准:《中华人民共和国石油天然气管道保护法》(中华人民共和国主席令第30号〔2010〕)、SY/T 5536—2016《原油管道运行规范》。

《中华人民共和国石油天然气管道保护法》(中华人民共和国主席令第30号〔2010〕):

第二十二条 管道企业应当建立、健全管道巡护制度,配备专门人员对管道线路进行日常巡护。管道巡护人员发现危害管道安全的情形或者隐患,应当按照规定及时处理和报告。

SY/T 5536—2016《原油管道运行规范》:

9.1.1 应建立健全管道巡护制度并定期进行巡护,对管道上方及通行带附近地表情况发生变化,标志桩、测试桩、里程桩不完好,第三方施工等危害管道安全的情形或者隐患,应按照规定及时处理和报告。

(8)检查管网附件防护、维护及完好情况。

监督依据标准:SY/T 5536—2016《原油管道运行规范》。

8.2.3 安全阀、调压阀、紧急停车系统(ESD)等安全保护设施及报警装置应完好,定期检查和调试;调压阀、减压阀、安全阀、高(低)压泄压阀等特殊用途的阀门应编制相应的运行和维护规程。

8.2.5 输油泵运行、维护与检修应编制相应规程,对需要人工进入现场的输油泵启停、巡检和维护维修等作业的保护措施和监护提出明确要求。机组振动、温度(电机和轴瓦)、电流、泄露等安全自动保护装置应完好并明确保护和报警参数。

(9)检查管道企业是否按要求制订管道相关应急预案,是否进行应急演练和评价。

监督依据标准:《中华人民共和国石油天然气管道保护法》(中华人民共和国主席令第30号〔2010〕)、GB/T 29639—2013《生产经营单位生产安全事故应急预案编制导则》、SY/T 5536—2004《原油管道运行规范》。

《中华人民共和国石油天然气管道保护法》(中华人民共和国主席令第30号〔2010〕):

第三十九条 管道企业应当制定本企业管道事故应急预案,并报管道所在地县级人民政府主管管道保护工作的部门备案;配备抢险救援人员和设备,并定期进行管道事故应急救援演练。

发生管道事故,管道企业应当立即启动本企业管道事故应急预案,按照规定及时通报可能受到事故危害的单位和居民,采取有效措施消除或者减轻事故危害,并依照有关事故调查处理的法律、行政法规的规定,向事故发生地县级人民政府主管管道保护工作的部门、安全生产监督管理部门和其他有关部门报告。

接到报告的主管管道保护工作的部门应当按照规定及时上报事故情况,并根据管道事故的实际情况组织采取事故处置措施或者报请人民政府及时启动本行政区域管道事故应急预案,组织进行事故应急处置与救援。

GB/T 29639—2013《生产经营单位生产安全事故应急预案编制导则》:

4.6　编制应急预案

依据生产经营单位风险评估及应急能力评估结果,组织编制应急预案。

SY/T 5536—2004《原油管道运行规范》:

10.2　管道应急预案编制应注意:

a)管道自身事故(如初凝、泄漏、爆管、着火等)的风险及对系统造成的危害及对社会公众的影响。

b)自然灾害(地震、洪水、滑坡等)对管道的破坏、损伤风险及对系统造成的危害以及对社会公众的影响。

c)应根据管道线路每个河流穿跨越以及经过的环境敏感区情况制订针对性预案。

d)应明确输油站场和管道沿线抢修队伍的保驾地点、范围及具体职责和要求。

e)应急预案应报管道所在地政府主管部门备案。

10.3　应定期进行应急预案演练,并对预案及时修改完善,以保证其有效性。

（10）检查管道企业是否建立管道技术档案。

监督依据标准:《中华人民共和国石油天然气管道保护法》(中华人民共和国主席令第30号〔2010〕)、SY/T 6186—2007《石油天然气管道安全规程》。

《中华人民共和国石油天然气管道保护法》(中华人民共和国主席令第30号〔2010〕):

第四十二条　管道停止运行、封存、报废的,管道企业应当采取必要的安全防护措施,并报县级以上地方人民政府主管管道保护工作的部门备案。

SY/T 6186—2007《石油天然气管道安全规程》:

8.5　管道运营单位,应建立管道技术管理档案,主要包括:

a)管道使用登记表;

b)管道设计技术文件;

c)管道竣工资料;

d)管道检验报告;

e)阴极保护运行记录;

f）管道维修改造竣工资料；

g）管道安全装置定期校验、修理、更换记录；

h）有关事故的记录资料和处理报告。

（五）典型"三违"行为

（1）没有及时报告巡查情况。

（2）未按规定要求进行巡线或巡线不认真。

（3）破坏管线标识。

（4）未按计划组织应急演练。

（5）油气管线没有进行检验。

（六）典型事故案例

隐患治理不到位，应急处置不得当，导致原油泄漏爆炸，案例分析如下：

（1）事故经过：2013年11月22日10时25分，位于山东省青岛经济技术开发区的东黄输油管道泄漏原油进入市政排水暗渠，在形成密闭空间的暗渠内油气积聚遇火花发生爆炸，造成62人死亡、136人受伤，直接经济损失75172万元。

（2）主要原因：对隐患的排查治理不认真、不负责，尤其是对输油管道与排水暗渠交汇处存在的重大隐患没有进行彻底的排查和整改；应急处置不力，原油泄漏到爆炸八个多小时，期间从企业到政府的有关部门对事故风险研判失误，没有及时采取封路警戒的措施，也没有及时通知疏散周边的群众；违规违章作业，现场处置人员没对暗渠内的油气进行检测就冒险作业，而且用非防爆的工具施工，导致油气爆炸；规划设计不合理，事发地段规划建设非常混乱，油气管道与周边建筑物距离太近。

（3）事故教训：加强对输油管道与排水暗渠交汇处隐患进行彻查和整改；加强应急处置预案编制及预案培训；规范规划设计，油气管道与周边建筑物距离不应太近。

四、建构筑物

（一）主要风险

（1）因防雷防静电设施、房屋防火条件、机房通风、降温设施、电气设施或消防设施不满足要求，造成的火灾。

（2）因电梯发生故障，造成的电梯伤害。

（3）因罩棚高度不够导致车辆碰撞棚顶檐面，罩棚荷载不足，罩棚不满足抗震要求或者罩棚状态存在不安全风险，围墙失稳、倾斜，造成的坍塌。

（4）因车辆撞击等造成的车辆伤害。

（二）监督内容

（1）监督检查安全用电是否符合安全要求。

（2）监督检查消防设施及管理是否符合安全要求。

（3）监督检查防雷设施是否符合安全要求。

（4）监督电梯使用和管理是否符合安全要求。

（三）主要监督依据

JGJ 16—2008《民用建筑电气设计规范》；

GB 50074—2014《石油库设计规范》；

GB 50156—2012《汽车加油加气站设计与施工规范》；

《中国石油销售公司加油站管理规范（2017年版）》；

GB 50140—2005《建筑灭火器配置设计规范》；

GB 50016—2014《建筑设计防火规范》；

GB 50057—2010《建筑物防雷设计规范》；

GB 50343—2012《建筑物电子信息系统防雷技术规范》；

《特种设备安全监察条例》（中华人民共和国国务院令第549号）。

（四）监督控制要点

1.安全用电

（1）检查高低压配电装置是否符合技术要求，布置是否合理，是否满足运行维护等安全需要。

监督依据：JGJ 16—2008《民用建筑电气设计规范》。

高压装置：

4.6.1 配电装置的布置和导体、电器的选择符合下列规定：

1 配电装置的布置和导体、电器的选择，应不危及人身安全和周围设备安全，并应满足在正常运行、检修、短路和过电压情况下的要求；

2 配电装置的布置，应便于设备的操作、搬运、检修和试验，并应考虑电缆或架空线进出线方便；

3 配电装置的绝缘等级，应和电网的标称电压相配合；

4 配电装置间相邻带电部分的额定电压不同时，应按较高的额定电压确定其安全距离。

4.6.2 配电装置室内各种通道的净宽不小于表4.6.2的规定要求。

表 4.6.2　配电装置室内各种通道的最小净宽（m）

开关柜布置方式	柜后维护通道	柜前操作通道	
		固定式	手车式
单排布置	0.8	1.5	单车长度 +1.2
双排面对面布置	0.8	2.0	双车长度 +0.9
双排背对背布置	1.0	1.5	单车长度 +1.2

低压装置：

4.7.1　选择低压配电装置时，除应满足所在电网的标称电压、频率及所在回路的计算电流外，尚应满足短路条件下的动、热稳定的要求。对于要求断开短路电流的保护电器，其极限通断能力应大于系统最大运行方式的短路电流。

4.7.2　配电装置的布置，应考虑设备的操作、搬运、检修和试验的方便。

4.7.3　当成排布置的配电屏长度大于 6m 时，屏后面的通道应设有两个出口。当两出口之间距离大于 15m 时，应增加出口。

4.7.4　成排布置的配电屏，其屏前和屏后的通道净宽不应小于表 4.7.4 的规定要求。

表 4.7.4　配电屏前后的通道净宽（m）

布置方式\装置种类	单排布置		双排对面布置		双排背对背布置	
	屏前	屏后	屏前	屏后	屏前	屏后
固定式	1.5	1.0	2.0	1.0	1.5	1.5
抽屉式	1.8	1.0	2.3	1.0	1.8	1.0
控制屏（柜）	1.5	0.8	2.0	0.8	—	—

（2）检查配电间门是否向外开，并装锁；是否设置小动物进入的防护设施。

监督依据：JGJ 16—2008《民用建筑电气设计规范》。

4.9.8　变压器室、配电装置室、电容器室的门应向外开，并应装锁。相邻配电室之间设门时，门应向低电压配电室开启。

4.9.10　变压器室、配电装置室、电容器室等应设置防止雨、雪和小动物进入屋内的设施。

（3）检查电气线路保护装置（总开关、漏电保护开关）是否齐全可靠，熔断器是否与负荷匹配，线路是否排列整齐，是否存在超负荷、老化现象；电气设备漏电保护开关是否有效。

监督依据：JGJ 16—2008《民用建筑电气设计规范》。

5.2.1 继电保护设计应符合下列规定：

1 电力设备和线路应装设短路故障和异常运行保护装置。电力设备和线路短路故障的保护应有主保护和后备保护，必要时可增设辅助保护。

2 继电保护装置的接线应简单可靠，并应具有必要的检测、闭锁等措施。保护装置应便于整定、调试和运行维护。

3 为保证继电保护装置的选择性，对相邻设备和线路有配合要求的保护和同一保护内有配合要求的两元件，其上下两级之间的灵敏性及动作时间应相互配合。

当必须加速切除短路时，可使保护装置无选择性动作，但应利用自动重合闸或备用电源自动投入装置，缩小停电范围。

（4）检查应急疏散照明装置是否规范设置并完好有效。

监督依据：GB 50074—2014《石油库设计规范》、GB 50156—2012《汽车加油加气站设计与施工规范》、《中国石油销售公司加油站管理规范（2017 年版）》。

GB 50074—2014《石油库设计规范》：

14.1.3 一、二、三级石油库的消防泵站和泡沫站应设应急照明，应急照明可采取蓄电池作为备用电源，其连续供电时间不应少于6h。

GB 50156—2012《汽车加油加气站设计与施工规范》：

11.1.3 加油站、加气站及加油加气合建站的消防泵房、罩棚、营业室、LPG泵房、压缩机间等处，均应设事故照明。

《中国石油销售公司加油站管理规范（2017 年版）》：

3.2.9 发电机房

（一）定置标准

发电机操作规程牌、动转部件和排烟管防护装置及警示标识牌、灭火器、挡鼠板等，根据加油站实际情况，选择性配备，定置标准参照《加油站细节管理手册》执行。

8.4.1 配电室及配电柜

（7）应急照明灯应安装在能有效照明的位置。

2. 消防设施及管理

（1）检查消防器材选型是否合理、数量配置是否合规。

监督依据：GB 50140—2005《建筑灭火器配置设计规范》。

4.2 灭火器的类型选择

4.2.1 A 类火灾场所应选择水型灭火器、磷酸铵盐干粉灭火器、泡沫灭火器或卤代烷灭火器。

4.2.2 B 类火灾场所应选择泡沫灭火器、碳酸氢钠干粉灭火器、磷酸铵盐干粉灭火器、二氧化碳灭火器、灭 B 类火灾的水型灭火器或卤代烷灭火器。

极性溶剂的 B 类火灾场所应选择灭 B 类火灾的抗溶性灭火器。

4.2.3 C 类火灾场所应选择磷酸铵盐干粉灭火器、碳酸氢钠干粉灭火器、二氧化碳灭火器或卤代烷灭火器。

4.2.4 D 类火灾场所应选择扑灭金属火灾的专用灭火器。

4.2.5 E 类火灾场所应选择磷酸铵盐干粉灭火器、碳酸氢钠干粉灭火器、卤代烷灭火器或二氧化碳灭火器,但不得选用装有金属喇叭喷筒的二氧化碳灭火器。

4.2.6 非必要场所不应配置卤代烷灭火器。非必要场所的举例见本规范附录 F。必要场所可配置卤代烷灭火器。

5 灭火器的设置

5.1 一般规定

5.1.1 灭火器应设置在位置明显和便于取用的地点,且不得影响安全疏散。

5.1.2 对有视线障碍的灭火器设置点,应设置指示其位置的发光标志。

5.1.3 灭火器的摆放应稳固,其铭牌应朝外。手提式灭火器宜设置在灭火器箱内或挂钩、托架上,其顶部离地面高度不应大于 1.50m;底部离地面高度不宜小于 0.08m。灭火器箱不得上锁。

5.1.4 灭火器不宜设置在潮湿或强腐蚀性的地点。当必须设置时,应有相应的保护措施。灭火器设置在室外时,应有相应的保护措施。

5.1.5 灭火器不得设置在超出其使用温度范围的地点。

5.2 灭火器的最大保护距离

5.2.1 设置在 A 类火灾场所的灭火器,其最大保护距离应符合有关规定。

5.2.2 设置在 B、C 类火灾场所的灭火器,其最大保护距离应符合有关规定。

5.2.3 D 类火灾场所的灭火器,其最大保护距离应根据具体情况研究确定。

5.2.4 E 类火灾场所的灭火器,其最大保护距离不应低于该场所内 A 类或 B 类火灾的规定。

6 灭火器的配置

6.1 一般规定

6.1.1 一个计算单元内配置的灭火器数量不得少于 2 具。

6.1.2 每个设置点的灭火器数量不宜多于 5 具。

6.1.3 当住宅楼每层的公共部位建筑面积超过100m²时,应配置1具1A的手提式灭火器;每增加100m²时,增配1具1A的手提式灭火器。

(2)检查消防通道,保障疏散通道、安全出口畅通,有无堵塞;疏散标志和指示灯保证完好。

监督依据:GB 50016—2014《建筑设计防火规范》。

5.5 安全疏散和避难

5.5.1 民用建筑应根据其建筑高度、规模、使用功能和耐火等级等因素合理设置安全疏散和避难疏散。安全出口和疏散门的位置、数量、宽度及疏散楼梯间的形式,应满足人员安全疏散的要求。

5.5.2 建筑内的安全出口和疏散门应分散布置,且建筑内每个防火分区的每个楼层、每个住宅单元每层相邻两个安全出口以及每个房间相邻两个疏散门最近边缘之间的水平距离不应小于5m。

5.5.8 公共建筑内每个防火分区或一个防火分区的每个楼层,其安全出口的数量应经计算确定,且不应少于2个。符合下列条件之一的公共建筑,可设置一个安全出口或一部疏散楼梯:

1 除托儿所、幼儿园外,建筑面积不大于200m²且人数不超过50人的单层公共建筑或多层公共建筑的首层;

2 除医疗建筑,老年人照料设施,托儿所、幼儿园的儿童用房,儿童游乐厅等儿童活动场所和歌舞娱乐放映游艺场所等外,应符合有关规定。

5.5.17 公共建筑的安全疏散距离应符合下列规定:

1 直通疏散走道的房间疏散门至最近安全出口的距离应符合有关规定。

2 楼梯间应在首层直通室外,确有困难时,可在首层采用扩大的封闭楼梯间或防烟楼梯间前室。当层数不超过4层且未采用扩大的封闭楼梯间或防烟楼梯间前室时,可将直通室外的门设置在离楼梯间不大于15m处。

3 房间内任一点到该房间直通疏散走道的疏散门的距离,应符合有关规定中要求的袋形走道两侧或尽端的疏散门至最近安全出口的距离。

3.防雷设施与管理

(1)检查建筑物防雷设施接地装置是否符合规范要求:

——建构设施接地引下线是否少于2根,是否沿建筑物四周均匀或对称布置,间距是否小于25m。

——防雷装置的接地应与电气和电子系统等接地共用接地装置,并应与引入的金属管线做等电位连接。

> 监督依据:GB 50057—2010《建筑物防雷设计规范》。
>
> 4.4 第三类防雷建筑物的防雷措施
>
> 4.4.3 专设引下线不应少于2根,并应沿建筑物四周均匀或对称布置,其间距沿周长计算不应大于25m。当建筑物跨度较大,无法在跨距中间设引下线时,应在跨距两端设引下线并减小其他引下线的间距,专设引下线的平均间距不应大于25m。
>
> 4.4.4 防雷装置的接地应与电气和电子系统等接地共用接地装置,并应与引入的金属管线做等电位连接。外部防雷装置的专设接地装置,宜围绕建筑物敷设成环形接地体。
>
> 5.2 接闪器
>
> 5.2.1 接闪器的材料、结构和最小截面应符合:扁钢截面积不小于50mm²,厚度不小于2.5mm,扁钢材质为热浸镀锌钢厚度不小于2.5mm;而扁钢材质为不锈钢的,厚度不小于2mm。
>
> 5.3 引下线
>
> 5.3.1 引下线的材料、结构和最小截面积:扁钢截面积不小于50mm²,厚度不小于2.5mm,扁钢材质为热浸镀锌钢厚度不小于2.5mm;而扁钢材质为不锈钢的,厚度不小于2mm。
>
> 5.3.3 引下线宜采用热镀锌圆钢或扁钢,宜优先采用圆钢。
>
> 5.3.4 专设引下线应沿建筑物外墙外表面明敷,并应经最短路径接地;建筑外观要求较高时可暗敷,但其圆钢直径不应小于10mm,扁钢截面不应小于80mm²。
>
> 5.3.6 采用多根专设引下线时,应在各引下线上距地面0.3m~1.8m处装设断接卡。
>
> 当利用混凝土内钢筋、钢柱作为自然引下线并同时采用基础接地体时,可不设断接卡,但利用钢筋作引下线时,应在室内外的适当地点设若干连接板。当仅利用钢筋作引下线并采用埋于土壤中的人工接地体时,应在每根引下线上距地面不低于0.3m处设接地体连接板。采用埋于土壤中的人工接地体时应设断接卡,其上端应与连接板或钢柱焊接。连接板处宜有明显标志。
>
> 5.3.7 在易受机械损失之处,地面上1.7m至地面下0.3m的一段接地线,应采用暗敷或采用镀锌角钢、改性塑料管或橡胶管等加以保护。

(2)检查建构筑物防雷设备的维护和管理情况,防雷装置是否按时进行检测。防雷接地装置接闪器、引下线是否锈蚀,断接卡是否接触良好。检查避雷针、避雷带(网、线)、杆塔和引下线的腐蚀情况及机械损伤。

监督依据：GB 50343—2012《建筑物电子信息系统防雷技术规范》。

8 维护与管理

8.1 维护

8.1.1 防雷装置的维护分为周期性维护和日常性维护两类。

8.1.2 周期性维护的周期为一年,每年在雷雨季节到来之前,应进行一次全面检测。

8.1.3 日常性维护应在每次雷击之后进行。在雷电活动强烈的地区,对防雷装置应随时进行目测检查。

8.1.4 检测外部防雷装置的电气连续性,若发现有脱焊、松动和锈蚀等,应进行相应的处理,特别是在断接卡或接地测试点处,应进行电气连续性测量。

8.1.5 检查避雷针、避雷带(网、线)、杆塔和引下线的腐蚀情况及机械损伤,包括由雷击放电所造成的损伤情况。若有损伤,应及时修复;当锈蚀部位超过截面的三分之一时,应更换。

8.1.6 测试接地装置的接地电阻值,若测试值大于规定值,应检查接地装置和土壤条件,找出变化原因,采取有效的整改措施。

8.1.7 检测内部防雷装置和设备(金属外壳、机架)等电位连接的电气连续性,若发现连接处松动或断路,应及时修复。

8.1.8 检查种类浪涌保护器的运行情况:有无接触不良、漏电流是否过大、发热、绝缘是否良好、积尘是否过多等,出现故障,应及时排除。

8.2 管理

8.2.1 防雷装置,应由熟悉雷电防护技术的专职或兼职人员负责管理。

8.2.2 防雷装置投入使用后,应建立管理制度。对防雷装置的设计、安装、隐蔽工程图纸资料、年检测试记录等,均应及时归档,妥善保管。

8.2.3 当发生雷击事故后,应及时调查分析原因和雷害损失,提出改进防护措施。

4. 电梯使用与管理

(1)检查是否制定相关管理制度、操作规程。

监督依据:《特种设备安全监察条例》(中华人民共和国国务院令第 549 号)。

第五条 特种设备生产、使用单位应当建立健全特种设备安全、节能管理制度和岗位安全、节能责任制度。

(2)检查在用电梯的使用登记和定期检验。

监督依据:《特种设备安全监察条例》(中华人民共和国国务院令第549号)。

第二十五条 特种设备在投入使用前或者投入使用后30日内,特种设备使用单位应当向直辖市或者设区的市的特种设备安全监督管理部门登记。登记标志应当置于或者附着于该特种设备的显著位置。

第二十八条 特种设备使用单位应当按照安全技术规范的定期检验要求,在安全检验合格有效期届满前1个月向特种设备检验检测机构提出定期检验要求。

检验检测机构接到定期检验要求后,应当按照安全技术规范的要求及时进行安全性能检验和能效测试。

未经定期检验或者检验不合格的特种设备,不得继续使用。

(3)检查是否建立完善的电梯特种设备档案,内容包括生产安装厂家资质、检测报告、检维修记录等。

监督依据:《特种设备安全监察条例》(中华人民共和国国务院令第549号)。

第二十六条 特种设备使用单位应当建立特种设备安全技术档案。安全技术档案应当包括以下内容:

(一)特种设备的设计文件、制造单位、产品质量合格证明、使用维护说明等文件以及安装技术文件和资料;

(二)特种设备的定期检验和定期自行检查的记录;

(三)特种设备的日常使用状况记录;

(四)特种设备及其安全附件、安全保护装置、测量调控装置及有关附属仪器仪表的日常维护保养记录;

(五)特种设备运行故障和事故记录;

(六)高耗能特种设备的能效测试报告、能耗状况记录以及节能改造技术资料。

(4)检查是否制订应急专项预案,并定期开展演练。

监督依据:《特种设备安全监察条例》(中华人民共和国国务院令第549号)。

第六十五条 特种设备安全监督管理部门应当制定特种设备应急预案。特种设备使用单位应当制定事故应急专项预案,并定期进行事故应急演练。

(5)检查日常维护保养情况和记录。

监督依据:《特种设备安全监察条例》(中华人民共和国国务院令第549号)。

第三十一条 电梯的日常维护保养必须由依照本条例取得许可的安装、改造、维修单位或者电梯制造单位进行。

电梯应当至少每15日进行一次清洁、润滑、调整和检查。

第三十二条 电梯的日常维护保养单位应当在维护保养中严格执行国家安全技术规范的要求,保证其维护保养的电梯的安全技术性能,并负责落实现场安全防护措施,保证施工安全。

第三十三条 特种设备的安全管理人员应当对特种设备使用状况进行经常性检查,发现问题的应当立即处理;情况紧急时,可以决定停止使用特种设备并及时报告本单位有关负责人。

(五)典型"三违"行为

(1)非生产区域、办公室、食堂等违规使用电气设备。

(2)私拉乱接临时用电线路。

(3)随意动用、损坏建构筑物的消防器材,占用应急疏散通道。

(4)电梯层门钥匙非专人使用。

(5)未定期对电梯进行维护保养。

(六)典型事故案例

大风致围栏倾倒事件案例分析如下:

(1)事件经过:2016年5月15日,因道路路面拓宽,某单位的西围墙需要拆除,施工方在施工区域搭建围栏,但在固定围栏桩子的时候图省事,未在地上钻眼固定,而是用铁管直接架住围栏,铁丝直接穿过排污井盖的两个眼缠绕到铁管上绑住,因当天刮大风把整片围栏全部吹倒,所幸当时没有人从旁边经过,未造成人员伤害。

(2)主要原因:施工完成后,没有相关人员对工程进行现场验收,未能及时发现问题。对承包商的日常安全监管不力,监督管理存在薄弱环节。

(3)事故教训:应加强对承包商的监管,监督施工方按照规定固定好围栏的桩子。对社会化的施工队人员,要求其严格遵守现场的各项安全管理制度,严格按操作规程操作。

第三节 危险物品安全监督工作指南

一、危险化学品

主要针对化验室使用、储存的化学试剂、气瓶,管理过程包括危险化学品使用、储存、废弃环节的管理。

（一）主要风险

（1）因通风不良、标识不清、储存不当、包装破损、火源管理不当或者操作失误,造成的危险化学品火灾、中毒和窒息。

（2）因腐蚀或存储不当,造成的灼烫。

（3）因废弃方式不当或销毁方式不当,造成的环境污染。

（二）监督内容

（1）监督检查危险化学品库存与台账是否一致。

（2）监督检查危险化学品储存、使用场所安全设施配备情况。

（3）监督检查危险化学品场所安全标识是否清晰。

（4）监督检查应急计划的制订及应急演练情况。

（5）监督检查从业人员的安全教育培训和取证上岗情况。

（6）监督检查岗位人员劳动防护用品的配备和使用情况。

（7）监督检查使用人员操作规程的执行情况。

（8）监督检查危险化学品的废弃处置情况。

（三）主要监督依据

《危险化学品安全管理条例》（中华人民共和国国务院令第 591 号〔2011〕）;

GB 15603—1995《常用化学危险品贮存通则》;

《中国石油天然气集团有限公司危险化学品安全监督管理办法》（中油质安〔2018〕127 号）;

《生产安全事故应急预案管理办法》（国家安全生产监督管理总局令第 88 号〔2016〕）;

AQ/T 3034—2010《化工企业工艺安全管理实施导则》;

GB/T 12801—2008《生产过程安全卫生要求总则》。

（四）监督控制要点

（1）检查危险化学品的实际库存与管理台账是否相符,标识是否齐全、醒目。

监督依据标准:《危险化学品安全管理条例》（中华人民共和国国务院令第 591 号〔2011〕）、GB 15603—1995《常用化学危险品贮存通则》、《中国石油天然气集团有限公司危险化学品安全监督管理办法》（中油质安〔2018〕127 号）。

《危险化学品安全管理条例》（中华人民共和国国务院令第 591 号〔2011〕）:

第二十四条 危险化学品应当储存在专用仓库、专用场地或者专用储存室（以下统称专用仓库）内,并由专人负责管理;剧毒化学品以及储存数量构成重大危险源的其他危险化学品,应当在专用仓库内单独存放,并实行双人收发、双人保管制度。

GB 15603—1995《常用化学危险品贮存通则》：

7.1 化学危险品入库时，应严格检验物品质量、数量、包装情况、有无泄漏。

7.2 化学危险品入库后应采取适当的养护措施，在贮存期内，定期检查，发现其品质变化、包装破损、渗漏、稳定剂短缺等，应及时处理。

8 化学危险品出入库管理

8.1 贮存化学危险品的仓库，必须建立严格的出入库管理制度。

8.2 化学危险品出入库前均应按合同进行检查验收、登记、验收内容包括：

a. 数量；b. 包装；c. 危险标志。

经核对后方可入库、出库，当物品性质未弄清时不得入库。

8.4 装卸、搬运化学危险品时应按有关规定进行，做到轻装、轻卸。严禁摔、碰、撞、击、拖拉、倾倒和滚动。

《中国石油天然气集团有限公司危险化学品安全监督管理办法》（中油质安〔2018〕127号）：

第二十五条 集团公司实行危险化学品内部登记和准入管理，规范危险化学品登记、备案与评估管理，建立危险化学品安全监管信息平台，为危险化学品安全管理以及危险化学品事故预防和应急救援提供技术、信息支持。

所属企业应当向集团公司危险化学品安全技术中心办理危险化学品登记备案，并分级建立危险化学品管理档案。涉及危险化学品生产、进口的所属企业还应当按照国家危险化学品登记有关规定办理危险化学品登记。

第四十九条 危险化学品应当储存在专用仓库、专用场地或者专用储存室（以下统称专用仓库）内，并由专人负责管理；危险化学品专用仓库的设计、建设应当符合国家法律、行政法规和标准的有关规定，并设置明显标志。

危险化学品的储存方式、方法以及储存数量应当符合国家标准或者国家有关规定。

储存危险化学品的所属企业应当对其危险化学品专用仓库的安全设备设施定期进行检测、检验，如实记录。

危险化学品储存场所应当实行封闭化管理，设置防止人员非法侵入的设施。危险化学品的储罐区和装卸区应当设置视频监控。危险化学品储存场所（罐区、仓库等）和设施不得随意变更储存的物质，不得超量储存。

第五十三条 危险化学品出入库应当进行核查、登记，定期盘库，账物相符；入库前应进行外观、质量、数量等检查验收，如实记录。

对剧毒化学品以及储存数量构成重大危险源的其他危险化学品，储存单位应当将其储存数量、储存地点以及管理人员情况，报所在地安全生产监督管理部门和公安机关备案。

（2）检查从业人员的安全培训、取证上岗情况。

监督依据标准：《危险化学品安全管理条例》（中华人民共和国国务院令第 591 号〔2011〕）、GB 15603—1995《常用化学危险品贮存通则》、《中国石油天然气集团有限公司危险化学品安全监督管理办法》（中油质安〔2018〕127 号）。

《危险化学品安全管理条例》（中华人民共和国国务院令第 591 号〔2011〕）：

危险化学品单位应当具备法律、行政法规规定和国家标准、行业标准要求的安全条件，建立、健全安全管理规章制度和岗位安全责任制度，对从业人员进行安全教育、法制教育和岗位技术培训。从业人员应当接受教育和培训，考核合格后上岗作业；对有资格要求的岗位，应当配备依法取得相应资格的人员。

GB 15603—1995《常用化学危险品贮存通则》：

11.1 仓库工作人员应进行培训，经考核合格后持证上岗。

11.2 对化学危险品的装卸人员进行必要的教育，使其按照有关规定进行操作。

《中国石油天然气集团有限公司危险化学品安全监督管理办法》（中油质安〔2018〕127 号）：

第十二条 所属企业应当对相关人员开展危险化学品管理制度和操作规程的培训，并督促严格执行。

第十六条 所属企业应当按照国家和地方人民政府有关规定，建立健全危险化学品作业关键岗位人员的上岗安全培训、警示教育、继续教育和考核制度，明确文化程度、专业素质、年龄、身体状况等方面安全准入要求。

所属企业应当对相关人员进行危险化学品安全教育和安全技能培训，使其具备与岗位相适应的能力。对有资格要求的岗位人员应当经过专业培训并取得相应资格。未经安全教育合格、未取得相应资格的人员不得从事相关作业活动。

所属企业应当向危险化学品相关人员提供化学品安全技术说明书（中文），并对相关人员教育培训，熟悉危险化学品危险特性，掌握安全防护和应急处置措施等。

第二十条 所属企业应当建立新工艺、新技术、新材料、新设备的使用等方面的管理制度，在采用新工艺、新技术、新材料、新设备前应当进行安全性能论证，掌握其安全技术特性，采取有效的安全防护措施，并对员工进行专门的安全教育和培训。

（3）检查储存场所应急预案的制定、备案及应急演练情况。

监督依据标准：《危险化学品安全管理条例》（中华人民共和国国务院令第 591 号〔2011〕）、《生产安全事故应急预案管理办法》（国家安全生产监督管理总局令第 88 号〔2016〕）、AQ/T 3034—2010《化工企业工艺安全管理实施导则》、《中国石油天然气集团有限公司危险化学品安全监督管理办法》（中油质安〔2018〕127 号）。

《危险化学品安全管理条例》(中华人民共和国国务院令第591号〔2011〕):

第七十条　危险化学品单位应当制定本单位危险化学品事故应急预案,配备应急救援人员和必要的应急救援器材、设备,并定期组织应急救援演练。

《生产安全事故应急预案管理办法》(国家安全生产监督管理总局令第88号〔2016〕):

第二十六条　生产经营单位应当在应急预案公布之日起20个工作日内,按照分级属地原则,向安全生产监督管理部门和有关部门进行告知性备案。

中央企业总部(上市公司)的应急预案,报国务院主管的负有安全生产监督管理职责的部门备案,并抄送国家安全生产监督管理总局;其所属单位的应急预案报所在地的省、自治区、直辖市或者设区的市级人民政府主管的负有安全生产监督管理职责的部门备案,并抄送同级安全生产监督管理部门。

前款规定以外的非煤矿山、金属冶炼和危险化学品生产、经营、储存企业,以及使用危险化学品达到国家规定数量的化工企业、烟花爆竹生产、批发经营企业的应急预案,按照隶属关系报所在地县级以上地方人民政府安全生产监督管理部门备案;其他生产经营单位应急预案的备案,由省、自治区、直辖市人民政府负有安全生产监督管理职责的部门确定。

油气输送管道运营单位的应急预案,除按照本条第一款、第二款的规定备案外,还应当抄送所跨行政区域的县级安全生产监督管理部门。

煤矿企业的应急预案除按照本条第一款、第二款的规定备案外,还应当抄送所在地的煤矿安全监察机构。

AQ/T 3034—2010《化工企业工艺安全管理实施导则》:

4.10.5　应急培训和演练

4.10.5.1　企业应给予一般员工和承包商员工基本的应急反应培训。培训内容应该有助于他们了解:

a)工厂可能发生的紧急情况;b)如何报告所发生的紧急情况;c)工厂的平面位置、紧急撤离路线和紧急出口;d)安全警报及其应急响应的要求;e)紧急集合点的位置及清点人数的要求。

4.10.5.2　企业应定期培训应急反应小组的成员,使其获得和保持应对紧急情况和控制事故的知识及能力,并参与实际的演习。

《中国石油天然气集团有限公司危险化学品安全监督管理办法》(中油质安〔2018〕127号):

第十四条 所属企业应当建立危险化学品重大危险源安全管理制度,对危险化学品重大危险源进行辨识、分级和登记建档,开展定期检测、评估和监控,设置警示标识,制定应急预案,向相关人员告知紧急情况下的应急措施。

所属企业应当按照国家和地方人民政府有关规定将危险化学品重大危险源及有关安全措施、应急措施报所在地安全生产监督管理部门和有关部门备案。

第二十七条 所属企业应根据本单位危险化学品危害辨识和风险评估结论,针对可能发生的危险化学品事故制定专项应急预案、现场应急处置方案和岗位应急处置卡,配备应急救援人员和必要的应急救援器材、装备,并按计划组织应急演练。所属企业应当将其危险化学品事故应急预案报当地政府安全生产监督管理部门备案。

（4）监督检查岗位人员劳动防护用品的配备和使用情况。

监督依据标准:GB/T 12801—2008《生产过程安全卫生要求总则》、《中国石油天然气集团有限公司危险化学品安全监督管理办法》（中油质安〔2018〕127号）。

GB/T 12801—2008《生产过程安全卫生要求总则》:

6.2.4 从业人员在作业过程中,应按照安全生产规章制度和劳动防护用品使用规则,正确佩戴和使用劳动防护用品;未按规定佩戴和使用劳动防护用品的,不得上岗作业。

6.2.5 企业应当建立健全劳动防护用品的采购、验收、保管、发放、使用、报废等管理制度。

《中国石油天然气集团有限公司危险化学品安全监督管理办法》（中油质安〔2018〕127号）:

第二十四条 所属企业应当建立劳动防护用品管理制度,明确劳动防护用品采购、验收、保管、发放、使用、报废等环节管理要求,针对危险化学品特性为员工配备相适应的劳动防护用品,教育并监督员工正确使用。

（5）检查危险化学品MSDS（化学品安全技术说明书）的配备情况,及相关人员的掌握情况。

监督依据标准:《中国石油天然气集团有限公司危险化学品安全监督管理办法》（中油质安〔2018〕127号）。

第四十二条 涉及危险化学品生产的所属企业,应当提供与其生产的危险化学品相符的化学品安全技术说明书,并在危险化学品包装(包括外包装件)上粘贴或者拴挂与包装内危险化学品相符的化学品安全标签。化学品安全技术说明书和化学品安全标签(以下简称"一书一签")所载明的内容应当符合国家标准的要求。

涉及危险化学品生产的所属企业发现其生产的危险化学品有新的危害特性时,应当立即公告,并及时修订"一书一签"。

第十六条　所属企业应当向危险化学品相关人员提供化学品安全技术说明书(中文),并对相关人员教育培训,熟悉危险化学品危险特性,掌握安全防护和应急处置措施等。

(6)检查储存场所安全设施、标识、通道、防雷防静电设施的定期检测情况。

监督依据标准:《危险化学品安全管理条例》(中华人民共和国国务院令第591号〔2011〕)、GB/T 12801—2008《生产过程安全卫生要求总则》《中国石油天然气集团有限公司危险化学品安全监督管理办法》(中油质安〔2018〕127号)。

《危险化学品安全管理条例》(中华人民共和国国务院令第591号〔2011〕):

第二十六条　危险化学品专用仓库应当符合国家标准、行业标准的要求,并设置明显的标志。储存剧毒化学品、易制爆危险化学品的专用仓库,应当按照国家有关规定设置相应的技术防范设施。

储存危险化学品的单位应当对其危险化学品专用仓库的安全设施、设备定期进行检测、检验。

GB/T 12801—2008《生产过程安全卫生要求总则》:

5.4.6　危险性作业场所,应设置安全通道;应设应急照明、安全标志和疏散指示标志;门窗应向外开启;通道和出口应保持畅通;出入口的设置应符合有关规定。

5.4.7　根据建(构)筑物的防雷类别,按有关标准规定设置防雷电设施,并定期检测。

5.6.4　用于具有火灾和爆炸危险场所的电气设备,应根据场所的危险等级和使用条件,按有关规定选型、安装和维护。

6.3.5　在易于产生静电的场所,根据生产工艺要求、作业环境特点和物料的性质应采取相应的消除静电措施。对下列设备管线应作接地处理:

a)生产、储存、装卸和输送液化石油气、可燃气体、易燃液体的设备和管道;

b)用空气干燥、掺合、输送可燃的粉状塑料、树脂及其他易产生静电集聚的物料的厂房、设备和管道;

c)在绝缘管线上配置的金属件等;

d)其他。

《中国石油天然气集团有限公司危险化学品安全监督管理办法》(中油质安〔2018〕127号):

第四十五条 涉及危险化学品生产、储存、使用的所属企业,应当在作业场所设置通信、报警装置,并根据其生产、储存的危险化学品的种类和危险特性,设置相应的监测、监控、通风、防晒、调温、防火、灭火、防爆、泄压、防毒、中和、防潮、防雷、防静电、防腐、防泄漏以及防护围堤或者隔离操作等安全设备设施。安全设备设施应当按照有关规定进行定期维护、保养和检测,如实记录。

第四十六条 涉及重点监管危险化工工艺和重点监管危险化学品的生产装置,应当按照安全控制要求设置自动化控制系统、安全联锁或紧急停车系统和可燃及有毒气体泄漏检测报警系统。

危险化学品储存设施应当采取液位报警、联锁、紧急切断等相应的安全技术措施,构成重大危险源储存设施设置温度、压力、液位等信息的不间断采集和监测系统以及可燃、有毒气体泄漏检测报警装置;危险化学品重大危险源中储存剧毒物质的场所或者设施,应当设置视频监控系统;涉及毒性气体、液化气体、剧毒液体的一级或者二级重大危险源,应当配备独立的安全仪表系统(SIS)。

(7)检查使用危险化学品操作规程执行情况。

监督依据标准:《危险化学品安全管理条例》(中华人民共和国国务院令第591号〔2011〕)。

第二十八条 使用危险化学品的单位,其使用条件(包括工艺)应当符合法律、行政法规的规定和国家标准、行业标准的要求,并根据所使用的危险化学品的种类、危险特性以及使用量和使用方式,建立、健全使用危险化学品的安全管理规章制度和安全操作规程,保证危险化学品的安全使用。

(8)监督危险化学品的废弃处置程序、方法及去向是否合法依规。

监督依据标准:《中国石油天然气集团有限公司危险化学品安全监督管理办法》(中油质安〔2018〕127号)。

第五十六条 使用危险化学品的科研院所、医院等单位应当建立危险化学品购买、储存、使用、废弃处置管理制度和危险化学品使用操作规程,以及危险化学品台账和使用记录,并严格执行。

第五十七条 涉及危险化学品的实验室、化验室应当符合国家和行业标准有关防火防爆、防止职业危害和环境污染的设计要求,配备必要的通风设施、消防器材、有毒有害物报警装置、视频监控系统、冲洗设施及个人劳动防护等设备设施。

实验室、化验室的危险化学品应当按照危险化学品特性和有关规定,采取隔离、隔开和分离等方式储存在相应的储存室或者库房。按照使用需要控制危险化学品储存量,明确危险化学品申请、领取、使用、交回、废弃等管理要求,账物相符。

第七十六条　所属企业对其产生的废弃危险化学品依法承担污染防治责任,应当按照有关规定对废弃危险化学品进行排查与判定,登记建档,对废弃危险化学品贮存、运输、处置等环节全过程管理。

第七十七条　所属企业应当建立危险化学品报废处置程序,制定废弃危险化学品管理计划并依法报当地环境保护部门备案。

第七十八条　所属企业应当按照废弃危险化学品的特性分类收集、贮存废弃危险化学品,禁止将废弃危险化学品混入非危险废物中贮存,禁止混合收集、贮存、运输、处置性质不相容而未经安全性处置的废弃危险化学品。废弃危险化学品及其包装物、容器的贮存场所应当采取符合国家环境保护标准的防护措施。

第七十九条　所属企业应当对废弃危险化学品的容器和包装物以及收集、贮存、运输、处置废弃危险化学品的设施、场所,设置明显的危险废物识别标志。

第八十条　所属企业应当规范处置废弃危险化学品及其包装物、容器,不得擅自丢弃、倾倒、堆放、掩埋、焚烧。禁止将废弃危险化学品及其包装物、容器提供或者委托给无危险废物处置资质的单位。

(五)典型"三违"行为

(1)从业人员未进行专业培训、未进行考核就上岗作业。

(2)未按要求配带劳动防护用品。

(3)不按计划组织进行应急演练。

(4)违反规程使用危险化学品。

(5)乱排乱放废弃危险化学品及其包装物。

(六)典型事故案例

有毒化学品储存不当,氯气泄漏造成人员受伤,案例分析如下:

(1)事故经过:2012年5月25日下午3点50分左右,某自来水公司老厂房内,水厂工作人员在对管道设备进行清洁时,不小心碰到了管道阀,再加上因为老厂房内的设备已经许久未使用,氯气铜管氧化生锈,导致松动脱落,引发了氯泄漏。一名技术人员去设备间进行堵漏,因无法确定泄漏位置吸入大量氯气,造成喉咙伤痛,送往医院紧急处理。

(2)主要原因:危险化学品、剧毒品存储未按照相关行业标准执行;作业人员风险意识差,风险识别不全。

（3）事故教训：按照相关行业标准对危险化学品、剧毒品进行规范存储；作业人员要提高风险防范意识，提高风险识别能力。

二、民用爆炸物品（射孔弹、导爆索、雷管）

（一）主要风险

（1）因突发事故（如交通事故、火灾等），火灾隐患，不安全的运输、搬运、装卸、储存，外来干扰（异常电信号、外来火种等），人员失误等原因引起的非受控引爆。

（2）因交通运输事故、恐袭或盗抢事件或者人员失误等原因，引起的失控（如丢失、被盗抢）。

（二）监督内容

（1）监督检查相关人员安全教育培训和资质取证情况。

（2）监督检查民用爆炸物品生产安全管理情况。

（3）监督检查民用爆炸物品购买和销售安全程序。

（4）监督检查民用爆炸物品运输资质及装卸运输规程执行情况。

（5）监督检查民用爆炸物品储存安全管理情况。

（6）监督检查民用爆炸物品使用与安全操作情况。

（7）监督检查民用爆炸物品销毁登记备案和销毁方法及安全措施情况。

（三）主要监督依据

GB 28263—2012《民用爆炸物品生产、销售企业安全管理规程》；

《中国石油天然气集团公司民用爆炸物品安全监督管理办法》（中油质安〔2017〕52号）；

GB/T 12801—2008《生产过程安全卫生要求总则》；

《民用爆炸物品安全管理条例》（中华人民共和国国务院令第653号〔2014〕）；

GB 50089—2018《民用爆炸物品工程设计安全标准》。

（四）监督控制要点

（1）上岗前人员安全教育，人员有资质和持证情况。

监督依据标准：GB 28263—2012《民用爆炸物品生产、销售企业安全管理规程》《中国石油天然气集团公司民用爆炸物品安全监督管理办法》（中油质安〔2017〕52号）。

GB 28263—2012《民用爆炸物品生产、销售企业安全管理规程》：

5.5 企业应建立本单位从业人员安全生产教育和安全技能培训考核制度。危险工序作业人员应经考核合格后方可上岗；特种作业人员应按国家规定持证上岗。

《中国石油天然气集团公司民用爆炸物品安全监督管理办法》(中油质安〔2017〕52号):

第九条　所属企业应当加强对本单位从事民用爆炸物品生产、销售、购买、运输、爆破作业和储存员工的安全教育、法制教育和岗位技术培训,从业人员经考核合格的,方可上岗作业;对有资格要求的岗位,应当配备具有相应资格的人员。严禁聘用无民事行为能力人、限制民事行为能力人或者曾因犯罪受过刑事处罚的人从事民用爆炸物品的生产、销售、购买、运输、储存和爆破作业。

（2）所有人员正确使用劳动防护用品。

监督依据标准:GB/T 12801—2008《生产过程安全卫生要求总则》。

6.2.1　企业应当按照GB 11651和国家颁发的劳动防护用品配备标准以及有关规定,为从业人员配备劳动防护用品。

6.2.2　企业为从业人员提供的劳动防护用品,应符合国家标准或行业标准,不得超过使用期限。

6.2.3　企业应当督促、教育从业人员正确佩戴和使用劳动防护用品。

6.2.4　从业人员在作业过程中,应按照安全生产规章制度和劳动防护用品使用规则,正确佩戴和使用劳动防护用品,未按规定佩戴和使用劳动防护用品的,不得上岗作业。

（3）民用爆炸物品生产安全要求执行情况。

①生产过程操作规程执行情况。

监督依据标准:GB 28263—2012《民用爆炸物品生产、销售企业安全管理规程》《中国石油天然气集团公司民用爆炸物品安全监督管理办法》(中油质安〔2017〕52号)。

GB 28263—2012《民用爆炸物品生产、销售企业安全管理规程》:

5.3　企业应编制本单位安全生产规章制度和安全技术操作规程,并能有效指导安全生产。

6.1.1　企业应结合本企业实际,及时将国家或行业颁布实施的有关民爆物品生产安全技术方面的标准、规定编入本企业相关的安全技术操作规程中。

6.1.2　企业引进新产品、新技术时,应结合实际编制或完善安全技术操作规程。

6.2　技术要求

6.2.1 所有用于生产的原材料和辅料在储存、加工过程中应按照各自的理化性能存放或加工,性质相抵触的物质应分隔存储。

6.2.4 经加工后的易燃易爆原材料、辅料和半成品因工艺需要存放或保温时,应有防止自行分解或加热分解而导致发生火灾和爆炸的安全技术措施。易燃易爆物品存放时,应距离加热器(包括暖气片)和热力管线300mm以上。

6.2.5 生产过程中需用热煤加热危险物料或加工中可能引起物料升温的作业点,均应设温度检测仪器并采取温控措施。

6.2.6 生产过程中应根据加工、运输或添加物料等危险作业特点,采取防止人员受伤害的有效措施。

6.2.8 危险性物料输送装置应有防止液体结晶或固体物料粘结器壁的技术措施,并应结合工艺特点和生产情况制定定期清扫制度。严禁轴承设置在粉状危险性物料中混药、输送等方式;输送螺旋和混药设备应有应急消防雨淋装置,输送螺旋和混药设备应选择有利于泄爆、清扫、应急处理的封闭方式。

6.2.10 单质炸药的粉碎加工的开、停机操作应在控制室内,控制室的设置应符合GB 50089的规定,设备运行过程中工房内不应留有人员;延期药、点火药剂的混合、造粒、筛分应根据药量设置可靠的防护设施,操作应人机隔离。

6.2.12 工业雷管电阻检查,卡口(腰)、打把、装盒(袋)、排模、卸模、导爆管拉制加药等作业工序应设置有效防护设施。

6.2.16 生产过程中产生的不合格品和废品应隔离存放,及时处理;危险物品内包装材料应统一回收存放在远离热源的场所,并及时销毁。

《中国石油天然气集团公司民用爆炸物品安全监督管理办法》(中油质安〔2017〕52号):

第十三条 所属企业应当严格按照《民用爆炸物品生产许可证》核定的品种和产量进行生产,生产作业应当严格执行安全技术规程,按规定设置警示标志。

所属企业应当按照规定设置监控系统,建立视频监视和安全监管人员现场检查相结合的危险点安全检查制度,采取有效措施及时整改发现的隐患。

第十四条 所属企业应当按照有关规定对民用爆炸物品做出警示标识、登记标识,对雷管编码打号。

第十五条 所属企业应当建立健全产品检验制度,保证民用爆炸物品的质量符合相关标准。民用爆炸物品的包装,应当符合法律、行政法规的规定以及相关标准。

② 试验试制安全要求执行情况。

监督依据标准:《民用爆炸物品安全管理条例》(中华人民共和国国务院令第 653 号〔2014〕)、GB 28263—2012《民用爆炸物品生产、销售企业安全管理规程》、GB 50089—2018《民用爆炸物品工程设计安全标准》。

《民用爆炸物品安全管理条例》(中华人民共和国国务院令第 653 号〔2014〕):

第十七条　试验或者试制民用爆炸物品,必须在专门场地或者专门的试验室进行。严禁在生产车间或者仓库内试验或者试制民用爆炸物品。

GB 28263—2012《民用爆炸物品生产、销售企业安全管理规程》:

10.1.1　应建立完整的民爆物品试验与销毁记录,每次试验与销毁均应清点民爆物品的数量,账物应一致,并由参与试验或销毁的主要操作人员共同签字。

10.1.2　起爆器材生产企业应有固定的试验场和销毁场;工业炸药及其炸药制品生产企业应有固定的工业炸药性能试验场,并根据需要设置固定的销毁场。试验场或销毁场的设置应满足 GB 50089 的要求。

10.1.3　试验或销毁工作不应单人进行,试验人员或销毁人员应是专职人员并经培训且考试合格后持证上岗。

10.1.4　进行试验或用爆炸法、烧毁法进行销毁时,引爆或点火前应发出音响警告信号;在销毁场以外销毁时,应按规定在销毁场地四周安排警戒人员,严格控制所有可能进入危险区域的人员和车辆。

10.1.5　起爆器的手柄或钥匙应始终由指定的放炮员随身携带。放炮员应亲自接通放炮线和启动起爆器,严禁其他人员进行上述作业。

10.1.6　试验或销毁工作结束后应检查和清理现场、熄灭余烬,确认无残留爆炸物后方可离开场地。

GB 50089—2018《民用爆炸物品工程设计安全标准》:

14.1.1　危险品性能试验场宜布置在独立的偏僻地带,并宜设置围墙,围墙距性能试验作业点边缘不宜少于 50m。

14.1.2　当一次爆炸药量小于等于 2kg 时,性能试验场围墙距居民点、村庄等建筑物不应小于 200m,距本厂建筑物(含硝酸铵仓库)不应小于 100m。当一次爆炸药量大于 2kg 时,应布置在厂区以外符合安全要求的偏僻地带。

14.1.3　危险品性能试验采用的封闭式爆炸试验塔(罐)应布置在厂区内有利于安全的边缘地带。封闭式爆炸试验塔(罐)及试验准备间距其他建(构)筑物的内部距离应按表 14.1.3 确定。封闭式爆炸塔(罐)与试验准备间分开布置时,两者之间若设置有防震沟,间距不应小于 3m;两者之间若未设置防震沟,间距不应小于 15m。

表 14.1.3 封闭式爆炸试验塔(罐)及试验准备间距其他建(构)筑物的内部距离

爆炸药量 Q(kg)	内部距离(m)	技术要求
$Q \leq 0.5$	20	试验准备间的计算药量不应超过 3kg
$0.5 < Q \leq 2$	25	试验准备间的计算药量不应超过 5kg
$2 < Q \leq 5$	30	试验准备间的计算药量不应超过 10kg
$5 < Q \leq 10$	35	试验准备间的计算药量不应超过 10kg

14.1.4 殉爆试验一次殉爆药量不应大于 1kg。殉爆试验的准备间距殉爆试验作业点边缘不应小于 35m。

14.1.5 当受条件限制时,危险品性能试验场可与危险品销毁场设置在同一场地内进行轮换作业,且应符合危险品销毁场的外部距离规定。作业点之间应设置防护屏障,防护屏障的高度不应低于 3m。

14.1.6 危险品性能试验场应符合现行国家标准《工业企业噪声控制设计规范》GB/T 50087、《工业企业厂界噪声标准》GB 12348 和《声环境质量标准》GB 3096 的规定。

③外来人员管理。

监督依据标准:GB 28263—2012《民用爆炸物品生产、销售企业安全管理规程》

5.23 企业应对进入危险生产区、库区的生产作业人员、试验人员、检验人员、外来人员等建立管理制度,并应符合以下要求:

a)对于本企业生产作业人员,应按照工业炸药类、起爆器材类生产工种作业人员分区管理,未经企业人事或安全保卫部门批准,不应进入非本职工作的生产区、库区和试验区;不同区域生产作业人员宜采用不同颜色的服装或鞋帽等予以区分;

b)对外来参观、工作检查的人员,进入危险工(库)房和危险区域时,应按照企业规定办理审批手续,并进行相关安全知识教育;穿戴好劳保护具,在指定人员的陪同下方可进入;每次进入危险性工(库)房的人数不应超过三人且不应超过最大允许定员;

c)外单位工作人员进入危险生产区或试验场地参加危险性试验时,应与试生产(试用)企业签订安全责任协议书,明确双方责任和义务;

d)外来人员进入企业管辖区内从事其他临时性工程作业时,企业应与外来人员所在单位或本人签订安全责任协议书,明确双方安全责任和义务;

e)严禁将移动通讯工具带入民爆物品生产区、储存区、试验区和销毁场。

(4)民用爆炸物品购买与销售安全手续办理情况。

监督依据标准:《民用爆炸物品安全管理条例》(中华人民共和国国务院令第653号〔2014〕)

第二十条　民用爆炸物品生产企业凭《民用爆炸物品生产许可证》,可以销售本企业生产的民用爆炸物品。

民用爆炸物品生产企业销售本企业生产的民用爆炸物品,不得超出核定的品种、产量。

第二十一条　民用爆炸物品使用单位申请购买民用爆炸物品的,应当向所在地县级人民政府公安机关提出购买申请,并提交下列有关材料:

(一)工商营业执照或者事业单位法人证书;

(二)《爆破作业单位许可证》或者其他合法使用的证明;

(三)购买单位的名称、地址、银行账户;

(四)购买的品种、数量和用途说明。

受理申请的公安机关应当自受理申请之日起5日内对提交的有关材料进行审查,对符合条件的,核发《民用爆炸物品购买许可证》;对不符合条件的,不予核发《民用爆炸物品购买许可证》,书面向申请人说明理由。

《民用爆炸物品购买许可证》应当载明许可购买的品种、数量、购买单位以及许可的有效期限。

第二十二条　民用爆炸物品生产企业凭《民用爆炸物品生产许可证》购买属于民用爆炸物品的原料,民用爆炸物品销售企业凭《民用爆炸物品销售许可证》向民用爆炸物品生产企业购买民用爆炸物品,民用爆炸物品使用单位凭《民用爆炸物品购买许可证》购买民用爆炸物品,还应当提供经办人的身份证明。

销售民用爆炸物品的企业,应当查验前款规定的许可证和经办人的身份证明;对持《民用爆炸物品购买许可证》购买的,应当按照许可的品种、数量销售。

第二十三条　销售、购买民用爆炸物品,应当通过银行账户进行交易,不得使用现金或者实物进行交易。

销售民用爆炸物品的企业,应当将购买单位的许可证、银行账户转账凭证、经办人的身份证明复印件保存2年备查。

第二十四条　销售民用爆炸物品的企业,应当自民用爆炸物品买卖成交之日起3日内,将销售的品种、数量和购买单位向所在地省、自治区、直辖市人民政府国防科技工业主管部门和所在地县级人民政府公安机关备案。

购买民用爆炸物品的单位,应当自民用爆炸物品买卖成交之日起3日内,将购买的品种、数量向所在地县级人民政府公安机关备案。

第二十五条　进出口民用爆炸物品,应当经国务院国防科技工业主管部门审批。进出口民用爆炸物品审批办法,由国务院国防科技工业主管部门会同国务院公安部门、海关总署规定。

进出口单位应当将进出口的民用爆炸物品的品种、数量向收货地或者出境口岸所在地县级人民政府公安机关备案。

（5）民用爆炸物品运输安全要求执行情况。

监督依据标准:《民用爆炸物品安全管理条例》（中华人民共和国国务院令第653号〔2014〕）、GB 28263—2012《民用爆炸物品生产、销售企业安全管理规程》、《中国石油天然气集团公司民用爆炸物品安全监督管理办法》（中油质安〔2017〕52号）。

《民用爆炸物品安全管理条例》（中华人民共和国国务院令第653号〔2014〕）:

第二十七条　运输民用爆炸物品的,应当凭《民用爆炸物品运输许可证》,按照许可的品种、数量运输。

第二十八条　经由道路运输民用爆炸物品的,应当遵守下列规定:

（一）携带《民用爆炸物品运输许可证》;

（二）民用爆炸物品的装载符合国家有关标准和规范,车厢内不得载人;

（三）运输车辆安全技术状况应当符合国家有关安全技术标准的要求,并按照规定悬挂或者安装符合国家标准的易燃易爆危险物品警示标志;

（四）运输民用爆炸物品的车辆应当保持安全车速;

（五）按照规定的路线行驶,途中经停应当有专人看守,并远离建筑设施和人口稠密的地方,不得在许可以外的地点经停;

（六）按照安全操作规程装卸民用爆炸物品,并在装卸现场设置警戒,禁止无关人员进入;

（七）出现危险情况立即采取必要的应急处置措施,并报告当地公安机关。

第二十九条　民用爆炸物品运达目的地,收货单位应当进行验收后在《民用爆炸物品运输许可证》上签注,并在3日内将《民用爆炸物品运输许可证》交回发证机关核销。

GB 28263—2012《民用爆炸物品生产、销售企业安全管理规程》:

9.1.1　民用爆炸物品运输应符合《道路危险货物运输管理规定》、JT 618、GB 50089和GB 4387的有关规定。采用铁路、水路或航空运输时应符合国家相关规定。

9.1.2　生产区至总仓库区的运输路线通过企业外部公路时,由企业和当地交通安全管理部门确定运输路线,不应随意更改。

《中国石油天然气集团公司民用爆炸物品安全监督管理办法》（中油质安〔2017〕52号）：

第二十五条　民用爆炸物品应当分类装运，装入专用箱内，加锁，专车运送；装卸民用爆炸物品应当轻拿轻放，严禁拖拉、撞击、抛掷、脚踩、翻滚、侧置；装卸作业宜在白天进行，押运员应当在现场监装，遇雷雨、暴风等恶劣天气，禁止进行装卸作业；路面有冰雪时，应当采取防滑措施。

（6）民爆物品储存安全要求执行情况。

监督依据标准：GB 28263—2012《民用爆炸物品生产、销售企业安全管理规程》《中国石油天然气集团公司民用爆炸物品安全监督管理办法》（中油质安〔2017〕52号）。

GB 28263—2012《民用爆炸物品生产、销售企业安全管理规程》：

6.2.1　所有用于生产的原材料和辅料在储存、加工过程中应按照各自的理化性能存放或加工，性质相抵触的物质应分隔存储。

6.2.16　生产过程中产生的不合格品和废品应隔离存放、及时处理；危险物品内包装材料应统一回收存放在远离热源的场所，并及时销毁。

9.2.1　设置民爆物品仓库的企业应取得"民用爆炸物品生产许可证"或"民用爆炸物品销售许可证"。

9.2.2　企业生产点的爆炸性材料仓储能力应满足生产需要，安全许可能力（不含现场混装炸药）与成品总库储存能力应满足以下要求：

a）工业炸药及其炸药制品：

1）安全许可能力小于或等于10000t时，总库储存能力应不小于安全许可能力的3.0%，且不少于200t；

2）安全许可能力大于10000t小于或等于20000t时，总库储存能力应不小于安全许可能力的2.5%，且不少于300t；

3）安全许可能力大于20000t时，总库储存能力应不小于安全许可能力的2.0%，且不少于500t；

b）工业雷管成品总库储存能力应不小于安全许可能力的10%；

c）工业导爆索成品总库储存能力应不小于安全许可能力的10%。

9.2.3　企业应建立严格的民爆物品进出仓库检查制度，设置仓库负责人，并配备相应的仓库管理人员和足够的安防人员。安防人员应设置固定岗哨和流动岗哨，并按公安部门规定配备必要的警用器具。

9.2.4　仓库管理人员应了解仓库所储存产品的安全性能,掌握防火、防爆等知识,熟悉仓库的各项安全规定并经培训且考试合格后持证上岗。

9.2.5　外来人员进入民爆物品仓库应经本企业保卫部门审查批准,在了解仓库有关管理规定的前提下由仓库管理人员带领进入。

9.2.6　出库后返回的产品应有验收手续方可入库,拆包的产品应另库存放。

9.2.7　各类民爆物品宜单独品种专库存放,仓库内严禁储存无关物品。以下品种的民爆物品允许同库存放:

a)单质炸药、工业导爆索、工业炸药及其炸药制品允许同库存放;

b)包装完好的塑料导爆管允许与工业雷管(含继爆管)、单质炸药、工业导爆索、工业炸药及其炸药制品同库存放。

9.2.8　废品或未进行安定性试验的新产品应单独存放。

9.2.9　民爆物品仓库应环境整洁、通风良好,仓库内产品的堆放应整齐、稳固、标志清晰、利于行走、搬运方便,具体应符合以下要求:

a)产品应按生产批号成垛堆放,不同规格的民爆物品应分垛堆放。

b)仓库内装运通道应满足不同的运输方式,最小宽度应不小于1.2m;人行检查通道宽度、清点通道宽度、堆垛边缘与墙之间的距离及堆垛之间的距离应符合GB 50089的规定。

c)堆放工业炸药、索类火工品成品箱的堆垛总高度不应大于1.8m;堆放工业雷管和其他起爆器材成品箱的堆垛总高度不应大于1.6m。

9.2.10　严禁在民爆物品仓库内开箱;需取出产品时应在仓库管理人员监督下,将产品箱移至库房防护屏障外指定地点进行;应使用不产生火花的启箱工具。

9.2.11　维修民爆物品仓库时,应采取可靠的安全措施。门窗小修可移至室外指定地点进行;库房大修应将仓库内的产品全部搬出,库房清扫干净后方可进行。

9.2.12　应按GA 837的规定在仓库设置安全防范电子监控装置,并确保监控装置完好。

《中国石油天然气集团公司民用爆炸物品安全监督管理办法》(中油质安〔2017〕52号)。

第三十六条　所属企业民用爆炸物品应当储存在专用仓库内,仓库的设置、结构应当符合国家规定和标准规范的要求,并按照规定配备技术防范设施。

第三十七条　所属企业民用爆炸物品的储存应当遵守下列规定:

(一)建立出入库检查、登记制度,收存和发放民用爆炸物品应当进行登记并双方签字确认,做到账目清楚,账物相符;

（二）储存的民用爆炸物品数量不得超过储存设计容量，对性质相抵触的民用爆炸物品应当分库储存，严禁在库房内存放其他物品；

（三）专用仓库应当设置避雷装置，避雷装置在每年雨季前进行一次检测；

（四）专用仓库应当设置警示标志，配备足够的消防器材，并保持完好；

（五）专用仓库应当指定专人管理、看护，严禁无关人员进入仓库区内，严禁在仓库区内吸烟和用火，严禁把其他容易引起燃烧、爆炸的物品带入仓库区内，严禁在库房内住宿和进行其他活动。

第三十八条　所属企业在爆破作业现场临时存放民用爆炸物品的，应当具备临时存放民用爆炸物品的条件，并设专人管理、看护，不得在不具备安全存放条件的场所存放民用爆炸物品。

（7）爆破作业安全要求执行情况。

监督依据标准：《中国石油天然气集团公司民用爆炸物品安全监督管理办法》（中油质安〔2017〕52号）。

第二十六条　拟从事爆破作业的所属企业应当具备《民用爆炸物品安全管理条例》规定的基本条件，并依法申请办理《爆破作业单位许可证》后，方可从事爆破作业活动。

从事营业性爆破作业活动的，应当持《爆破作业单位许可证》到工商行政管理部门办理工商登记后，按照资质等级承接爆破作业项目；爆破作业开始前，应当按规定发布施工公告和爆破公告。

第二十七条　从事爆破作业的所属企业应当对本单位的爆破作业人员、安全监督管理人员、仓库管理人员进行专业技术培训。爆破作业人员应当经设区的市级人民政府公安机关考核合格，取得《爆破作业人员许可证》后，按照其资格等级从事爆破作业。

第二十八条　所属企业在城市、风景名胜区和重要工程设施附近实施爆破作业的，应当向爆破作业所在地设区的市级人民政府公安机关提出申请，提交《爆破作业单位许可证》和具有相应资质的安全评估企业出具的爆破设计、施工方案评估报告，经批准后由具有相应资质的安全监理企业进行监理，由爆破作业所在地县级人民政府公安机关负责组织实施安全警戒。

第二十九条　所属企业跨省、自治区、直辖市行政区域从事爆破作业的，应当事先将爆破作业项目的有关情况向爆破作业所在地县级人民政府公安机关报告。

第三十条　所属企业应当如实记载领取、发放民用爆炸物品的品种、数量、编号以及领取、发放人员姓名。领取民用爆炸物品的数量不得超过当班用量，作业后剩余的民用爆炸物品必须当班清退回库。

所属企业应当将领取、发放民用爆炸物品的原始记录保存2年备查。

第三十一条 所属企业应当对爆破作业进行危害辨识和风险评估，制定可靠的风险控制措施和应急预案，消除事故隐患，并将安全措施及要求告知有关人员和相关方。

第三十二条 所属企业实施爆破作业应当严格执行集团公司作业许可制度。爆破作业一般应在白天进行，特殊情况下需要夜间作业时，应当进行升级审批和升级管理。

在雷雨、沙暴、尘暴、浓雾等恶劣天气条件下，禁止进行爆破作业。

第三十三条 所属企业实施爆破作业，应当遵守国家有关标准和规范，在安全距离以外设置警示标志并安排警戒人员，防止无关人员进入；爆破作业结束后应当及时检查、排除未引爆的民用爆炸物品，确认安全后解除警戒。

第三十四条 所属企业应当为从事爆破作业人员配备符合标准要求的防静电工作服、工鞋。爆破作业人员、保管员、安全监管人员施工作业期间，以及其他接触或者靠近民用爆炸物品的人员，禁止携带和使用无线通讯工具。

第三十五条 所属企业不再使用民用爆炸物品时，应当将剩余的民用爆炸物品登记造册，报所在地县级人民政府公安机关组织监督销毁。

（8）民用爆炸物品销毁安全要求执行情况。

监督依据标准：GB 28263—2012《民用爆炸物品生产、销售企业安全管理规程》、GB 50089—2018《民用爆炸物品工程设计安全标准》、《中国石油天然气集团公司民用爆炸物品安全监督管理办法》（中油质安〔2017〕52号）。

GB 28263—2012《民用爆炸物品生产、销售企业安全管理规程》：

10.3.2 销毁场内不应设置待销毁的民爆物品储存库，允许设置为销毁时使用的点火件或起爆件掩体。

10.3.3 销毁方法应根据民爆物品的特点采用炸毁法、烧毁法、溶解法或化学分解法。新研制的民爆物品销毁方法应由研制单位经试验后提出，由企业安全负责人和企业技术负责人审批后方可进行。

10.3.9 待销毁的民爆物品严禁在阳光下暴晒；严禁将销毁不彻底的民爆物品随地散失和任意处理。

10.3.10 严禁在夜间、暴风、雷雨、大雪、大雾和风向不确定等恶劣天气进行销毁作业。

GB 50089—2018《民用爆炸物品工程设计安全标准》：

14.2.1 当采用炸毁法或烧毁法销毁危险品时，应设置危险品销毁场。危险品销毁场应布置在厂区以外有利于安全的偏僻地带。

14.2.2 当采用炸毁法时,工业雷管一次销毁药量不应超过 500g,其他危险品一次销毁药量不应超过 2kg;采用烧毁法时,一次销毁药量:硝酸铵类炸药不应超过 200kg,梯恩梯、黑索今、太安等单质炸药不应超过 100kg,导爆索不应超过 20kg。

炸毁应在销毁坑中进行。当销毁坑周围无自然屏障时,其周围宜设高度不低于 3m 的防护屏障。

14.2.3 当采用炸毁法或烧毁法时,危险品销毁场作业边缘距周围建筑物的距离不应小于 200m,距公路、铁路等不应小于 150m。

14.2.4 危险品销毁场不应设待销毁的危险品暂存库,可设置为销毁时使用的点火件或起爆件掩体。危险品销毁场应设人身掩体,且应布置在危险品销毁场常年主导风向的上风方向,人身掩体出入口应背向销毁作业点,距销毁作业点边缘不应小于 50m。掩体之间距离不应小于 30m。

14.2.5 危险品销毁场宜设围墙,围墙距销毁作业点边缘不宜小于 50m。

《中国石油天然气集团公司民用爆炸物品安全监督管理办法》(中油质安〔2017〕52 号):

第四十条 所属企业应当定期检查库存民用爆炸物品,发现变质和过期失效的及时清理出库,并予以销毁。销毁前应当登记造册,提出销毁实施方案,报省、自治区、直辖市人民政府民用爆炸物品行业主管部门、所在地县级人民政府公安机关组织监督销毁。

第四十一条 所属企业销毁民用爆炸物品应当严格执行销毁实施方案和安全操作规程。销毁地点周围应当设置警戒,专人监护。

民用爆炸物品销毁后,应当及时清理销毁现场,确认全部销毁后,做好记录。

(五)典型"三违"行为

(1)作业人员未经培训取得资格证从事民爆物品作业。

(2)未穿戴齐全符合要求的劳动保护用品从事民爆物品作业或进入民爆物品作业区和储存区。

(3)人员进入库房、操作间没有释放静电。

(4)在库区、作业场所吸烟、使用火种。

(5)运输民爆物品在村庄、桥头、电网、人群密集场所停车。

(6)库房值班、现场看护人员脱岗、睡岗、酒后上岗。

(7)没有按"全过程短路法"作业程序制作炸药包;使用钻杆强制压井下药。

(六)典型事故案例

违规运输民爆物品,引发爆炸伤人命,案例分析如下:

（1）事故经过：1988 年 10 月 30 日，某公司民工余某从充电房领取两块充好电的爆炸机电池放在汽车驾驶室内（其中一块电源接头无安全盖），接着又到炸药、雷管库领取炸药 876kg，电雷管 216 发，将炸药全部装到车厢内，散雷管放进帆布工具包带入驾驶室。驾驶室内右边为民工余某，左边为司机吴某，中间为爆炸工张某，车厢上面坐有 15 名施工人员。当汽车行至距离施工区 6km 处，由于汽车颠簸，致使雷管脚线接触到座位下面的电池电极，导致 216 发雷管全部爆炸，当场将余某炸死，将吴某、张某两人炸伤。

（2）主要原因：雷管与爆炸机电池同时装载在一个驾驶室内；爆炸机电池无安全盖；雷管脚线未短路存放。

（3）事故教训：雷管与爆炸机电池不应该同时装载在一个驾驶室内；爆炸机电池应设置安全盖；雷管脚线应短路存放。

三、放射性物质与射线装置

（一）主要风险

（1）因设备设施故障隐患、屏蔽层失效、突发事故（交通事故、火灾爆炸、撞击等）、人员失误或者人为破坏，造成的放射性物质泄漏。

（2）因人为破坏、盗抢、交通事故或者人员失误，造成的失控（丢失、被盗抢）。

（3）因误照射、作业不带辐射剂量牌或者泄漏事故，造成的人员超剂量。

（二）工业探伤

1. 监督内容

（1）监督检查基础管理工作是否满足要求。

（2）监督检查人员资质与能力是否满足工作要求。

（3）监督检查安全防护工作是否满足安全要求。

（4）监督检查职业健康管理是否满足规定要求。

（5）监督检查作业许可与应急预案管理是否满足规定要求。

（6）监督检查废物处理工作是否满足规定要求。

2. 主要监督依据

《中华人民共和国放射性污染防治法》（中华人民共和国主席令第 6 号〔2003〕）；

《中华人民共和国环境保护法》（中华人民共和国主席令第 9 号〔2014〕）；

《放射性同位素与射线装置安全和防护条例》（中华人民共和国国务院令第 449 号）；

《放射性同位素与射线装置安全许可管理办法》（中华人民共和国环境保护部令第 3 号〔2017〕）；

《放射工作人员职业健康管理办法》（中华人民共和国卫生部令第 55 号〔2007〕）；

GBZ 117—2015《工业 X 射线探伤放射防护要求》；

《中华人民共和国职业病防治法》（中华人民共和国主席令第 81 号〔2017〕）；

Q/SY 08240—2009《作业许可管理规定》；

《中华人民共和国水污染防治法》（中华人民共和国主席令第 70 号〔2017〕）。

3. 监督控制要点

（1）检查放射性同位素和射线装置使用单位许可证办理、台账建立填写、年度评估开展及隐患治理情况。

> 监督依据标准:《中华人民共和国放射性污染防治法》（中华人民共和国主席令第 6 号〔2003〕）、《中华人民共和国环境保护法》（中华人民共和国主席令第 9 号〔2014〕）、《放射性同位素与射线装置安全和防护条例》（中华人民共和国国务院令第 449 号）、《放射性同位素与射线装置安全许可管理办法》（中华人民共和国环境保护部令第 3 号〔2017〕）。
>
> 《中华人民共和国放射性污染防治法》（中华人民共和国主席令第 6 号〔2003〕）:
>
> 第三十二条　生产、使用放射性同位素和射线装置的单位,应当按照国务院环境保护行政主管部门的规定对其产生的放射性废物进行收集、包装、贮存。
>
> 《中华人民共和国环境保护法》（中华人民共和国主席令第 9 号〔2014〕）:
>
> 第四十八条　生产、储存、运输、销售、使用、处置化学物品和含有放射性物质的物品,应当遵守国家有关规定,防止污染环境。
>
> 《放射性同位素与射线装置安全和防护条例》（中华人民共和国国务院令第 449 号）:
>
> 第二十七条　生产、销售、使用放射性同位素和射线装置的单位,应当对本单位的放射性同位素、射线装置的安全和防护工作负责,并依法对其造成的放射性危害承担责任。
>
> 第三十条　生产、销售、使用放射性同位素和射线装置的单位,应当对本单位的放射性同位素、射线装置的安全和防护状况进行年度评估。发现安全隐患的,应当立即进行整改。
>
> 《放射性同位素与射线装置安全许可管理办法》（中华人民共和国环境保护部令第 3 号〔2017〕）:
>
> 第十六条　使用放射性同位素、射线装置的单位申请领取许可证,应当具备下列条件:

（一）使用Ⅰ类、Ⅱ类、Ⅲ类放射源，使用Ⅰ类、Ⅱ类射线装置的，应当设有专门的辐射安全与环境保护管理机构，或者至少有1名具有本科以上学历的技术人员专职负责辐射安全与环境保护管理工作；其他辐射工作单位应当有1名具有大专以上学历的技术人员专职或者兼职负责辐射安全与环境保护管理工作；依据辐射安全关键岗位名录，应当设立辐射安全关键岗位的，该岗位应当由注册核安全工程师担任。

（二）从事辐射工作的人员必须通过辐射安全和防护专业知识及相关法律法规的培训和考核。

（三）使用放射性同位素的单位应当有满足辐射防护和实体保卫要求的放射源暂存库或设备。

（四）放射性同位素与射线装置使用场所有防止误操作、防止工作人员和公众受到意外照射的安全措施。

（五）配备与辐射类型和辐射水平相适应的防护用品和监测仪器，包括个人剂量测量报警、辐射监测等仪器。使用非密封放射性物质的单位还应当有表面污染监测仪。

（六）有健全的操作规程、岗位职责、辐射防护和安全保卫制度、设备检修维护制度、放射性同位素使用登记制度、人员培训计划、监测方案等。

（七）有完善的辐射事故应急措施。

第三十六条 辐射工作单位应当按照许可证的规定从事放射性同位素和射线装置的生产、销售、使用活动。

禁止无许可证或者不按照许可证规定的种类和范围从事放射性同位素和射线装置的生产、销售、使用活动。

第四十一条 辐射工作单位应当建立放射性同位素与射线装置台账，记载放射性同位素的核素名称、出厂时间和活度、标号、编码、来源和去向，及射线装置的名称、型号、射线种类、类别、用途、来源和去向等事项。

放射性同位素与射线装置台账、个人剂量档案和职业健康监护档案应当长期保存。

第四十二条 辐射工作单位应当编写放射性同位素与射线装置安全和防护状况年度评估报告，于每年1月31日前报原发证机关。

年度评估报告应当包括放射性同位素与射线装置台账、辐射安全和防护设施的运行与维护、辐射安全和防护制度及措施的建立和落实、事故和应急以及档案管理等方面的内容。

（2）人员资质与能力。

①检查人员培训考核情况。

②检查操作人员取证、持证及特种作业人员登记建档台账。

监督依据标准:《放射性同位素与射线装置安全和防护条例》(中华人民共和国国务院令第449号)、《放射工作人员职业健康管理办法》(中华人民共和国卫生部令第55号〔2007〕)。

《放射性同位素与射线装置安全和防护条例》(中华人民共和国国务院令第449号):

第二十八条　生产、销售、使用放射性同位素和射线装置的单位,应当对直接从事生产、销售、使用活动的工作人员进行安全和防护知识教育培训,并进行考核;考核不合格的,不得上岗。

辐射安全关键岗位应当由注册核安全工程师担任。辐射安全关键岗位名录由国务院环境保护主管部门商国务院有关部门制定并公布。

《放射工作人员职业健康管理办法》(中华人民共和国卫生部令第55号〔2007〕):

第五条　放射工作人员应当具备下列基本条件:

(一)年满18周岁;

(二)经职业健康检查,符合放射工作人员的职业健康要求;

(三)放射防护和有关法律知识培训考核合格;

(四)遵守放射防护法规和规章制度,接受职业健康监护和个人剂量监测管理;

(五)持有《放射工作人员证》。

第七条　放射工作人员上岗前应当接受放射防护和有关法律知识培训,考核合格方可参加相应的工作。培训时间不少于4天。

第八条　放射工作单位应当定期组织本单位的放射工作人员接受放射防护和有关法律知识培训。放射工作人员两次培训的时间间隔不超过2年,每次培训时间不少于2天。

第九条　放射工作单位应当建立并按照规定的期限妥善保存培训档案。培训档案应当包括每次培训的课程名称、培训时间、考试或考核成绩等资料。

(3)安全与防护。

①检查现场警示标识的设置、隔离防护完好及监测情况。

②检查个人防护设备穿戴、完好情况。

③检查辐射监测仪器完好及检验情况。

④检查探伤室门—机联锁装置完好情况。

⑤检查现场三违情况。

监督依据标准:《放射性同位素与射线装置安全和防护条例》(中华人民共和国国务院令第449号)、《放射工作人员职业健康管理办法》(中华人民共和国卫生部令第55号〔2007〕)、GBZ 117—2015《工业X射线探伤放射防护要求》。

《放射性同位素与射线装置安全和防护条例》(中华人民共和国国务院令第 449 号):

第三十四条　生产、销售、使用、贮存放射性同位素和射线装置的场所,应当按照国家有关规定设置明显的放射性标志,其入口处应当按照国家有关安全和防护标准的要求,设置安全和防护设施以及必要的防护安全联锁、报警装置或者工作信号。射线装置的生产调试和使用场所,应当具有防止误操作、防止工作人员和公众受到意外照射的安全措施。

放射性同位素的包装容器、含放射性同位素的设备和射线装置,应当设置明显的放射性标识和中文警示说明;放射源上能够设置放射性标识的,应当一并设置。运输放射性同位素和含放射源的射线装置的工具,应当按照国家有关规定设置明显的放射性标志或者显示危险信号。

《放射工作人员职业健康管理办法》(中华人民共和国卫生部令第 55 号〔2007〕):

第十三条　放射工作人员进入放射工作场所,应当遵守下列规定:

(一)正确佩戴个人剂量计;

(二)操作结束离开非密封放射性物质工作场所时,按要求进行个人体表、衣物及防护用品的放射性表面污染监测,发现污染要及时处理,做好记录并存档;

(三)进入辐照装置、工业探伤、放射治疗等强辐射工作场所时,除佩戴常规个人剂量计外,还应当携带报警式剂量计。

GBZ 117—2015《工业 X 射线探伤放射防护要求》:

4　工业 X 射线探伤室探伤的放射防护要求

4.1　防护安全要求

4.1.1　探伤室的设置应充分考虑周围的辐射安全,操作室应与探伤室分开并尽量避开有用线束照射的方向。

4.1.2　应对探伤工作场所实行分区管理。一般将探伤室墙壁围成的内部区域划为控制区,与墙壁外部相邻区域划为监督区。

4.1.5　探伤室应设置门—机联锁装置,并保证在门(包括人员门和货物门)关闭后 X 射线装置才能进行探伤作业。门打开时应立即停止 X 射线照射,关上门不能自动开始 X 射线照射。门—机联锁装置的设置应方便探伤室内部的人员在紧急情况下离开探伤室。

4.1.6　探伤室门口和内部应同时设有显示"预备"和"照射"状态的指示灯和声音提示装置。"预备"信号应持续足够长的时间,以确保探伤室内人员安全离开。"预备"信号和"照射"信号应有明显的区别,并且应与该工作场所内使用的其他报警信号有明显区别。

4.1.7　照射状态指示装置应与 X 射线探伤装置联锁。

4.1.8　探伤室内、外醒目位置处应有清晰的对"预备"和"照射"信号意义的说明。

4.1.9　探伤室防护门上应有电离辐射警告标识和中文警示说明。

4.1.10　探伤室内应安装紧急停机按钮或拉绳,确保出现紧急事故时,能立即停止照射。按钮或拉绳的安装,应使人员处在探伤室内任何位置时都不需要穿过主射线束就能够使用。按钮或拉绳应当带有标签,标明使用方法。

4.1.11　探伤室应设置机械通风装置,排风管道外口避免朝向人员活动密集区。每小时有效通风换气次数应不小于 3 次。

4.2　安全操作要求

4.2.1　探伤工作人员进入探伤室时除佩戴常规个人剂量计外,还应配备个人剂量报警仪。当辐射水平达到设定的报警水平时,剂量仪报警,探伤工作人员应立即离开探伤室,同时阻止其他人进入探伤室,并立即向辐射防护负责人报告。

4.2.2　应定期测量探伤室外周围区域的辐射水平或环境的周围剂量当量率,包括操作者工作位置和周围毗邻区域人员居留处。测量值应当与参考控制水平相比较。当测量值高于参考控制水平时,应终止探伤工作并向辐射防护负责人报告。

4.2.3　交接班或当班使用剂量仪前,应检查剂量仪是否正常工作。如在检查过程中发现剂量仪不能正常工作,则不应开始探伤工作。

4.2.4　探伤工作人员应正确使用配备的辐射防护装置,如准直器和附加屏蔽,把潜在的辐射降到最低。

4.2.5　在每一次照射前,操作人员都应该确认探伤室内部没有人员驻留并关闭防护门。只有在防护门关闭、所有防护与安全装置系统都启动并正常运行的情况下,才能开始探伤工作。

4.2.6　开展探伤室设计时未预计到的工作,如工件过大必须开门探伤,应遵循 5.1、5.3、5.4、5.5 的要求。

5　工业 X 射线现场探伤的放射防护要求

5.1　X 射线现场探伤作业分区设置要求

5.1.1　探伤作业时,应对工作场所实行分区管理,并在相应的边界设置警示标识。

5.1.3　控制区边界应悬挂清晰可见的"禁止进入 X 射线区"警告牌,探伤作业人员在控制区边界外操作,否则应采取专门的防护措施。

5.1.4　现场探伤作业工作过程中,控制区内不应同时进行其他工作。为了使控制区的范围尽量小,X 射线探伤机应用准直器,视情况采用局部屏蔽措施(如铅板)。

5.1.5　控制区的边界尽可能设定实体屏障，包括利用现有结构（如墙体）、临时屏障或临时拉起警戒线（绳）等。

5.1.6　应将控制区边界外、作业时周围剂量当量率大于 $2.5\,\mu Sv/h$ 的范围划为监督区，并在其边界上悬挂清晰可见的"无关人员禁止入内"警告牌，必要时设专人警戒。

5.1.7　现场探伤工作在多楼层的工厂或工地实施时，应防止现场探伤工作区上层或下层的人员通过楼梯进入控制区。

5.1.8　探伤机控制台应设置在合适位置或设有延时开机装置，以便尽可能降低操作人员的受照剂量。

5.2　X 射线现场探伤作业的准备

5.2.1　在实施现场探伤工作之前，运营单位应对工作环境进行全面评估，以保证实现安全操作。评估内容至少应包括工作地点的选择、接触的工人与附近的公众、天气条件、探伤时间、是否高空作业、作业空间等。

5.2.2　运营单位应确保开展现场探伤工作的每台 X 射线装置至少配备两名工作人员。

5.2.3　应考虑现场探伤对工作场所内其他的辐射探测系统带来的影响（如烟雾报警器等）。

5.2.4　现场探伤工作在委托单位的工作场地实施的准备和规划，应与委托单位协商适当的探伤地点和探伤时间、现场的通告、警告标识和报警信号等，避免造成混淆。委托方应给予探伤工人充足的时间以确保探伤工作的安全开展和所需安全措施的实施。

5.3　X 射线现场探伤作业安全警告信息

5.3.1　应有提示"预备"和"照射"状态的指示灯和声音提示装置。"预备"信号和"照射"信号应有明显的区别，并且应与该工作场所内使用的其他报警信号有明显区别。

5.3.2　警示信号指示装置应与探伤机联锁。

5.3.3　在控制区的所有边界都应能清楚地听见或看见"预备"信号和"照射"信号。

5.3.4　应在监督区边界和建筑物的进出口的醒目位置张贴电离辐射警示标识和警告标语等提示信息。

5.4　X 射线现场探伤作业安全操作要求

5.4.1　周向式探伤机用于现场探伤时，应将 X 射线管头组装体置于被探伤物件内部进行透照检查。做定向照射时应使用准直器（仅开定向照射口）。

5.4.2　应考虑控制器与 X 射线管和被检物体的距离、照射方向、时间和屏蔽条件等因素，选择最佳的设备布置，并采取适当的防护措施。

5.5　X射线现场探伤作业的边界巡查与监测

5.5.1　开始现场探伤之前,探伤工作人员应确保在控制区内没有任何其他人员,并防止有人进入控制区。

5.5.2　控制区的范围应清晰可见,工作期间要有良好的照明,确保没有人员进入控制区。如果控制区太大或某些地方不能看到,应安排足够的人员进行巡查。

5.5.3　在试运行(或第一次曝光)期间,应测量控制区边界的剂量率以证实边界设置正确。必要时应调整控制区的范围和边界。

5.5.4　现场探伤的每台探伤机应至少配备一台便携式剂量仪。开始探伤工作之前,应对剂量仪进行检查,确认剂量仪能正常工作。在现场探伤工作期间,便携式测量仪应一直处于开机状态,防止X射线曝光异常或不能正常终止。

5.5.5　现场探伤期间,工作人员应佩戴个人剂量计、直读剂量计和个人剂量报警仪。个人剂量报警仪不能替代便携巡测仪,两者均应使用。

（4）职业健康。

①检查职业病日常监测情况。

②检查职业健康体检情况。

监督依据标准:《中华人民共和国职业病防治法》(中华人民共和国主席令第81号〔2017〕)、《放射工作人员职业健康管理办法》(中华人民共和国卫生部令第55号〔2007〕)。

《中华人民共和国职业病防治法》(中华人民共和国主席令第81号〔2017〕):

第十四条　用人单位应当依照法律、法规要求,严格遵守国家职业卫生标准,落实职业病预防措施,从源头上控制和消除职业病危害。

第二十六条　用人单位应当实施由专人负责的职业病危害因素日常监测,并确保监测系统处于正常运行状态。

用人单位应当按照国务院安全生产监督管理部门的规定,定期对工作场所进行职业病危害因素检测、评价。检测、评价结果存入用人单位职业卫生档案,定期向所在地安全生产监督管理部门报告并向劳动者公布。

职业病危害因素检测、评价由依法设立的取得国务院安全生产监督管理部门或者设区的市级以上地方人民政府安全生产监督管理部门按照职责分工给予资质认可的职业卫生技术服务机构进行。职业卫生技术服务机构所作检测、评价应当客观、真实。

发现工作场所职业病危害因素不符合国家职业卫生标准和卫生要求时,用人单位应当立即采取相应治理措施,仍然达不到国家职业卫生标准和卫生要求的,必须停止存在职业病危害因素的作业;职业病危害因素经治理后,符合国家职业卫生标准和卫生要求的,方可重新作业。

《放射工作人员职业健康管理办法》(中华人民共和国卫生部令第55号〔2007〕):

第四条 放射工作单位应当采取有效措施,使本单位放射工作人员职业健康的管理符合本办法和有关标准及规范的要求。

第十一条 放射工作单位应当按照本办法和国家有关标准、规范的要求,安排本单位的放射工作人员接受个人剂量监测,并遵守下列规定:

(一)外照射个人剂量监测周期一般为30天,最长不应超过90天;内照射个人剂量监测周期按照有关标准执行;

(二)建立并终生保存个人剂量监测档案;

(三)允许放射工作人员查阅、复印本人的个人剂量监测档案。

第十九条 放射工作单位应当组织上岗后的放射工作人员定期进行职业健康检查,两次检查的时间间隔不应超过2年,必要时可增加临时性检查。

第二十条 放射工作人员脱离放射工作岗位时,放射工作单位应当对其进行离岗前的职业健康检查。

(5)作业许可与应急预案。

①检查现场流动放射线检测、放射源检测作业许可执行情况。

②检查应急预案的制订、演练、评价情况。

③检查应急物资配备情况等。

监督依据标准:《放射性同位素与射线装置安全和防护条例》(中华人民共和国国务院令第449号)、Q/SY 08240—2009《作业许可管理规定》。

Q/SY 08240—2009《作业许可管理规定》:

5.1.3 企业应按照本规范的要求,结合企业作业活动特点、风险性质,确定需要实行作业许可管理的范围、作业类型,确保对所有高风险的、非常规的作业实行作业许可管理。

《放射性同位素与射线装置安全和防护条例》(中华人民共和国国务院令第449号):

第四十一条 生产、销售、使用放射性同位素和射线装置的单位,应当根据可能发生的辐射事故的风险,制定本单位的应急方案,做好应急准备。

（6）检查洗片废液等废物的依法处理情况。

> 监督依据标准：《中华人民共和国环境保护法》（中华人民共和国主席令第9号〔2014〕）、《中华人民共和国水污染防治法》（中华人民共和国主席令第70号〔2017〕）。
>
> 《中华人民共和国环境保护法》（中华人民共和国主席令第9号〔2014〕）：
>
> 第四十二条　排放污染物的企业事业单位和其他生产经营者，应当采取措施，防治在生产建设或者其他活动中产生的废气、废水、废渣、医疗废物、粉尘、恶臭气体、放射性物质以及噪声、振动、光辐射、电磁辐射等对环境的污染和危害。
>
> 排放污染物的企业事业单位，应当建立环境保护责任制度，明确单位负责人和相关人员的责任。
>
> 《中华人民共和国水污染防治法》（中华人民共和国主席令第70号〔2017〕）：
>
> 第三十四条　禁止向水体排放、倾倒放射性固体废物或者含有高放射性和中放射性物质的废水。
>
> 向水体排放含低放射性物质的废水，应当符合国家有关放射性污染防治的规定和标准。

4. 典型"三违"行为

（1）无证人员从事探伤作业。

（2）未按要求穿戴劳保防护用品及监测设备。

（3）防护门未关闭或关闭不严，进行通电作业。

（4）夜间作业未设置警示灯及监护人员。

（5）现场射线探伤作业区域周围未设置警戒线及警示标识。

5. 典型事故案例

未在监督区设立警示标识，险些发生辐射伤害事故，案例分析如下：

（1）事故经过：2012年6月15日上午10时25分左右，某油建公司正在对分离器进行无损探伤检测时，未按要求在监督区设立警示标识、未设置警戒线。上级环境保护部门前来检查，在无警示提示的情况下即将进入监督区时，被现场监护人员及时制止，防止辐射伤害发生。

（2）主要原因：探伤检测中未划分区域、未设置警示标识、未采取现场隔离措施；迎检人员未了解现场情况就直接将检查组引至辐射区域；日常监督检查和教育培训不到位等。

（3）事故教训：探伤检测应划分区域、设置警示标识，并采取现场隔离措施；应加强日常监督检查和教育培训工作。

（三）测井

1. 监督内容

（1）检查辐射安全许可证。

（2）检查放射作业操作人员资格证。

（3）监督检查防护用品的配备情况。

（4）监督检查个人剂量管理情况。

（5）监督检查放射性作业专用工具完好性及使用情况。

（6）监督检查安全防护措施与警示情况。

（7）监督检查测井作业操作规程及相关标准执行情况。

（8）监督检查放射源基础管理工作。

（9）监督检查放射性突发事件应急管理。

2. 主要监督依据

《放射性同位素与射线装置安全和防护条例》（中华人民共和国国务院令第 449 号）；

《放射性同位素与射线装置安全许可管理办法》（中华人民共和国环境保护部令第 3 号〔2017〕）；

GB/T 12801—2008《生产过程安全卫生要求总则》；

SY 5131—2008《石油放射性测井辐射防护安全规程》；

SY/T 5726—2018《石油测井作业安全规范》；

GBZ 118—2002《油(气)田非密封型放射源测井卫生防护标准》；

AQ 2012—2007《石油天然气安全规程》；

GBZ 142—2002《油(气)田测井用密封型放射源卫生防护标准》；

SY 6501—2010《浅海石油作业放射性及爆炸物品安全规程》；

《中华人民共和国职业病防治法》（中华人民共和国主席令第 81 号〔2017〕）；

《放射性同位素与射线装置安全和防护管理办法》（中华人民共和国环境保护部令第 18 号〔2011〕）；

《中华人民共和国放射性污染防治法》（中华人民共和国主席令第 6 号〔2003〕）；

《中华人民共和国水污染防治法》（中华人民共和国主席令第 70 号〔2017〕）；

《中华人民共和国安全生产法》（中华人民共和国主席令第 13 号〔2014〕）。

3. 监督控制要点

（1）辐射安全许可证有效性。

监督依据标准:《放射性同位素与射线装置安全和防护条例》(中华人民共和国国务院令第449号)、《放射性同位素与射线装置安全许可管理办法》(中华人民共和国环境保护部令第3号〔2017〕)。

《放射性同位素与射线装置安全和防护条例》(中华人民共和国国务院令第449号):

第五条　生产、销售、使用放射性同位素和射线装置的单位,应当依照本章规定取得许可证。

第十三条　许可证有效期为5年。有效期届满,需要延续的,持证单位应当于许可证有效期届满30日前,向原发证机关提出延续申请。

《放射性同位素与射线装置安全许可管理办法》(中华人民共和国环境保护部令第3号〔2017〕):

第二条　在中华人民共和国境内生产、销售、使用放射性同位素与射线装置的单位(以下简称"辐射工作单位"),应当依照本办法的规定,取得辐射安全许可证。

第三十六条　辐射工作单位应当按照许可证的规定从事放射性同位素和射线装置的生产、销售、使用活动。

禁止无许可证或者不按照许可证规定的种类和范围从事放射性同位素和射线装置的生产、销售、使用活动。

(2)操作人员持有效资格证件。

监督依据标准:《放射性同位素与射线装置安全和防护条例》(中华人民共和国国务院令第449号)、GB/T 12801—2008《生产过程安全卫生要求总则》、SY 5131—2008《石油放射性测井辐射防护安全规程》、SY/T 5726—2018《石油测井作业安全规范》。

《放射性同位素与射线装置安全和防护条例》(中华人民共和国国务院令第449号):

第二十八条　生产、销售、使用放射性同位素和射线装置的单位,应当对直接从事生产、销售、使用活动的工作人员进行安全和防护知识教育培训,并进行考核;考核不合格的,不得上岗。

GB/T 12801—2008《生产过程安全卫生要求总则》:

5.9.2　g)特种作业人员应按照国家有关规定经专门的安全作业培训,取得特种作业操作资格证书,方可上岗作业。

SY 5131—2008《石油放射性测井辐射防护安全规程》:

6.2　上岗前,应取得当地政府主管部门颁发的培训合格证。

SY/T 5726—2018《石油测井作业安全规范》:

3.3.1 陆地测井人员应取得"HSE培训合格证""井控培训合格证",按要求取得"硫化氢培训合格证""辐射安全与防护培训合格证"等证件。海上测井人员还应取得"海上求生""救生艇筏操纵"、"海上消防""海上急救"培训合格证书及"健康证"等证件,并应符合SY/T 6345和SY/T 6608的相关要求。

(3)放射性作业防护用品的配备与使用。

监督依据标准:GBZ 118—2002《油(气)田非密封型放射源测井卫生防护标准》、AQ 2012—2007《石油天然气安全规程》、SY/T 5726—2018《石油测井作业安全规范》。

GBZ 118—2002《油(气)田非密封型放射源测井卫生防护标准》:

5.3.6 现场测井操作人员,必须穿戴符合要求的专用工作服、帽子、口罩和手套等个人防护用品,并要做到统一保管和处理。操作强γ放射源时,还应使用铅防护屏和戴铅防护眼镜。

AQ 2012—2007《石油天然气安全规程》:

5.4.2.5.2 测井队应配备的检测仪器:

——测井队应配备便携式放射性剂量监测仪,定期检查并记录;

——从事放射性的测井人员每人应配备个人放射性剂量计,定期检查并记录。

5.4.2.5.3 从事下列作业的人员,应配备相应的防护用品:

——装卸放射源的人员应按规定配备防护用品。

6.1.5 海洋石油危险品

除按国家相关规定的要求外,还应满足以下要求:

——在放射性作业现场,应配备放射性强度测量仪。

SY/T 5726—2018《石油测井作业安全规范》:

3.1.9 放射性同位素测井作业队应配备辐射监测仪和(或)表面污染仪,并定期检定。

3.4.2 所使用的辐射监测仪和表面污染仪应有"校验合格证"。

(4)个人剂量监测。

监督依据标准:《放射性同位素与射线装置安全和防护条例》(中华人民共和国国务院令第449号)、GBZ 142—2002《油(气)田测井用密封型放射源卫生防护标准》、SY 5131—2008《石油放射性测井辐射防护安全规程》、SY/T 5726—2018《石油测井作业安全规范》。

《放射性同位素与射线装置安全和防护条例》（中华人民共和国国务院令第 449 号）：

第二十九条　生产、销售、使用放射性同位素和射线装置的单位，应当严格按照国家关于个人剂量监测和健康管理的规定，对直接从事生产、销售、使用活动的工作人员进行个人剂量监测和职业健康检查，建立个人剂量档案和职业健康监护档案。

GBZ 142—2002《油（气）田测井用密封型放射源卫生防护标准》：

5.1　对使用放射源测井的人员应进行照射个人剂量常规监测，个人剂量计应同时满足对 γ 射线和中子剂量监测。

SY 5131—2008《石油放射性测井辐射防护安全规程》：

6.5　上岗前应佩戴个人剂量监测牌（卡），剂量监测牌（卡）的送检周期为三个月。

SY/T 5726—2018《石油测井作业安全规范》：

3.1.10　放射性同位素测井人员应配备个人放射性剂量计，定期检定并在职业健康档案上登记。

（5）放射性作业专用工具的完好性及正确使用。

监督依据标准：GBZ 142—2002《油（气）田测井用密封型放射源卫生防护标准》、GBZ 118—2002《油（气）田非密封型放射源测井卫生防护标准》、AQ 2012—2007《石油天然气安全规程》。

GBZ 142—2002《油（气）田测井用密封型放射源卫生防护标准》：

3.5.2　不得徒手操作放射源。无机械化操作时，根据源的不同活度，应使用符合下列要求的工具：

a）大于或等于 200GBq（5Ci）的中子源和大于或等于 20GBq（0.5Ci）的 γ 源，操作工具柄长不小于 100cm；

b）小于 200GBq 的中子源和小于 20 GBq 的 γ 源，操作工具柄长不小于 50cm。

3.5.4　井下仪器进出井口时，应使用柄长不小于 100cm 的工具扶持。

GBZ 118—2002《油（气）田非密封型放射源测井卫生防护标准》：

5.3.4　操作放射性示踪剂和扶持载源井下释放器或注测仪进出井口时，必须采用适当长度的操作工具。

AQ 2012—2007《石油天然气安全规程》：

5.4.3.2　放射源的安全使用，应符合下列要求：

——装卸放射源时应使用专用工具，圈闭相应的作业区域，按操作规程操作；

——起吊载源仪器时，应使用专用工具，工作人员不应触摸仪器源室。

（6）放射性物质与射线装置的储存及作业现场的安全防护措施与警示标识。

监督依据标准:《放射性同位素与射线装置安全和防护条例》(中华人民共和国国务院令第449号)、GBZ 142—2002《油(气)田测井用密封型放射源卫生防护标准》、GBZ 118—2002《油(气)田非密封型放射源测井卫生防护标准》、AQ 2012—2007《石油天然气安全规程》、SY/T 5726—2018《石油测井作业安全规范》、SY 5131—2008《石油放射性测井辐射防护安全规程》、SY 6501—2010《浅海石油作业放射性及爆炸物品安全规程》。

《放射性同位素与射线装置安全和防护条例》(中华人民共和国国务院令第449号):

第三十四条 生产、销售、使用、贮存放射性同位素和射线装置的场所,应当按照国家有关规定设置明显的放射性标志,其入口处应当按照国家有关安全和防护标准的要求,设置安全和防护设施以及必要的防护安全联锁、报警装置或者工作信号。射线装置的生产调试和使用场所,应当具有防止误操作、防止工作人员和公众受到意外照射的安全措施。

放射性同位素的包装容器、含放射性同位素的设备和射线装置,应当设置明显的放射性标识和中文警示说明;放射源上能够设置放射性标识的,应当一并设置。运输放射性同位素和含放射源的射线装置的工具,应当按照国家有关规定设置明显的放射性标志或者显示危险信号。

第三十五条 放射性同位素应当单独存放,不得与易燃、易爆、腐蚀性物品等一起存放,并指定专人负责保管。贮存、领取、使用、归还放射性同位素时,应当进行登记、检查,做到账物相符。对放射性同位素贮存场所应当采取防火、防水、防盗、防丢失、防破坏、防射线泄漏的安全措施。

对放射源还应当根据其潜在危害的大小,建立相应的多层防护和安全措施,并对可移动的放射源定期进行盘存,确保其处于指定位置,具有可靠的安全保障。

第三十六条 在室外、野外使用放射性同位素和射线装置的,应当按照国家安全和防护标准的要求划出安全防护区域,设置明显的放射性标志,必要时设专人警戒。

GBZ 142—2002《油(气)田测井用密封型放射源卫生防护标准》:

3.6 室外操作放射源时,须在空气比释动能率为 $2.5\mu Gy\cdot h^{-1}$ 处的边界上设置警告标志(或采取警告措施),防止无关人员进入边界以内的操作区域。

GBZ 118—2002《油(气)田非密封型放射源测井卫生防护标准》:

5.3.5 测井现场的空气比释动能率超过 $2.5\mu Gy\cdot h^{-1}$,有可能受到放射性污染的范围,应划为警戒区。并在其周围设置电离辐射警告标识,防止无关人员进入。

AQ 2012—2007《石油天然气安全规程》:

5.4.2.5.1 危险物品的运输应设下列警示标志:

——运输放射源和火工品的车辆(船舶)应设置相应的安全标志;

——测井施工作业使用放射源和火工品的现场应设置相应的安全标志。

5.4.3.2 放射源的安全使用,应满足下列要求:

——专用贮源箱应设有"当心电离辐射"标志。

6.1.5 海洋石油危险品

除按国家相关规定的要求外,还应满足以下要求:

——平台作业区进行放射性作业时,应设置明显、清晰的危险标志;

——放射性、火工品和危险化学品的存放场所应远离平台生活区及危险作业区,并应标有明显的警示标志;

——对存放放射性物质的容器,应附有浮标或其他示位器具,浮标绳索的长度应大于作业海域的水深。

SY/T 5726—2018《石油测井作业安全规范》:

3.1.11 放射性同位素测井作业现场应设置相应的安全标志。标志应符合 GB 18871—2002 中附录 F 的要求。

5.2.3 贮源箱、雷管保险箱、射孔弹保险箱均应单独吊装。

SY 5131—2008《石油放射性测井辐射防护安全规程》:

8.2.2 进行放射源操作时,应设非安全控制区,在醒目位置摆放电离辐射标志。设专人监护,无关人员不得进入。

SY 6501—2010《浅海石油作业放射性及爆炸物品安全规程》:

4.1.4 放射性同位素储存箱应设置浮标及明显的辐射标志。浮标应使用树脂材料、球形、黄色、直径 30cm～40cm;浮标系绳应使用尼龙绳,直径 1cm 以上,长度应大于运输航线及作业区域的最大水深。

5.1.1 应设定放射性物品储存箱存放区域,并设有警示标志。

5.1.2 储源箱应远离人员密集或活动频繁的地点及易燃易爆物品,且发生紧急情况时,能够迅速将放射源储存箱释放到海中。

5.1.3 放射性物品由护源工负责保管,并填写使用记录。

（7）测井作业管理要求及操作规程执行情况。

监督依据标准:AQ 2012—2007《石油天然气安全规程》、SY/T 5726—2018《石油测井作业安全规范》、SY 5131—2008《石油放射性测井辐射防护安全规程》。

AQ 2012—2007《石油天然气安全规程》:

5.4.2.2.2 在井口装卸放射源时,应将井口盖好。

SY/T 5726—2018《石油测井作业安全规范》:

6.2.2.6 装源人员确保井口封盖严密,不应在井口转盘上搁放物品或工具。作业队长应做好随钻核测井仪器放射性监测。

8.2.3 当带有放射源的仪器遇卡,不应强行拉断电缆弱点,宜进行穿心打捞。

SY 5131—2008《石油放射性测井辐射防护安全规程》:

8.2.3 进行放射源与仪器连接与拆卸时,应采取防止放射源脱落、失控等措施。

8.2.4 装卸放射源作业,不得徒手接触放射源。

8.2.5 使用带有中子发生器的仪器进行测井作业时,中子发生器断电20min后,仪器方能起出井口。

8.2.6 现场运输和施工作业中,应指定专人负责放射源的安全。作业完成后,由指定的专人会同测井队队长共同确认放射源装回运源车。

9.4 测井中释放非密封放射性物质宜采用井下释放方式。

(8)放射源基础管理工作情况。

①建立放射源与射线装置管理台账。

监督依据标准:《放射性同位素与射线装置安全许可管理办法》(中华人民共和国环境保护部令第3号〔2017〕)。

第四十一条 辐射工作单位应当建立放射性同位素与射线装置台账,记载放射性同位素的核素名称、出厂时间和活度、标号、编码、来源和去向,及射线装置的名称、型号、射线种类、类别、用途、来源和去向等事项。

放射性同位素与射线装置台账、个人剂量档案和职业健康监护档案应当长期保存。

②定期开展放射性危害检测。

监督依据标准:《中华人民共和国职业病防治法》(中华人民共和国主席令第81号〔2017〕)、《放射性同位素与射线装置安全和防护管理办法》(中华人民共和国环境保护部令第18号〔2011〕)。

《中华人民共和国职业病防治法》(中华人民共和国主席令第81号〔2017〕):

第二十六条 用人单位应当实施由专人负责的职业病危害因素日常监测,并确保监测系统处于正常运行状态。

用人单位应当按照国务院安全生产监督管理部门的规定,定期对工作场所进行职业病危害因素检测、评价。检测、评价结果存入用人单位职业卫生档案,定期向所在地安全生产监督管理部门报告并向劳动者公布。

《放射性同位素与射线装置安全和防护管理办法》(中华人民共和国环境保护部令第18号〔2011〕):

第九条　生产、销售、使用放射性同位素与射线装置的单位,应当按照国家环境监测规范,对相关场所进行辐射监测,并对监测数据的真实性、可靠性负责;不具备自行监测能力的,可以委托经省级人民政府环境保护主管部门认定的环境监测机构进行监测。

③合规处置放射性废弃物。

监督依据标准:《中华人民共和国放射性污染防治法》(中华人民共和国主席令第6号〔2003〕)、《中华人民共和国水污染防治法》(中华人民共和国主席令第70号〔2017〕)。

《中华人民共和国放射性污染防治法》(中华人民共和国主席令第6号〔2003〕):

第三十二条　生产、使用放射性同位素和射线装置的单位,应当按照国务院环境保护行政主管部门的规定对其产生的放射性废物进行收集、包装、贮存。

第四十二条　产生放射性废液的单位,必须按照国家放射性污染防治标准的要求,对不得向环境排放的放射性废液进行处理或者贮存。

产生放射性废液的单位,向环境排放符合国家放射性污染防治标准的放射性废液,必须采用符合国务院环境保护行政主管部门规定的排放方式。

禁止利用渗井、渗坑、天然裂隙、溶洞或者国家禁止的其他方式排放放射性废液。

第四十五条　产生放射性固体废物的单位,应当按照国务院环境保护行政主管部门的规定,对其产生的放射性固体废物进行处理后,送交放射性固体废物处置单位处置,并承担处置费用。

第四十六条　禁止将放射性固体废物提供或者委托给无许可证的单位贮存和处置。

《中华人民共和国水污染防治法》(中华人民共和国主席令第70号〔2017〕):

第三十四条　禁止向水体排放、倾倒放射性固体废物或者含有高放射性和中放射性物质的废水。

向水体排放含低放射性物质的废水,应当符合国家有关放射性污染防治的规定和标准。

(9)放射性突发事件应急预案制订与演练。

监督依据标准:《放射性同位素与射线装置安全和防护条例》(中华人民共和国国务院令第449号)、《中华人民共和国安全生产法》(中华人民共和国主席令第13号〔2014〕)、SY/T 5726—2018《石油测井作业安全规范》。

《放射性同位素与射线装置安全和防护条例》(中华人民共和国国务院令第449号):

第四十一条 生产、销售、使用放射性同位素和射线装置的单位,应当根据可能发生的辐射事故的风险,制定本单位的应急方案,做好应急准备。

《中华人民共和国安全生产法》(中华人民共和国主席令第 13 号〔2014〕):

第七十八条 生产经营单位应当制定本单位生产安全事故应急救援预案,与所在地县级以上地方人民政府组织制定的生产安全事故应急救援预案相衔接,并定期组织演练。

SY/T 5726—2018《石油测井作业安全规范》:

8.1.3 放射性同位素测井单位应制订放射源丢失、被盗和放射性污染事故应急预案,并定期开展应急演练。

8.4 放射源落井

8.4.1 作业现场人员应立即采取应急措施,并及时向上级领导汇报具体情况。

8.4.2 放射性同位素测井单位应组织专家实施落井放射源的打捞作业。

8.4.3 打捞失败和(或)发生放射性污染事故时,及时向公安部门、卫生行政部门和环境保护行政主管部门报告。

4. 典型"三违"行为

(1)在未经身份确认和放射源检测的情况下办理放射源领还手续。

(2)安排无资质人员或有职业禁忌症人员从事放射性作业。

(3)未正确使用防护眼镜、背心等防护用品从事放射性作业。

(4)井口装卸源作业未使用防落井设施。

(5)未使用专用工具装卸放射性物质与射线装置。

(6)施工现场随意处置受污染的废液、废物。

(7)在未经现场检测确认的情况下收存放射源。

(8)在进行放射作业时未佩戴有效期内的个人剂量牌或佩戴他人的剂量牌。

(9)放射源贮存库值班人员脱岗、睡岗、串岗、酒后上岗。

(10)运输放射源违章驾驶、违章停车、故意关闭或屏蔽 GPS 车载终端设备。

5. 典型事故案例

中子伽马放射源落井事件,案例分析如下:

(1)事件经过:2014 年 4 月 17 日,某测井队在进行声放磁测井施工时,由于操作人员夏某在装中子伽马源时,没有严格遵守《生产井测井现场作业规程》中关于"CBL+ 中子伽马仪器测井施工作业"第 10 条"装源人采取'拉、晃、摸、看'等方法对装好的中子源进行检查,并确认牢固"的规定,安装放射源时未将源旋转至准确位置,也未对销子是否正常弹出进行检查确认,造成中子伽马放射源落井事故。

（2）主要原因:作业小队在进行中子伽马源装卸时违规操作;作业规程不完善,对放射源装卸作业要求不准确;装卸源工艺存在缺陷。

（3）事故教训:测井队在装卸中子伽马源过程中应遵守有关操作规程,并结合工作实际定期对作业规程进行修改完善。

（四）井下（车载放射源储存、运输、使用）

1. 监督内容

（1）监督检查辐射安全许可证。
（2）监督检查放射作业操作人员资格证。
（3）监督检查车载放射源密封状况。
（4）监督检查车载放射源运输是否符合相关规定。
（5）监督检查车载放射源车作业是否符合相关规定。

2. 主要监督依据

《放射性同位素与射线装置安全和防护条例》（中华人民共和国国务院令第 449 号）;

《放射性同位素与射线装置安全许可管理办法》（中华人民共和国环境保护部令第 3 号〔2017〕）;

SY/T 5726—2018《石油测井作业安全规范》;

GBZ 114—2006《密封放射源及密封 γ 放射源容器的放射卫生防护标准》;

GBZ 142—2002《油（气）田测井用密封型放射源卫生防护标准》;

SY/T 5727—2014《井下作业安全规程》;

SY 5131—2008《石油放射性测井辐射防护安全规程》。

3. 监督控制要点

（1）辐射安全许可证有效性。

> 监督依据标准:《放射性同位素与射线装置安全和防护条例》（中华人民共和国国务院令第 449 号）、《放射性同位素与射线装置安全许可管理办法》（中华人民共和国环境保护部令第 3 号〔2017〕）。
>
> 《放射性同位素与射线装置安全和防护条例》（中华人民共和国国务院令第 449 号）:
>
> 第五条　生产、销售、使用放射性同位素和射线装置的单位,应当依照本章规定取得许可证。
>
> 第十三条　许可证有效期为 5 年。有效期届满,需要延续的,持证单位应当于许可证有效期届满 30 日前,向原发证机关提出延续申请。

《放射性同位素与射线装置安全许可管理办法》（中华人民共和国环境保护部令第3号〔2017〕）：

第二条 在中华人民共和国境内生产、销售、使用放射性同位素与射线装置的单位（以下简称"辐射工作单位"），应当依照本办法的规定，取得辐射安全许可证。

第三十六条 辐射工作单位应当按照许可证的规定从事放射性同位素和射线装置的生产、销售、使用活动。

禁止无许可证或者不按照许可证规定的种类和范围从事放射性同位素和射线装置的生产、销售、使用活动。

（2）操作人员持有效资格证件。

监督依据标准：《放射性同位素与射线装置安全和防护条例》（中华人民共和国国务院令第449号）、SY/T 5726—2018《石油测井作业安全规范》。

《放射性同位素与射线装置安全和防护条例》（中华人民共和国国务院令第449号）：

第二十八条 生产、销售、使用放射性同位素和射线装置的单位，应当对直接从事生产、销售、使用活动的工作人员进行安全和防护知识教育培训，并进行考核；考核不合格的，不得上岗。

SY/T 5726—2018《石油测井作业安全规范》：

3.3.1 陆地测井人员应取得"HSE培训合格证""井控培训合格证"，按要求取得"硫化氢培训合格证""辐射安全与防护培训合格证"等证件。海上测井人员还应取得"海上求生""救生艇筏操纵""海上消防""海上急救"培训合格证书及"健康证"等证件，并应符合SY/T 6345和SY/T 6608的相关要求。

（3）车载放射源密封性完好。

监督依据标准：GBZ 114—2006《密封放射源及密封γ放射源容器的放射卫生防护标准》。

3.1 密封在包壳或紧密覆盖层内的放射源，这种包壳或覆盖层具有足够的强度使之在设计的使用条件和正常磨损下，不会有放射性物质泄漏出来。

3.2 专用于存放密封γ放射源且能屏蔽（或减弱）密封源辐射，使容器外部的泄漏辐射水平满足相应标准的容器。根据其功能不同，密封γ放射源容器可分为储存容器、运输容器和工作容器。

5.1 密封γ放射源容器的结构、材料、质量和体积的设计，应根据装载放射源的种类、活度、射线能量、使用及运输方式、包装等级和泄露辐射水平等内容综合考虑，确保放置稳定、装卸容易、运输安全和使用方便。

（4）车载放射源运输安全措施。

监督依据标准：GBZ 114—2006《密封放射源及密封γ放射源容器的放射卫生防护标准》、GBZ 142—2002《油（气）田测井用密封型放射源卫生防护标准》。

GBZ 114—2006《密封放射源及密封γ放射源容器的放射卫生防护标准》：

9.2 密封源运输车辆不得混装易燃、易爆等危险品。

9.3 密封源运输车辆应具备防止密封源丢失、颠覆散落或被盗等安全设施。

GBZ 142—2002《油（气）田测井用密封型放射源卫生防护标准》：

3.4.1 供油田测井载运放射源的车辆（简称运源车）应设有固定源罐的装置。使用运源车载运放射源时应采取相应的安全防护措施。未采取足够安全防护措施的运源车，不得进入人口密集区和在公共停车场停留。

（5）车载放射源作业安全防护措施。

监督依据标准：GBZ 114—2006《密封放射源及密封γ放射源容器的放射卫生防护标准》、SY/T 5727—2014《井下作业安全规程》、SY 5131—2008《石油放射性测井辐射防护安全规程》。

GBZ 114—2006《密封放射源及密封γ放射源容器的放射卫生防护标准》：

8.5 使用密封源装置进行作业时（包括野外作业），应把放射工作场所划分为控制区和监督区，并采取相应的防护管理措施。

8.6 作为主要责任方，密封源使用单位对可能发生的密封源事故应有预防和应急救援措施。

8.7 作为主要责任方，密封源使用单位应至少每年进行一次密封源设备防护性能及安全设施检验，如发现污染或泄漏应立即采取措施，详细记录检验结果，妥善保管归档。

SY/T 5727—2014《井下作业安全规程》：

4.4.4.5 使用放射性物质应按有关规定采取相应的防护措施，并定期对放射物质的活度、存储装置是否完好进行检测，对接触人员进行体检。

SY 5131—2008《石油放射性测井辐射防护安全规程》：

6.5 上岗前应佩戴个人剂量监测牌（卡），剂量监测牌（卡）的送检周期为三个月。

---

4. 典型"三违"行为

（1）放射源近距离站人（无关人员进入放射区）。

（2）作业人员不具备资质上岗作业。

（3）放射源车携带易燃、易爆、腐蚀性物品。

（4）作业时人员不使用个人剂量计。

（5）放射源车超速、不按规定停车。

5.典型事故案例

未将源叉与源头螺纹连接到位，放射源滑入井眼落井，案例分析如下：

（1）事故经过：2004年3月8日17时45分，某队在卸补中仪器放射源时，由于操作人员董某未将源叉与源头螺纹连接到位，致使放射源取出仪器源室后与源叉脱落，放射源掉入防落井卡盘内，由于卡盘销子没有锁牢，且董某用手扑抓放射源，使卡盘底面分开，造成放射源滑入井眼落井。

（2）主要原因：现场作业人员存在违章行为；现场装卸源作业不符合"装卸源必须将井口盖好"的规定；在放射源脱落时，现场作业人员采取的应急措施不当。

（3）事故教训：现场装卸源作业应符合"装卸源必须将井口盖好"的规定；加强现场作业人员在放射源脱落时的应急处置培训教育。

（五）炼油化工场所放射性物质、射线装置

1.监督内容

（1）监督检查使用单位是否取得辐射许可证。
（2）监督检查从事放射工作人员的安全培训及个体防护情况。
（3）监督检查放射场所安全和防护状况及年度评估情况。
（4）监督检查放射性物质使用场所的安全标识设置情况。
（5）监督检查放射物质储存场所安全措施的落实情况。
（6）监督检查放射性物质和射线装置的废弃处理情况。

2.主要监督依据

《放射性同位素与射线装置安全和防护条例》（中华人民共和国国务院令449号）；

《放射性同位素与射线装置安全和防护管理办法》（中华人民共和国环境保护部令第18号〔2011〕）；

GB/T 12801—2008《生产过程安全卫生要求总则》。

3.监督控制要点

（1）检查使用单位是否取得辐射许可证。

> 监督依据标准：《放射性同位素与射线装置安全和防护条例》（中华人民共和国国务院令449号）。

第八条　生产、销售、使用放射性同位素和射线装置的单位,应当事先向有审批权的环境保护主管部门提出许可申请,并提交符合本条例第七条规定条件的证明材料。

第十五条　禁止无许可证或者不按照许可证规定的种类和范围从事放射性同位素和射线装置的生产、销售、使用活动。

（2）检查存在放射场所人员的安全培训及个体防护情况。

监督依据标准:《放射性同位素与射线装置安全和防护条例》(中华人民共和国国务院令449号)、《放射性同位素与射线装置安全和防护管理办法》(中华人民共和国环境保护部令第18号〔2011〕)、GB/T 12801—2008《生产过程安全卫生要求总则》。

《放射性同位素与射线装置安全和防护条例》(中华人民共和国国务院令449号):

第二十八条　生产、销售、使用放射性同位素和射线装置的单位,应当对直接从事生产、销售、使用活动的工作人员进行安全和防护知识教育培训,并进行考核;考核不合格的,不得上岗。

辐射安全关键岗位应当由注册核安全工程师担任。辐射安全关键岗位名录由国务院环境保护主管部门商国务院有关部门制定并公布。

第二十九条　生产、销售、使用放射性同位素和射线装置的单位,应当严格按照国家关于个人剂量监测和健康管理的规定,对直接从事生产、销售、使用活动的工作人员进行个人剂量监测和职业健康检查,建立个人剂量档案和职业健康监护档案。

《放射性同位素与射线装置安全和防护管理办法》(中华人民共和国环境保护部令第18号〔2011〕):

第二十三条　生产、销售、使用放射性同位素与射线装置的单位,应当按照法律、行政法规以及国家环境保护和职业卫生标准,对本单位的辐射工作人员进行个人剂量监测;发现个人剂量监测结果异常的,应当立即核实和调查,并将有关情况及时报告辐射安全许可证发证机关。

生产、销售、使用放射性同位素与射线装置的单位,应当安排专人负责个人剂量监测管理,建立辐射工作人员个人剂量档案。

GB/T 12801—2008《生产过程安全卫生要求总则》:

6.5.2　凡从事具有电离辐射的作业或作业环境中存在电离辐射影响时,应按有关规定进行防护。

6.5.5　对操作和使用放射线、放射性同位素仪器和设备的人员,应按有关规定进行防护。

（3）检查放射场所安全和防护状况及年度评估情况。

监督依据标准:《放射性同位素与射线装置安全和防护管理办法》(中华人民共和国环境保护部令第 18 号〔2011〕)、GB/T 12801—2008《生产过程安全卫生要求总则》。

《放射性同位素与射线装置安全和防护管理办法》(中华人民共和国环境保护部令第 18 号〔2011〕):

第九条 生产、销售、使用放射性同位素与射线装置的单位,应当按照国家环境监测规范,对相关场所进行辐射监测,并对监测数据的真实性、可靠性负责;不具备自行监测能力的,可以委托经省级人民政府环境保护主管部门认定的环境监测机构进行监测。

第十一条 生产、销售、使用放射性同位素与射线装置的单位,应当加强对本单位放射性同位素与射线装置安全和防护状况的日常检查。发现安全隐患的,应当立即整改;安全隐患有可能威胁到人员安全或者有可能造成环境污染的,应当立即停止辐射作业并报告发放辐射安全许可证的环境保护主管部门(以下简称"发证机关"),经发证机关检查核实安全隐患消除后,方可恢复正常作业。

第十二条 生产、销售、使用放射性同位素与射线装置的单位,应当对本单位的放射性同位素与射线装置的安全和防护状况进行年度评估,并于每年 1 月 31 日前向发证机关提交上一年度的评估报告。

GB/T 12801—2008《生产过程安全卫生要求总则》:

6.5.2 凡从事具有电离辐射的作业或作业环境中存在电离辐射影响时,应按有关规定进行防护。

(4)检查放射性物质使用场所的安全标识设置情况。

监督依据标准:《放射性同位素与射线装置安全和防护管理办法》(中华人民共和国环境保护部令第 18 号〔2011〕)、GB/T 12801—2008《生产过程安全卫生要求总则》。

《放射性同位素与射线装置安全和防护管理办法》(中华人民共和国环境保护部令第 18 号〔2011〕):

第五条 生产、销售、使用、贮存放射性同位素与射线装置的场所,应当按照国家有关规定设置明显的放射性标志,其入口处应当按照国家有关安全和防护标准的要求,设置安全和防护设施以及必要的防护安全联锁、报警装置或者工作信号。

射线装置的生产调试和使用场所,应当具有防止误操作、防止工作人员和公众受到意外照射的安全措施。

放射性同位素的包装容器、含放射性同位素的设备和射线装置,应当设置明显的放射性标识和中文警示说明;放射源上能够设置放射性标识的,应当一并设置。运输放射性同位素和含放射源的射线装置的工具,应当按照国家有关规定设置明显的放射性标志或者显示危险信号。

第八条　在室外、野外使用放射性同位素与射线装置的,应当按照国家安全和防护标准的要求划出安全防护区域,设置明显的放射性标志,必要时设专人警戒。

GB/T 12801—2008《生产过程安全卫生要求总则》:

6.5.6 放射源库、放射性物料及废料堆放处理场所,应有安全防护措施,并应设有明显的标志、警示牌和禁区范围。

（5）检查放射性物质储存场所安全措施的落实情况。

监督依据标准:《放射性同位素与射线装置安全和防护管理办法》(中华人民共和国环境保护部令第 18 号〔2011〕)。

第六条　生产、使用放射性同位素与射线装置的场所,应当按照国家有关规定采取有效措施,防止运行故障,并避免故障导致次生危害。

第七条　放射性同位素和被放射性污染的物品应当单独存放,不得与易燃、易爆、腐蚀性物品等一起存放,并指定专人负责保管。

贮存、领取、使用、归还放射性同位素时,应当进行登记、检查,做到账物相符。对放射性同位素贮存场所应当采取防火、防水、防盗、防丢失、防破坏、防射线泄漏的安全措施。

对放射源还应当根据其潜在危害的大小,建立相应的多重防护和安全措施,并对可移动的放射源定期进行盘存,确保其处于指定位置,具有可靠的安全保障。

（6）检查放射性物质和射线装置的废弃处理情况。

监督依据标准:《放射性同位素与射线装置安全和防护管理办法》(中华人民共和国环境保护部令第 18 号〔2011〕)。

第二十九条　使用Ⅰ类、Ⅱ类、Ⅲ类放射源的单位应当在放射源闲置或者废弃后三个月内,按照废旧放射源返回协议规定,将废旧放射源交回生产单位或者返回原出口方。确实无法交回生产单位或者返回原出口方的,送交具备相应资质的放射性废物集中贮存单位(以下简称"废旧放射源收贮单位")贮存,并承担相关费用。

第三十一条　使用放射源的单位应当在废旧放射源交回生产单位或者送交废旧放射源收贮单位贮存活动完成之日起二十日内,报其所在地的省级人民政府环境保护主管部门备案。

4.典型"三违"行为

（1）从事放射工作人员未进行安全培训,未佩戴个体防护器材、未进行个人剂量检测。

（2）废弃的放射性物质和射线装置未按要求进行处置。

（3）放射场所未设置安全警示标识。

（4）辐射事故未按规定进行上报。

5. 典型事故案例

放射源发生仪器机械故障，引发放射源丢失事件，案例分析如下：

（1）事故经过：2014年5月7日，某检测公司将铱-192放射源遗落施工现场。5月7日上午，放射源被现场施工人员王某捡起并携带回家。5月9日，王某方知丢失放射源的事情，于是将捡到的放射源丢弃在他家附近的草丛内。5月10日下午5时30分左右，丢失的铱-192放射源找回并安全放入铅罐，放射源威胁被消除。

（2）主要原因：探伤作业完毕之后，工作人员回收放射源时发生仪器机械故障，于是未将放射源回收入源罐，而是强行将源罐上的安全锁拉下。

（3）事故教训：探伤作业完毕之后，操作人员应使用辐射剂量仪对现场进行射线检测，以确保放射源没有遗留。

第四节 关键设备设施安全监督工作指南

一、特种设备

（一）主要风险

因作业区域有杂物或人、设备失控、物（具）坠落、无证操作或违章操作，造成的人员伤害。

（二）监督内容

（1）监督检查特种设备安全责任制度的建立和落实。

（2）监督检查特种设备人员的配备、资质和培训等情况。

（3）监督检查特种设备检查、维护保养情况。

（4）监督检查特种设备生产过程中安全要求落实情况。

（5）监督检查特种设备经营过程中安全要求落实情况。

（6）监督检查特种设备使用过程中安全要求落实情况。

（7）监督检查特种设备停用、报废与处置过程中安全要求落实情况。

（8）监督检查特种设备是否按要求定期检验。

（三）主要监督依据

《中华人民共和国特种设备安全法》（中华人民共和国主席令第4号〔2013〕）。

《中国石油天然气集团公司特种设备安全管理办法》（中油安〔2013〕459号）。

（四）监督控制要点

（1）检查特种设备安全责任制度的建立与落实。

> 监督依据标准：《中华人民共和国特种设备安全法》（中华人民共和国主席令第4号〔2013〕）。
>
> 第七条　特种设备生产、经营、使用单位应当遵守本法和其他有关法律、法规，建立、健全特种设备安全和节能责任制度，加强特种设备安全和节能管理，确保特种设备生产、经营、使用安全，符合节能要求。

（2）检查特种设备安全管理人员、检测人员和作业人员等的配备、资质、安全教育与技能培训。

> 监督依据标准：《中华人民共和国特种设备安全法》（中华人民共和国主席令第4号〔2013〕）。
>
> 第十三条　特种设备生产、经营、使用单位及其主要负责人对其生产、经营、使用的特种设备安全负责。特种设备生产、经营、使用单位应当按照国家有关规定配备特种设备安全管理人员、检测人员和作业人员，并对其进行必要的安全教育和技能培训。
>
> 第十四条　特种设备安全管理人员、检测人员和作业人员应当按照国家有关规定取得相应资格，方可从事相关工作。特种设备安全管理人员、检测人员和作业人员应当严格执行安全技术规范和管理制度，保证特种设备安全。

（3）检查特种设备自行检查、维护保养记录或凭证。

> 监督依据标准：《中华人民共和国特种设备安全法》（中华人民共和国主席令第4号〔2013〕）。
>
> 第十五条　特种设备生产、经营、使用单位对其生产、经营、使用的特种设备应当进行自行检测和维护保养，对国家规定实行检验的特种设备应当及时申报并接受检验。

（4）检查特种设备生产情况。

——检查特种设备管理部门参与资质审查记录。

——检查特种设备使用单位在施工前与施工单位签订的安全生产（HSE）合同。

——检查特种设备施工前备案与审批记录。

——检查特种设备安装、改造、修理工程验收记录。

——检查特种设备使用单位对施工单位进入现场施工人员教育考核及检查记录。

——检查特种设备安装、改造、修理工程验收记录。

监督依据标准:《中国石油天然气集团公司特种设备安全管理办法》(中油安〔2013〕459号)。

第二十七条 所属企业特种设备管理部门应当参与对从事特种设备安装、改造、修理施工单位的资质、业绩、人员素质等方面的审查。

第二十八条 特种设备使用单位应当在施工前与施工单位签订工程服务合同,同时签订安全生产(HSE)合同或者在工程服务合同中明确安全生产要求。施工单位不得以任何形式转包和违规分包。

第二十九条 特种设备使用单位应当在开工前十五个工作日内按规定向本企业安全监督机构办理备案,施工单位应当到企业特种设备管理部门办理施工审批手续。审批合格后,施工单位应当书面告知所在地直辖市或者设区的市的特种设备安全监督管理部门。

第三十条 特种设备使用单位应当履行属地管理责任,提供符合安全生产条件的作业环境,对进入现场的施工人员进行安全教育和考核,对施工过程进行检查。

第三十二条 特种设备的安装、改造、修理,应当经所属企业特种设备管理部门验收,合格后财务部门方可结算。

(5)检查特种设备经营情况。
——检查所属企业下属特种设备销售单位的检查验收和销售记录。
——检查特种设备出租单位出租的特种设备。
——在出租期间使用管理和维护保养情况。

监督依据标准:《中国石油天然气集团公司特种设备安全管理办法》(中油安〔2013〕459号)。

第三十四条 所属企业下属特种设备销售单位应当销售符合安全技术规范及相关标准要求的特种设备,随机附件和随机文件齐全,并建立检查验收和销售记录。

第三十五条 所属企业下属特种设备出租单位不得出租未取得许可生产的特种设备或者国家明令淘汰和已经报废的特种设备,以及未按照安全技术规范的要求进行维护保养和未经检验或者检验不合格的特种设备。

第三十六条 所属企业下属特种设备出租单位在出租期间应当承担特种设备使用管理和维护保养义务,法律另有规定或者当事人另有约定的除外。

(6)检查特种设备使用情况。
——检查特种设备使用登记证书。
——检查电梯维护保养记录。

——大型游乐设施每日投用前的安全检查情况。

——电梯、大型游乐设施是否将安全注意事项和警示标志张贴于显著位置。

——是否建立特种设备管理台账和安全技术档案。

监督依据标准:《中国石油天然气集团公司特种设备安全管理办法》(中油安〔2013〕459号)。

第三十七条　特种设备使用单位应当在特种设备投入使用前或者投入使用后三十日内按规定办理使用登记,取得使用登记证书;建筑起重机械安装验收合格之日起三十日内,使用单位应当到工程所在地县级以上地方人民政府建设主管部门办理使用登记。登记标志应当置于该特种设备的显著位置。

第三十九条　电梯使用单位应当委托电梯制造单位或者依法取得许可的安装、改造、修理单位承担本单位电梯的维护保养工作,至少每半个月进行一次清洁、润滑、调整和检查。

第四十条　大型游乐设施运营使用单位在每日投入使用前,应当进行试运行和例行安全检查,并对安全附件和安全保护装置进行检查确认。

第四十一条　电梯、大型游乐设施的运营使用单位应当将电梯、大型游乐设施的安全使用说明、安全注意事项和警示标志置于易于为乘客注意的显著位置。

第四十四条　所属企业应当分级建立特种设备管理台账,特种设备使用单位应当建立健全安全技术档案。

（7）检查特种设备停用、报废与处置情况。

——检查特种设备长期停用或者重新启用、移装、过户、改变使用条件、报废等相关手续。

——停用的特种设备定期进行维护保养相关记录。

——检查对报废的特种设备消除其使用功能相关处理记录。

监督依据标准:《中国石油天然气集团公司特种设备安全管理办法》(中油安〔2013〕459号)。

第五十一条　特种设备长期停用或者重新启用、移装、过户、改变使用条件、报废,使用单位应当以书面形式向本企业特种设备管理部门和地方政府特种设备安全监督管理部门办理相关手续。

第五十二条　特种设备停用后,应当在显著位置设置停用标识。长期停用的特种设备应当在卸载后,切断动力,隔断物料,定期进行维护保养。

第五十四条　所属企业特种设备管理部门应当对报废的特种设备采取必要措施,消除其使用功能。报废的特种设备严禁转让、使用。

（8）检查特种设备检验情况。

——检查特种设备管理部门是否制订特种设备年度检验计划并实施。

——检查特种设备使用单位对在用特种设备的安全附件、安全保护装置进行定期校验、检修的相关记录。

监督依据标准：《中华人民共和国特种设备安全法》（中华人民共和国主席令第 4 号〔2013〕）、《中国石油天然气集团公司特种设备安全管理办法》（中油安〔2013〕459 号）。

《中华人民共和国特种设备安全法》（中华人民共和国主席令第 4 号〔2013〕）：

第十五条 特种设备生产、经营、使用单位对其生产、经营、使用的特种设备应当进行自行检测和维护保养，对国家规定实行检验的特种设备应当及时申报并接受检验。

《中国石油天然气集团公司特种设备安全管理办法》（中油安〔2013〕459 号）：

第五十五条 所属企业特种设备管理部门应当制定特种设备年度检验计划，特种设备使用单位在检验合格有效期届满前 1 个月向特种设备检验机构提出定期检验要求，并向检验机构及其检验人员提供特种设备相关资料和必要的检验条件。

第五十九条 特种设备使用单位应当对在用特种设备的安全附件、安全保护装置进行定期校验、检修，并做出记录。

（五）典型"三违"行为

（1）特种作业人员无有效操作证上岗操作。

（2）吊装作业区域内站非工作人员。

（3）吊装作业未使用牵引绳，手推吊装物。

（4）维修作业时，容器中存有有毒有害、易燃易爆气体且未与空气隔离。

（5）维保人员对电梯等特种设备未按期进行检查维护保养。

（六）典型事故案例

游乐设施发生机械故障，乘客滞留超过 6h。案例分析如下：

（1）事故经过：2011 年 2 月 14 日 17 时 30 分，贵州省遵义市红花岗区公园路遵义公园内一台"狂呼"游乐设施发生机械故障，致使 6 名游客滞留在 32m 的高空，操作人员无法通过手动盘车的方式实施营救，而后经消防及相关部门参与，于次日 0 点 10 分完成救援工作。该事件无人员伤亡，但乘客滞留超过 6h。

（2）主要原因：安装缺陷，主动齿轮和从动齿轮的支座采用焊接而未采用定位销定位，长期使用磨损断裂；运营使用单位对设备日常检查和维护保养不认真。

（3）事故教训：安装时主动齿轮和从动齿轮的支座应采用定位销定位；加强对设备日常检查和维护保养。

二、消防设备设施

(一)主要风险

因无资质设计制造、安全附件失效、非法使用、腐蚀、无证操作或违章操作,造成的非受控压力释放(爆炸)。

(二)监督内容

(1)监督检查消防水系统工作是否正常。

(2)监督检查自动喷水灭火系统工作是否正常。

(3)监督检查水喷雾灭火系统工作是否正常。

(4)监督检查灭火器材管理是否符合要求。

(5)监督检查泡沫灭火系统工作是否正常。

(三)主要监督依据

GB 50016—2014《建筑设计防火规范》;

GB 50974—2014《消防给水及消火栓系统技术规范》;

GA 588—2012《消防产品现场检查判定规则》;

GB 50160—2008《石油化工企业设计防火标准》;

GA 503—2004《建筑消防设施检测技术规程》;

GB 25201—2010《建筑消防设施的维护管理》;

GB 50242—2002《建筑给水排水及采暖工程施工质量验收规范》;

GA 821—2009《消防水鹤》;

GB 6246—2011《消防水带》;

GB 50084—2017《自动喷水灭火系统设计规范》;

GB 50261—2017《自动喷水灭火系统施工及验收规范》;

GB 50219—2014《水喷雾灭火系统技术规范》;

GB 50444—2008《建筑灭火器配置验收及检查规范》;

GB 50151—2010《泡沫灭火系统设计规范》;

GB 20031—2005《泡沫灭火系统及部件通用技术条件》;

GB 50281—2006《泡沫灭火系统施工及验收规范》。

(四)监督控制要点

(1)消防供水系统,包括消防水泵房、消防水泵、消防水泵接合器、消防水箱、消防水池(罐)、室内消火栓、室外消火栓、稳压设施、消防水鹤、消防水枪、消防水带、消防卷盘、消防水炮、冷却喷淋、消防给水竖管和消防阀井等。

① 消防水泵房检查:建筑位置、耐火性能、安全疏散通道、采暖与排水、应急照明等。

监督依据标准:GB 50016—2014《建筑设计防火规范》、GB 50974—2014《消防给水及消火栓系统技术规范》。

GB 50016—2014《建筑设计防火规范》:

8.1.6 消防水泵房的设置应符合下列规定:

1 单独建造的消防水泵房,其耐火等级不应低于二级;

2 附设在建筑内的消防水泵房,不应设置在地下三层及以下或室内地面与室外出入口地坪高差大于10m的地下楼层;

3 疏散门应直通室外或安全出口。

GB 50974—2014《消防给水及消火栓系统技术规范》:

5.5.9 消防水泵房的设计应根据具体情况设计相应的采暖、通风和排水设施,并应符合下列规定:

1 严寒、寒冷冬季结冰地区采暖温度不应低于10℃,但当无人值守时不应低于5℃;

3 消防水泵房应设置排水设施。

5.5.12 消防水泵房应符合下列规定:

2 附设在建筑物内的消防水泵房,应采用耐火极限不低于2.0h的隔墙和1.5h的楼板与其他部位隔开,其疏散门应直通安全出口,且开向疏散走道的门应采用甲级防火门。

GB 50016—2014《建筑设计防火规范》:

10.3.3 消防水泵房等在发生火灾时仍正常工作的消防设备房应设置备用照明,其作业面的最低照度不应低于正常照明的照度。

② 消防水泵检查:水泵外观、泵吸水与出水管要求、备用泵、动力源、日常巡查等。

监督依据标准:GA 588—2012《消防产品现场检查判定规则》、GB 50160—2008《石油化工企业设计防火标准》、GB 50974—2014《消防给水及消火栓系统技术规范》。

GA 588—2012《消防产品现场检查判定规则》:

6.6.1 消防水泵外观不应有缺陷。在设备的明显部位应设有耐久性铭牌标识,其内容应清晰、设置应牢固。

GB 50160—2008《石油化工企业设计防火标准》:

8.3.4 消防水泵应采用自灌式吸水。当采用自灌式有困难时,应采用其他可靠迅速的引水措施。若采用天然水源时,水泵吸水口应采取防止杂物堵塞的措施。

8.3.5 消防水泵的吸水管、出水管应符合下列规定：

1 每台消防水泵宜有独立的吸水管；2 台以上成组布置时，其吸水管不应少于 2 条，当其中 1 条检修时，其余吸水管应能确保吸取全部消防用水量；

2 成组布置的水泵，至少应有 2 条出水管与环状消防水管道连接，两连接点间应设阀门。当 1 条出水管检修时，其余出水管应能输送全部消防用水量；

3 泵的出水管道应设防止超压的安全设施；

4 直径大于 300mm 的出水管道上阀门不应选用手动阀门，阀门的启闭应有明显标志。

8.3.6 消防水泵、稳压泵应分别设置备用泵；备用泵的能力不得小于最大一台泵的能力。

8.3.7 消防水泵应在接到报警后 2min 以内投入运行。稳高压消防给水系统的消防水泵应能领先管网压降信号自动启动。

8.3.8 消防水泵应设双动力源；当采用柴油机作为动力源时，柴油机的油料储备量应能满足机组连续运转 6h 的要求。

GB 50974—2014《消防给水及消火栓系统技术规范》：

5.1.13 消防水泵的吸水管穿越消防水池时，应采用柔性套管；采用刚性防水套管时应在水泵吸水管上设置柔性接头，且管径不应大于 DN150。

5.1.17 消防水泵吸水管和出水管上应设置压力表，并应符合下列规定：

1 消防水泵出水管压力表的最大量程不应低于其设计工作压力的 2 倍，且不应低于 1.60MPa；

3 压力表的直径不应小于 100mm，应采用直径不小于 6mm 的管道与消防水泵进出口管相接，并应设置关断阀门。

③ 消防水泵接合器检查：外观、标志牌、安装位置、止回阀、控制阀及泄水阀、寒冷地区的防冻措施。

监督依据标准：GA 588—2012《消防产品现场检查判定规则》、GB 50974—2014《消防给水及消火栓系统技术规范》、GA 503—2004《建筑消防设施检测技术规程》。

GA 588—2012《消防产品现场检查判定规则》：

6.8.3 消防水泵接合器外观不应有缺陷。在设备的明显部位应设有耐久性铭牌标识，并应设注明所属系统和区域的标志牌。其内容应清晰、设置牢固。

GB 50974—2014《消防给水及消火栓系统技术规范》：

12.3.6 消防水泵接合器的安装应符合下列规定：

4 地下消防水泵接合器应采用铸有"消防水泵接合器"标志的铸铁井盖,并应在其附近设置指示其位置的永久性固定标志;

5 墙壁消防水泵接合器的应符合设计要求。设计无要求时,其安装高度距地面宜为0.7m;与墙面上的门、窗、孔、洞的净距离不应小于2.0m,且不应安装在玻璃幕墙下方;

6 地下消防水泵接合器的安装,应使进水口与井盖底面的距离不大于0.4m,且不应小于井盖的半径;

7 消火栓水泵接合器与消防通道之间不应设有妨碍消防车加压供水的障碍物;

8 地下消防水泵接合器井的砌筑应有防水和排水措施。

GA 503—2004《建筑消防设施检测技术规程》:

4.4.6.2 控制阀应常开,且启闭灵活;单向阀安装方向应正确,止回阀应严密关闭。

4.4.6.3 寒冷地区防冻措施应完好。

④ 消防水箱检查:容量、消防用水保证措施、防冻措施、设置与安装、日常巡查等内容。

监督依据标准:GB 50974—2014《消防给水及消火栓系统技术规范》、GB 25201—2010《建筑消防设施的维护管理》。

GB 50974—2014《消防给水及消火栓系统技术规范》:

5.2.1 临时高压消防给水系统的高位消防水箱的有效空间应满足初期火用水量的要求,并应符合下列规定:

1 一类高层公共建筑,不应小于36m³,但当建筑高度大于100m时,不应小于50m³,当建筑高度大于150m时,不应小于100m³;

2 多层公共建筑、二类高层公共建筑和一类高层建筑,不应小于18m³;

5 工业建筑室内消防给水设计流量当小于或等于25L/s时,不应小于12m³,大于25L/s时,不应小于18m³。

5.2.2 高位消防水箱的设置位置应高于其所服务的水灭火设施,且最低有效水位应满足水灭火设施最不利点处的静水压力,并应按下列规定确定:

1 一类高层公共建筑,不应低于0.10MPa,但当建筑高度超过100m时,不应低于0.15MPa;

2 二类高层公共建筑、多层公共建筑,不应低于0.07MPa;

3 工业建筑不应低于0.10MPa,当建筑体积小于20000m³时,不宜低于0.07MPa。

5.2.4 高位消防水箱的设置应符合下列规定:

1 当高位消防水箱在屋顶露天设置时,水箱的人孔以及进出水管的阀门等应采取锁具或阀门箱等保护措施;

2 严寒、寒冷等冬季冰冻地区的消防水箱应设置在消防水箱间内,其他地区宜设置在室内,当必须在屋顶露天设置时,应采取防冻隔热等安全措施;

3 高位消防水箱与基础应牢固连接。

5.2.5 消防用水与其他用水合并的高位水箱,应设有消防用水不作他用的技术设施;在寒冷地区专用的消防水箱应采取防冻措施,水温不应低于5℃。

5.2.6 高位消防水箱应符合下列规定:

消防水箱应按设计要求安装溢流管、泄水管,并不与生产或生活用水的排水系统直接相连。

GB 25201—2010《建筑消防设施的维护管理》:

6.2 消防水箱至少每周检查一次,发现故障应及时进行处理。消防安全重点单位对消防水箱的检查应进行每日巡查。

⑤ 消防水池(罐)检查:消防水池(罐)的容量、水位、空间分隔、附属设施及消防水池(罐)的日常巡查。

监督依据标准:GB 50160—2008《石油化工企业设计防火标准》、GB 50974—2014《消防给水及消火栓系统技术规范》、GB 25201—2010《建筑消防设施的维护管理》。

GB 50160—2008《石油化工企业设计防火标准》:

8.3.2 工厂水源直接供给不能满足消防用水量、水压和火灾延续时间内消防用水总量要求时,应建立消防水池(罐),并应符合下列规定:

2 水池(罐)的总容量大于1000m³时,应分隔成两个,并设带切断阀的连通管。

6 消防水池(罐)应设液位检测、高低液位报警及自动补水设施。

GB 50974—2014《消防给水及消火栓系统技术规范》:

4.3.9 消防水池的出水、排水和水位应符合下列规定:

1 消防水池的出水管应保证消防水池的有效容积能被全部利用;

2 消防水池应设置最低水位显示装置,并应在消防控制中心或值班室等地点设置显示消防水池水位的装置,同时应有最高和最低报警水位;

3 消防水池应设置溢流水管和排水设施,并应采用间接排水。

4.3.10 消防水池的通气管和呼吸管等应符合下列规定:

1 消防水池应设置通气管;

2 消防水池通气管、呼吸管和溢流水管等应采取防止虫鼠等进入消防水池的技术措施。

4.3.11 高位消防水池的最低有效水位应能满足其所服务的水灭火设施所需的工作压力和流量,且其有效容积应满足火灾延续时间内所需消防用水量,并应符合下列规定:

5 高层民用建造高压消防给水系统的高位消防水池总有效容积大于200m³时,宜设置蓄水有效容积相等且可独立使用的两格;当建筑高度大于100m时应设置独立的两座。每格或座应有一条独立的出水管向消防给水系统供水;

6 高位消防水池设置在建筑物内时,应采用耐火极限不低于2.0h的隔墙和1.5h的楼板与其他部位隔开,并应设甲级防火门;且消防水池及其支承框架与建筑构件应连接牢固。

GB 25201—2010《建筑消防设施的维护管理》:

6.1.4 建筑消防设施巡查频次应满足下列要求:

b)消防安全重点单位,每日巡查一次;

c)其他单位,每周至少巡查一次。

6.2 巡查内容

6.2.5 消防水池、消防水箱外观,液位显示装置外观及运行状况。

⑥室内消火栓检查:外观与标志、结构和参数、手轮及材料、设置要求及日常巡查。

监督依据标准:GA 588—2012《消防产品现场检查判定规则》、GB 50016—2014《建筑设计防火规范》、GB 25201—2010《建筑消防设施的维护管理》。

GA 588—2012《消防产品现场检查判定规则》:

6.8.1 目测检查室内消火栓的外观与标志、结构和参数、手轮、材料等,要求栓体内表面应涂防锈漆,无严重锈蚀。应在栓体或栓盖上铸出型号、规格和商标。进水口及出水口与固定接口连接部位应为圆柱管螺纹。固定接口的型式应为KN型。手轮轮缘上应明显地铸出表示开关方向的箭头和字样。阀座材料强度及耐腐蚀性能不低于黄铜。阀座材料强度及耐腐蚀性能不低于黄铜。阀杆材料力学及耐腐蚀性能不低于铅黄铜。旋转型室内消火栓旋转部位的材料应采用铜合金或奥氏体不锈钢等耐腐蚀材料。阀杆升降应平衡、灵活,不应有卡阻和松动现象。

GB 50016—2014《建筑设计防火规范》:

8.2.1 下列建筑或场所应设置室内消火栓系统:

1 建筑占地面积大于300m²的厂房和仓库;

2 高层公共建筑和建筑高度大于21m的住宅建筑;

注：建筑高度不大于27 m的住宅建筑，设置室内消火栓系统确有困难时，可只设置干式消防竖管和不带消火栓箱的DN65的室内消火栓。

5 建筑高度大于15m或体积大于10000m^3的办公建筑和其他单、多层民用建筑。

GB 25201—2010《建筑消防设施的维护管理》：

6.1.4 建筑消防设施巡查频次应满足下列要求：

b）消防安全重点单位，每日巡查一次；

c）其他单位，每周至少巡查一次。

6.2 巡查内容

6.2.6 室内消火栓外观及配件完整情况。

⑦ 室外消火栓检查：外观与标志、接口的材料及排放余水装置、防冻措施、设置要求及日常巡查。

监督依据标准：GB 25201—2010《建筑消防设施的维护管理》、GB 50016—2014《建筑设计防火规范》、GB 50160—2008《石油化工企业设计防火标准》、GB 50242—2002《建筑给水排水及采暖工程施工质量验收规范》、GA 503—2004《建筑消防设施检测技术规程》、GA 588—2012《消防产品现场检查判定规则》。

GB 25201—2010《建筑消防设施的维护管理》：

6.1.4 建筑消防设施巡查频次应满足下列要求：

b）消防安全重点单位，每日巡查一次；

c）其他单位，每周至少巡查一次。

6.2 巡查内容

6.2.6 室外消火栓外观、地下消火栓标识、栓井环境。

GB 50016—2014《建筑设计防火规范》：

8.1.2 民用建筑、储罐（区）和堆场周围应设置室外消火栓系统。

GB 50160—2008《石油化工企业设计防火标准》：

8.5.5 （石油化工企业）消火栓的设置应符合下列规定：

5 地上式消火栓的大口径出水口应面向道路。当其设置场所有可能受到车辆冲撞时，在其周围应设置防护设施。

6 地下式消火栓应有明显标志。

8.5.6 消火栓的保护半径不应超过120m。

8.5.7 罐区及工艺装置区的消火栓应在其四周道路边设置，消火栓的间距不宜超过60m。当装置内设有消防道路时，应在道路边设置消火栓。距被保护对象15m以内的消火栓不应计算在该保护对象可使用的数量之内。

8.5.8 与生产或生活合用的消防给水管道上的消火栓应设切断阀。

GB 50242—2002《建筑给水排水及采暖工程施工质量验收规范》:

9.3.5 地下消火栓的顶部出水口与消防井底盖的距离不应大于 0.4m,寒冷地区井内应做防冻保护。

GA 503—2004《建筑消防设施检测技术规程》:

4.5.2.1 阀门应启闭灵活。

4.5.2.2 地下式消火栓应有明显标志,井内应无积水。

4.5.2.3 寒冷地区防冻措施应完好。

GA 588—2012《消防产品现场检查判定规则》:

6.8.2 目测及手动检查室外消火栓外观质量和标志、消防接口的本体材料以及排放余水装置。要求达到:室外消火栓上部外露部分应涂红色漆,其色泽光滑均匀、无龟裂、划伤和碰伤。外表面醒目处应清晰地铸出型号、规格、商标或厂名等永久性标志。水带连接口和吸水管连接口应使用机械性能不低于 HPb59 的铅黄铜或不锈钢制造。阀门处于最大开启位置时或当水压大于等于 0.1 MPa 时,排放余水装置不应有渗漏现象。

⑧稳压设施检查:稳压泵的工作状态、备用泵及日常巡查。

监督依据标准:GB 25201—2010《建筑消防设施的维护管理》、GB 50974—2014《消防给水及消火栓系统技术规范》、GA 503—2004《建筑消防设施检测技术规程》。

GB 25201—2010《建筑消防设施的维护管理》:

6.1.4 建筑消防设施巡查频次应满足下列要求:

b)消防安全重点单位,每日巡查一次;

c)其他单位,每周至少巡查一次。

6.2 巡查内容

6.2.6 稳压泵、增压泵、气压水罐及控制柜工作状态。

GB 50974—2014《消防给水及消火栓系统技术规范》:

5.3.6 稳压泵应设置备用泵。

GA 503—2004《建筑消防设施检测技术规程》:

4.4.3 稳压泵、增压泵及气压水罐

4.4.3.1 进出口阀门应常开。

4.4.3.2 启动运行应正常;启泵与停泵压力应符合设定值,压力表显示正常。

⑨ 消防水鹤检查:外观与标志、排放余水装置、安装要求。

> 监督依据标准:GA 821—2009《消防水鹤》。
>
> 6.1 消防水鹤的铸件表面应光滑、无裂痕、无砂眼;地上外露部分应涂红色漆并有标识,并在地上基座明显部位铸出名称、规格型号、商标。
>
> 6.5 消防水鹤的承压部分在公称压力下不应有渗漏现象。
>
> 6.7 消防水鹤应有排放余水装置,在正常使用状态下排放余水装置不应存在渗漏现象,应能在 5min 内排空水鹤余水。
>
> 6.8 消防水鹤应设置消防水带接口。
>
> 6.10 消防水鹤地上部分高度不应小于4m,出水口距基座底部不应小于3.8m,水鹤臂长不应小于1.5m,可伸缩式水鹤其伸缩长度不应小于0.3m。水鹤出水口的摆动角度不应小于270°。消防水鹤的主控水阀开启角度不应大于360°,应能与排放余水装置启闭互锁。

⑩ 消防水枪检查:消防水枪材质及各操纵机构动作及限位的情况、指示标记。

> 监督依据标准:GA 588—2012《消防产品现场检查判定规则》。
>
> 6.11 水枪应采用耐腐蚀材料制造或其材料经防腐蚀处理,并满足相应使用环境和介质的防腐要求。带有开关功能的水枪启闭装置应灵活。直流开关水枪在"开"、"关"这两个位置应有限位功能;球阀转换式直流喷雾水枪、球阀转换式多用水枪在"直流"和"喷雾"位置应有限位功能;带有弓形手柄的导流式直流喷雾水枪在"开"、"关"这两个位置应有限位功能。

⑪ 消防水带:重点检查水带的外观及长度。

> 监督依据标准:GB 6246—2011《消防水带》、GA 588—2012《消防产品现场检查判定规则》。
>
> GB 6246—2011《消防水带》:
>
> 4.1.1 水带的织物层应编织均匀,表面整洁,无跳双经、断双经、跳纬及划伤。
>
> 4.1.2 水带衬里(或外覆层)的厚度应均匀,表面应光滑平整、无折皱或其他缺陷。
>
> GA 588—2012《消防产品现场检查判定规则》:
>
> 6.10 水带长度不应小于水带标称长度1m。

⑫ 消防卷盘:重点检查消防卷盘外观、长度、密封性能、结构要求。

监督依据标准：GA 588—2012《消防产品现场检查判定规则》。

6.8.5 软管外表应无破损、划伤，软管长度不应小于标称长度1m。额定工作压力下任何部位不应有渗漏。

卷盘旋转部分应能绕转臂的固定轴向外做水平摆动，摆动角不小于90°。

卷盘进口阀的开启和关闭方向应有明显的标志，卷盘进口阀顺时针方向应为关闭。

⑬ 消防水炮：重点检查消防水炮材料、操纵性能及设置要求。

监督依据标准：GB 50160—2008《石油化工企业设计防火标准》、GA 588—2012《消防产品现场检查判定规则》。

GB 50160—2008《石油化工企业设计防火标准》：

8.6.2 石油化工企业设置的水炮应具有直流和水雾两种喷射方式。

8.6.7 在寒冷地区设置的固定消防水炮应采取防冻措施。

GA 588—2012《消防产品现场检查判定规则》：

6.11.2 消防炮应采用耐腐蚀材料制造或其材料经防腐蚀处理。

消防炮的俯仰回转机构、水平回转机构、各控制手柄(轮)应操作灵活；消防炮的传动机构应安全可靠；消防炮的俯仰回转机构应具有自锁功能或锁紧装置。

⑭ 冷却喷淋：重点检查冷却喷淋冷却的覆盖能力，各操纵机构应便于操作。

监督依据标准：GB 50160—2008《石油化工企业设计防火标准》。

8.4.5 储罐区冷却水系统在防火堤外的进水管道上应设置能识别启闭状态的控制阀，设置地点应处于防火堤外且距罐壁不宜小于15m的地点。人为操作的系统，控制阀的启闭应灵活可靠。

（2）自动喷水灭火系统，包括消防喷淋水箱、消防喷淋泵、喷淋稳压装置、喷头、报警阀、雨淋阀等。

① 消防喷淋水箱：重点检查喷淋水箱水位报警、出水管径、出水管道阀门的安装、安全设施及防冻措施等。

监督依据标准：GB 50084—2017《自动喷水灭火系统设计规范》、GB 50242—2002《建筑给水排水及采暖工程施工质量验收规范》、GB 50261—2017《自动喷水灭火系统施工及验收规范》。

GB 50084—2017《自动喷水灭火系统设计规范》：

10.3.4 高位消防水箱的出水管应符合下列规定：

1 应设止回阀,并应与报警阀入口前管道连接。

2 轻危险级、中危险级场所的系统,管径不应小于80mm,严重危险级和仓库危险级系统管线不应小于100mm。

11.0.10 消防控制室(盘)应能显示水流指示器、压力开关、信号阀、水泵、消防水池及水箱水位、有压气体管道气压,以及电源和备用动力等是否处于正常状态的反馈信号,并应能控制水泵、电磁阀、电动阀等的操作。

GB 50242—2002《建筑给水排水及采暖工程施工质量验收规范》:

4.4.5 消防水箱应按设计要求安装溢流管、泄水管,并不得与生产或生活用水的排水系统直接相连。

GB 50261—2017《自动喷水灭火系统施工及验收规范》:

9.0.13 寒冷季节,消防储水设备的任何部位均不得结冰。每天应检查设置储水设备的房间,室温不应低于5℃。

② 消防喷淋泵:重点检查消防喷淋泵的供水管、出水管设置,泵吸水方式,以及备用泵情况。

监督依据标准:GB 50084—2017《自动喷水灭火系统设计规范》、GB 50261—2017《自动喷水灭火系统施工及验收规范》。

GB 50084—2017《自动喷水灭火系统设计规范》:

10.2.1 采用临时高压给水系统的自动喷水灭火系统,宜设置独立的消防水泵,并应按一用一备或二用一备,及最大一台消防水泵的工作性能设置备用泵。当与消火栓系统合用消防水泵时,系统管道应在报警阀前分开。

10.2.2 按二级负荷供电的建筑,宜采用柴油机泵作备用泵。

10.2.3 系统的消防水泵、稳压泵,应采用自灌式吸水方式。采用天然水源时,消防水泵的吸水口应采取防止杂物堵塞的措施。

10.2.4 每组消防水泵的吸水管不应少于2根。报警阀入口前设置环状管道的系统,每组消防水泵的出水管不应少于2根。消防水泵的吸水管应设控制阀和压力表;出水管应设控制阀、止回阀和压力表,出水管上还应设置流量和压力检测装置或预留可供连接流量和压力检测装置的接口。必要时,应采取控制消防水泵出口压力的措施。

GB 50261—2017《自动喷水灭火系统施工及验收规范》:

8.0.6 消防水泵验收应符合下列要求:

1 工作泵、备用泵、吸水管、出水管及出水管上的阀门、仪表的规格、型号、数量,应符合设计要求;吸水管、出水管上的控制阀门应锁定在常开位置,并有明显标记。

③喷淋稳压装置:重点检查喷淋稳压泵的备用情况、稳压泵吸水方式、稳压的外观及稳压功能。

> 监督依据标准:GB 50084—2017《自动喷水灭火系统设计规范》。
>
> GB 50084—2017《自动喷水灭火系统设计规范》:
>
> 10.2.3 系统的消防水泵、稳压泵,应采用自灌式吸水方式。采用天然水源时,消防水泵的吸水口应采取防止杂物堵塞的措施。

④喷头:重点检查喷头的外观,符合安装要求的情况。

> 监督依据标准:GB 50261—2017《自动喷水灭火系统施工及验收规范》、GB 50084—2017《自动喷水灭火系统设计规范》、GA 588—2012《消防产品现场检查判定规则》。
>
> GB 50261—2017《自动喷水灭火系统施工及验收规范》:
>
> 5.2.2 喷头安装时,不应对喷头进行拆装、改动,并严禁给喷头、隐蔽式喷头的装饰盖板附加任何装饰性涂层。
>
> 5.2.4 安装在易受机械损伤处的喷头,应加设喷头防护罩。
>
> 8.0.9 喷头验收应符合下列要求:
>
> 3 有腐蚀性气体的环境和有冰冻危险场所安装的喷头,应采取防护措施。
>
> 4 有碰撞危险场所安装的喷头应加设防护罩。
>
> GB 50084—2017《自动喷水灭火系统设计规范》:
>
> 7.1.16 防火分隔水幕的喷头布置,应保证水幕的宽度不小于6m。采用水幕喷头时,喷头不应少于3排;采用开式洒水喷头时,喷头不应少于2排。防护冷却水幕的喷头宜布置成单排。
>
> GA 588—2012《消防产品现场检查判定规则》:
>
> 6.3.1 喷头外表面不应有加工缺陷和机械损伤,并无变形。喷头溅水盘或本体处,应有永久性标识,且标识清晰。

⑤报警阀:重点检查报警阀的设置要求、外观、报警功能。

> 监督依据标准:GB 50084—2017《自动喷水灭火系统设计规范》、GB 50261—2017《自动喷水灭火系统施工及验收规范》、GA 588—2012《消防产品现场检查判定规则》。
>
> GB 50084—2017《自动喷水灭火系统设计规范》:
>
> 6.2.1 自动喷水灭火系统应设报警阀组。保护室内钢屋架等建筑构件的闭式系统,应设独立的报警阀组。水幕系统应设独立的报警阀组或感温雨淋报警阀。

6.2.2 串联接入湿式系统配水干管的其他自动喷水灭火系统,应分别设置独立的报警阀组,其控制的洒水喷头数计入湿式报警阀组控制的洒水喷头总数。

6.2.7 连接报警阀进出口的控制阀应采用信号阀。当不采用信号阀时,控制阀应设锁定阀位的锁具。

GB 50261—2017《自动喷水灭火系统施工及验收规范》:

7.2.5 报警阀调试应符合下列要求:

1 湿式报警阀调试时,在末端装置处放水,当湿式报警阀进口水压大于0.14MPa、放水流量大于1L/s时,报警阀应及时启动;带延迟器的水力警铃应在5s～90s内发出报警铃声,不带延迟器的水力警铃应在15s内发出报警铃声;压力开关应及时动作,启动消防泵并反馈信号。

2 干式报警阀调试时,开启系统试验阀,报警阀的启动时间、启动点压力、水流到试验装置出口所需时间,均应符合设计要求。

7.2.6 调试过程中,系统排出的水应通过排水设施全部排走。

GA 588—2012《消防产品现场检查判定规则》:

6.3.2 报警阀外观不应有缺陷。在报警阀的明显部位应设有耐久性铭牌标识,其内容清晰、设置牢固,应设有指示水流方向的永久性标识。

⑥雨淋阀:重点检查雨淋阀的报警功能。

监督依据标准:GB 50261—2017《自动喷水灭火系统施工及验收规范》。

7.2.5 雨淋阀调试宜利用检测、试验管道进行。自动和手动方式启动的雨淋阀,应在15s之内启动;公称直径大于200mm的雨淋阀调试时,应在60s之内启动。雨淋阀调试时,当报警水压为0.05MPa时,水力警铃应发出报警铃声。

(3)水喷雾灭火系统,包括水雾喷头、雨淋阀组及管道、系统控制功能等。

①水雾喷头:重点检查水雾喷头的外观、选型、工作压力。

监督依据标准:GB 50219—2014《水喷雾灭火系统技术规范》、GA 588—2012《消防产品现场检查判定规则》。

GB 50219—2014《水喷雾灭火系统技术规范》:

4.0.2 水雾喷头的选型应符合下列要求:

1 扑救电气火灾,应选用离心雾化型水雾喷头;

2 室内粉尘场所设置的水雾喷头应带防尘帽,室外设置的水雾喷头宜带防尘帽;

3 离心雾化型水雾喷头应带柱状过滤网。

3.1.3 水雾喷头的工作压力,当用于灭火时不应小于0.35MPa;用于防护冷却时不应小于0.2MPa,但对于甲$_B$、乙、丙类液体储罐不应小于0.15MPa。

GA 588—2012《消防产品现场检查判定规则》:

6.3.7 水雾喷头上应有永久性标志、标志内容应正确、完整。

水雾喷头的溅水盘、框架或喷头本体、离心导流叶片应无破裂或破损;闭式水雾喷头玻璃球应无损坏。

② 雨淋阀组及管道:重点检查外观、报警功能、安装要求等。

监督依据标准:GB 50219—2014《水喷雾灭火系统技术规范》、GA 588—2012《消防产品现场检查判定规则》。

GB 50219—2014《水喷雾灭火系统技术规范》:

4.0.5 雨淋报警阀前的管道应设置可冲洗的过滤器,过滤器滤网应采用耐腐蚀金属材料。

4.0.6 给水管道应符合下列规定:

1 过滤器与雨淋报警阀之间及雨淋报警阀后的管道,应采用内外热浸镀锌钢管、不锈钢管或铜管,需要进行弯管加工的管道应采用无缝钢管;

4 系统管道采用沟槽式管接件(卡箍)、法兰或丝扣连接,普通钢管可采用焊接;

7 应在管道的低处设置放水阀或排污口。

5.3.1 雨淋报警阀组宜设置在温度不低于4℃并有排水设施的室内。设置在室内的雨淋报警阀宜距地面1.2m,两侧与墙的距离不应小于0.5m,正面与墙的距离不应小于1.2m,雨淋报警阀凸出部位之间的距离不应小于0.5m。

GA 588—2012《消防产品现场检查判定规则》:

6.3.4 雨淋阀组应设有永久性标志牌,阀体上应有水流方向指示标识,指示方向应与实际相符。

安装在管路上处于伺应状态的雨淋报警阀,当手动开启报警试验管路上的控制阀门时,压力开关和水力警铃应有动作。

控制腔上应装有紧急手动控制阀及手动控制盒;雨淋报警阀处于伺应状态时,关闭管网干管上的控制阀,按控制盒上的操作指示打开紧急手动控制阀,雨淋报警阀应正常启动;目测手动控制盒上应有紧急操作指示。

③ 系统控制功能:重点检查系统控制方式、连锁启动控制及控制系统的功能。

监督依据标准:GB 50219—2014《水喷雾灭火系统技术规范》。

6.0.1 系统应具有自动控制、手动控制和应急机械启动三种控制方式;但当响应时间大于120s时,可采用手动控制和应急机械启动两种控制方式。

6.0.4 用于保护液化烃储罐的系统,在启动着火罐雨淋报警阀的同时,应能启动需要冷却的相邻储罐的雨淋报警阀。

6.0.5 用于保护甲$_B$、乙、丙类液体储罐的系统,在启动着火罐雨淋报警阀(或电动控制阀、气动控制阀)的同时,应能启动需要冷却的相邻储罐的雨淋报警阀(电动控制阀、气动控制阀)。

6.0.6 分段保护输送机皮带的系统,在启动起火区段的雨淋报警阀的同时,应能启动起火区段下游相邻区段的雨淋报警阀,并应能同时切断皮带输送机的电源。

6.0.7 当自动水喷雾灭火系统误动作会对保护对象造成不利影响时,应采用两个独立火灾探测器的报警信号进行联锁控制;当保护油浸电力变压器的水喷雾灭火系统采用两路相同的火灾探测器时,系统宜采用火灾探测器的报警信号和变压器的断路器信号进行联锁控制。

6.0.8 水喷雾灭火系统的控制设备应具有下列功能:

1 监控消防水泵的启、停状态;

2 监控雨淋报警阀的开启状态,监视雨淋报警阀的关闭状态;

3 监控电动或气动控制阀的开、闭状态;

4 监控主、备用电源的自动切换。

---

(4)灭火器,包括日常检查、维修及报废的管理。

① 灭火器日常检查:重点检查灭火器外观、日常巡查管理。

监督依据标准:GB 50444—2008《建筑灭火器配置验收及检查规范》。

3.1 灭火器的器头应向上,铭牌应朝外。

灭火器的铭牌应清晰明了,无残缺。铭牌上灭火剂、驱动气体的种类、充装压力、总质量、灭火级别、制造厂名和生产日期或维修日期等标志及操作说明应齐全。

灭火器的铅封、销闩等保险装置不应损坏或遗失。

灭火器的筒体是否无明显的损伤、缺陷、锈蚀及泄漏。

灭火器喷射软管应完好,无明显龟裂,喷嘴不堵塞。

灭火器的驱动气体压力应在工作压力范围内。

灭火器的零部件应齐全,并且无松动、脱落或损伤。灭火器应未开启、喷射过。

5.2 灭火器的配置、外观等应按本标准的要求每月进行一次检查。

石油化工装置区、罐区、加油站、堆场、锅炉房、地下室等场所,候车(机、船)室、歌舞娱乐放映游艺等人员密集的公共场所配置的灭火器,应按本标准的要求每半月进行一次。

5.2.4 本条规定灭火器的月检、半月检和日常巡检都应当保存检查记录。

② 检查灭火器定期维修管理。

监督依据标准:GB 50444—2008《建筑灭火器配置验收及检查规范》。

5.1.2 水基型灭火器出厂期满 3 年应进行维修,首次维修后每满 1 年应进行维修;干粉、洁净气体、二氧化碳灭火器出厂期满 5 年应进行维修,首次维修后每满 2 年应进行维修。

每次送修的灭火器数量不得超过计算单元配置灭火器总数量的 1/4。超出时,应选择相同类型和操作方法的灭火器替代,替代灭火器的灭火级别不应小于原配置灭火器的灭火级别。

5.1.3 检查或维修后的灭火器应按原设置点位置摆放。

③ 检查失效或不安全状态下灭火器的报废管理。

监督依据标准:GB 50444—2008《建筑灭火器配置验收及检查规范》。

5.4.2 有下列情况之一的灭火器应进行强制报废:

a)筒体严重锈蚀,锈蚀面积大于、等于筒体总面积的 1/3,表面有凹坑;

b)筒体明显变形,机械损伤严重;

c)器头存在裂纹,无泄压机构;

d)筒体为平底等结构不合理;

e)没有间歇喷射机构的手提式;

f)没有生产厂名称和出厂年月,包括铭牌脱落,或虽有铭牌,但已看不清生产厂名称,或出厂年月钢印无法识别;

g)筒体有锡焊、铜焊或补缀等修补痕迹;

h)被火烧过。

5.4.3 水基型灭火器出厂时间达到 6 年,干粉、洁净气体灭火器出厂时间达到 10 年,二氧化碳灭火器出厂日期达到 12 年应进行报废。

（5）泡沫灭火系统,包括系统日常检查与测试、比例混合器、泡沫泵房、阀门和管道、泡沫产生器。

① 检查泡沫液的选型及储存条件、泡沫液罐标志及配件完好。

> 监督依据标准:GB 50151—2010《泡沫灭火系统设计规范》。
>
> 3.5.3 泡沫液储罐罐体或铭牌、标志牌上应清晰标明泡沫液的种类、型号、出厂与灌装日期、配比浓度、有效日期及储量。

② 比例混合器:重点检查比例混合器外观及标志、比例混合器选型、阀门及压力表工作状态。

> 监督依据标准:GB 20031—2005《泡沫灭火系统及部件通用技术条件》。
>
> 5.1.1.1 在泡沫比例混合器外壳明显位置,应以箭头标示水流方向,标注方向应与液流方向一致,应设置清晰永久性标志牌,应至少标示有:产品名称、规格型号、产品编号、工作压力范围、流量范围、混合比、适用泡沫液类型、生产企业名称或商标。

③ 泡沫泵房:重点检查泡沫泵站供(储)水设施、泡沫泵站与被保护对象的距离、泡沫泵站动力源、泡沫站的选址、泡沫液泵标识、泡沫液泵日常管理。

> 监督依据标准:GB 20031—2005《泡沫灭火系统及部件通用技术条件》、GB 50151—2010《泡沫灭火系统设计规范》、GB 50281—2006《泡沫灭火系统施工及验收规范》。
>
> GB 20031—2005《泡沫灭火系统及部件通用技术条件》:
>
> 5.1.5.2 泡沫液泵应在明显位置上做出清晰永久性标示,标示中应至少包括产品名称、型号规格、流量、工作压力、生产企业名称或商标等基本参数;工作压力和流量应与比例混合装置的工作压力范围和流量范围相适应,正常运转,其控制柜仪表、指示灯、控制按钮和标识应完好。
>
> GB 50151—2010《泡沫灭火系统设计规范》:
>
> 3.3.1 泡沫消防水泵、泡沫混合液泵的选择与设置,应符合下列规定:
>
> 4 泵出口管道上应设置压力表、单向阀和带控制阀的回流管。
>
> 3.3.2 泡沫液泵的选择与设置应符合下列规定:
>
> 3 应设置备用泵,备用泵的规格型号应与工作泵相同,且工作泵故障时应能自动与手动切换到备用泵。
>
> 8.1.1 泡沫泵站的设置应符合下列规定:

2　采用环泵式比例混合器的泡沫消防泵站不应与生活水泵合用供水、储水设施；当与生产水泵合用供水、储水设施时，应进行泡沫污染后果的评估；

3　泡沫消防泵站与被保护甲、乙、丙类液体储罐或装置的距离不宜小于30m，固定式泡沫灭火系统的设计应满足在泡沫消防水泵或泡沫混合液泵启动后，将泡沫混合液或泡沫输送到保护对象的时间不大于5min；

4　当泡沫消防泵站与被保护甲、乙、丙类液体储罐或装置的距离为30m～50m时，泡沫消防泵站的门、窗不宜朝向保护对象。

8.1.2　泡沫消防水泵、泡沫混合液泵应采用自灌引水启动。每组泵的吸水管不应少于两条，当其中一条损坏时，其余的吸水管应能通过全部用水量。

8.1.4　泡沫泵站的动力源应符合下列要求之一：

1　一级电力负荷的电源；

2　二级电力负荷的电源，同时设置作备用动力的柴油机；

3　全部采用柴油机；

4　不设置备用泵的泡沫消防泵站，可不设置备用动力。

8.1.5　泡沫消防泵站内应设置水池(罐)水位指示装置。泡沫泵站应设置与本单位消防站或相关部门直接联络的通讯设备。

8.1.6　当泡沫比例混合装置设置在泡沫消防泵站内无法在5min内将泡沫混合液或泡沫输送到保护对象时，应设置泡沫站，且泡沫站的设置应符合下列规定：

1　严禁将泡沫站设置在防火堤内、围堰内、泡沫灭火系统保护区或其他火灾及爆炸危险区域内；

2　当泡沫站靠近防火堤设置时，其与各甲、乙、内类液体储罐罐壁的间距应大于20m，且应具备远程控制功能；

3　当泡沫站设置在室内时，其建筑耐火等级不应低于二级。

GB 50281—2006《泡沫灭火系统施工及验收规范》：

8.1.2、8.1.3、3.0.9　泡沫泵站运行、管理应符合下列规定。

a)应配备经过专业培训合格的人员负责系统的维护、管理、操作和定期检查；

b)应建立泡沫灭火系统技术档案；

c)应制定设备的操作保养规程和系统流程图；

d)应明确值班员职责。

④阀门和管道：重点检查标志、防冻措施、管道及阀门施工要求、日常管理等。

监督依据标准:GB 50151—2010《泡沫灭火系统设计规范》。

3.1.2 泡沫管道及其分支、设备进出口处和装置边界处应涂刷流向箭头。

3.7.1 泡沫灭火系统中所用的控制阀门应有明显的启闭标志。

3.7.3 低倍数泡沫灭火系统的水与泡沫混合液及泡沫管道应采用钢管,且管道外壁应进行防腐处理。

3.7.7 在寒冷季节有冰冻的地区,泡沫系统的湿式管道应采取防冻措施。

3.7.9 防火堤或防护区内泡沫管线的法兰垫片应采用不燃材料或难燃材料。

3.7.10 对于设置在防爆区内的干式管道,应采取防静电接地措施(钢制甲、乙、丙类液体储罐的防雷接地装置可兼作防静电接地装置)。

4.2.7 防火堤内泡沫混合液或泡沫管道的设置,应符合下列规定:

1 地上泡沫混合液或泡沫水平管道应敷设在管墩或管架上,与罐壁上的泡沫混合液立管之间用金属软管连接;

2 埋地泡沫混合液管道或泡沫管道距离地面的深度应在冰冻线以下,与罐壁上的泡沫混合液立管之间宜使用金属软管或金属转向接头连接;

3 泡沫混合液或泡沫管道应有3‰的放空坡度;

4 在液下喷射系统靠近储罐的泡沫管线上,应设置用于系统试验的带可拆卸盲板的支管;

5 液下喷射系统的泡沫管道上应设置钢质控制阀和逆止阀,并应设置不影响泡沫灭火系统正常运行的防油品渗漏设施。

4.2.8 防火堤外泡沫混合液或泡沫管道的设置应符合下列规定:

1 固定式液上喷射系统的每个泡沫产生器,应在防火堤外设置独立的控制阀;

2 半固定式液上喷射系统的每个泡沫产生器,应在防火堤外距地面0.7m处设置带闷盖的管牙接口;半固定式液下喷射系统的泡沫管道应引至防火堤外,并应设置相应的高背压泡沫产生器快装接口;

3 泡沫混合液管道或泡沫管道上应设置放空阀,且其管道应有2‰的坡度坡向放空阀。

4.1.6 在固定式泡沫灭火系统的泡沫混合液主管道上应留出泡沫混合液流量检测仪器的安装位置;在泡沫混合液管道上应设置试验检口;在防火堤外侧最不利和最有利水力条件处的管道上,应设置供检测泡沫产生器工作压力的压力表接口。

4.1.8 采用固定式泡沫灭火系统的储罐区,应沿防火堤外均匀布置泡沫消火栓,且泡沫消火栓的间距不应大于60m,泡沫消火栓的检查参照《消防水系统检查标准》中的消火栓检查内容。

4.2.6　储罐上液上喷射系统泡沫混合液管道的设置,应符合下列规定:

1　每个泡沫产生器应用独立的混合液管道引至防火堤外;

2　除立管外,其他泡沫混合液管道不得设置在罐壁上;

3　连接泡沫产生器的泡沫混合液立管应用管卡固定在罐壁上,管卡间距不宜大于3m;

4　泡沫混合液的立管下端应设置锈渣清扫口,锈渣清扫口与储罐基础或地面的距离宜为0.3~0.5m;锈渣清扫口可采用闸阀或盲板封堵,当采用闸阀时,应竖直安装;

5　每半年应对储罐上的低、中倍数泡沫混合液立管清除锈渣;

6　每半年除储罐上泡沫混合液立管和液下喷射防火堤内泡沫管道及高倍数泡沫产生器进口端控制阀后的管道外,其余管道应全部冲洗,清除锈渣。

⑤泡沫产生器:重点检查泡沫产生器的选型、满足设计与施工标准规定的情况。

监督依据标准:GB 50151—2010《泡沫灭火系统设计规范》。

3.6.1　低倍数泡沫产生器应符合下列规定:

1　固定顶储罐、按固定顶储罐对待的内浮顶储罐,宜选用立式泡沫产生器;

3　泡沫产生器的空气吸入口及露天的泡沫喷射口,应设置防止异物进入的金属网;

4　横式泡沫产生器的出口,应设置长度不小于1m的泡沫管;

5　外浮顶储罐上的泡沫发生器,不应设置密封玻璃。

3.6.3　中倍数泡沫产生器应符合下列规定:

1　发泡网应采用不锈钢材料;

2　安装在油罐上的中倍数泡沫产生器,其进空气口应高出罐壁顶。

3.6.4　高倍数泡沫产生器应符合下列规定:

1　在防护区内设置高倍数泡沫产生器并利用热烟气发泡时,应选用水力驱动型泡沫产生器;

2　在防护区内固定设置泡沫产生器时,应采用不锈钢材料的发泡网。

3.6.5　泡沫—水喷头、泡沫—水雾喷头的工作压力应在标定的工作压力范围内,且不应小于其额定压力的0.8倍。

4.2.3　液上喷射系统产生器的设置,应符合下列规定:

2　当一个储罐所需的泡沫产生器数量大于1个时,宜选用同规格的泡沫产生器,且沿罐周均匀布置;

3　水溶性液体储罐应设置泡沫缓冲装置。

> 4.2.4 液下喷射系统高背压泡沫产生器的设置,应符合下列规定:
>
> 1 高背压泡沫产生器应设置在防火堤外;
>
> 3 在高背压泡沫产生器的进口侧应设置检测压力表接口,在其出口侧应设置了压力表、背压调节阀和泡沫取样口。

(五)典型"三违"行为

(1)挪用消防器材。

(2)不按规定对消防器材设施进行定期检查维护。

(3)私自关闭消防供水泵出口阀。

(4)关键消防控制阀不按规定设置正常运行状态标识。

(5)将不同生产日期、不同厂家、不同批次的泡沫灭火剂混装。

(六)典型事故案例

消防器材消火栓被冻,导致火势蔓延,案例分析如下:

(1)事故经过:2014年1月11日,迪庆州香格里拉独克宗古城仓房社区池廊硕8号"如意客栈"发生火灾,造成烧损、拆除房屋面积 59980.66m²。事故直接原因为经营者在卧室内使用取暖器不当,取暖器引燃可燃物引发火灾。间接原因为消防专业队伍实施火灾扑救过程中,2012年6月新建成的"独克宗古城消防器材改造工程"消防栓未正常出水,自备消防车用水不能满足救火需要,导致火势蔓延。"独克宗古城消防器材改造工程"设计方案中,未严格按国家工程建设消防技术标准设计消火栓具体防冻措施,留下消火栓不能保证高原地区低温冰冻先天缺陷。

(2)主要原因:"独克宗古城消防器材改造工程"施工中,未严格按照设计要求埋深敷设管线,部分消火栓管顶覆土深度未达到要求,更加降低防冻标准,不能有效防止低温冰冻。工程在监理过程中,虽发现问题,但未严格把关,进行跟踪督促整改。

(3)事故教训:严格按照设计要求埋深敷设管线。工程监理发现问题后,应及时进行跟踪督促整改。

三、防雷防静电防爆设备设施

(一)防雷设备设施

1.主要风险

(1)因炉区防雷系统电气线路连接不当或未进行等电位连接,接地点设置不当或电阻值不匹配等引起电气线路或设备着火甚至爆炸事故。

（2）因塔区防雷系统电气线路连接不当或未进行等电位连接,接地点设置不当或电阻值不匹配等引起电气线路或设备着火甚至爆炸事故。

（3）因罐区防雷系统未设置避雷针,电气线路连接不当或未进行等电位连接,接地点数设置不当或电阻值不匹配等引起电气线路或设备着火甚至爆炸事故。

（4）因可燃液体装卸站防雷系统接地不当或接地电阻值不匹配等引起着火甚至爆炸事故。

（5）因粉、粒料桶仓接闪器或接地线设置不当引起着火甚至爆炸事故。

（6）因框架及管架接地不符合要求,管道接地不当或等电位连接错误等引起着火甚至爆炸事故。

2. 监督内容

（1）监督检查炉区的防雷系统是否符合相关规定。

（2）监督检查塔区的防雷系统是否符合相关规定。

（3）监督检查罐区的防雷系统是否符合相关规定。

（4）监督检查可燃液体装卸站的防雷系统是否符合相关规定。

（5）监督检查粉、粒料桶仓的防雷系统是否符合相关规定。

（6）监督检查框架、管架和管道的防雷系统是否符合相关规定。

3. 主要监督依据

GB 50650—2011《石油化工装置防雷设计规范》;

GB 50074—2014《石油库设计规范》;

GB 15599—2009《石油与石油设施雷电安全规范》;

Q/SY 1718.1—2014《外浮顶油罐防雷技术规范　第 1 部分:导则》。

4. 监督控制要点

（1）炉区的防雷系统。

①炉区的电气连接、等电位连接。

监督依据标准:GB 50650—2011《石油化工装置防雷设计规范》。

5.1.1　金属框架支撑的炉体,其框架应用连接件与接地装置相连。

5.1.6　炉子上的金属构件均应与炉子的框架做等电位连接。

---

②炉区的接地引下线设置、接地电阻值。

监督依据标准:GB 50650—2011《石油化工装置防雷设计规范》。

5.1.2　混凝土框架支撑的炉体,应在炉体的加强板(筋)类附件上焊接接地连件,引下线应采用沿柱明敷的金属导体或直径不小于 10mm 的柱内主钢筋。

5.1.3 直接安装在地面上的小型炉子,应在炉体的加强板(筋)上焊接接地连接件,接地线与接地连接件连接后,沿框架引下线与接地装置相连。

5.1.4 每台炉子应设至少两个接地点,且接地点间距不应大于18m,每根引下线的冲击接地电阻不应大于10Ω。

5.1.5 炉子上接地连接件应安装在框架柱子上高出地面不低于450mm的位置。

(2)塔区的防雷系统。

① 塔区的接地引下线设置、接地电阻值。

监督依据标准:GB 50650—2011《石油化工装置防雷设计规范》。

5.2.3 塔体作为接闪器时,接地点不应少于2处,并应沿塔体周边均匀布置,引下线的间距不应大于18m。引下线应与塔体金属边均匀布置,引下线的间距不应大于18m。引下线应与塔体金属底座上预设的接地耳相连。与塔体相连的非金属物体或管道,当处于塔体本身保护范围之外时,应在合适的地点安装接闪器加以保护。

5.2.4 每根引下线的冲击接地电阻不应大于10Ω。接地装置宜围绕塔体敷设成环形接地体。

② 塔区的电气连接、等电位连接。

监督依据标准:GB 50650—2011《石油化工装置防雷设计规范》。

5.2.5 用于安装塔体的混凝土框架,每层平台金属栏杆应连接成良好的电气通路,并应通过引下线与塔体的接地装置相连。引下线应采用沿柱明敷的金属导体或直径不小于10mm的柱内主钢筋。利用柱内主钢筋作为引下线时,柱内主钢筋应采用箍筋绑扎或焊接,并在每层柱面预埋100mm×100mm钢板,作为引下线引出点,与金属栏杆或接地装置相连。

(3)罐区的防雷系统。

① 罐区避雷针的设置。

监督依据标准:GB 50074—2014《石油库设计规范》。

14.2.3 储存易燃油品的油罐防雷设计,应符合下列规定:

1 装有阻火器的地上卧式油罐的壁厚和地上固定顶钢油罐的顶板厚度等于或大于4mm时,不应装设避雷针。铝顶油罐和顶板厚度小于4mm的钢油罐,应装设避雷针(网)。避雷针(网)应保护整个油罐。

2　浮顶油罐或内浮顶油罐不应装设避雷针,但应将浮顶与罐体用2根导线做电气连接。浮顶油罐连接导线应选用横截面不小于50mm²的软铜复绞线。内浮顶储罐的连接导线,应采用直接不小于5mm的不锈钢钢丝绳。

14.2.4　储存可燃油品的钢油罐,不应装设避雷针(线),但必须做防雷接地。

②罐区的接地引下线设置、接地电阻值。

监督依据标准:GB 15599—2009《石油与石油设施雷电安全规范》。

4.1.2　金属储罐应作环型防雷接地,其接地点不应少于两处,并应沿罐周均匀或对称布置,其罐壁周长间距不应大于30m,接地体距罐壁的距离应大于3m。引下线宜在距离地面0.3m至1.0m之间装设断接卡,用两个型号为M12不锈钢螺栓加防松垫片连接。宜将储罐基础自然接地体与人工接地装置相连接,其接地点不应少于两处。冲击接地电阻不应大于10Ω。

③罐区的电气连接、等电位连接。

监督依据标准:GB 15599—2009《石油与石油设施雷电安全规范》、Q/SY 1718.1—2014《外浮顶油罐防雷技术规范　第1部分:导则》。

GB 15599—2009《石油与石油设施雷电安全规范》:

4.1.4　金属储罐的阻火器、呼吸阀、量油孔、人孔、切水管、透光孔等金属附件应等电位连接。

4.1.5　与金属储罐相接的电气、仪表配线应采用金属管屏蔽保护。配线金属管上下两端与罐壁应做电气连接。在相应的被保护设备处,应安装与设备耐压水平相适应的浪涌保护器。

Q/SY 1718.1—2014《外浮顶油罐防雷技术规范　第1部分:导则》:

8　跨接接地技术要求

a)外浮顶油罐转动扶梯与罐体及浮顶各两处应做电气连接,连接的方式为在梯子两个滚轮附近各与浮盘间连接两条连线,连线的长度要适合梯子移动过程不出现断裂;梯子上部两个轴连接处各进行跨接连接。连接导线应采用横截面不小于50mm²扁平镀锡软铜复绞线或绝缘阻燃护套软铜复绞线,连接点用铜接线端子及2个M12不锈钢螺栓加防松垫片连接。外浮顶油罐转动扶梯导轮宜加装铜质材料保护圈。

b)外浮顶油罐不应装设避雷针,应对浮顶与罐体用2根导线做电气连接。浮顶与罐体连接导线应采用横截面不小于50mm²扁平镀锡软铜复绞线或绝缘阻燃护套软铜复绞线,连接点用铜接线端子及2个M12不锈钢螺栓加防松垫片连接。

c）外浮顶油罐应利用浮顶排水管线对罐体与浮顶做电气连接,每条排水管线的跨接导线应采用 1 根横截面不小于 50mm² 镀锡软铜复绞线。

d）外浮顶油罐一次机械密封内的钢滑板等金属构件应做等电位连接,等电位连接线应采用截面积不小于 10mm² 的软铜电缆线进行连接,沿圆周导线的间距不宜大于 3m。

e）外浮顶油罐二次密封挡板、挡雨板应采用截面为 6mm²～10mm² 的铜芯软绞线与顶板连接。

（4）检查可燃液体装卸站的接地情况、接地电阻值。

监督依据标准:GB 50650—2011《石油化工装置防雷设计规范》、GB 15599—2009《石油与石油设施雷电安全规范》。

GB 50650—2011《石油化工装置防雷设计规范》:

5.6.1 露天装卸作业场所,可不装设接闪器,但应将金属构架接地。

5.6.2 棚内装卸作业场所,应在棚顶装设接闪器。

5.6.3 进入装卸站台的可燃液体输送管道应在进入点接地,冲击接地电阻不应大于 10Ω。

GB 15599—2009《石油与石油设施雷电安全规范》:

4.4.2 装卸油品设备(包括钢轨、管路、鹤管、栈桥等)应作电气连接并接地,冲击接地电阻应不大于 10Ω。

（5）检查粉、粒料桶仓接闪器设置、接地引下线设置。

监督依据标准:GB 50650—2011《石油化工装置防雷设计规范》。

5.7.1 独立安装或成组安装在混凝土框架上,顶部高出框架的金属粉、粒料桶仓,当其壁厚满足要求时,应利用粉、粒料桶仓本体作为接闪器,并应做良好接地。

5.7.2 独立安装或成组安装在混凝土框架上,顶部高出框架的非金属粉、粒料桶仓应设接闪器,使粉、粒料桶仓和突出桶仓顶的呼吸阀等均处于接闪器的保护范围之内,并应接地。接闪导线网格尺寸不应大于 10m×10m 或 12m×8m。

5.7.3 每一金属桶仓接地点不应少于 2 处,并应沿粉、粒料桶仓周边均匀布置,引下线的间距不应大于 18m。

（6）框架、管架和管道的防雷系统

① 框架及管架的接地要求。

监督依据标准：GB 50650—2011《石油化工装置防雷设计规范》。

5.8.1 钢框架、管架应通过立柱与接地装置相连，其连接应采用接地连接件，连接件应焊接在立柱上高出地面不低于450mm的地方，接地点间距不大于18m。每组框架、管架的接地点不应少于2处。

5.8.2 混凝土框架及管架上的爬梯、电缆支架、栏杆等钢制构件，应与接地装置直接连接或通过其他接地连接件进行连接，接地间距不应大于18m。

② 管道的接地及等电位连接。

监督依据标准：GB 50650—2011《石油化工装置防雷设计规范》、GB 15599—2009《石油与石油设施雷电安全规范》。

GB 50650—2011《石油化工装置防雷设计规范》：

5.8.3 管道的防雷设计应符合下列规定：

1 每根金属管道均应与已接地的管架做等电位连接，其连接应采用接地连接件；多根金属管道可互相连接后，再与已接地的管架做等电位连接。

2 平行敷设的金属管道，其净间距小于100mm时，应每隔30m用金属线连接。管道交叉点净距小于100mm时，其交叉点应用金属线跨接。

GB 15599—2009《石油与石油设施雷电安全规范》：

4.7.2 管路系统的所有金属件，包括护套的金属包覆层，应接地；管路两端和每隔200m～300m处，以及分支处、拐弯处均应有接地装置。接地点宜在管墩处，其冲击接地电阻不得大于10Ω。

③ 管道上法兰的跨接。

监督依据标准：GB 15599—2009《石油与石油设施雷电安全规范》。

4.7.1 输油管路可用自身作接闪器，其弯头、阀门、金属法兰盘等连接处的过渡电阻大于0.03Ω时，连接处应用金属线跨接，连接处应压接接线端子。对于不少于五根螺栓连接的金属法兰盘，在非腐蚀环境下，可不跨接，但应构成电气通路。

5. 典型"三违"行为

（1）接地引下线没有设置断接卡。

（2）接地引下线在地面敷设过长。

（3）接地引下线断接卡采用一个螺栓连接，断接卡采用M8或M10螺栓连接。

（4）外浮顶储油罐的导电片为包覆式的，与罐壁接触不良。

（5）法兰跨接方式设置错误。

6. 典型事故案例

压缩机放空管着火事故，案例分析如下：

（1）事故经过：2004 年 7 月 28 日，哈尔滨某化工厂压缩机放空管遭雷击发生着火事故。当时正值雷雨天气，但设备运行正常。忽然，一声雷鸣过后，巡检工人发现压缩机放空管着火。在通知厂领导的同时向厂消防队报警，在消防队和全厂干部职工的努力扑救下，没有酿成重大火灾。

（2）主要原因：由于放空管没有单独避雷设施而遭受雷击；大量可燃气体排入大气和防雷设施不合理造成的。

（3）事故教训：加强巡检，确保油气分离器在工艺指标范围内运行，发现异常马上处理，杜绝合成气向空气中大量排放；按标准正确设置避雷装置。

（二）防静电设备设施

1. 主要风险

（1）因设备设施接地不当，非金属部件非防静电材料，存在对地绝缘的金属构件或有金属突出物致使产生固体静电，造成着火爆炸事故。

（2）因铁路、汽车、油品码头栈台油品装卸作业流速控制不当及接地不符合要求，采样、检尺、测温作业静止时间不符合要求，操作人员着装不符合要求或不按要求操作，吹扫和清洗作业设备设施接地不符合要求，液体管道系统设备设施接地不符合要求致使产生液体静电，造成着火爆炸事故。

（3）因可燃气体报警器的装设及高压可燃气体排放不符合要求，致使产生气体静电，造成着火爆炸事故。

（4）因未安装本安型人体静电消除器，防静电工作服点对点电阻值及带电电荷量不符合要求，防静电工作鞋电阻值不符合要求，致使产生气体静电，造成着火爆炸事故。

2. 监督内容

（1）监督检查非金属部件非防静电材料，对地绝缘金属构件的接地措施是否符合要求。

（2）监督检查易燃可燃液体流动的管道和金属容器，接地措施是否符合要求。

（3）监督检查压缩气体和液化气体的管道和金属容器，接地措施是否符合要求。

（4）监督检查易燃易爆场所安装人体静电消除器是否符合要求。

3. 主要监督依据

Q/SY 1431—2011《防静电安全技术规范》；

GB 12158—2006《防止静电事故通用导则》；

SY/T 7354—2017《本安型人体静电消除器安全规范》；

GB 12014—2009《防静电服》；

GB 21146—2007《个体防护装备 职业鞋》。

4. 监督控制要点

（1）固体静电。

① 检查设备设施的接地情况。

> 监督依据标准：Q/SY 1431—2011《防静电安全技术规范》。
>
> 3.3.1 处理体电阻率大于或等于 $1 \times 10^{10} \Omega \cdot m$ 的石油化工粉体料仓、设备、管道、管件及金属辅助设施，应可靠接地。

② 检查非金属部件是否为防静电材料。

> 监督依据标准：Q/SY 1431—2011《防静电安全技术规范》。
>
> 3.3.2 接触可燃性粉体或粉尘的非金属零部件，包括软连接管、滤布、胶板等，应用防静电材料，并做接地处理。

③ 检查是否有对地绝缘的金属构件及是否有金属突出物存在。

> 监督依据标准：Q/SY 1431—2011《防静电安全技术规范》。
>
> 3.3.4 石油化工粉体料仓严禁有对地绝缘的金属构件和金属突出物等。
>
> 3.3.17 料仓内的内件及内部支撑件宜采用圆钢或圆管等无尖角的结构件，且端部应打磨或倒圆。
>
> 3.3.19 掺合管（或筒）的固定支架朝下部分的结构不得有尖角和突出"电极"形状。

④ 是否设置人体接地设施。

> 监督依据标准：Q/SY 1431—2011《防静电安全技术规范》。
>
> 3.3.5 石油化工粉体料仓的接地应包括消除作业者静电的接地措施和备用接地端子等。如料仓梯子入口与人孔处应设置安全有效的消除人体静电的接地设施，料仓进出料口支座及人孔处应设置接地端子。

（2）液体静电。

① 铁路栈台油品装卸作业流速控制及接地要求。

监督依据标准：Q/SY 1431—2011《防静电安全技术规范》。

3.2.11 铁路栈台防静电要求应符合 GB 13348—2009 的相关规定，且满足以下条件：

a）装卸油前，应检查槽车内部，不应有未接地的漂浮物；

b）铁路槽车装油时，鹤管应放入到罐的底部。鹤管出口与槽车的底部距离不应大于200mm。铁路槽车装油速度宜满足：

$$v \cdot D \leqslant 0.8$$

式中：

v——油品流速，m/s；

D——鹤管管径，m。

大鹤管装车出口流速可按上式计算，但不应大于5m/s；

h）栈台应设专用槽车静电接地线，静电接地线与槽车的连接应符合下列要求：

——接地连接工作应在打开盖之前完成。

——连接应紧密可靠，不准采用缠绕连接。

——静电接地线与槽车连接点距槽车口应大于1.5m。

——在达到静置时间，且关上盖后方可拆除连接。

②汽车栈台油品装卸作业流速控制、接地要求、防静电设施防静电指标要求。

监督依据标准：Q/SY 1431—2011《防静电安全技术规范》。

3.2.12 汽车栈台防静电要求应符合 GB 13348—2009 的相关规定，且满足以下条件：

a）装卸油前，应检查罐车内部，不应有未接地的漂浮物。

b）汽车罐（槽）在进行装卸作业之前，必须将车体接地。

c）采用顶部装油时，鹤管应放入到罐的底部。鹤管出口与槽车的底部距离不应大于200mm。

d）汽车罐车装油的速度宜满足：

$$v \cdot D \leqslant 0.5$$

式中：

v——油品流速，m/s；

D——鹤管管径，m。

f）用于运输油品的汽车罐车需使用不大于100Ω 导电橡胶拖地带，禁止使用金属拖地链。

g）采用底部进油的汽车罐车，其进口处应设置倒流板。

h）罐车未经清洗不应换装油品。

i）使用胶管装卸油品时，胶管必须为防静电胶管，胶管单位长度的电阻不得大于 $1\times10^6\Omega$，导电耐油胶管两端的金属快速接头应处于连通状态。

j）栈台应设专用汽车罐车接地线，静电接地线与汽车罐车的连接应符合下列要求：

——接地连接工作应在打开盖之前完成。

——连接应紧密可靠，不准采用缠绕连接。

——要接在罐车的专用接地端子处。

——静电专用接地端子距装卸油口应大于 1.5m。

——在达到静置时间，且关上盖后方可拆除连接。

③ 油品码头油品装卸作业油品流速要求、防静电接地要求。

监督依据标准：Q/SY 1431—2011《防静电安全技术规范》。

3.2.14 油品码头应满足下列防静电要求：

a）装卸油码头的所有金属构件、输油管线及有关设备之间，应做可靠的电气连接并与钢质码头跨接接地。码头引桥、趸船之间应有两处电气连接。

b）作业前应用绝缘护套导线通过防爆开关将码头与船体跨接，作业后拆除跨接线。输油臂或软管上如装有 $25k\Omega\sim2500k\Omega$ 的绝缘法兰或防静电软管，不宜设跨接线。使用软管输送油品前，应做电气连续性检查。

c）禁止采用外部软管从船舱口直接装轻质油品。不应使用空气或惰性气体将管中剩油驱入油舱内。

d）装油初速度不应大于 1m/s，当入口管浸没后，可提高流速，但不应大于 7m/s。

f）卸油结束，若采用水顶油法扫线时，结束后要及时排净管线内的存水。

g）油舱内存有油气时，装压载水应采取与装油时相同的防静电措施。

3.2.15 液化石油气槽车装卸作业应满足下列防静电要求：

a）卸车前应检查槽车是否已脱水。

b）装车前应检查贮罐内是否已脱水。

c）接好槽车静电接地线，接地连接点距槽车口应大于 1.5m。

d）装卸输送管、管道、槽车应跨接和接地。

e）输送管与槽车的气、液相接口应可靠连接，气、液相接口快速接头应接地。

f）液化石油气的装卸最高流速不应大于 3m/s。

g）装卸结束后，应在拆除气、液相管之后，拆卸槽车静电接地线。

h）液化石油气槽车卸料时，不得用空气压力卸料。

④ 采样、检尺、测温作业静止时间要求、操作人员着装要求、操作要求、设备设施防静电要求。

监督依据标准：Q/SY 1431—2011《防静电安全技术规范》。

3.2.5 储罐在装卸液体石油产品作业后，均应经过一定的静置时间，方可进行检尺、测温、采样等作业（见 GB 12158—2006）。静置时间详见表1。

表1 静置时间单位为分

液体电导率，S/m	液体容积，m³			
	<10	10～50（不含）	50～5000（不含）	≥5000
>10^{-8}	1	1	1	2
10^{-12}～10^{-8}	2	3	20	30
10^{-14}～10^{-12}	4	5	60	120
<10^{-14}	10	15	120	240

注：若容器内设有专用量槽时，则按液体容积小于 $1×10^3 m^3$ 取值。

3.5.2 操作人员应穿防静电工作服和防静电工作鞋，作业前应进行人体静电泄放。人体静电泄放器应采用本安型人体静电消除器。

3.5.3 应使用防静电采样测温绳、防静电型检尺尺，作业时，绳、尺末端应可靠接地。

3.5.4 装置、管道等处采用金属桶采样时，金属桶应接地。

3.5.5 应禁止动态过程的采样、检尺、测温作业，且要确保本标准规定的静置时间。

3.5.6 作业时不应猛提猛落，上升速度不应大于 0.5m/s，下落速度不应大于 1m/s。禁止使用化纤布擦拭采样器。

3.5.7 防静电采样绳以棉纤维为基材，掺入导电纤维，多股编绞而成。绳编织应均匀，无松捻，无磨损、擦伤、切割、断股和其他形式表面损坏，表面无污物和颜色异变现象。

3.5.8 防静电采样绳防静电性能要求：比电阻应在 $1×10^3$～$1×10^6 Ω/m$ 之间，全长电阻不应大于 $1×10^8 Ω$。

3.5.10 对新购置的防静电采样绳、防静电型检尺应由有检测资质的单位进行检测，合格后允许用于现场。防静电采样绳使用期限为三个月，禁止延期使用。

3.5.11 防静电采样绳使用中发现有深色纤维脱色、磨损、断裂等异常情况时，应停止使用。

⑤ 吹扫和清洗作业设备设施接地要求,防静电要求。

> 监督依据标准:Q/SY 1431—2011《防静电安全技术规范》。
>
> 3.2.8 储罐清洗作业,应符合下列要求:
>
> a)作业前,必须把引入储罐的空气、水及蒸汽管线的喷嘴等金属部件做可靠电气连接并接地。
>
> b)风管、蒸汽胶管应采用能导出静电的材质,严禁使用绝缘管。
>
> c)当油气浓度超过爆炸下限值的 10% 时,严禁使用压缩空气、喷射蒸汽及高压水枪进行清洗作业。
>
> d)使用液体喷洗储罐或其他容器时,压力不得大于 0.98MPa。
>
> e)严禁使用汽油、苯类等易燃溶剂对设备、器具进行吹扫和清洗。
>
> 3.2.9 管线吹扫清洗作业,应符合下列要求:
>
> a)蒸汽吹扫清洗轻质油品管线前,先用惰性气体或水(流速限制在 1m/s 以下)扫线,再用蒸汽吹洗。
>
> b)采用蒸汽进行吹扫和清洗时,受蒸汽喷洗的管线、导电物体均应与储罐或设施进行接地连接。蒸汽胶管必须是防静电材质,蒸汽管线前端金属头必须良好接地。

⑥ 液体管道系统设备设施接地情况。

> 监督依据标准:Q/SY 1431—2011《防静电安全技术规范》。
>
> 3.2.18 液体管道系统应满足下列防静电要求:
>
> c)管道泵、过滤器及缓冲器等应可靠接地。
>
> d)管路输送油品,应避免混入空气、水及灰尘的物质。

(3)气体静电,检查可燃气体报警器的装设及高压可燃气体排放是否符合要求。

> 监督依据标准:GB 12158—2006《防止静电事故通用导则》。
>
> 3.1 对输送可燃气体的管道或容器等,应防止不正常的泄漏,并宜装设气体泄漏自动检测报警器。
>
> 3.2 高压可燃气体的对空排放,应选择适宜的流向和处所。对于压力高、容量大的气体如液氢排放时,宜在排放口装设专用的感应式消电器。同时要避开可能发生雷暴等危害安全的恶劣天气。

(4)人体静电。

① 检查是否安装本安型人体静电消除器,检查人体静电消除器的外观、电阻值、电荷转移量、接地电阻值。

监督依据标准：SY/T 7354—2017《本安型人体静电消除器安全规范》。

2.1.1 材料

应采用半导体材料制成，表面积不小于 $100cm^2$。

2.1.2 外观

外观应符合下列要求：

a）外表应光滑。

b）外表无破损、老化、变质现象。

c）外表无污物和颜色异变现象。

2.1.3 静电释放性能要求

表面与金属支撑体间电阻值应为 $1\times10^7\Omega\sim1\times10^9\Omega$，电荷转移量不得大于 $0.1\mu C$。

2.2 支撑体

支撑体应符合以下要求：

a）采用不锈钢材质制作。

b）设置接地端子。

2.3 接地电阻值

安装后，接地端子对地电阻值应小于 100Ω。

② 检查防静电工作服点对点电阻值及带电电荷量。

监督依据标准：GB 12014—2009《防静电服》。

4.1.2 点对点电阻

面料按附录 A 规定的测试方法，点对点电阻值应符合表 1 的要求。

表 1 点对点电阻技术要求

测试项目	技术要求	
	A 级	B 级
点对点电阻/Ω	$1\times10^5\sim1\times10^7$	$1\times10^7\sim1\times10^{11}$

4.2.4 带电电荷量

防静电服按附录 B 规定的方法测试，带电电荷量应符合表 3 的规定。

表 3 带电电荷量技术要求

测试项目	技术要求	
	A 级	B 级
带电电荷量/（μC/件）	<0.20	$0.20\sim0.60$

③检查防静电工作鞋电阻值。

监督依据标准：GB 21146—2007《个体防护装备 职业鞋》。

6.2.2.2　防静电鞋

按照 GB/T 20991—2007 中 5.10 方法测量时，在干燥和潮湿环境［GB/T 20991—2007,5.10.3.3a）和 b）］中调节后，电阻值应大于或等于 100kΩ 和小于或等于 1000MΩ。

5.典型"三违"行为

（1）未按照规定着装。

（2）采样、测温、检尺作业上升和下降速度过快。

（3）装卸油作业油品流速过快。

（4）采样作业未使用防静电采样绳。

6.典型事故案例

油气挥发到极限，人体静电引闪爆，案例分析如下：

（1）事故经过：2004 年 9 月 12 日 15 时 30 分，某采油厂河间工区西 37 站员工冯某巡检时，发现 1 号齿轮泵泄漏，因站内通信线路不畅，当 20min 后，冯某报警返回站内处理时，发生爆炸着火，造成冯某死亡。

（2）主要原因：1 号齿轮泵出口端法兰垫片刺漏造成大量原油喷溅，挥发出的油气与空气混合形成混合气体，达到爆炸极限范围。当冯某返回进入泵房时，发生了人体静电放电，引起油气闪爆。

（3）事故教训：进入泵房前应该穿戴防静电服或释放人体静电，避免发生意外引起油气闪爆。

（三）防爆电气设备设施

1.主要风险

（1）因电气设备选择及线路连接等不符合防爆要求，引发着火爆炸事故。

（2）因电气设备运行温度过高，运动部件存在碰撞或摩擦，设备通风或换气时间及保护功能不符合要求等引发着火爆炸事故。

2.监督内容

（1）监督检查防爆电气的安装情况。

（2）监督检查防爆电气的运行情况。

3.主要监督依据

AQ 3009—2007《危险场所电气防爆安全规程》。

4. 监督控制要点

（1）防爆电气的安装。

① 检查防爆电气的铭牌、防爆标识、防爆合格证。

> 监督依据标准：AQ 3009—2007《危险场所电气防爆安全规程》。
>
> 6.1.2.1.2　防爆电气设备的铭牌、防爆标志、警告牌应正确、清晰。

② 检查电气设备的外壳有无裂缝、损伤。

> 监督依据标准：AQ 3009—2007《危险场所电气防爆安全规程》。
>
> 6.1.2.1.3　防爆电气设备的外壳和透光部分应无裂纹、损伤。

③ 检查电气设备的紧固件是否完整，防松设施是否齐全，弹簧垫圈是否压平。

> 监督依据标准：AQ 3009—2007《危险场所电气防爆安全规程》。
>
> 6.1.2.1.4　防爆电气设备的紧固螺栓应有防松措施，无松动和锈蚀。
>
> 6.1.2.1.5　防爆电气设备宜安装在金属制作的支架上，支架应牢固，有振动的电气设备的固定螺栓应有防松装置。
>
> 6.1.2.1.9　密封圈和压紧元件之间应有一个金属垫圈，压紧元件应满足产品说明书的要求，并应保证使密封圈压紧电缆或导线。

④ 检查电缆引入装置和堵板的类型是否正确、完整、紧固。

> 监督依据标准：AQ 3009—2007《危险场所电气防爆安全规程》。
>
> 6.1.2.1.7　电气设备多余的电缆引入口应用适合于相关防爆型式的堵塞元件进行堵封。除本质安全设备外，堵塞元件应使用专用工具才能拆卸。

⑤ 检查防爆灯具的种类、型号和功率是否符合要求，安装是否符合要求。

> 监督依据标准：AQ 3009—2007《危险场所电气防爆安全规程》。
>
> 6.1.2.1.11　灯具的安装，应符合下列要求：
>
> a）灯具的种类、型号和功率，应符合设计和产品技术条件的要求；
>
> b）螺旋式灯泡应旋紧，接触良好，不得松动；
>
> c）灯具外罩应齐全，螺栓应紧固。

（2）防爆电气的运行。

① 检查电气设备外壳的表面温度是否符合要求。

> 监督依据标准：AQ 3009—2007《危险场所电气防爆安全规程》。
>
> 7.1.3.1.3 设备运行时应具有良好的通风散热条件,检查外壳表面温度不得超过产品规定的最高温度和温升的规定。

② 检查电气设备的运动部件有无碰撞或摩擦。

> 监督依据标准：AQ 3009—2007《危险场所电气防爆安全规程》。
>
> 7.1.3.1.4 设备运行时不应受外力损伤,应无倾斜和部件摩擦现象。声音应正常,振动值不得超过规定。

③ 检查正压外壳型电气设备内部气体是否符合要求,设备通风或换气时间及保护功能是否符合要求。

> 监督依据标准：AQ 3009—2007《危险场所电气防爆安全规程》。
>
> 7.1.3.1.8 检查充入正压外壳型电气设备内部的气体,是否含有爆炸性物质或其他有害物质,气量、气压应符合规定,气流中不得含有火花、出气口气温不得超过规定,微压(压力)继电器应齐全完整,动作灵敏。
>
> 7.1.3.1.13 正压外壳型防爆电气设备通风或换气的时间及保护功能须符合产品的使用说明书和警告牌上的规定要求。

④ 检查油浸型电气设备的油位、油温、排气装置。

> 监督依据标准：AQ 3009—2007《危险场所电气防爆安全规程》。
>
> 7.1.3.1.9 检查油浸型电气设备的油位应保持在油标线位置,油量不足时应及时补充,油温不得超过规定,同时应检查排气装置有无阻塞情况和油箱有无渗油漏油现象。

⑤ 检查防爆照明灯具的防爆结构及保护罩的完整性,灯具表面温度是否超过产品规定值,检查灯具的功率及型号是否与灯具标志相符,检查灯具的安装位置。

> 监督依据标准：AQ 3009—2007《危险场所电气防爆安全规程》。
>
> 7.1.3.1.11 检查防爆照明灯具是否按规定保持其防爆结构及保护罩的完整性,检查灯具表面温度不得超过产品规定值,检查灯具的光源功率和型号是否与灯具标志相符,灯具安装位置是否与说明规定相符。

⑥ 检查移动式电气设备内部检查及外观检查。

监督依据标准：AQ 3009—2007《危险场所电气防爆安全规程》。

7.1.3.1.16 移动式（手提式、便携式和可移动式）电气设备特别易于受损或误用，因此检查的时间间隔可根据实际需要缩短。移动式电气设备至少每12个月进行一次一般检查，经常打开的外壳（例如电池盖）应进行详细检查。此外，这类设备在使用前应进行目视检查，以保证该设备无明显损伤。

5. 典型"三违"行为

在爆炸危险场所使用非防爆电气。

6. 典型事故案例

施工质量不过关，天然气聚集引爆燃，案例分析如下：

（1）事故经过：2008年2月2日某油气处理厂天然气压缩机在16时30分和20时23分两次自动停机后，再启动正常。21时31分火炬气回收压缩机再次自动停机。21时45分当班操作员王某、李某关闭压缩机出口阀，开连通阀，对压缩机进气分离器排污后，王某按防爆箱上的复位按钮，再按启动按钮，压缩机未启动。王某请示班长李某，21时49分班长李某检查防爆配电箱后，按复位按钮，再按启动按钮，防爆配电箱突然爆裂，面板飞出击中班长李某头部，抢救无效死亡。

（2）主要原因：防爆配电箱没有进行防爆鉴定，箱壳体强度没有达到GB 3836.2的要求。施工过程中电缆引入装置密封不严。继电器触点打火，引爆箱内天然气，造成箱体爆裂。

（3）事故教训：防爆配电箱应该进行防爆鉴定，施工过程中电缆引入装置应该密封严。

四、安全监测报警设备设施

（一）可燃有毒气体报警器

1. 主要风险

因可燃有毒气体报警器不满足设置条件，选型或安装不符合要求，致使有毒气体报警器工作不正常或不能有效发挥作用，可燃气体泄漏造成着火爆炸事故。

2. 监督内容

（1）检查可燃有毒气体报警器的安装率、使用率、完好率。

（2）检查可燃有毒气体报警器设置条件和原则是否满足要求。

（3）检查可燃有毒气体报警器的选型是否符合要求。

（4）检查可燃有毒气体报警器的安装是否符合要求。

3. 主要监督依据

《化工（危险化学品）企业保障生产安全十条规定》（安监总政法〔2017〕15号）；

GB 50493—2009《石油化工可燃气体和有毒气体检测报警设计规范》。

4. 监督控制要点

（1）检查可燃有毒气体报警器的安装率、使用率、完好率。

> 监督依据标准：《化工（危险化学品）企业保障生产安全十条规定》（安监总政法〔2017〕15号）。
>
> 第六条 严禁设备设施带病运行和未经审批停用报警联锁系统。
>
> 第七条 严禁可燃和有毒气体泄漏等报警系统处于非正常状态。

（2）检查可燃有毒气体报警器设置条件和原则是否满足要求。

> 监督依据标准：GB 50493—2009《石油化工可燃气体和有毒气体检测报警设计规范》。
>
> 3.0.1 在生产或使用可燃气体及有毒气体的工艺装置和储运设施的区域内，对可能发生可燃气体和有毒气体的泄漏进行检测时，应按下列规定设置可燃气体检（探）测器和有毒气体检（探）测器：
>
> 1 可燃气体或含有毒气体的可燃气体泄漏时，可燃气体浓度可能达到25%爆炸下限，但有毒气体不能达到最高容许浓度时，应设置可燃气体检（探）测器；
>
> 2 有毒气体或含有可燃气体的有毒气体泄漏时，有毒气体可能达到最高容许浓度，但可燃气体不能达到25%爆炸下限时，应设置有毒气体检（探）测器；
>
> 3 可燃气体与有毒气体同时存在的场所，可燃气体浓度可能达到25%爆炸下限，有毒气体也可能达到最高容许浓度时，应分别设置可燃气体和有毒气体检（探）测器。
>
> 4 既属可燃气体又属有毒气体，只设有毒气体检（探）测器。
>
> 3.0.2 可燃气体和有毒气体的检测系统，应采用两级报警。同一检测区域内的有毒气体、可燃气体检（探）测器同时报警时，应遵循下列原则：
>
> 1 同一级别的报警中，有毒气体的报警优先。
>
> 2 二级报警优先于一级报警。
>
> 3.0.3 工艺有特殊需要或在正常运行时人员不得进入的危险场所，宜对可燃气体和有毒气体释放源进行连续检测、指示、报警，并对报警进行记录或打印。
>
> 3.0.4 报警信号应发送至现场报警器和有人员值守的控制室或现场操作室的指示报警设备，并且进行声光报警。

（3）检查可燃有毒气体报警器的选型是否符合要求,是否取得相关部门认证。

监督依据标准:GB 50493—2009《石油化工可燃气体和有毒气体检测报警设计规范》。

3.0.5 装置区域内现场报警器的布置应根据装置区的面积、设备及建构筑物的布置、释放源的理化性质和现场空气流动特点等综合确定。现场报警器可选用音响器或报警灯。

3.0.6 可燃气体检(探)测器应采用经国家指定机构或其授权检验单位的计量器具制造认证、防爆性能认证和消防认证的产品。

3.0.7 国家法规有要求的有毒气体检(探)测器应采用经国家指定机构或其授权检验单位的计量器具制造认证的产品。其中,防爆型有毒气体检(探)测器还应采用经国家指定机构或其授权检验单位的防爆性能认证的产品。

5.2.2 常用气体的检(探)测器选用应符合下列规定:

1 烃类可燃气体可选用催化燃烧型或红外气体检(探)测器。当使用场所的空气中含有能使催化燃烧型检测元件中毒的硫、磷、硅、铅、卤素化合物等介质时,应选用抗毒性催化燃烧型检(探)测器;

2 在缺氧或腐蚀性等场所,宜选用红外气体检(探)测器;

3 氢气的检测可选用催化燃烧型、电化学型、热传导型或半导体型检(探)测器;

4 检测组分单一的可燃气体,宜选用热传导型检(探)测器;

5 硫化氢、氯气、氨气、丙烯腈气体、一氧化碳气体可选用电化学型或半导体型检(探)测器;

6 氯乙烯气体可选用半导体型或光致电离型检(探)测器;

7 氰化氢气体宜选用电化学型检(探)测器;

8 苯气体可选用半导体型或光致电离型检(探)测器;

9 碳酰氯(光气)可选用电化学型或红外气体检(探)测器。

5.2.3 检(探)测器防爆类型和级别应按现行国家标准《爆炸和火灾危险环境电力装置设计规范》GB 50058的有关规定选用,并应符合使用场所爆炸危险区域以及被检测气体性质的要求。

5.2.4 常用检(探)测器的采样方式,应根据使用场所确定,可燃气体及有毒气体检测宜采用扩散式检(探)测器;由于受安装条件和环境条件的限制,无法使用扩散式检测器的场所,宜采用吸入式检(探)测器。

5.3.1 指示报警设备应具有以下基本功能:

1 能为可燃气体或有毒气体检(探)测器及所连接的其他部件供电;

2 能直接或间接地接收可燃气体和有毒气体检(探)测器及其他报警触发部件的报警信号,发出声光报警信号,并予以保持。声报警信号应能手动消除,再次有报警信号输入时仍能发出报警;

3 可燃气体的测量范围:0~100% 爆炸下限;

4 有毒气体的测量范围宜为 0~300% 最高允许浓度或 0~300% 短时间允许接触浓度;当现有检(探)测器的测量范围不能满足上述要求时,有毒气体的测量范围可为 0~30% 直接致害浓度;

5 指示报警设备(报警控制器)应具有开关量输出功能;

6 多点式指示报警设备应具有相对独立、互不影响的报警功能,并能区分和识别报警场所位号;

7 指示报警设备发出报警后,即使安装场所被测气体浓度发生变化恢复到正常水平,仍应继续报警。只有经确认并采取措施后,才停止报警。

8 在下列情况下,指示报警设备应能发出与可燃气体或有毒气体浓度报警信号有明显区别的声、光故障报警信号:

1)指示报警设备与检(探)测器之间连线断路;

2)检(探)测器内部元件失效;

3)指示报警设备电源欠压;

4)指示报警设备与电源之间的连接线路的短路与断路。

9 指示报警设备应具有以下记录功能:

1)能记录可燃气体和有毒气体报警时间,且日计时误差不超过30s;

2)能显示当前报警点总数;

3)能区分最先报警点。

5.3.2 根据工厂(装置)的规模和特点,指示报警设备可按下列方式设置:

1 可燃气体和有毒气体检测报警系统与火灾检测报警系统合并设置;

2 指示报警设备采用独立的工业程序控制器、可编程控制器等;

3 指示报警设备采用常规的模拟仪表;

4 当可燃气体和有毒气体检测报警系统与生产过程控制系统合并设计时,输入/输出卡件应独立设置。

5.3.3 报警设定值应根据下列规定确定:

1 可燃气体的一级报警设定值小于或等于25% 爆炸下限;

2 可燃气体的二级报警设定值小于或等于50% 爆炸下限;

3 有毒气体的报警设定值宜小于或等于100%最高允许浓度/短时间允许接触浓度,当试验用标准气调制困难时,报警设定值可为200%最高允许浓度/短时间允许接触浓度以下。当现有检(探)测器的测量范围不能满足上述要求时,有毒气体的测量范围可为0～30%直接致害浓度;有毒气体的二级报警设定值不得超过10%直接致害浓度。

6.1.1 检测比重大于空气的可燃气体的检(探)测器,其安装高度应距地坪(或楼地板)0.3m～0.6m。检测比重大于空气的有毒气体的检(探)测器,应靠近泄漏点,其安装高度应距地坪(或楼地板)0.3m～0.6m。

6.1.2 检测比重小于空气的可燃气体或有毒气体的检(探)测器,其安装高度应高出释放源0.5m～2m。

6.1.3 检(探)测器应安装在无冲击、无振动、无强电磁场干扰、易于检修的场所,安装探头的地点与周边管线或设备之间应留有不小于0.5m的净空和出入通道。

6.1.4 检(探)测器的安装与接线技术要求应符合制造厂的规定,并应符合现行国家标准《爆炸和火灾危险环境电力装置设计规范》GB 50058的有关规定。

6.2.1 指示报警设备应安装在有人值守的控制室、现场操作室等内部。

6.2.2 现场报警器应就近安装在检(探)测器所在的区域。

(4)检查可燃有毒气体报警器的安装是否符合要求,包括固定方式、设置方式、安装数量、距离要求、性能要求等。

监督依据标准:GB 50493—2009《石油化工可燃气体和有毒气体检测报警设计规范》。

3.0.8 可燃气体或有毒气体场所的检(探)测器,应采用固定式。

3.0.9 可燃气体、有毒气体检测报警系统宜独立设置。

3.0.10 便携式可燃气体或有毒气体检测报警器的配备,应根据生产装置的场地条件、工艺介质的易燃易爆特性及毒性和操作人员的数量综合确定。

3.0.11 工艺装置和储运设施现场固定安装的可燃气体及有毒气体检测报警系统,宜采用不间断电源(UPS)供电。加油站、加气站、分散或独立的有毒及易燃易爆经营设施,其可燃气体及有毒气体检测报警系统可采用普通电源供电。

4.1.1 可燃和有毒气体检(探)测器的检(探)测点,应根据气体的理化性质、释放源的特性、生产场地布置、地理条件、环境气候、操作巡检路线等条件,选择气体易于积累和便于采样检测之处进行布置。

4.1.2 下列可能泄漏可燃气体、有毒气体的主要释放源,应布置检(探)测点:

1 气体压缩机和液体泵的密封处;

2 液体采样口和气体采样口;

3 液体排液(水)口和放空口;

4 设备和管道的法兰和阀门组。

4.2.1 释放源处于露天或敞开式布置的设备区内,检(探)测点与释放源的距离宜符合下列规定:

1 当检(探)测点位于释放源的最小频率风向的上风侧时,可燃气体检(探)测点与释放源的距离不宜大于15m,有毒气体检(探)测点与释放源的距离不宜大于2m;

2 检(探)测点位于释放源的最小频率风向的下风侧时,可燃气体检(探)测点与释放源的距离不宜大于5m,有毒气体检(探)测点与释放源的距离不宜大于1m。

4.2.2 可燃气体释放源处于封闭或局部通风不良的半敞开厂房内,每隔15m可设一台检(探)测器,且检(探)测器距其所覆盖范围内的任一释放源不宜大于7.5m。有毒气体检(探)测器距释放源不宜大于1m。

4.2.3 比空气轻的可燃气体或有毒气体释放源处于封闭或局部通风不良的半敞开厂房内,除应在释放源上方设置检(探)测器外,还应在厂房内最高点且气体易于积聚处设置可燃气体或有毒气体检(探)测器。

4.3.1 液化烃、甲$_B$、乙$_A$类液体等产生可燃气体的液体储罐的防火堤内,应设检(探)测器,并符合下列规定:

1 当检(探)测点位于释放源的最小频率风向的上风侧时,可燃气体检(探)测点与释放源的距离不宜大于15m,有毒气体检(探)测点与释放源的距离不宜大于2m;

2 当检(探)测点位于释放源的最小频率风向的下风侧时,可燃气体检(探)测点与释放源的距离不宜大于5m,有毒气体检(探)测点与释放源的距离不宜大于1m。

4.3.2 液态烃、甲$_B$、乙$_A$类液体的装卸设施,检(探)测器的设置应符合下列规定:

1 小鹤管铁路装卸栈台,在地面上每隔一个车位宜设一台检(探)测器,且检(探)测器与装卸车口的水平距离不应大于15m;

2 大鹤管铁路装卸栈台,宜设一台检(探)测器;

3 汽车装卸站的装卸车鹤位与检(探)测器的水平距离,不应大于15m。当汽车装卸站内设有缓冲罐时,检(探)测器的设置应符合本规范第4.2.1条的规定。

4.3.4 液化烃灌装站的检(探)测器设置,应符合下列要求:

1 封闭或半敞开的灌瓶间,灌装口与检(探)测器的距离宜为5m～7.5m;

2 封闭或半敞开式储瓶库,应符合本规范第4.2.2条规定;敞开式储瓶库沿四周每15m～30m设一台检(探)测器,当四周边长总和小于15m时,应设一台检(探)测器;

3 缓冲罐排水口或阀组与检(探)测器的距离,宜为5m～7.5m。

4.3.5 封闭或半敞开氢气灌瓶间,应在灌装口上方的室内最高点且易于滞留气体处设检(探)测器。

4.3.6 可能散发可燃气体的装卸码头,距输油臂水平平面15m范围内,应设一台检(探)测器。

4.4.1 明火加热炉与可燃气体释放源之间,距加热炉炉边5m处应设检(探)测器。当明火加热炉与可燃气体释放源之间设有不燃烧材料实体墙时,实体墙靠近释放源的一侧应设检(探)测器。

4.4.2 设在爆炸危险区域2区范围内的在线分析仪表间,应设可燃气体检(探)测器。对于检测比空气轻的可燃气体,应于在线分析仪表间内最高点且易于积聚可燃气体处设置检测器。

4.4.3 当控制室、机柜间、变配电所的空调引风口、电缆沟、电缆桥架进入建筑物的洞口处,且可燃气体和有毒气体可能进入时,宜设置检(探)测器。

4.4.4 当工艺阀井、地坑级排污沟等场所,可能积聚比重大于空气的可燃气体、液化烃或有毒气体时,应设检(探)测器。

5.1.1 检(探)测器的输出信号宜选用数字信号、触点信号、毫安信号或毫伏信号。

5.1.2 报警系统应具有历史事件记录功能。

5.1.3 系统的技术性能,应符合现行国家标准《作业环境气体检测报警仪通用技术要求》GB 12358、《可燃气体探测器》GB 15332、《可燃气体报警控制器技术要求和试验方法》GB 16808 的有关规定;系统的防爆性能应符合现行国家标准《爆炸性气体环境用电器设备》GB 3836 的要求。

5. 典型"三违"行为

(1)使用的可燃有毒气体报警器未进行定期标定和检定。
(2)使用不合格可燃有毒报警器产品。
(3)维护、施工设备、作业人员不具备相应资质进行作业。
(4)随意停用和关闭可燃有毒报警器电源及音响设备。
(5)随意更改可燃有毒报警器的参数设置。

6. 典型事故案例

印度博帕尔农药厂甲基异氰酸脂(MIC)泄漏事故案例分析如下:

(1)事故经过:1984 年 12 月 2 日深夜 11 时,美国设在印度的博帕尔农药厂由于 240gal 水被错误地倒入 45t 甲基异氰酸脂(MIC)储罐内,使罐内温度突然升高至 38℃,压力从 5lbf 升至 355lbf。维修工试图手工操作来减压,但因罐内压力太大而未成功。3 日零时 56 分,一股浓烈、酸辣的乳白气体(剧毒物甲基异氰酸脂)从一个出现裂缝的安全阀泄漏出来,四处扩散,120名工人纷纷逃离,只有1名工长在孤军作战中死亡。整个事故造成2500多人死亡,12.5万人受害,30万人撤离,印度方面估计损失20亿美元。

（2）主要原因:对剧毒物甲基异氰酸脂泄漏防护措施不当;泄漏后长达3h没发出警报。

（3）事故教训:对剧毒物应有相应的防护措施;对于敏感场所,应有相应的报警措施。

（二）仪表联锁(报警、监测)

1. 主要风险

（1）在用仪表联锁或报警、监测系统失效,设备工作异常未停机造成安全生产事故。

（2）新装置正式投运前或设备大修后投入运行之前,未对所有重要联锁保护系统各回路状态逐项确认,设备工作异常未停机造成安全生产事故。

（3）联锁切除手续未严格执行逐级审批、作业程序工作票执行及管理制度,致使联锁切除流程监管不到位,人员操作不当引发安全生产事故。

（4）自保联锁仪表系统设计、安装施工不符合要求,导致设备运转异常未停机造成安全生产事故。

2. 监督内容

（1）监督常规维护作业前准备工作(临时联锁切除审批手续)。

（2）监督装置开车前自保联锁试验过程。

（3）监督联锁切除手续逐级审批、作业程序工作票执行及管理制度。

（4）监督自保联锁仪表系统设计。

（5）监督自保联锁仪表系统施工。

3. 主要监督依据

SHS 07009—2004《系统维护》;

HG/T 20511—2014《信号报警及联锁系统设计规范》;

SH/T 3521—2013《石油化工仪表工程施工技术规程》。

4. 监督控制要点

（1）监督作业单位作业前准备工作(临时联锁切除审批手续)。

监督依据标准:SHS 07009—2004《系统维护》。

3.1.4 临时解除联锁保护,必须由生产车间主任同意,办理联锁变更申请单(工作票的内容应包括:操作原因、起止时间、处理方案、工作内容、审批、处理经过、处理后的情况及操作、监护和审批人员的签字等),待有关部门审批同意后方可执行;如遇紧急情况临时解除联锁保护,必须补办联锁变更申请单。临时解除联锁系统,必须限期恢复,应向厂主管部门备案。

（2）监督装置开车前自保联锁试验过程。

> 监督依据标准：SHS 07009—2004《系统维护》。
>
> 3.1.10　新装置正式投运前或设备大修后投入运行之前，对所有重要联锁保护系统，都必须会同有关人员对每个回路逐项确认签字后，方可投入使用；对于长时间摘除、停运需恢复使用的联锁保护系统在投运前应也逐项确认，同时应办理联锁变更申请单。

（3）监督联锁切除手续逐级审批、作业程序工作票执行及管理制度。

> 监督依据标准：SHS 07009—2004《系统维护》。
>
> 3.1　联锁保护系统的管理
>
> 3.1.1　联锁保护系统必须做到资料、图纸齐全准确。资料包括施工原始资料、日常管理资料、产品说明书和指导书、变更资料、组态资料等。
>
> 3.1.2　联锁保护系统的任何变更（包括接线改变、器件、仪表、设备改型或增删，联锁原理、程序或功能变更，设定值变更等）必须经厂有关部门会签后，由主管厂领导或主管总工程师批准，或按技改技措立项审批后方可实施。应做好变更实施记录，并及时在各级资料、图纸中准确反映出来，做好存档工作。
>
> 3.1.3　新增联锁保护系统，必须有图纸、资料以及审批手续。
>
> 3.1.4　临时解除联锁保护，必须由生产车间主任同意，办理联锁变更申请单（工作票的内容应包括：操作原因、起止时间、处理方案、工作内容、审批、处理经过、处理后的情况及操作、监护和审批人员的签字等），待有关部门审批同意后方可执行；如遇紧急情况临时解除联锁保护，必须补办联锁变更申请单。临时解除联锁系统，必须限期恢复，应向厂主管部门备案。
>
> 3.1.5　长期停运或摘除联锁保护，必须经厂有关部门会签后经主管厂长或主管总工程师批准签字，才能执行。
>
> 3.1.6　仪表工处理联锁保护系统中的问题时，必须确定联锁解除的方案，采取安全可靠措施。对于联锁程序进行修改、增删，还必须保证不影响当前的联锁保护装置正常运行。对在处理问题过程中涉及的仪表、开关、继电器、联锁程序、执行器及其附件等，必须有两人核实确认，然后按联锁保护系统的管理规定和操作规程进行。操作要谨慎，要有人监护，以防止误操作。处理后，必须在联锁工作票上详细记载并签字保存。
>
> 3.1.7　联锁保护系统的盘前开关、按钮均由操作工操作；盘后开关、按钮均由仪表人员操作。仪表工在处理联锁保护系统中的问题时，如果涉及到属于操作工操作的盘前按钮、开关、现场复位等，则必须事先和工艺值班长联系好，由操作工操作按钮、开关等，使其处于（进入）需要的位置（状态），以配合问题的处理。仪表工处理完毕后，必须及时

通知操作工,由操作工确认工艺状况,将开关、按钮等复位。所有联系工作均应有联锁工作票,双方人员签字。

3.1.8 生产装置正在运行,联锁保护系统投入使用的情况下,不准调整联锁系统动作设定值。如果生产确实需要,应办理联锁变更申请单,待有关部门审批同意后执行。在采取安全措施、有人监护的情况下,按联锁保护系统操作规程要求进行调整设定值,并在联锁设定值一览表和其他资料上做相应更正。

3.1.9 联锁保护系统所用器件(包括一次检测元件)、仪表、设备,应随装置停车检修进行检修、校验、标定。新更换的元件、仪表、设备必须经过校验、标定之后方可装入系统。检修后必须进行系统联校,联校时一定要有工艺车间、仪表专业及有关专业的主管人员共同参加检查、确认、签字。

3.1.10 新装置正式投运前或设备大修后投入运行之前,对所有重要联锁保护系统,都必须会同有关人员对每个回路逐项确认签字后,方可投入使用;对于长时间摘除、停运需恢复使用的联锁保护系统在投运前应也逐项确认,同时应办理联锁变更申请单。

3.1.11 凡与联锁保护系统有关的仪表、设备与附件等,一定要保持有明显标记;凡是紧急停车按钮、开关,一定要设有适当护罩。

3.1.12 无关人员不得进入有联锁回路仪表、设备的仪表盘后。

3.1.13 检修、校验、标定的各种记录、资料和联锁工作票,要存到设备档案中,妥善保管以备查用。

3.1.14 根据储备标准和备品备件管理规定,应具有足够的备用状态下的备品备件。联锁保护系统的器件、仪表、设备应按规定的使用周期定期更新。

3.2 联锁保护系统的操作

3.2.1 联锁保护系统在摘除和投入前,必须按联锁保护系统的管理规定,办好联锁工作(操作)票。

3.2.2 摘除联锁前,必须跟工艺值班长取得联系。调节回路必须由工艺人员切到硬手动位置,并经两人以上仪表人员确认,同时检查旁路灯状态,然后摘除联锁。摘除后应确认旁路灯是否显示,若无显示,必须查清原因;如旁路灯在切除该联锁前,因其他联锁已摘除而处于显示状态,则需进一步检查旁路开关,确认该联锁已摘除后,方可进行下一步工作。

3.2.3 核对摘除联锁的旁路开关与所需要摘除的联锁回路相符合,由两人对照图纸确认无误,方可进行该回路的所属仪表的处理工作。

3.2.4 对于需要以短路方式摘除联锁,但又无旁路开关的回路,可采用短路线夹。短路夹引线必须焊接可靠经导通检查正常,方可使用。

3.2.5 对短路线夹所要连接的两点,应由两人对照图纸确认无误,在有人监护下进行线夹的操作,夹好后应轻轻拨动不脱落,并对实际所夹的位置,由两人再次确认无误后,方可对该回路仪表进行处理。

3.2.6 仪表处理完毕,投入使用,但在投入联锁前(工艺要求投运联锁),必须由两人核实确认联锁接点输出正常;对于有保持记忆功能的回路,必须进行复位,使联锁接点输出符合当前状况,恢复正常;对于带顺序控制的联锁或特殊联锁回路,必须严格按该回路的联锁原理对照图纸,进行必要的检查,经班长或技术员确认后,方可进行下一步工作。

3.2.7 投入联锁,需与工艺值班长取得联系,经同意后,在有人监护的情况下,将该回路的联锁投入(如将旁路开关恢复原位或拆除短路线夹),并及时通知操作人员确认,以及填写好联锁工作票的有关内容。

(4)监督自保联锁仪表系统设计。

监督依据标准:HG/T 20511—2014《信号报警及联锁系统设计规范》。

4.1.1 联锁系统的设计应满足化工装置的试车、运行和联锁回路的调试、测试和维护等要求。

注:这些要求通常包括联锁的投入/解除、复位、强制等功能。

4.1.3 非安全联锁系统可设计为带电联锁。

4.1.5 安全联锁系统宜设计成只要把过程置于某个安全状态,则该状态将一直保持到启动复位为止。

4.1.8 当安全联锁系统为本安系统防爆,并采用隔离型安全栅时,安全栅不宜采用底板供电方式。

注:底板是指带有电子电路的多路供电底板。

4.1.9 安全联锁系统在进行联锁解除、强制、测试、维护时,应采用系统存储器或打印输出设备进行自动记录,并在人机接口应有报警提示。

4.1.10 安全联锁系统的手动紧急停车硬件按钮信号,除引入逻辑控制器外,宜直接启动最终元件。

4.1.11 安全联锁系统中的冗余设备不宜采用同段母线供电。

4.1.12 当安全联锁系统和BPCS存在与SIF有关的共用设备时,该设备的供电电源应由安全联锁系统提供。

(5)监督自保联锁仪表系统安装。

监督依据标准:SH/T 3521—2013《石油化工仪表工程施工技术规程》。

6.4 温度仪表安装

6.4.1 接触式温度检测仪表(热电偶、热电阻、双金属温度计、压力式温度计等)的测温元件端部应涂抹导热填料,安装在能准确反映被检测介质温度的位置。

6.4.2 双金属温度计安装时,刻度盘面应便于观察。

6.4.3 表面温度计的感温面应与被测对象表面紧密接触,固定牢固。

6.4.7 水平安装的测温元件,若插入深度较长或安装在高温设备中时,应有防弯曲措施。

6.4.8 热电偶应用相应分度号的补偿导线。

6.5 压力仪表安装

6.5.1 安装在高压设备和管道上的压力表,如在操作岗位附近,安装高度宜距地面1.8m以上,否则应在仪表正面加保护罩。

6.5.2 被测介质压力波动大时,压力仪表应采取缓冲措施。

6.5.3 需安装测量管道的压力仪表的安装位置还宜符合下列规定:

a)测量气体压力时,压力仪表宜高于取压点;

b)测量液体或蒸汽压力时,压力仪表宜低于取压点。

6.6 流量仪表安装

6.6.2 对于选型要求垂直安装的转子流量计应安装在振动较小的垂直管道上,且管道的应力不应作用在仪表上,垂直度允许偏差为2mm/m,被测介质的流向应自下而上,上游直管段的长度应大于5倍工艺管道内径。

6.6.3 涡轮流量计应安装在振动较小的水平管道上,上、下游直管段的长度应符合设计文件及产品技术文件要求,前置放大器与变送器间的距离不宜大于3m。

5. 典型"三违"行为

(1)自保联锁仪表作业未办理临时切除手续。

(2)自保联锁切除未执行逐级审批手续。

(3)自保联锁试验未执行联锁试验规程。

(4)自保联锁仪表未按规定施工,存在安全隐患。

(5)作业人员误操作,引发自保联锁系统动作,造成事故。

6. 典型事故案例

甲醇厂空分压缩机跳车事故案例分析如下:

(1)事故经过:2007年8月17日上午10时,空分工段提出恢复汽机排气压力(PI9015)过高联锁,在投联锁时,因为未复位导致空压机排气压力过高跳车。"停机复位"一般在空压机停机再次开车前复位,上次排气压力变送器出故障解除联锁后,排气压力达到联锁值,一直没有复位,导致了这次的跳车事故。

(2)主要原因:操作人员在投联锁时,疏忽大意,对相关联锁条件没有进行详细确认。

(3)事故教训:操作人员应按规定进行"联锁投运票"的填写,并且事先通知主管领导,得到审批。对投入、解除联锁一定要做到两人以上,要有操作人、监督人。

(三)烟感温感设备设施

1. 主要风险

因烟感温感设备设施设计施工不符合规定、选型不当、维护保养及日常管理不到位,致使功能失效,发生火情后未能及时处置造成人员伤亡等事故。

2. 监督内容

(1)监督火灾探测器选型是否得当。

(2)监督烟感温感设备设施设计施工是否符合要求。

(3)监督烟感温感设备设施维护保养及日常管理情况。

3. 主要监督依据

GB 50116—2013《火灾自动报警系统设计规范》;

GB 50166—2007《火灾自动报警系统施工及验收规范》;

GB 25201—2010《建筑消防设施的维护管理》。

4. 监督控制要点

(1)火灾探测器的选择。

监督依据标准:GB 50116—2013《火灾自动报警系统设计规范》。

5.2 点型火灾探测器的选择

5.2.1 对不同高度的房间,可按表 5.2.1 选择点型火灾探测器。

表 5.2.1 对不同高度的房间点型火灾探测器的选择

房间高度 h（m）	点型感烟火灾探测器	点型感温火灾探测器			火焰探测器
		A1、A2	B	C、D、E、F、G	
12<h≤20	不适合	不适合	不适合	不适合	适合
8<h≤12	适合	不适合	不适合	不适合	适合
6<h≤8	适合	适合	不适合	不适合	适合
4<h≤6	适合	适合	适合	不适合	适合
h≤4	适合	适合	适合	适合	适合

注:表中 A1、A2、B、C、D、E、F、G 为点型感温探测器的不同类别,其具体参数应符合本规范有关规定。

5.2.2 下列场所宜选择点型感烟火灾探测器：

1 饭店、旅馆、教学楼、办公楼的厅堂、卧室、办公室、商场、列车载客车厢等。

2 计算机房、通信机房、电影或电视放映室等。

3 楼梯、走道、电梯机房、车库等。

4 书库、档案库等。

5.2.3 符合下列条件之一的场所,不宜选择点型离子感烟火灾探测器：

1 相对湿度经常大于95%。

2 气流速度大于5m/s。

3 有大量粉尘、水雾滞留。

4 可能产生腐蚀性气体。

5 在正常情况下有烟滞留。

6 产生醇类、醚类、酮类等有机物质。

5.2.4 符合下列条件之一的场所,不宜选择点型光电感烟火灾探测器：

1 有大量粉尘、水雾滞留。

2 可能产生蒸气和油雾。

3 高海拔地区。

4 在正常情况下有烟滞留。

5.2.5 符合下列条件之一的场所,宜选择点型感温火灾探测器;且应根据使用场所的典型应用温度和最高应用温度选择适当类别的感温火灾探测器：

1 相对湿度经常大于95%。

2 可能发生无烟火灾。

3 有大量粉尘。

4 吸烟室等在正常情况下有烟或蒸气滞留的场所。

5 厨房、锅炉房、发电机房、烘干车间等不宜安装感烟火灾探测器的场所。

6 需要联动熄灭"安全出口"标志灯的安全出口内侧。

7 其他无人滞留且不适合安装感烟火灾探测器,但发生火灾时需要及时报警的场所。

5.2.6 可能产生阴燃火或发生火灾不及时报警将造成重大损失的场所,不宜选择点型感温火灾探测器;温度在0℃以下的场所,不宜选择定温探测器;温度变化较大的场所,不宜选择具有差温特性的探测器。

5.2.7 符合下列条件之一的场所,宜选择点型火焰探测器或图像型火焰探测器：

1 火灾时有强烈的火焰辐射。

2 可能发生液体燃烧等无阴燃阶段的火灾。

3 需要对火焰做出快速反应。

5.2.8 符合下列条件之一的场所,不宜选择点型火焰探测器和图像型火焰探测器:

1 在火焰出现前有浓烟扩散。

2 探测器的镜头易被污染。

3 探测器的"视线"易被油雾、烟雾、水雾和冰雪遮挡。

4 探测区域内的可燃物是金属和无机物。

5 探测器易受阳光、白炽灯等光源直接或间接照射。

5.2.9 探测区域内正常情况下有高温物体的场所,不宜选择单波段红外火焰探测器。

5.2.10 正常情况下有明火作业,探测器易受 X 射线、弧光和闪电等影响的场所,不宜选择紫外火焰探测器。

5.2.11 下列场所宜选择可燃气体探测器:

1 使用可燃气体的场所。

2 燃气站和燃气表房以及存储液化石油气罐的场所。

3 其他散发可燃气体和可燃蒸气的场所。

5.2.12 在火灾初期产生一氧化碳的下列场所可选择点型一氧化碳火灾探测器:

1 烟不容易对流或顶棚下方有热屏障的场所。

2 在棚顶上无法安装其他点型火灾探测器的场所。

3 需要多信号复合报警的场所。

5.2.13 污物较多且必须安装感烟火灾探测器的场所,应选择间断吸气的点型采样吸气式感烟火灾探测器或具有过滤网和管路自清洗功能的管路采样吸气式感烟火灾探测器。

5.3 线型火灾探测器的选择

5.3.1 无遮挡的大空间或有特殊要求的房间,宜选择线型光束感烟火灾探测器。

5.3.2 符合下列条件之一的场所,不宜选择线型光束感烟火灾探测器:

1 有大量粉尘、水雾滞留。

2 可能产生蒸气和油雾。

3 在正常情况下有烟滞留。

4 固定探测器的建筑结构由于振动等原因会产生较大位移的场所。

5.3.3 下列场所或部位,宜选择缆式线型感温火灾探测器:

1 电缆隧道、电缆竖井、电缆夹层、电缆桥架。

2 不易安装点型探测器的夹层、闷顶。

3 各种皮带输送装置。

4 其他环境恶劣不适合点型探测器安装的场所。

5.3.4 下列场所或部位,宜选择线型光纤感温火灾探测器:

1 除液化石油气外的石油储罐。

2 需要设置线型感温火灾探测器的易燃易爆场所。

3 需要监测环境温度的地下空间等场所宜设置具有实时温度监测功能的线型光纤感温火灾探测器。

4 公路隧道、敷设动力电缆的铁路隧道和城市地铁隧道等。

5.3.5 线型定温火灾探测器的选择,应保证其不动作温度符合设置场所的最高环境温度的要求。

5.4 吸气式感烟火灾探测器的选择

5.4.1 下列场所宜选择吸气式感烟火灾探测器:

1 具有高速气流的场所。

2 点型感烟、感温火灾探测器不适宜的大空间、舞台上方、建筑高度超过12m或有特殊要求的场所。

3 低温场所。

4 需要进行隐蔽探测的场所。

5 需要进行火灾早期探测的重要场所。

6 人员不宜进入的场所。

5.4.2 灰尘比较大的场所,不应选择没有过滤网和管路自清洗功能的管路采样式吸气感烟火灾探测器。

（2）烟感温感设备设施设计施工。

监督依据标准:GB 50166—2007《火灾自动报警系统施工及验收规范》。

4.4 点型感烟、感温火灾探测器调试

4.4.1 采用专用的检测仪器或模拟火灾的方法,逐个检查每只火灾探测器的报警功能,探测器应能发出火灾报警信号。

检查数量:全数检查。

检验方法:观察检查。

4.4.2 对于不可恢复的火灾探测器应采取模拟报警方法逐个检查其报警功能,探测器应能发出火灾报警信号。当有备用品时,可抽样检查其报警功能。

检查数量:全数检查。

检验方法:观察检查。

4.5 线型感温火灾探测器调试

4.5.1 在不可恢复的探测器上模拟火警和故障,探测器应能分别发出火灾报警和故障报警信号。

检查数量:全数检查。

检验方法:观察检查。

4.5.2 可恢复的探测器可采用专用检测仪器或模拟火灾的办法使其发出火灾报警信号,并在终端盒上模拟故障,探测器应能分别发出火灾报警和故障报警信号。

检查数量:全数检查。

检验方法:观察检查。

（3）烟感温感的维护保养及日常管理。

监督依据标准:GB 25201—2010《建筑消防设施的维护管理》。

4 总则

4.1 建筑消防设施的维护管理包括值班、巡查、检测、维护、保养、建档等工作。

4.4 建筑消防设施维护管理单位应与消防设备生产厂家、消防设施施工安装企业等有维修、保养能力的单位签订消防设施维修、保养合同。维护管理单位自身有维修、保养能力的,应明确维修保养职能部门和人员。

6 巡查

6.1.4 建筑消防设施巡查频次,消防安全重点单位每日巡查一次;其他单位每周至少巡查一次。

7 检测

7.1.1 建筑消防设施应该每年至少检测一次,检测对象包括全部系统设备、组件等。

5.典型"三违"行为

（1）烟感、温感设备设施不完善。

（2）未按照设计施工规范施工。

（3）日常维护管理不到位。

6.典型事故案例

未安装烟感设备,导致火灾处理不及时的事件:

（1）事故经过：2002年7月13日，在北京某大酒店发生"7·13"火灾。当天两学生入住北京某大酒店1022室。当日22时40分许，由于住在1020房间的两名学生在房间内划玩火柴后离开而引发火灾，酒店没能及时救助，致使1022室房间的两名学生被弥漫浓烟窒息死亡。家属认为两个学生的死亡是由于1020室学生玩火引发火灾造成的。同时，酒店应具有完善的防火条件和设施并有义务提供安全的住宿条件，在出现火灾后，更应及时采取救护措施，避免损害发生。然而，酒店并没有完善的火灾报警设施，火灾发生后没能及时报警，也没有将住店宾客紧急疏散并采取及时有效的救助措施，最终导致两个学生被困房内窒息死亡。

（2）主要原因：在房间内划玩火柴后离开而引发火灾。

（3）事故教训：酒店应在房间内安装感烟预警设备。当烟的浓度到达一定程度，感烟设备能够及时地进行预警，将房间的情况反馈到酒店的安保部门。安保部门就可以立即了解并处理突发状况，将事故控制在最小范围内。

第五节　非常规作业安全监督工作指南

非常规作业包括高处作业、动火作业、进入受限空间作业、管线打开作业、临时用电作业、脚手架搭设作业、挖掘作业、起重/吊装作业、手持电动工具作业、含硫化氢场所作业、拆除作业、交叉作业、断路作业、设备检维修。

一、高处作业

（一）主要风险

（1）因作业人员未正确佩戴和使用安全设施或安全设施不符合安全标准、作业人员登石棉瓦、瓦楞板等轻型材料作业时，未按要求搭设并站在固定承重板上，或因作业过程跳板不固定，脚手架、防护围栏不符合安全，造成的高处坠落。

（2）因高处作业用的工具、材料、零件未采取有效防护措施，造成意外掉落伤人。

（3）因电气设备（线路）距离不符合安全要求，或在采取地（零）电位或等（同）电位作业方式进行带电高处作业时，未采取有效的绝缘措施，导致触电事故。

（4）因高处作业未配备通信、联络工具，且未指定专人负责通信联络或联络不畅，导致配合不当造成人员伤害。

（5）因遇暴雨、大雾、六级以上大风等恶劣气象条件下从事高处作业，人员意外坠落导致伤亡。

（6）因作业人员患有高血压、心脏病、恐高症等职业禁忌症，或疲劳过度、视力不佳、酒后上岗等不良健康状况的，人员意外坠落导致伤亡。

（二）监督内容

（1）检查高处作业许可证办理程序的符合性及人员资质能力。

（2）检查安全措施制订、落实情况及安全防护设施有效性情况。

（3）检查现场监护人到位及履职情况。

（4）检查现场环境是否满足作业要求。

（5）检查作业人员是否按照操作规程进行作业。

（三）主要监督依据

GB 6095—2009《安全带》；

AQ 3025—2008《化学品生产单位高处作业安全规范》；

JGJ 80—2016《建筑施工高处作业安全技术规范》；

《中国石油天然气集团公司高处作业安全管理办法》（安全〔2015〕37号）。

（四）监督控制要点

（1）检查高处作业许可证办理程序的符合性及人员资质能力：

——检查高处作业许可证办理程序；

——检查危害辨识是否全面、具体；

——检查作业许可要求的安全措施是否符合高处作业项目要求；

——检查作业许可申请、审批、延期、交底与关闭情况；

——检查作业人员资质及培训教育情况。

监督依据标准：AQ 3025—2008《化学品生产单位高处作业安全规范》、《中国石油天然气集团公司高处作业安全管理办法》（安全〔2015〕37号）。

AQ 3025—2008《化学品生产单位高处作业安全规范》：

5.1.1　进行高处作业前，应针对作业内容，进行危险辨识，制定相应的作业程序及安全措施。将辨识出的危害因素写入《高处安全作业证》，并制定出对应的安全措施。

5.1.5　从事高处作业的单位应办理《高处安全作业证》，落实安全防护措施后方可作业。

5.1.6　《高处安全作业证》审批人员应赴高处作业现场检查确认安全措施后，方可批准高处作业。

5.1.13　高处作业前，作业单位应制定安全措施并填入《高处安全作业证》内。

《中国石油天然气集团公司高处作业安全管理办法》（安全〔2015〕37号）：

第八条　高处作业实行许可管理，高处作业许可流程主要包括作业申请、作业审批、作业实施和作业关闭等四个环节。

第十条　作业审批由作业批准人组织作业申请人等有关人员进行书面审查和现场核查，确认合格后，批准高处作业许可。

第二十一条　高处作业应办理高处作业许可证，无有效的高处作业许可证严禁作业。

对于频繁的高处作业活动，在有操作规程或方案，且风险得到全面识别和有效控制的前提下，可不办理高处作业许可证。

第二十四条　作业申请人、作业批准人、作业监护人、属地监督必须经过相应培训，具备相应能力。

高处作业人员及搭设脚手架等高处作业安全设施的人员，应经过专业培训及专业考试合格，持证上岗，并应定期进行身体检查。对患有心脏病、高血压等职业禁忌症，以及年老体弱、疲劳过度、视力不佳等其他不适于高处作业的人员，不得安排从事高处作业。

第五十一条　高处作业许可证的有效期限一般不超过一个班次。必要时，可适当延长高处作业许可期限。办理延期时，作业申请人、作业批准人应重新核查工作区域，确认作业条件和风险未发生变化，所有安全措施仍然有效。

第五十二条　当发生下列任何一种情况时，现场所有人员都有责任立即终止作业或报告作业区域所属单位停止作业，取消高处作业许可证，按照控制措施或方案进行应急处置。需要重新恢复作业时，应重新申请办理作业许可。

（一）作业环境和条件发生变化而影响到作业安全时。

（二）作业内容发生改变。

（三）实际高处作业与作业计划的要求不符。

（四）安全控制措施无法实施。

（五）发现有可能发生立即危及生命的违章行为。

（六）现场发现重大安全隐患。

（七）发现有可能造成人身伤害的情况或事故状态下。

（2）检查安全措施制订、落实情况及安全防护设施有效性情况：

——检查防坠落安全措施是否制订，并认真落实；

——检查防坠落保护装备、设备设施完好、有效情况。

监督依据标准：GB 6095—2009《安全带》、JGJ 80—2016《建筑施工高处作业安全技术规范》、《中国石油天然气集团公司高处作业安全管理办法》（安全〔2015〕37号）。

GB 6095—2009《安全带》：

5.1.1.1　安全带与身体接触的一面不应有突出物，结构应平滑。

5.1.1.5　坠落悬挂安全带的安全绳同主带的连接点应固定于佩戴者的后背、后腰或胸前，不应位于腋下、腰侧或腹部。

5.1.2.1 金属零件应浸塑或电镀以防锈蚀。

5.1.2.3 所有零部件应顺滑,无材料或制造缺陷,无尖角或锋利边缘。

5.1.2.4 金属环类零件不应使用焊接件,不应留有开口。

5.1.2.7 在爆炸危险场所使用的安全带,应对其金属件进行防爆处理。

5.1.3.1 主带扎紧扣应可靠,不能意外开启。

5.1.3.2 主带应是整根,不能有接头。宽度不应小于40mm。

5.1.3.5 安全绳(包括未展开的缓冲器)有效长度不应大于2m,有两根安全绳(包括未展开的缓冲器)的安全带,其单根有效长度不应大于1.2m。

5.1.3.13 禁止将安全绳用作悬吊绳。悬吊绳与安全绳禁止共用连接器。

5.1.3.14 所有绳在构造上和使用过程中不应打结。

JGJ 80—2016《建筑施工高处作业安全技术规范》:

3.0.2 高处作业施工前,应按类别对安全防护设施进行检查、验收,验收合格后方可进行作业,并应做验收记录。验收可分层或分阶段进行。

3.0.3 高处作业施工前,应对作业人员进行安全技术交底,并应记录。应对初次作业人员进行培训。

3.0.4 应根据要求将各类安全警示标志悬挂于施工现场各相应部位,夜间应设红灯警示。高处作业施工前,应检查高处作业的安全标志、工具、仪表、电器设施和设备,确认其完好后,方可进行施工。

3.0.6 对施工作业现场可能坠落的物料,应及时拆除或采取固定措施。高处作业所用的物料应堆放平稳,不得妨碍通行和装卸。工具应随手放入工具袋;作业中的走道、通道板和登高用具,应随时清理干净,拆卸下的物料及余料和废料应及时清理运走,不得随意放置或向下丢弃。传递物料时不得抛掷。

3.0.9 对需临时拆除或变动的安全防护设施,应采取可靠措施,作业后应立即恢复。

《中国石油天然气集团公司高处作业安全管理办法》(安全〔2015〕37号):

第九条 作业申请由作业单位的现场作业负责人提出,作业单位参加作业区域所属单位组织的风险分析,根据提出的风险管控要求制定并落实安全措施。

第二十三条 坠落防护应通过采取消除坠落危害、坠落预防和坠落控制等措施来实现,否则不得进行高处作业。坠落防护措施的优先选择顺序如下:

(一)尽量选择在地面作业,避免高处作业。

(二)设置固定的楼梯、护栏、屏障和限制系统。

(三)使用工作平台,如脚手架或带升降的工作平台等。

(四)使用区域限制安全带,以避免作业人员的身体靠近高处作业的边缘。

(五)使用坠落保护装备,如配备缓冲装置的全身式安全带和安全绳等。

（3）检查现场监护人到位及履职情况。

监督依据标准：AQ 3025—2008《化学品生产单位高处作业安全规范》、《中国石油天然气集团公司高处作业安全管理办法》（安全〔2015〕37号）。

AQ 3025—2008《化学品生产单位高处作业安全规范》：

5.2.1 高处作业应设监护人对高处作业人员进行监护，监护人应坚守岗位。

《中国石油天然气集团公司高处作业安全管理办法》（安全〔2015〕37号）：

第十五条 属地监督是指作业区域所属单位指派的现场监督人员，主要安全职责是：

（一）了解高处作业区域、部位状况、工作任务和存在风险。

（二）监督检查高处作业许可相关手续齐全。

（三）监督已制定的所有安全措施落实到位。

（四）核查高处作业人员资质和现场设备的符合性。

（五）在高处作业过程中，根据要求实施现场监督。

（六）及时纠正或制止违章行为，发现人员、设备或环境安全条件变化等异常情况及时要求停止作业并立即报告。

第十八条 作业监护人是指由作业单位指定实施安全监护的人员，主要安全职责是：

（一）对高处作业实施全过程现场监护。

（二）熟知高处作业区域、部位状况、工作任务和存在风险。

（三）检查确认高处作业现场安全措施或相关方案的落实情况。

（四）检查作业人员资质和现场设备符合性。

（五）发现人员、设备或环境安全条件变化等异常情况，以及现场不具备安全作业条件时，及时要求停止作业并立即向作业申请人报告。

（六）熟悉紧急情况下的应急处置程序和救援措施，可进行紧急情况下的初期处置。

（4）检查现场环境是否满足作业要求。

监督依据标准：《中国石油天然气集团公司高处作业安全管理办法》（安全〔2015〕37号）。

第二十五条 严禁在六级以上大风和雷电、暴雨、大雾、异常高温或低温等环境条件下进行高处作业；在30℃～40℃高温环境下的高处作业应进行轮换作业。

（5）检查作业人员是否有违章行为。

监督依据标准:《中国石油天然气集团公司高处作业安全管理办法》(安全〔2015〕37号)。

第四十六条 梯子使用前应检查结构是否牢固。禁止在吊架上架设梯子,禁止踏在梯子顶端工作。同一架梯子只允许一个人在上面工作,不准带人移动梯子。

第四十七条 禁止在不牢固的结构物上进行作业,作业人员禁止在平台、孔洞边缘、通道或安全网内等高处作业处休息。

第四十八条 高处作业与其他作业交叉进行时,应按指定的路线上下,不得上下垂直作业。如果需要垂直作业时,应采取可靠的隔离措施。

(五)典型"三违"行为

(1)未按照高处作业许可证制订的安全措施进行施工。

(2)作业人员未按要求使用安全防护用品。

(3)需要配备防坠落设备设施的现场未按要求配备防坠落设备设施。

(4)现场监护人员擅自离岗。

(5)天气等自然条件和环境因素不符合要求擅自作业。

(6)登高作业使用工具、材料等未采取防掉落措施或高处作业人员随意乱抛乱扔工具等。

(六)典型事故案例

解开安全带作业,拉电缆坠落腿骨折,案例分析如下:

(1)事故经过:3月10日上午,检修车间冷换二班在碳四和厂十三路之间的管廊上铺设脱TBC管线。电焊工在电焊箱上方管廊上收皮线,解开了身上系着的安全带,皮线被挂住,用力往回拉,皮线突然松开,身体失去平衡,从超过6m高的管廊上坠下,造成其右小腿胫骨和腓骨粉碎性骨折。

(2)主要原因:这起事故完全由于施工人员违章作业,自我保护意识不强,班组安全意识淡薄,对违章作业没有及时给予制止,对违章作业抱有侥幸心理等麻痹大意的思想造成的。

(3)事故教训:提高安全意识,增强自我防范能力,拒绝违章操作,发现违章作业及时制止。

二、动火作业

(一)主要风险

(1)因设备、管道、储罐、塔内残存易燃易爆有害物质导致火灾、爆炸事故。

（2）动火点附近的下水井、地漏、地沟、电缆沟等周围有易燃物导致火灾。

（3）电焊作业时因存在泄漏电流,导致触电伤害。

（4）因作业过程中存在火星飞溅,引燃周围可燃物、易燃物外泄,导致火灾。

（二）监督内容

（1）检查作业许可申请、审批及现场执行情况。

（2）检查作业人员、监督及监护等有关人员资质、培训情况。

（3）检查物料来源切断、现场隔离、安全防护、现场环境等各项作业前期准备工作情况。

（4）检查动火过程的安全措施和现场监护监督执行情况。

（5）检查施工前、施工过程中、再次动火等环节的气体浓度监测情况。

（6）检查特殊动火的特别安全设施和要求落实情况。

（三）监督依据

AQ 3022—2008《化学品生产单位动火作业安全规范》;

《中国石油天然气集团公司动火作业安全管理办法》(安全〔2014〕86号)。

（四）监督控制要点

（1）检查作业许可申请、审批及现场执行情况等。

监督依据标准:AQ 3022—2008《化学品生产单位动火作业安全规范》《中国石油天然气集团公司动火作业安全管理办法》(安全〔2014〕86号)。

AQ 3022—2008《化学品生产单位动火作业安全规范》:

4.4 遇节日、假日或其他特殊情况时,动火作业应升级管理。

8.2.3 《动火安全作业证》实行一个动火点、一张动火证的动火作业管理。

8.2.4 《动火安全作业证》不得随意涂改和转让,不得异地使用或扩大使用范围。

《中国石油天然气集团公司动火作业安全管理办法》(安全〔2014〕86号):

第四条 所属企业应当根据动火场所、部位的危险程度,结合动火作业风险发生的可能性、后果严重程度以及组织管理层级等情况,对动火作业实行分级管理。动火作业等级原则上划分三级,各专业系统可结合专业特点进行动火作业分级。炼油与化工系统可划分为特级、一级、二级,其他系统可划分为一级、二级、三级。

第二十一条 动火作业实行动火作业许可管理,应当办理动火作业许可证,未办理动火作业许可证严禁动火。

第二十三条 动火作业许可证是现场动火的依据,只限在指定的地点和时间范围内使用,且不得涂改、代签。一份动火作业许可证只限在同类介质、同一设备(管线)、指定的区域内使用,严禁与动火作业许可证内容不符的动火。

第二十七条 在夜晚、节假日期间，以及异常天气等特殊情况下原则上不允许动火；必须进行的动火作业，要升级审批，作业申请人和作业批准人应当全过程坚守作业现场，落实各项安全措施，保证动火作业安全。

第三十条 动火作业许可证应当包括作业单位、作业区域所在单位、作业地点、动火等级、作业内容、作业时间、作业人员、作业监护人、属地监督、危害识别、气体检测、安全措施，以及批准、延期、取消、关闭等基本信息。

动火作业许可证应当编号，并分别放置于作业现场、作业区域所在单位及其他相关方；关闭后的动火作业许可证应当收回，并保存一年。

第三十七条 收到动火作业许可申请后，作业批准人应当组织作业申请人、相关方及有关人员，集中进行书面审查。审查内容包括：

（一）确认作业的详细内容。

（二）确认作业单位资质、人员能力等相关文件。

（三）分析、评估周围环境或相邻工作区域间的相互影响，确认动火作业前后应当采取的所有安全措施，包括应急措施。

（四）确认动火作业许可证期限及延期次数。

（五）其他。

第三十八条 书面审查通过后，作业批准人应当组织作业申请人、相关方及有关人员进行现场核查。现场核查内容包括：

（一）与动火作业有关的设备、工具、材料等。

（二）现场作业人员能力符合情况。

（三）系统隔离、置换、吹扫及气体检测情况。

（四）安全设施的配备及完好性，消防、急救等应急措施落实情况。

（五）个人防护装备的配备情况。

（六）人员培训、沟通情况。

（七）其他安全措施落实情况。

第四十九条 动火作业许可证的期限一般不超过一个班次，延期后总的作业期限原则上不超过24小时。必要时，可适当延长动火作业许可期限。办理延期时，作业申请人、作业批准人应当重新核查工作区域，确认所有安全措施仍然有效，作业条件和风险未发生变化。

第五十一条 动火作业结束后，作业人员应当清理作业现场，解除相关隔离设施，现场确认无隐患后，作业申请人和作业批准人在动火作业许可证上签字，关闭作业许可。

（2）检查作业人员、监督及监护等有关人员资质、培训情况。

监督依据标准:《中国石油天然气集团公司动火作业安全管理办法》(安全〔2014〕86号)。

第十六条 作业单位是指具体承担动火作业任务的单位,安全职责主要包括:

(三)开展作业前安全培训,安排符合规定要求的作业人员从事作业,组织作业人员开展工作前安全分析。

第二十二条 作业申请人、作业批准人、作业监护人、属地监督、作业人员必须经过相应培训,具备相应能力。

(3)检查物料来源切断、现场隔离、安全防护、现场环境等各项作业前期准备工作情况。

监督依据标准:AQ 3022—2008《化学品生产单位动火作业安全规范》、《中国石油天然气集团公司动火作业安全管理办法》(安全〔2014〕86号)。

AQ 3022—2008《化学品生产单位动火作业安全规范》:

5.1.2 动火作业应有专人监火,动火作业前应清除动火现场及周围的易燃物品,或采取其他有效的安全防火措施,配备足够适用的消防器材。

5.1.11 动火作业前,应检查电焊、气焊、手持电动工具等动火工器具本质安全程度,保证安全可靠。

《中国石油天然气集团公司动火作业安全管理办法》(安全〔2014〕86号):

第二十四条 处于运行状态的生产作业区域和罐区内,凡是可不动火的一律不动火,凡是能拆移下来的动火部件必须拆移到安全场所动火。

第二十六条 遇有六级风以上(含六级风)应当停止一切室外动火作业。

第三十二条 与动火点相连的管线应当切断物料来源,采取有效的隔离、封堵或拆除处理,并彻底吹扫、清洗或置换;距动火点15米区域内的漏斗、排水口、各类井口、排气管、地沟等应当封严盖实。

第三十三条 动火作业区域应当设置灭火器材和警戒,严禁与动火作业无关人员或车辆进入作业区域。必要时,作业现场应当配备消防车及医疗救护设备和设施。

第四十二条 动火作业实施前应当进行安全交底,作业人员应当按照动火作业许可证的要求进行作业。

第四十三条 动火作业前应当清除距动火点周围5米之内的可燃物质或用阻燃物品隔离,半径15米内不准有其他可燃物泄漏和暴露,距动火点30米内不准有液态烃或低闪点油品泄漏。

第四十四条 动火作业人员应当在动火点的上风向作业。必要时,采取隔离措施控制火花飞溅。

（4）检查动火过程的安全措施和现场监护监督执行情况。

> 监督依据标准：AQ 3022—2008《化学品生产单位动火作业安全规范》《中国石油天然气集团公司动火作业安全管理办法》（安全〔2014〕86号）。
>
> AQ 3022—2008《化学品生产单位动火作业安全规范》：
>
> 7.1.3　作业完成后，动火作业负责人组织检查现场，确认无遗留火种后方可离开现场。
>
> 《中国石油天然气集团公司动火作业安全管理办法》（安全〔2014〕86号）：
>
> 第四十六条　动火作业过程中，作业监护人应当对动火作业实施全过程现场监护，一处动火点至少有一人进行监护，严禁无监护人动火。
>
> 第四十七条　用气焊（割）动火作业时，氧气气瓶与乙炔气瓶的间隔不小于5米，两者与动火作业地点距离不得小于10米。在受限空间内实施焊割作业时，气瓶应当放置在受限空间外面；使用电焊时，电焊工具应当完好，电焊机外壳须接地。
>
> 第四十八条　如果动火作业中断超过30分钟，继续动火作业前，作业人员、作业监护人应当重新确认安全条件。

（5）检查施工前、施工过程中、再次动火等环节的气体浓度监测情况。

> 监督依据标准：《中国石油天然气集团公司动火作业安全管理办法》（安全〔2014〕86号）。
>
> 第三十四条　气体检测设备必须由具备检测资质的单位检测合格，并确保其处于正常工作状态。气体取样和检测应由培训合格的人员进行，取样应有代表性。
>
> 第三十五条　应当对作业区域或动火点可燃气体浓度进行检测，合格后方可动火。动火时间距气体检测时间不应超过30分钟。超过30分钟仍未开始动火作业的，应当重新进行检测。
>
> 使用便携式可燃气体报警仪或其他类似手段进行分析时，被测的可燃气体或可燃液体蒸气浓度应小于其与空气混合爆炸下限的10%（LEL），且应使用两台设备进行对比检测。使用色谱分析等分析手段时，被测的可燃气体或可燃液体蒸气的爆炸下限大于等于4%（V/V）时，其被测浓度应小于0.5%（V/V）；当被测的可燃气体或可燃液体蒸气的爆炸下限小于4%（V/V）时，其被测浓度应小于0.2%（V/V）。
>
> 第四十五条　动火作业过程中，应当根据动火作业许可证或安全工作方案中规定的气体检测时间和频次进行检测，间隔不应超过2小时，记录检测时间和检测结果，结果不合格时应立即停止作业。
>
> 在有毒有害气体场所的动火作业，应当进行连续气体监测。

（6）检查特殊动火的特别安全设施和要求落实情况。

> 监督依据标准：《中国石油天然气集团公司动火作业安全管理办法》（安全〔2014〕86号）。
>
> 第五十二条 高处动火作业使用的安全带、救生索等防护装备应当采用防火阻燃的材料，需要时使用自动锁定连接；高处动火应当采取防止火花溅落措施；遇有五级以上（含五级）风停止进行室外高处动火作业。
>
> 第五十三条 进入受限空间的动火作业应当将内部物料除净，易燃易爆、有毒有害物料必须进行吹扫和置换，打开通风口或人孔，并采取空气对流或采用机械强制通风换气；作业前应当检测氧含量、易燃易爆气体和有毒有害气体浓度，合格后方可进行动火作业。
>
> 第五十四条 炼化专业系统在生产界区内非防爆区域中的相对独立场所可划出固定动火作业区。动火申请单位要对设置的固定动火区进行风险评价并制定相应安全措施，画出固定动火范围平面图，经区域所在单位消防安全主管部门审批，办理许可手续。固定动火有效期最长为6个月。固定动火区必须符合以下要求：
>
> （一）边界外50米范围内不准有易燃易爆物品。
>
> （二）制定固定动火区域管理制度，指定防火负责人。
>
> （三）配备消防器材。
>
> （四）设有明显的"固定动火区"标志，设置警戒线。
>
> （五）建立应急联络方式和应急措施。
>
> （六）固定动火区域主管部门和属地单位定期对其管理情况进行检查。
>
> 其他专业系统可参照设置固定动火作业区，明确相应要求。
>
> 第五十五条 紧急情况下的应急抢险所涉及的动火作业，遵循应急管理程序，确保风险控制措施落实到位。

（五）典型的"三违"行为

（1）不办理动火手续，私自提高或者降低作业级别，擅自动火作业。

（2）危险、有害因素辨识不全面，安全措施制订不详细，未按规定对方案进行审批。

（六）典型事故案例

违章动火作业，储罐爆炸4人死亡，案例分析如下：

（1）事故经过：2013年6月2日14时27分许，某车间三苯罐区小罐区939#杂料罐在动火作业过程中，由于承包商作业人员在罐顶违规违章进行气割动火作业，切割火焰引燃泄漏的甲苯等易燃易爆气体，回火至罐内引起储罐爆炸，造成4人死亡，直接经济损失697

万元。

（2）主要原因：火焰引燃泄漏易爆气体，引起爆炸。

（3）事故教训：安全生产主体责任不落实；动火作业安全管理混乱；安全员擅自涂改动火作业票；非法转包、以包代管；违章气焊切割；作业人员特种作业证过期失效等。

三、进入受限空间作业

（一）主要风险

（1）因未按要求办理设备停电手续，未切断设备动力电源，未采取挂"禁止合闸"警示牌、专人监护等防护措施，导致的机械伤害。

（2）因未采取打开设备通风孔进行自然通风、强制通风等通风措施致使通风不良，或者采用管道空气送风通风前未对管道内介质和风源进行分析确认致使通入氧气补氧，或者作业时未佩戴空气呼吸器或长管面具，或者设备内温度需适宜人员作业等，导致的作业人员缺氧或者中毒。

（3）未按照要求落实设备内照明电压应小于或等于36V，在潮湿容器、狭小容器内作业应小于或等于12V的安全电压要求，或者在使用超过安全电压的手持电动工具时，未按规定配备漏电保护器，导致触电。

（二）监督内容

（1）检查受限空间的辨识，标识、标签与警戒线的设置。

（2）检查进入受限空间作业前的准备。

（3）检查安全措施制订及落实情况。

（4）检查进入受限空间作业许可办理程序及监督程序的符合性。

（5）检查监督特殊情况进入受限空间作业符合性。

（三）主要监督依据

《中国石油天然气集团公司进入受限空间作业安全管理办法》（安全〔2014〕86号）。

（四）监督控制要点

（1）检查受限空间的辨识，标志与警戒线的设置。

> 监督依据标准：《中国石油天然气集团公司进入受限空间作业安全管理办法》（安全〔2014〕86号）。
>
> 第三条 本办法所称的进入受限空间作业是指在生产或施工作业区域内进入炉、塔、釜、罐、仓、槽车、烟道、隧道、下水道、沟、坑、井、池、涵洞等封闭或半封闭，且有中毒、窒息、火灾、爆炸、坍塌、触电等危害的空间或场所的作业。

第二十八条　受限空间出入口应保持畅通,并设置明显的安全警示标志,空气呼吸器、防毒面具、急救箱等相应的应急物资和救援设备应配备到位。

第四十九条　如果进入受限空间作业中断超过30分钟,继续作业前,作业人员、作业监护人应当重新确认安全条件。作业中断过程中,应对受限空间采取必要的警示或隔离措施,防止人员误入。

（2）检查进入受限空间作业前的准备。

①监督人员培训符合要求。

监督依据标准:《中国石油天然气集团公司进入受限空间作业安全管理办法》(安全〔2014〕86号)。

第二十条　作业申请人、属地监督、作业批准人、作业监护人、作业人员必须经过相应培训,具备相应能力。

②检查进入受限空间前相关能源和物料的隔离、清理情况。

监督依据标准:《中国石油天然气集团公司进入受限空间作业安全管理办法》(安全〔2014〕86号)。

第二十九条　根据需要,进入受限空间作业前应当做好以下准备工作:

（一）可采取清空、清扫(如冲洗、蒸煮、洗涤和漂洗)、中和危害物、置换等方式对受限空间进行清理、清洗;

（二）编制隔离核查清单,隔离相关能源和物料的外部来源,上锁挂牌并测试,按清单内容逐项核查隔离措施。

③监督作业单位按照标准要求进行进入受限空间前及作业中的气体检测。

监督依据标准:《中国石油天然气集团公司进入受限空间作业安全管理办法》(安全〔2014〕86号)。

第二十二条　进入受限空间作业前应按照作业许可证或安全工作方案的要求进行气体检测,作业过程中应进行气体监测,合格后方可作业。

第三十条　对可能存在缺氧、富氧、有毒有害气体、易燃易爆气体、粉尘等受限空间,作业前应进行检测,合格后方可进入。进入受限空间作业的时间距气体检测时间不应超过30分钟。超过30分钟仍未开始作业的,应当重新进行检测。

氧浓度应保持在19.5%～23.5%。使用便携式可燃气体报警仪或其他类似手段进行分析时,被测的可燃气体或可燃液体蒸汽浓度应小于其与空气混合爆炸下限的10%（LEL）,

且应使用两台设备进行对比检测。使用色谱分析等分析手段时,被测的可燃气体或可燃液体蒸汽的爆炸下限大于等于 4%(V/V)时,其被测浓度应小于 0.5%(V/V);当被测的可燃气体或可燃液体蒸汽的爆炸下限小于 4%(V/V)时,其被测浓度应小于 0.2%(V/V)。有毒有害气体浓度应符合国家相关规定要求。

第三十一条 气体检测设备必须经有检测资质单位检测合格,每次使用前应检查,确认其处于正常状态。气体取样和检测应由培训合格的人员进行,取样应有代表性,取样点应包括受限空间的顶部、中部和底部。检测顺序应是氧含量、易燃易爆气体浓度、有毒有害气体浓度。

第四十五条 进入受限空间作业期间,应当根据作业许可证或安全工作方案中规定的频次进行气体监测,并记录监测时间和结果,结果不合格时应立即停止作业。气体监测应当优先选择连续监测方式,若采用间断性监测,间隔不应超过 2 小时。

（3）检查安全措施制订及落实情况:包括工作安全分析、监护人指定、温度控制、通风措施落实、应急通道和应急物资保障。

① 检查监护人指定与监护落实。

监督依据标准:《中国石油天然气集团公司进入受限空间作业安全管理办法》(安全〔2014〕86 号)。

第三十九条 进入受限空间作业应指定专人监护,不得在无监护人的情况下作业;作业人员和监护人员应当相互明确联络方式并始终保持有效沟通;进入特别狭小空间时,作业人员应当系安全可靠的保护绳,并利用保护绳与监护人员进行沟通。

② 检查温度控制是否在安全范围内。

监督依据标准:《中国石油天然气集团公司进入受限空间作业安全管理办法》(安全〔2014〕86 号)。

第四十条 受限空间内的温度应当控制在不对作业人员产生危害的安全范围内。

③ 检查受限空间内通风情况。

监督依据标准:《中国石油天然气集团公司进入受限空间作业安全管理办法》(安全〔2014〕86 号)。

第四十一条 受限空间内应当保持通风,保证空气流通和人员呼吸需要,可采取自然通风或强制通风,严禁向受限空间内通纯氧。

④检查受限空间应急通道和应急物资配备。

> 监督依据标准:《中国石油天然气集团公司进入受限空间作业安全管理办法》(安全〔2014〕86号)。
>
> 第二十八条 受限空间出入口应保持畅通,并设置明显的安全警示标志,空气呼吸器、防毒面具、急救箱等相应的应急物资和救援设备应配备到位。

⑤检查作业前是否开展工作安全分析,编制安全工作方案和应急预案。

> 监督依据标准:《中国石油天然气集团公司进入受限空间作业安全管理办法》(安全〔2014〕86号)。
>
> 第二十七条 作业区域所在单位应组织针对进入受限空间作业内容、作业环境等进行风险分析,作业单位应参加风险分析并根据结果制定相应控制措施,必要时编制安全工作方案和应急预案。

⑥检查受限空间内的设备及作业所需照明和电气是否完好。

> 监督依据标准:《中国石油天然气集团公司进入受限空间作业安全管理办法》(安全〔2014〕86号)。
>
> 第四十二条 受限空间内应当有足够的照明,使用符合安全电压和防爆要求的照明灯具;手持电动工具等应当有漏电保护装置;所有电气线路绝缘良好。
>
> 第四十四条 对受限空间内阻碍人员移动、对作业人员可能造成危害或影响救援的设备应当采取固定措施,必要时移出受限空间。

⑦检查作业单位是否制订预防坠落和滑跌的安全措施。

> 监督依据标准:《中国石油天然气集团公司进入受限空间作业安全管理办法》(安全〔2014〕86号)。
>
> 第四十三条 受限空间作业应当采取防坠落或滑跌的安全措施;必要时,应当提供符合安全要求的工作面。

⑧监督作业单位为作业人员和监护人员配备符合防护标准的装备。

> 监督依据标准:《中国石油天然气集团公司进入受限空间作业安全管理办法》(安全〔2014〕86号)。
>
> 第二十三条 作业人员在进入受限空间作业期间应采取适宜的安全防护措施,必要时应佩戴有效的个人防护装备。

第二十四条　发生紧急情况时,严禁盲目施救。救援人员应经过培训,具备与作业风险相适应的救援能力,确保在正确穿戴个人防护装备和使用救援装备的前提下实施救援。

⑨监督携入受限空间作业的人员、工具和材料的清点工作,不得遗留在作业现场。

监督依据标准:《中国石油天然气集团公司进入受限空间作业安全管理办法》(安全〔2014〕86号)。

第四十八条　进入受限空间作业期间,作业人员应当安排轮换作业或休息。每次进、出受限空间的人员都要清点和登记。

第五十二条　进入受限空间作业结束后,作业人员应当清理作业现场,解除相关隔离设施,现场确认无隐患后,作业申请人和作业批准人在作业许可证上签字,关闭作业许可。

(4)检查进入受限空间作业许可办理程序及监督程序的符合性。

①进入受限空间作业必须实行作业许可管理。

监督依据标准:《中国石油天然气集团公司进入受限空间作业安全管理办法》(安全〔2014〕86号)。

第十九条　进入受限空间作业实行作业许可管理,应当办理进入受限空间作业许可证,未办理作业许可证严禁作业。

第二十一条　进入受限空间作业许可证是现场作业的依据,只限在指定的作业区域和时间范围内使用,且不得涂改、代签。

②监督作业单位履行安全职责。

监督依据标准:《中国石油天然气集团公司进入受限空间作业安全管理办法》(安全〔2014〕86号)。

第十五条　作业单位是指具体承担进入受限空间作业任务的单位,安全职责主要包括:

(一)参加进入受限空间作业现场风险分析。

(二)制定并落实进入受限空间作业安全措施。

(三)开展作业前安全培训,安排符合规定要求的作业人员从事作业,组织作业人员开展工作前安全分析。

(四)检查作业现场安全状况,及时纠正违章行为。

(五)当人员、工艺、设备或环境安全条件变化,以及现场不具备安全作业条件时,立即停止作业,并及时报告作业区域所在单位。

③监督作业单位现场作业负责人提交作业许可申请,并履行安全职责。

监督依据标准:《中国石油天然气集团公司进入受限空间作业安全管理办法》(安全〔2014〕86号)。

第十六条 作业申请人是指作业单位现场作业负责人,对进入受限空间作业实施环节负管理责任,安全职责主要包括:

(一)提出申请并办理进入受限空间作业许可证。

(二)参加进入受限空间作业风险分析,并落实安全措施。

(三)对作业人员进行作业前安全培训和安全交底,保证作业人员和设备设施满足规定要求。

(四)指定具体作业监护人,明确监护工作要求。

(五)参与书面审查和现场核查进入受限空间作业条件和安全措施或相关方案的落实情况。

(六)参与现场验收和关闭进入受限空间作业许可证。

(七)当人员、工艺、设备发生变更时,及时报告作业区域所在单位。

---

④监督由作业单位指定实施安全监护的人员和其履行安全职责。

监督依据标准:《中国石油天然气集团公司进入受限空间作业安全管理办法》(安全〔2014〕86号)。

第十七条 作业监护人是指由作业单位指定实施安全监护的人员,安全职责主要包括:

(一)对进入受限空间作业实施全过程现场监护。

(二)熟悉进入受限空间作业区域、部位状况、工作任务和存在风险。

(三)检查确认作业现场安全措施的落实情况,以及作业人员资质和现场设备的符合性。

(四)保证进入受限空间作业过程满足安全要求,有权纠正或制止违章行为。

(五)负责进、出受限空间人员登记,掌握作业人员情况并保持有效沟通。

(六)发现人员、工艺、设备或环境安全条件变化等异常情况,以及现场不具备安全作业条件时,及时要求停止作业并立即向现场负责人报告。

(七)熟悉紧急情况下的应急处置程序和救援措施,熟练使用相关消防设备、救护工具等应急器材,可进行紧急情况下的初期处置。

---

⑤监督作业人员履行安全职责。

监督依据标准:《中国石油天然气集团公司进入受限空间作业安全管理办法》(安全〔2014〕86号)。

第十八条　作业人员是指进入受限空间作业的具体实施者,对进入受限空间作业安全负直接责任,安全职责主要包括:

(一)在进入受限空间作业前确认作业区域、内容和时间。

(二)进入受限空间作业前,参加工作前安全分析,清楚作业安全风险和安全措施。

(三)进入受限空间作业过程中,执行进入受限空间作业许可证及操作规程的相关要求。

(四)服从作业监护人和属地监督的监管;作业监护人不在现场时,不得作业。

(五)发现异常情况有权停止作业,并立即报告;有权拒绝违章指挥和强令冒险作业。

(六)进入受限空间作业结束后,负责清理作业现场,确保现场无安全隐患。

⑥监督作业许可申请批准程序及审查内容的符合性。

监督依据标准:《中国石油天然气集团公司进入受限空间作业安全管理办法》(安全〔2014〕86号)。

第三十二条　根据作业风险,进入受限空间作业许可应当由具备相应能力,并能提供、调配、协调风险控制资源的作业区域所在单位负责人审批。

第三十三条　收到作业许可申请后,作业批准人应当组织作业申请人、相关方及有关人员,集中进行书面审查。审查内容包括:

(一)确认作业的详细内容。

(二)确认作业单位资质、人员能力等相关文件。

(三)分析、评估周围环境或相邻工作区域间的相互影响,确认进入受限空间作业前后应采取的所有安全措施,包括应急措施。

(四)确认作业许可证期限及延期次数。

(五)其他。

第三十四条　书面审查通过后,作业批准人应当组织作业申请人、相关方及有关人员进行现场核查。现场核查内容包括:

(一)与作业有关的设备、工具、材料等符合情况。

(二)现场作业人员资质或能力符合情况。

(三)对受限空间进行隔离、置换、吹扫及气体检测落实情况。

(四)安全设施的配备及完好性,应急措施的落实情况。

(五)个人防护装备的配备情况。

(六)作业人员、监护人员、救援人员的培训、沟通情况。

（七）其他安全措施落实情况。

第三十五条　书面审查和现场核查通过之后，作业批准人应当在进入受限空间作业许可证上签字，批准可以进入受限空间作业。

书面审查和现场核查可同时在作业现场进行。

⑦监督作业许可延期、取消和关闭程序。

监督依据标准：《中国石油天然气集团公司进入受限空间作业安全管理办法》（安全〔2014〕86号）。

第五十条　进入受限空间作业许可证的期限一般不超过一个班次，延期后总的作业期限原则上不能超过24小时。办理延期时，作业申请人、批准人应当重新核查工作区域，确认所有安全措施仍然有效，且作业条件和风险未发生变化。

第五十一条　当发生下列任何一种情况时，现场所有人员都有责任立即终止作业，取消进入受限空间作业许可证。需要重新恢复作业时，应当重新申请办理进入受限空间作业许可证。

（一）作业环境和条件发生变化而影响到作业安全时；

（二）作业内容发生改变；

（三）实际作业与作业计划的要求不符；

（四）安全控制措施无法实施；

（五）发现有可能发生立即危及生命的违章行为；

（六）现场发现重大安全隐患；

（七）发现有可能造成人身伤害的情况或事故状态下。

第五十二条　进入受限空间作业结束后，作业人员应当清理作业现场，解除相关隔离设施，现场确认无隐患后，作业申请人和作业批准人在作业许可证上签字，关闭作业许可。

（5）检查监督特殊情况进入受限空间作业符合性。

监督依据标准：《中国石油天然气集团公司进入受限空间作业安全管理办法》（安全〔2014〕86号）。

第五十三条　用惰性气体吹扫空间，可能在空间开口处附近产生气体危害，此处应视为受限空间。在准备进入和进入期间，应当进行气体检测，确定空间开口周围危害区域的大小，设置路障和警示标志，防止误入。

第五十四条　紧急状态或事故情况下的应急抢险所涉及的进入受限空间作业，遵循应急管理程序，确保风险控制措施落实到位。

（五）典型"三违"行为

（1）不执行作业许可制度或办理程序不符合要求。

（2）作业许可批准人没有亲自前往作业现场核查各项安全措施的落实情况。

（3）出现终止作业情况后，再次恢复作业前未重新申请办理作业许可。

（4）对"未明确定义为"受限"的空间、围堤、挖掘、惰性气体吹扫空间"不执行作业许可管理。

（5）作业前不进行气体检测，作业过程中没有进行气体周期性或连续监测。

（6）不配备或不正确使用正压式空气呼吸器等安全防护设施。

（六）典型事故案例

错误使用呼吸器，佩戴者窒息险酿事故，案例分析如下：

（1）事故经过：2004年7月15日下午，某物业公司在五号排涝站组织集水井清污。为预防硫化氢中毒，现场明确分工后，泵工李某佩戴正压式呼吸器下井作业，时间不长自行返回到地面，摘下面罩后面部已经发紫，迅速送往医院，脱离危险。

（2）主要原因：错误使用正压式呼吸器，现场所背气瓶方向正好与佩戴方向相反（正确佩戴时瓶阀应朝下），使用时正压呼吸器瓶阀无法开启，同时未先开瓶阀再戴面罩，不能供气，佩戴者窒息。

（3）事故教训：加强人员培训，施工人员会正确使用正压式呼吸器，配齐现场监护人，履行相应的职责。

四、管线打开作业

（一）主要风险

（1）因人员打开管线时身体站位正对打开处，导致被管线中的介质伤害。

（2）因没有及时清理作业现场的可燃易燃物，造成火灾。

（3）作业人员打开管线时，因操作不符合相关要求，造成人员挤伤、砸伤。

（二）监督内容

（1）检查作业许可证及所涉及相关作业许可证的办理。

（2）检查作业前的安全风险评估及采取的安全措施、安全工作方案和应急预案。

（3）检查管线设备清理和隔离。

（4）检查作业人员个体防护装备。

（5）监督作业前的气体检测分析。

（6）监督监护人员履行职责。

（三）主要监督依据

Q/SY 08240—2018《作业许可管理规范》；

Q/SY 08243—2018《管线打开安全管理规范》。

（四）监督控制要点

（1）作业前检查管线（设备）作业许可证及所涉及的相关作业的许可证。

> 监督依据标准：Q/SY 08240—2018《作业许可管理规范》、Q/SY 08243—2018《管线打开安全管理规范》。
>
> Q/SY 08240—2018《作业许可管理规范》：
>
> 5.1.2 如果工作中包含下列工作，还应同时办理专项作业许可证：
>
> ——进入受限空间；
>
> ——高处作业；
>
> ——移动式吊装作业；
>
> ——管线打开；
>
> ——临时用电；
>
> ——动火作业。
>
> Q/SY 08243—2018《管线打开安全管理规范》：
>
> 5.1.2 管线打开实行作业许可，应办理作业许可证，具体执行 Q/SY 08240—2018《作业许可管理规范》。特殊情况下（如涉及含有剧毒介质、超高压介质、高温介质等的管线打开），企业应根据管线打开作业风险的大小，同时办理管线打开许可证。
>
> 5.1.3 管线打开前应进行风险评估，采取安全措施，必要时制定安全工作方案和应急预案。
>
> 5.1.4 当管线打开作业涉及高处作业、动火作业、进入受限空间等，应同时办理相关作业许可证。
>
> 5.1.5 凡是没有办理作业许可证，没有按要求编制安全工作方案，没有落实安全措施，禁止管线打开作业。

（2）监督生产（属地）单位和承包商进行安全风险评估，以及根据风险评估结果编制的安全方案或制订的安全措施的落实。

监督依据标准：Q/SY 08240—2018《作业许可管理规范》、Q/SY 08243—2018《管线打开安全管理规范》。

Q/SY 08240—2018《作业许可管理规范》：

5.3 风险评估

5.3.1 风险评估是作业许可审批的基本条件，可在作业区域安全专职人员的指导下进行。

5.3.2 申请人应组织对申请的作业进行风险评估，风险评估的内容应包括工作步骤、存在的风险及危害程度、相应的控制措施等，具体执行 Q/SY 08238—2018《工作前安全分析管理规范》。

5.3.3 对于一份作业许可证项下的多种类型作业，可统筹考虑作业类型、作业内容、交叉作业界面、工作时间等各方面因素，统一完成风险评估。

5.3.4 作业单位应根据风险评估的结果编制安全工作方案。通过风险评估确定的危害和不可承受的风险，均应在安全工作方案中提出针对性的控制措施。

5.4 安全措施

5.4.1 作业单位应严格按照安全工作方案落实安全措施。需要系统隔离时，应进行系统隔离、吹扫、置换，交叉作业时需考虑区域隔离。

5.4.2 许可证审批前，对凡是可能存在缺氧、富氧、有毒有害气体、粉尘的作业环境，都应进行气体分析检测，并确认检测结果合格。同时在安全工作方案中注明工作期间的气体检测时间和频次。

5.4.3 许可证得到审批后，在作业实施过程中，申请人应按照安全工作方案的要求进行气体检测，填写气体检测记录，注明气体检测的时间和检测结果。

5.4.4 凡是涉及有毒有害、易燃易爆作业场所的作业，作业单位均应按照相应要求配备个人防护装备，并监督相关人员佩戴齐全，执行相关个人防护装备管理的要求。

Q/SY 08243—2018《管线打开安全管理规范》：

5.3.1 管线打开作业前，作业单位应进行风险评估，根据风险评估的结果制定相应控制措施，必要时编制安全工作方案。安全工作方案应包括下列主要内容：

——清理计划，应具体描述关闭的阀门、排空点和上锁点等，必要时应提供示意图；

——安全措施，包括管线打开过程中的冷却、充氮措施和个人防护装备的要求；

——应急、救援、监护等预备人员的要求和职责；

——应急预案；

——描述管线打开影响的区域，并控制人员进入。

（3）生产（属地）单位作业管线（设备）清理和隔离应满足安全要求。

监督依据标准：Q/SY 08243—2018《管线打开安全管理规范》：

5.3.3 清理。

5.3.3.1 需要打开的管线或设备必须与系统隔离，其中的物料应采用排尽、冲洗、置换、吹扫等方法除尽。清理合格应符合以下要求：

——系统温度介于 $-10℃\sim60℃$；

——已达到大气压力；

——与气体、蒸汽、雾沫、粉尘的毒性、腐蚀性、易燃性有关的风险已降低到可接受的水平。

5.3.3.2 管线打开前并不能完全确认已无风险，应在管线打开之前做好以下准备：

——确认管线（设备）清理合格。采用凝固（固化）工艺介质的方法进行隔离时应充分考虑介质可能重新流动；

——如果不能确保管线（设备）清理合格，如残存压力或介质在死角截留、未隔离所有压力或介质的来源、未在低点排凝和高点排空等，应停止工作，重新制定工作计划，明确控制措施，消除或控制风险。

5.3.4 隔离。

5.3.4.1 隔离应满足以下要求：

——提供显示阀门开关状态、盲板、盲法兰位置的图表，如上锁点清单、盲板图、现场示意图、工艺流程图和仪表控制图等；

——所有盲板、盲法兰应挂牌；

——隔离系统内的所有阀门必须保持开启，并对管线清理，防止在管线（设备）内留存介质；

——对于存在第二能源的管线（设备），在隔离时应考虑隔离的次序和步骤。对于采用凝固（固化）工艺进行隔离以及存在加热后介质可能蒸发的情况应重点考虑隔离。

5.3.4.2 隔离方法的选择取决于隔离物料的危险性、管线低通的结构、管线打开频率、因隔离（如吹扫、清洗等）产生可能泄漏的风险等。

5.3.4.3 采用单截止阀隔离时，应制定风险控制措施和应急预案。

5.3.4.4 应考虑使用手动阀门进行隔离，手动阀门可以是闸阀、旋塞阀或球阀。控制阀不能单独作为物料隔离装置，如果必须使用控制阀门进行隔离，应制定专门的操作规程确保安全隔离。

5.3.4.5 应对所有隔离点进行有效隔离，并进行标识。

（4）监督管线（设备）打开作业人员、监护人员等个人防护装备配备和使用情况。

> 监督依据标准：Q/SY 08243—2018《管线打开安全管理规范》：
>
> 5.6.1 管线打开作业时应选择和使用合适的个人防护装备，专业人员和使用人员应参与个人防护装备的选择。
>
> 5.6.2 个人防护装备在使用前，应由使用人进行现场检查或测试，合格后方可使用。
>
> 5.6.3 应按防护要求建立个人防护装备清单，清单包括使用何种、何时使用、何时脱下个人防护装备等内容。应确保现场人员能够及时获取个人防护装备。
>
> 5.6.4 对含有剧毒物料等可能立刻对生命和健康产生危害的管线（设备）打开作业时应遵守以下要求：
>
> ——所有进入到受管线打开影响区域内的人员，包括预备人员应同样穿戴所要求的个人防护装备；
>
> ——对于受管线打开影响区域外（位于路障或警戒线之外但能够看见工作区域）的人员，可不穿戴个人防护装备，但必须确保能及时获取个防护装备。

（5）监督管线（设备）打开作业许可证及相关作业许可证审批和延期是否符合规定。

> 监督依据标准：Q/SY 08240—2018《作业许可管理规范》、Q/SY 08243—2018《管线打开安全管理规范》。
>
> Q/SY 08240—2018《作业许可管理规范》：
>
> 5.7.1 根据作业初始风险的大小，由有权提供、调配、协调风险控制资源的直线管理人员或其授权人审批作业许可证。批准人通常是企业主管领导、业务主管、区域（作业区、车间、站、队、库）负责人、项目负责人等。
>
> 5.7.2 书面审查和现场核查通过之后，批准人或其授权人、申请人和受影响的相关各方均应在作业许可证上签字。
>
> 5.7.3 许可证的有效期限一般不超过一个班次。如果在书面审查和现场核查过程中，经确认需要更多的时间作业，应根据作业性质、作业风险、作业时间，经相关各方协商一致确定作业许可证有效期限和延期次数。
>
> 5.7.4 如书面审查或现场核查未通过，对查出的问题应记录在案，申请人应重新提交一份带有对该问题解决方案的作业许可申请。
>
> 5.7.5 作业人员、监护人员等现场关键人员变更时，应经过批准人和申请人的批准。
>
> Q/SY 08243—2018《管线打开安全管理规范》：

5.7.2 管线打开作业证的期限不得超过一个班次,延期后总的作业期限不能超过24h。管线打开作业许可证的审批、分发、延期、取消、关闭具体执行 Q/SY 08240—2018《作业许可管理规范》。

5.7.3 管线打开作业结束后,应清理作业现场,解除相关隔离设施,确认现场没有遗留任何安全隐患,申请人与批准人或其授权人签字关闭作业许可证。

(五)典型"三违"行为

(1)未开具管线(设备)打开作业票进行作业。

(2)管线(设备)未进行有效的隔离或切断就进行作业。

(3)打开管线(设备)前未进行相关的置换、吹扫或泄压排液(气体)。

(4)作业区域未实行相应的警戒隔离。

(5)管线打开许可证的期限超过一个班次,延期后总的作业期限超过24h。

(六)典型事故案例

氮气球罐放空管线断裂,氮气供应时间中断,案例分析如下:

(1)事故经过:2000年3月27日上午,昆明市某磷肥厂一台400m³氮气球罐因检修需要,在降压放空排气时(当时罐内压力为1.9MPa),其顶部的放空管与人孔盖封头的连接处突然断裂,断开后的放空管从两个操作人员之间飞过坠入地面,幸无人伤亡,但造成氮气供应时间中断,严重影响了该厂化肥的正常生产。

(2)主要原因:操作不当,放空管阀门短时间一次性开启过大;结构设计不合理,放空管与人孔盖连接处承载压力设计未考虑放空管阀门全开启时承受的最大压力;压力容器日常外观检查和定期内外部检验不全。

(3)事故教训:操作放空管时,应按操作规程进行操作;压力容器应做好相应的定期检查。

五、临时用电作业

(一)主要风险

(1)因作业人员违章作业,导致人员触电伤害。

(2)因地下电缆未设走向标识及深度标识,造成电缆被挖断。

(3)因配电盘、配电箱短路,造成触电危害或设备损坏。

(4)因防爆作业场所使用非防爆工具或非防爆照明设备,造成火灾爆炸。

(二)监督内容

(1)临时用电作业许可办理程序的符合性及接、拆除线路要求的执行情况。

（2）临时用电架空及地面走线安全性。

（3）临时用电线路及使用设备的安全。

（4）标识、标签与警戒线的设置。

（三）主要监督依据

JGJ 46—2005《施工现场临时用电安全技术规范》；

《中国石油天然气集团公司临时用电作业安全管理办法》（安全〔2015〕37号）。

（四）监督控制要点

（1）监督作业活动按照临时用电管理要求办理作业许可证，监控接引、拆除临时用电时的规范操作。

> 监督依据标准：《中国石油天然气集团公司临时用电作业安全管理办法》（安全〔2015〕37号）。
>
> 第十五条　临时用电作业实行作业许可管理，办理临时用电作业许可证，无有效的作业许可证严禁作业。临时用电设备安装、使用和拆除过程中应执行相关的电气安全管理、设计、安装、验收等规程、标准和规范。
>
> 第十八条　安装、维修、拆除临时用电线路应由电气专业人员进行，按规定正确佩戴个人防护用品，并正确使用工器具。
>
> 第三十三条　所有临时用电线路应由电气专业人员检查合格后方可使用，在使用过程中应定期检查，搬迁或移动后的临时用电线路应再次检查确认。
>
> 第三十四条　在接引、拆除临时用电线路时，其上级开关应当断电，并做好上锁挂牌等安全措施。
>
> 第三十七条　在防爆场所使用的临时用电线路和电气设备，应达到相应的防爆等级要求。
>
> 第三十八条　临时用电线路经过有高温、振动、腐蚀、积水及机械损伤等危害部位时，不得有接头，并采取有效的保护措施。

（2）临时用电架空及地面走线应加以保护，埋地深度和架空高度应满足要求。

> 监督依据标准：JGJ 46—2005《施工现场临时用电安全技术规范》、《中国石油天然气集团公司临时用电作业安全管理办法》（安全〔2015〕37号）。
>
> JGJ 46—2005《施工现场临时用电安全技术规范》：
>
> 7.1.9　架空线路与邻近线路或固定物的距离应符合表7.1.9的规定。

表 7.1.9 架空线路与邻近线路或固定物的距离

项目	距离类别				
最小净空距离(m)	架空线路的过引线、接下线与邻线	架空线与架空线,电杆外缘	架空线与摆动最大时树梢		
	0.13	0.05	0.50		
最小垂直	架空线同杆架设下方的通信、广播线路	架空线最大弧垂与地面		架空线最大弧垂与暂设工程顶端	架空线与邻近电力线路交叉
距离(m)		施工现场	机动车道	铁路轨道		1kV 以下	1～10kV
	1.0	4.0	6.0	7.5	2.5	1.2	2.5
最小水平距离(m)	架空线电杆与路基边缘	架空线电杆与铁路轨道边缘	架空线边线与建筑物凸出部分		
	1.0	杆高(m)+3.0	1.0		

《中国石油天然气集团公司临时用电作业安全管理办法》(安全〔2015〕37号):

第二十五条 使用时间在1个月以上的临时用电线路,应采用架空方式安装,并满足以下要求:

(一)架空线路应架设在专用电杆或支架上,严禁架设在树木、脚手架及临时设施上;架空电杆和支架应固定牢固,防止受风或者其他原因倾覆造成事故。

(二)在架空线路上不得进行接头连接;如果必须接头,则需进行结构支撑,确保接头不承受拉、张力。

(三)临时架空线最大弧垂与地面距离,在施工现场不低于2.5米,穿越机动车道不低于5米。

(四)在起重机等大型设备进出的区域内不允许使用架空线路。

第二十六条 使用时间在1个月以下的临时用电线路,可采用架空或地面走线等方式,地面走线应满足以下要求:

(一)所有地面走线应沿避免机械损伤和不得阻碍人员、车辆通行的部位敷设,且在醒目处设置"走向标识"和"安全标识"。

(二)电线埋地深度不应小于0.7米,需要横跨道路或在有重物挤压危险的部位,应加设防护套管,套管应固定;当位于交通繁忙区域或有重型设备经过的区域时,应采取保护措施,并设置安全警示标识。

(三)要避免敷设在可能施工的区域内。

（3）监督各临时用电线路场所的安全用电严格按规范运行，督促其安全规范的使用电气设备。

监督依据标准:《中国石油天然气集团公司临时用电作业安全管理办法》（安全〔2015〕37号）。

第二十七条 所有的临时用电线路必须采用耐压等级不低于500V的绝缘导线。

第二十八条 临时用电设备及临时建筑内的电源插座应安装漏电保护器，在每次使用之前应利用试验按钮进行测试。所有的临时用电都应设置接地或接零保护。

第三十一条 所有配电箱（盘）、开关箱应有电压标识和安全标识，在其安装区域内应在其前方1米处用黄色油漆或警戒带做警示。室外的临时用电配电箱（盘）还应设有安全锁具，有防雨、防潮措施。在距配电箱（盘）、开关及电焊机等电气设备15m范围内，不应存放易燃、易爆、腐蚀性等危险物品。

第三十二条 配电箱（盘）、开关箱应设置端正、牢固。固定式配电箱、开关箱的中心点与地面的垂直距离应为1.4～1.6m;移动式配电箱（盘）、开关箱应装设在坚固、稳定的支架上，其中心点与地面的垂直距离宜为0.8～1.6m。

第三十五条 临时用电线路的自动开关和熔丝（片）应根据用电设备的容量确定，并满足安全用电要求，不得随意加大或缩小，不得用其他金属丝代替熔丝（片）。

第三十七条 在防爆场所使用的临时用电线路和电气设备，应达到相应的防爆等级要求。

第三十八条 临时用电线路经过有高温、振动、腐蚀、积水及机械损伤等危害部位时，不得有接头，并采取有效的保护措施。

第三十九条 移动工具、手持电动工具等用电设备应有各自的电源开关，必须实行"一机一闸一保护"制，严禁两台或两台以上用电设备（含插座）使用同一开关直接控制。

第四十条 使用电气设备或电动工具作业前，应由电气专业人员对其绝缘进行测试，Ⅰ类工具绝缘电阻不得小于2MΩ，Ⅱ类工具绝缘电阻不得小于7MΩ，合格后方可使用。

第四十一条 使用潜水泵时应确保电机及接头绝缘良好，潜水泵引出电缆到开关之间不得有接头，并设置非金属材质的提泵拉绳。

第四十二条 使用手持电动工具应满足以下安全要求:

（一）有合格标牌，外观完好，各种保护罩（板）齐全。

（二）在一般作业场所，应使用Ⅱ类工具;若使用Ⅰ类工具时，应装设额定漏电动作电流不大于15mA、动作时间不大于0.1s的漏电保护器。

（三）在潮湿作业场所或金属构架上作业时,应使用Ⅱ类或由安全隔离变压器供电的Ⅲ类工具。

（四）在狭窄场所,如锅炉、金属管道内,应使用由安全隔离变压器供电的Ⅲ类工具。

（五）Ⅲ类工具的安全隔离变压器,Ⅱ类工具的漏电保护器及Ⅱ、Ⅲ类工具的控制箱和电源联结器等应放在容器外或作业点处,同时应有人监护。

（六）电动工具导线必须为护套软线。导线两端连接牢固,中间不许有接头。

（七）临时施工、作业场所必须使用安全插座、插头。

（八）必须严格按照操作规程使用移动式电气设备和手持电动工具,使用过程中需要移动或停止工作、人员离去或突然停电时,必须断开电源开关或拔掉电源插头。

第四十三条 临时照明应满足以下安全要求:

（一）现场照明应满足所在区域安全作业亮度、防爆、防水等要求。

（二）使用合适灯具和带护罩的灯座,防止意外接触或破裂。

（三）使用不导电材料悬挂导线。

（四）行灯电源电压不超过36V,灯泡外部有金属保护罩。

（五）在潮湿和易触及带电体场所的照明电源电压不得大于24V,在特别潮湿场所、导电良好的地面、锅炉或金属容器内的照明电源电压不得大于12V。

（五）典型"三违"行为

（1）非电气专业人员从事临时用电接引电线作业。

（2）临时用电线路埋设深度与架空高度不符合规定。

（3）标识不清。

（4）超负荷用电。

（六）典型事故案例

原油储罐清罐作业不防爆临时用电引发火灾事故,案例分析如下:

（1）事故经过:某石化分公司402#原油储罐于1995年投入使用,一直未检修,在使用过程中发现问题,计划安排进行大修。车间2002年10月22日将罐内原油倒空停用。罐底清理工作由供销公司承包给某公司。10月25日油品车间办理了临时用电票,当日开始了清理工作。21时左右,现场负责人押运油罐车到油品车间盛装罐底油泥,油罐车停靠在402#罐东侧防火堤上的消防通道上,由该公司职工负责在车顶装油泥。22时10分左右,进行停泵操作。随之就在木制配电盘的附近发生爆燃。在灭火时公司经理被烧伤,被送往石化职工医院进行抢救,现场负责人被当场烧死,罐内余火于28日12时30分扑灭。

（2）主要原因：该公司严重违反《某石化公司临时用电安全管理规定》中关于在火灾爆炸危险区域内使用的临时用电设备及开关、插座等必须符合防爆等级要求的规定，在防爆区域使用了不防爆的电气开关，导致火灾发生。

（3）事故教训：严格执行临时用电管理规定；防爆区使用的电气必须符合防爆等级要求。

六、脚手架搭设作业

（一）主要风险

（1）因作业人员违章违纪工作及违反安全要求，导致高空坠落、物体打击等各种伤害。

（2）因脚手架及脚手板选择不合格，或脚手架搭设不规范，导致人员伤害。

（3）因脚手架立杆间距和横杆竖向步距不当，导致人员伤害。

（4）因作业人员不慎坠落或者高空落物，导致人员伤害。

（二）监督内容

（1）审查施工单位资质、特殊工种上岗证，搭设专项施工方案是否审批。

（2）检查进场搭设原材料质量证明文件及质量合格情况（是否符合标准规范要求）。

（3）检查施工单位开展工作前安全分析，落实安全技术交底及作业许可审批。

（4）检查作业人员正确佩戴安全防护用品。

（5）检查、巡视搭设作业是否按照审批的方案进行。

（6）检查架体使用过程中是否有变形、违规使用等现象。

（7）检查外架搭设、拆除作业现场安全防护措施的落实。

（三）主要监督依据

《危险性较大的分部分项工程安全管理规定》（中华人民共和国住建部令第 37 号〔2018〕）；

《建设工程安全生产管理条例》（中华人民共和国国务院令第 393 号）；

GB 50656—2011《施工企业安全生产管理规范》；

JGJ 80—2016《建筑施工高处作业安全技术规范》；

JGJ 130—2011《建筑施工扣件式钢管脚手架安全技术规范》；

Q/SY 08246—2018《脚手架作业安全管理规范》。

（四）监督控制要点

（1）脚手架在搭设前，检查施工单位资质及专项方案编制、审批落实情况。

①检查作业队伍资质是否符合要求。

监督依据：Q/SY 08246—2018《脚手架作业安全管理规范》

5.1.1 脚手架搭设作业单位应具有脚手架作业相关资质。脚手架作业人员应经过培训并具有相应资质。

② 检查施工单位是否编制脚手架搭设专项施工方案、安全技术方案（措施）；方案（措施）是否符合国家法律法规、行业标准要求，并经相关部门及人员审批同意。

监督依据标准：《建设工程安全生产管理条例》（中华人民共和国国务院令第393号）、《危险性较大的分部分项工程安全管理规定》（中华人民共和国住建部令第37号〔2018〕）、GB 50656—2011《施工企业安全生产管理规范》、Q/SY 08246—2018《脚手架作业安全管理规范》。

《建设工程安全生产管理条例》（中华人民共和国国务院令第393号）：

第二十六条 施工单位应当在施工组织设计中编制安全技术措施和施工现场临时用电方案，对下列达到一定规模的危险性较大的分部分项工程编制专项施工方案，并附有具体安全验算结果，经施工单位技术负责人、总监理工程师签字后实施，由专职安全生产管理人员进行现场监督：

（五）脚手架工程。

《危险性较大的分部分项工程安全管理规定》（中华人民共和国住建部令第37号〔2018〕）：

第十条 施工单位应当在危大工程施工前组织工程技术人员编制专项施工方案。

实行施工总承包的，专项施工方案应当由施工总承包单位组织编制。危大工程实行分包的，专项施工方案可以由相关专业分包单位组织编制。

附件一 危险性较大的分部分项工程范围：

四、脚手架工程

（一）搭设高度24m及以上的落地式钢管脚手架工程（包括采光井、电梯井脚手架）。

（二）附着式整体和分片提升脚手架工程。

（三）悬挑式脚手架工程。

（四）高处作业吊篮。

（五）卸料平台、操作平台工程。

（六）异型脚手架工程。

附件二 超过一定规模的危险性较大的分部分项工程范围

四、脚手架工程

（一）搭设高度50m及以上落地式钢管脚手架工程。

（二）提升高度150m及以上附着式整体和分片提升脚手架工程。

（三）分段架体搭设高度20m及以上悬挑式脚手架工程。

第十一条　专项施工方案应当由施工单位技术负责人审核签字、加盖单位公章，并由总监理工程师审查签字、加盖执业印章后方可实施。

危大工程实行分包并由分包单位编制专项施工方案的，专项施工方案应当由总承包单位技术负责人及分包单位技术负责人共同审核签字并加盖单位公章。

第十二条　对于超过一定规模的危大工程，施工单位应当组织召开专家论证会对专项施工方案进行论证。实行施工总承包的，由施工总承包单位组织召开专家论证会。专家论证前专项施工方案应当通过施工单位审核和总监理工程师审查。

专家应当从地方人民政府住房城乡建设主管部门建立的专家库中选取，符合专业要求且人数不得少于5名。与本工程有利害关系的人员不得以专家身份参加专家论证会。

GB 50656—2011《施工企业安全生产管理规范》：

10.0.3　建筑施工企业应当在施工组织设计中编制安全技术措施和施工现场临时用电方案；对危险性较大分部分项工程，编制专项安全施工方案；对其中超过一定规模的应按规定组织专家论证。

10.0.4　企业应明确各管理层施工组织设计、专项施工方案、安全技术方案（措施）编制、修改、审核和审批的权限、程序及时限。

10.0.5　根据权限，按方案涉及内容，由企业的技术负责人组织相关职能部门审核，技术负责人审批。审核、审批应有明确意见并签名盖章。编制、审批应在施工前完成。

12.0.5　工程项目开工前，工程项目部应根据施工特征，组织编制项目安全技术措施和专项施工方案，包括应急预案，并按规定审批，论证，交底、验收，检查。

方案内容应包括工程概况、编制依据、施工计划、施工工艺、施工安全技术措施、检查验收内容及标准、计算书及附图等。

Q/SY 08246—2018《脚手架作业安全管理规范》：

5.1.3　脚手架作业实行作业许可，应办理作业许可证，具体执行Q/SY 08240—2018《作业许可管理规范》。作业前，作业单位应编制脚手架作业方案，并经建设单位审查。

（2）脚手架在搭设、拆除前，组织施工单位开展工作前安全分析，落实安全生产培训教育及安全技术交底，办理施工作业许可。督促施工单位开展工作前安全分析，安全生产教育及分部分项工程的安全技术交底工作。

监督依据标准:《危险性较大的分部分项工程安全管理规定》(中华人民共和国住建部令第 37 号〔2018〕)、JGJ 80—2016《建筑施工高处作业安全技术规范》、Q/SY 08246—2018《脚手架作业安全管理规范》。

《危险性较大的分部分项工程安全管理规定》(中华人民共和国住建部令第 37 号〔2018〕):

第十五条 专项施工方案实施前,编制人员或者项目技术负责人应当向施工现场管理人员进行方案交底。

JGJ 80—2016《建筑施工高处作业安全技术规范》:

3.0.3 高处作业施工前,应对作业人员进行安全技术交底,并应记录。应对初次作业人员进行培训。

Q/SY 08246—2018《脚手架作业安全管理规范》:

5.1.4 脚手架设计人员应向作业人员进行作业方案交底,使作业人员了解脚手架搭设作业技术要求、存在危害,确保作业人员采取有效的安全措施。

5.1.5 脚手架作业前应进行工作安全分析,具体执行 Q/SY 08238—2018。工作前安全分析时应考虑但不限于:

——高处作业;

——现场存在的电力线或工艺设备;

——危险区域划分;

——作业环境;

——邻近工作人员的相互影响;

——脚手架基础或邻近区域挖掘作业的影响;

——气候的影响。

(3)检查脚手架搭设、拆除过程中,是否按照施工组织设计的安全技术措施、专项施工方案实施。

① 检查脚手架(包含悬挑式脚手架)搭设所用钢管、扣件、工字钢挑梁、高强螺栓、钢板等原材料出厂证明文件和性能检测报告,符合设计、规范要求,验收合格后才能使用。

监督依据标准:JGJ 130—2011《建筑施工扣件式钢管脚手架安全技术规范》、Q/SY 08246—2018《脚手架作业安全管理规范》。

JGJ 130—2011《建筑施工扣件式钢管脚手架安全技术规范》:

3.1.2 脚手架钢管宜采用 $\Phi 48.3 \times 3.6$ 钢管。每根钢管的最大质量不应大于 25.8kg。

3.3.1 脚手板可采用钢、木、竹材料制作,单块脚手板的质量不宜大于 30kg。

3.4.1 可调托撑螺杆外径不得小于36mm。

3.4.2 可调托撑的螺杆与支托板焊接应牢固,焊缝高度不得小于6mm;可调托撑螺杆与螺母旋合长度不得少于5扣,螺母厚度不得小于30mm。

3.4.3 可调托撑抗压承载力设计值不应小于40kN,支托板厚不应小于5mm。

Q/SY 08246—2018《脚手架作业安全管理规范》:

5.6.1 脚手架材料(如钢管、门架、扣件和脚手板等)应有厂商生产许可证、检测报告和产品质量合格证。重复使用的脚手架钢管、门架和扣件等材料的形状尺寸、性能应满足脚手架技术规范要求,严禁使用裂缝、变形、滑丝和锈蚀的脚手架材料。脚手板材料应符合作业方案中对承载力的要求,严禁使用腐朽(蚀)的脚手板。

5.6.2 在入库前和使用前应对脚手架材料和部件进行检查,任何有缺陷的部件应及时修复或销毁,在销毁前应附上标签避免误用。

5.6.3 应妥善保管脚手架部件,存放在干燥、无腐蚀的地方,禁止在上面堆放重物,防止损坏。

② 检查脚手架地基、基础以及悬挑钢梁布设是否符合设计、规范要求。

监督依据标准:JGJ 130—2011《建筑施工扣件式钢管脚手架安全技术规范》、Q/SY 08246—2018《脚手架作业安全管理规范》。

JGJ 130—2011《建筑施工扣件式钢管脚手架安全技术规范》:

6.10.2 型钢悬挑梁宜采用双轴对称截面的型钢。悬挑钢梁型号及锚固件应按设计确定,钢梁截面高度不应小于160mm。悬挑梁尾端应在两处及以上固定于钢筋混凝土梁板结构上。锚固型钢悬挑梁的U型钢筋拉环或锚固螺栓直径不宜小于16mm。

6.10.4 每个型钢悬挑梁外端宜设置钢丝绳或钢拉杆与上一层建筑结构斜拉结。

6.10.5 悬挑钢梁悬挑长度应按设计确定,固定段长度不应小于悬挑段长度的1.25倍。

7.2.1 脚手架地基与基础的施工,应根据脚手架所受荷载、搭设高度、搭设场地土质情况与现行国家标准《建筑地基基础工程施工质量验收规范》GB 50202的有关规定进行。

7.3.3 底座安放应符合下列规定:

1 底座、垫板均应准确地放在定位线上;

2 垫板应采用长度不少于2跨、厚度不小于50mm、宽度不小于200mm的木垫板。

Q/SY 08246—2018《脚手架作业安全管理规范》:

5.4.3 超出避雷装置保护范围的大型脚手架应按相关标准设避雷装置。

5.5.7 不得在脚手架基础及其邻近处进行挖掘作业。

③ 检查架体搭设过程中连墙件、剪刀撑、小横杆、安全网、脚手板等重要安全设施是否符合要求。

监督依据标准：Q/SY 08246—2018《脚手架作业安全管理规范》、JGJ 130—2011《建筑施工扣件式钢管脚手架安全技术规范》。

Q/SY 08246—2018《脚手架作业安全管理规范》：

5.2.1 脚手架的搭建、拆除、移动、改装作业应在作业技术负责人现场指导下进行。

5.2.2 作业中，作业人员应正确使用安全帽、安全带、防滑鞋、工具袋等装备。

5.2.3 脚手架应正确设置、使用防坠落装置，每一作业层的架体应设置完整可靠的台面、防护栏杆和挡脚板。使用特殊防护设施时应在作业技术负责人指导下进行。

5.2.4 脚手板除了用作铺设脚手架外不可它用。

5.2.5 脚手架的支撑脚应可靠、牢固，能够承载许用最大载荷。不得将模板支架、缆风绳、泵送混凝土和砂浆的输送管等固定在脚手架上。严禁悬挂起重设备。

5.2.6 当脚手架的高度超过其最小基础尺寸的4倍时，应在其顶部采取防倾覆的措施。

5.2.7 脚手架搭设作业当日不能完成的，在收工前应进行检查，并采取临时性加固措施。

5.2.9 遇有六级以上强风、浓雾、大雪及雷雨等恶劣气候，不得进行露天脚手架搭设作业，正在使用中的脚手架应以红色挂牌替换绿色挂牌。雨雪过后，应把架面上的积雪、积水清除掉，避免发生滑跌。大风过后，应对脚手架作业安全设施逐一加以检查。

5.2.10 脚手架作业过程中禁止高空抛物、上下同时拆卸。杆件尚未绑稳时，禁止中途停止作业。

5.2.11 禁止携带物品上下脚手架，所有物品应使用绳索或其他传送设施传递。

JGJ 130—2011《建筑施工扣件式钢管脚手架安全技术规范》：

6.1.2 单排脚手架搭设高度不应超过24m；双排脚手架搭设高度不宜超过50m，高度超过50m的双排脚手架，应采用分段搭设等措施。

6.2.4 脚手板的设置应符合下列规定：

1 作业层脚手板应铺满、铺稳、铺实。

2 冲压钢脚手板、木脚手板、竹串片脚手板等，应设置在三根横向水平杆上。当脚手板长度小于2m时，可采用两根横向水平杆支承，但应将脚手板两端与其可靠固定，严防倾翻。脚手板的铺设应采用对接平铺或搭接铺设。脚手板对接平铺时，接头处应设两根横向水平杆，脚手板外伸长度应取130~150mm，两块脚手板外伸长度的和不应大于300mm；脚手板搭接铺设时，接头应支在横向水平杆上，搭接长度不应小于200mm，其伸出横向水平杆的长度不应小于100mm。

3 竹芭脚手板应按其主竹筋垂直于纵向水平杆方向铺设,且应对接平铺,四个角应用直径不小于1.2mm的镀锌钢丝固定在纵向水平杆上。

4 作业层端部脚手板探头长度应取150mm,其板的两端均应固定于支承杆件上。

6.3.1 每根立杆底部宜设置底座或垫板。

6.3.2 脚手架必须设置纵、横向扫地杆。纵向扫地杆应采用直角扣件固定在距钢管底端不大于200mm处的立杆上。横向扫地应采用直角扣件固定在紧靠纵向扫地杆下方的立杆上。

6.3.3 脚手架立杆基础不在同一高度上时,必须将高处的纵向扫地杆向低处延长两跨与立杆固定,高低差不应大于1m。靠边坡上方的立杆轴线到边坡的距离不应小于500mm。

6.3.4 单、双排脚手架底层步距均不应大于2m。

6.3.5 单排、双排与满堂脚手架立杆接长除顶层顶步外,其余各层各步接头必须采用对接扣件连接。

6.3.6 脚手架立杆的对接、搭接应符合下列规定:

1 当立杆采用对接接长时,立杆的对接扣件应交错布置,两根相邻立杆的接头不应设置在同步内,同步内隔一根立杆的两个相隔接头在高度方向错开的距离不宜小于500mm;各接头中心至主节点的距离不宜大于步距的1/3。

2 当立杆采用搭接接长时,搭接长度不应小于1m,并应采用不少于2个旋转扣件固定,端部扣件盖板的边缘至杆端距离不应小于100mm。

6.4.1 脚手架连墙件设置的位置、数量应按专项施工方案确定。

6.4.2 脚手架连墙件数量的设置除应满足本规范的计算要求外,还应符合表6.4.2的规定。

表 6.4.2 连墙件布置最大间距

搭设方法	高度	竖向间距 (h)	水平间距 (l_a)	每根连墙件覆盖面积 (m^2)
双排落地	≤50m	3	3	≤40
双排悬挑	>50m	2	3	≤27
单排	≤24m	3	3	≤40

注:h—步距;l_a—纵距。

6.4.4 开口型脚手架的两端必须设置连墙件,连墙件的垂直间距不应大于建筑物的层高,并且不应大于4m。

6.4.5 连墙件中的连墙杆应呈水平设置,当不能水平设置时,应向脚手架一端下斜连接。

6.4.6 连墙件必须采用可承受拉力和压力的构造。对高度24m以上的双排脚手架,应采用刚性连墙件与建筑物连接。

6.6.2 单、双排脚手架剪刀撑的设置应符合下列规定:

1 每道剪刀撑宽度不应小于4跨,且不应小于6m,斜杆与地面的倾角应在45°～60°之间。

6.6.3 高度在24m及以上的双排脚手架应在外侧全立面连续设置剪刀撑;高度在24m以下的单、双排脚手架,均必须在外侧两端、转角及中间间隔不超过15m的立面上,各设置一道剪刀撑,并应由底至顶连续设置。

6.6.4 双排脚手架横向斜撑的设置应符合下列规定:

1 横向斜撑应在同一节间,由底至顶层呈之字型连续布置。

2 高度在24m以下的封闭型双排脚手架可不设横向斜撑,高度在24m以上的封闭型脚手架,除拐角应设置横向斜撑外,中间应每隔6m跨距设置一道。

6.6.5 开口型双排脚手架的两端均必须设置横向斜撑。

6.10.1 一次悬挑脚手架高度不宜超过20m。

6.10.10 悬挑架的外立面剪刀撑应自下而上连续设置。

（4）检查脚手架验收及使用是否符合要求。

监督依据标准:JGJ 130—2011《建筑施工扣件式钢管脚手架安全技术规范》、Q/SY 08246—2018《脚手架作业安全管理规范》。

JGJ 130—2011《建筑施工扣件式钢管脚手架安全技术规范》:

6.2.3 主节点处必须设置一根横向水平杆,用直角扣件扣接且严禁拆除。

8.2.1 脚手架及其地基基础应在下列阶段进行检查与验收:

1 基础完工后及脚手架搭设前;

2 作业层上施加荷载前;

3 每搭设完6m～8m高度后;

4 达到设计高度后;

5 遇有六级强风及以上风或大雨后,冻结地区解冻后;

6 停用超过一个月。

9.0.5 作业层上的施工荷载应符合设计要求,不得超载。不得将模板支架、缆风绳、泵送混凝土和砂浆的输送管等固定在架体上;严禁悬挂起重设备,严禁拆除或移动架体上安全防护设施。

9.0.11 脚手板应铺设牢靠、严实,并应用安全网双层兜底。施工层以下每隔 10m 应用安全网封闭。

9.0.13 在脚手架使用期间,严禁拆除下列杆件:

1 主节点处的纵、横向水平杆,纵、横向扫地杆;

2 连墙件。

9.0.17 在脚手架上进行电、气焊作业时,应有防火措施和专人看守。

9.0.18 工地临时用电线路的架设及脚手架接地、避雷措施等,应按现行行业标准《施工现场临时用电安全技术规范》JGJ46 的有关规定执行

Q/SY 08246—2018《脚手架作业安全管理规范》:

5.1.6 脚手架管理实行绿色和红色标识:

——绿色表示脚手架已经过检查且符合设计要求,可以使用;

——红色表示脚手架不合格、正在搭设或待拆除,除搭设人员外,任何人不得攀爬和使用。

5.4.1 在脚手架作业前和作业过程中应根据需求设置安全通道和隔离区,隔离区应设置警戒标志,禁止在安全通道上堆放物品材料。

5.4.2 脚手架外侧应采用密目式安全网做全封闭,不得留有空隙。脚手架上不得放置任何活动部件,如扣件、活动钢管、钢筋、工器具等。

5.4.3 超出避雷装置保护范围的大型脚手架应按相关标准设避雷装置。

5.5.1 脚手架使用者都应接受培训。培训的内容包括作业规程、作业危害、安全防护措施等。

5.5.2 脚手架的使用者应进行工作前安全分析,并采取适当的防护措施。

5.5.3 在脚手架使用过程中现场应设置安全防护设施。

5.5.4 使用者应通过安全爬梯(斜道)上下脚手架。脚手架横杆不可用作爬梯,除非其按照爬梯设计。

5.5.5 脚手架上的载荷不允许超过其容许的最大工作载荷。

5.5.6 脚手架无扶手、腰杆和完整的踏板时,脚手架的使用者需使用防坠落保护设施。

5.5.7 不得在脚手架基础及其邻近处进行挖掘作业。

(五)典型"三违"行为

(1)高处作业不佩戴安全带或设置张挂安全平网。

(2)脚手架在长期搁置以后未做检查的情况下重新启用。

（3）脚手架未进行阶段性检查验收，并悬挂警示标牌。

（4）无特种作业操作证从事特种作业。

（5）未采取加固措施在脚手架基础下及其邻近处开挖管沟或基坑。

（6）搭设脚手架时，地面不设置警戒区、不设专人指挥，非操作人员入内。

（7）脚手架上超载且堆放施工构配件。

（8）任意改变连墙件设置位置、减少设置数量。

（9）未对防雷设施完好性进行检查。

（10）无搭设施工方案，仅凭经验进行；搭设作业前不进行安全技术交底。

（六）典型事故案例

未按规定搭设脚手架，发生倒塌 7 死 5 伤，案例分析如下：

（1）事故经过：2011 年 9 月 10 日，位于西安北郊的某大厦工地一栋在建的 30 层高层楼悬挑脚手架发生坍塌事故，脚手架从 20～25 层坠落，使正在外墙装饰的 12 名工人被埋压，其中 7 人当场死亡，5 人受伤。

（2）主要原因：未按专项设计搭设，悬挑杆件刚度不够，连墙件不足，使脚手架发生倾斜变形，进而坍塌。

（3）事故教训：应严格按照脚手架安全技术规范和专项方案施工。

七、挖掘作业

（一）主要风险

（1）因挖掘过程中未采取放坡处理、固壁支撑，坑、槽、井、沟上端边沿有人员站立、行走等，造成坍塌事故。

（2）因开挖没有边坡的沟、坑等未设置支撑，当挖到地下水位以下时未采取排水措施，导致倒灌。

（3）因多人同时挖土未保持一定的安全距离，挖出的土方堆放或清理不当，导致堵塞下水道或窨井。

（4）作业现场未按要求设置围栏、警戒线、警告牌、夜间警示灯，夜间照明不足，未按要求铺设便于作业人员上下的跳板等，导致人员坠落。

（二）监督内容

（1）核查挖掘作业许可证和作业人员的能力。

（2）监督确认作业前的安全条件。

（3）监督作业过程的安全措施落实。

（4）监督作业结束后的安全措施落实。

（三）监督依据

AQ 3023—2008《化学品生产单位动土作业安全规范》；

Q/SY 08240—2018《作业许可管理规范》；

Q/SY 08247—2018《挖掘作业安全管理规范》。

（四）监督控制要点

（1）作业前，检查作业许可证、作业人员能力等方面的情况。

监督依据标准：AQ 3023—2008《化学品生产单位动土作业安全规范》、Q/SY 08240—2018《作业许可管理规范》、Q/SY 08247—2018《挖掘作业安全管理规范》。

AQ 3023—2008《化学品生产单位动土作业安全规范》：

4.3　作业前，项目负责人应对作业人员进行安全教育。

Q/SY 08247—2018《挖掘作业安全管理规范》：

5.1.1　挖掘作业实行作业许可，并办理挖掘作业许可证，地面挖掘深度不超过 0.5m 除外。

5.8.2　挖掘作业许可证的有效期限一般不超过一个班次。如果在书面审查和现场核查过程中，经确认需要更多的时间进行作业，应根据作业性质、作业风险、作业时间，经相关各方协商一致确定许可证的有效期限。

Q/SY 08240—2018《作业许可管理规范》：

5.1.2　如果工作中包含下列工作，还应同时办理专项作业许可证：

——进入受限空间；

——高处作业；

——移动式吊装作业；

——管线打开；

——临时用电；

——动火作业。

（2）作业前，核查各项安全防护措施的落实情况：

——对施工现场中存在的危险因素全面辨识，制订落实防范控制措施；

——挖掘前，施工单位、作业场所所属单位应对作业人员进行安全教育和安全技术交底；

——现场作业人员清楚作业风险，熟悉相关安全管理制度，正确穿戴劳保防护服和使用劳动保护用品；

——挖掘作业现场应设置护栏、盖板和明显的警示标志，夜间应悬挂红灯警示。

监督依据标准：Q/SY 08247—2018《挖掘作业安全管理规范》。

5.1.2 挖掘工作开始前应进行工作安全分析，根据分析结果，确定应采取的相关措施，必要时制定挖掘方案。

5.1.3 挖掘工作开始前，应保证现场相关人员拥有最新的地下设施布置图，明确标注地下设施的位置、走向及可能存在的危害，必要时可采用探测设备进行探测。在铁路路基2m内的挖掘作业，须经铁路管理部门审核同意。

5.1.4 对地下情况复杂、危险性较大的挖掘项目，施工区域主管部门根据情况，组织电力、生产、机动设备、调度、消防和隐蔽设施的主管部门联合进行现场地下设施交底，根据施工区域地质、水文、地下管道、埋设电力电缆、永久性标桩、地质和地震部门设置的长期观测孔等情况，向施工单位提出具体要求。

5.1.5 施工区域所在单位应指派一名监督人员，对开挖处、邻近区域和保护系统进行检查，发现异常危险征兆，应立即停止作业。连续挖掘超过一个班次的挖掘作业，每日作业前应进行安全检查。

5.1.8 在坑、沟槽内作业应正确穿戴安全帽、防护鞋、手套等个人防护装备。

5.3.1 挖掘前应确定附近结构物是否需要临时支撑，必要时由有资质的专业人员对邻近结构物基础进行评价并提出保护措施建议。

5.7.2 挖掘作业现场应设置护栏、盖板和明显的警示标志。在人员密集场所或区域施工时，夜间应悬挂红灯警示。

5.7.3 挖掘作业如果阻断道路，应设置明显的警示和禁行标志，对于确需通行车辆的道路，应铺设临时通行设施，限制通行车辆吨位，并安排专人指挥车辆通行。

5.7.4 采用警示路障时，应将其安置在距开挖边缘至少1.5m之外。如果采用废石堆作为路障，其高度不得低于1m。在道路附近作业时应穿戴警示背心。

（3）作业过程中，检查各项安全措施的落实情况：

——挖掘临近地下隐蔽工程或地下情况不明时，应采用人工方式进行；

——对挖掘作业过程中暴露出管线、电缆或其他识别不清的物体时，应立即停止作业，并重新确认、采取相应的保护措施；

——定期对可燃气体和有毒有害物质进行检测，作业中保持良好通风；

——在挖掘较深的坑、槽、井、沟时，必须设置两个方向以上的逃生通道，对于作业场所不具备设置逃生通道的，应设置逃生梯等逃生装置，并安排专人监护作业；

——现场应根据挖掘深度和土质类别设置斜坡和台阶、支持和挡板等保护系统，挖掘深度超过6m的应由有资质的专业人员设计保护系统；

——在易引发塌陷、滑坡等地质灾害部位作业时,应安排专人对作业环境进行观察和检测,并对异常情况采取有效的措施。

监督依据标准:AQ 3023—2008《化学品生产单位动土作业安全规范》、Q/SY 08247—2018《挖掘作业安全管理规范》。

AQ 3023—2008《化学品生产单位动土作业安全规范》:

4.9.6 作业现场应保持通风良好,并对可能存在有毒有害物质的区域进行监测。发现有毒有害气体时,应立即停止作业,待采取了可靠的安全措施后方可作业。

4.10 作业人员多人同时挖土应相距在2m以上,防止工具伤人。作业人员发现异常时,应立即撤离作业现场。

4.11 在危险场所动土时,应有专业人员现场监护,当所在生产区域发生突然排放有害物质时,现场监护人员应立即通知动土作业人员停止作业,迅速撤离现场,并采取必要的应急措施。

Q/SY 08247—2018《挖掘作业安全管理规范》:

5.1.6 应用手工工具(例如铲子、锹、尖铲)来确认1.2m以内的任何地下设施的正确位置和深度。

5.1.7 所有暴露后的地下设施都应及时予以确认,不能辨识时,应立即停止作业,并报告施工区域所在单位,采取相应安全保护措施后,方可重新作业。

5.1.8 不应在坑、沟槽内休息,不得在升降设备、挖掘设备下或坑、沟槽上端边沿站立、走动。

5.2.1 对于挖掘深度6m以内的作业,为防止挖掘作业面发生坍塌,应根据土质的类别设置斜坡和台阶、支持和挡板等保护系统。对于挖掘深度超过6m所采取的保护系统,应由有资质的专业人员设计。

5.2.2 在稳固岩层中挖掘或挖掘深度小于1.5m,且已经过施工单位技术负责人员检查,认定没有坍塌可能性时,不需要设置保护系统。作业负责人应在挖掘作业许可证上说明理由。

5.2.6 如果需要临时拆除个别构件,应先安装替代构件,以承担加载在支撑系统上的负荷。工程完成后,应自下而上拆除保护性支撑系统,回填和支撑系统的拆除应同步进行。

5.2.7 挖出物或其他物料至少应距坑、沟槽边沿1m,堆积高度不得超过1.5m,坡度不大于45°,不得堵塞下水道、窨井以及作业现场的逃生通道和消防通道。

5.2.8 在坑、沟槽的上方,附近放置物料和其他重物或操作挖掘机械、起重机、卡车时,应在边沿安装板桩并加以支撑和固定,设置警示标志或障碍物。

5.3.2 如果挖掘作业危及邻近的房屋、墙壁、道路或其他结构物,应使用支撑系统或其他保护措施,如支撑、加固或托换基础来确保这些结构物的稳固性,并保护员工免受伤害。

5.3.3 不得在邻近建筑物基础的水平面下或挡土墙的底脚下进行挖掘,除非在稳固的岩层上挖掘或已经采取了下列预防措施:

——提供诸如托换基础的支撑系统;

——建筑物距挖掘处有足够的距离;

——挖掘工作不会对员工造成伤害。

5.4.1 挖掘深度超过 1.2m 时,应在合适的距离内提供梯子、台阶或坡道等,用于安全进出。

5.4.2 作业场所不具备设置进出口条件,应设置逃生梯、救生索及机械升降装置等,并安排专人监护作业,始终保持有效的沟通。

5.4.3 当允许员工、设备在挖掘处上方通过时,应提供带有标准栏杆的通道或桥梁,并明确通行限制条件。

5.5.1 雷雨天气应停止挖掘作业,雨后复工时,应检查受雨水影响的挖掘现场,监督排水设备的正确使用,检查土壁稳定和支撑牢固情况。发现问题,要及时采取措施,防止骤然崩坍。

5.5.2 如果有积水或正在积水,应采用导流渠,构筑堤防或其他适当的措施,防止地表水或地下水进入挖掘处,并采取适当的措施排水,方可进行挖掘作业。

5.6.1 对深度超过 1.2m 可能存在危险性气体的挖掘现场,应进行气体检测,并依据检测结果采取相应安全措施。

5.6.2 在填埋区域、危险化学品生产、储存区域等可能产生危险性气体的施工区域挖掘时,应对作业环境进行气体检测,并采取相关措施,如使用呼吸器、通风设备和防爆工具等。

5.7.1 采用机械设备挖掘时,应确认活动范围内没有障碍物(如架空线路、管架等)。

5.8.3 当作业环境发生变化、安全措施未落实或发生事故,应及时取消作业许可,停止作业,并应通知相关方。

(4)作业结束后,检查完工安全措施的情况。

监督依据标准:Q/SY 08247—2018《挖掘作业安全管理规范》。

5.1.9 施工结束后,应根据要求及时回填,并恢复地面设施。若地下隐蔽设施有变化,施工单位应将变化情况向作业区域所在单位通报,以完善地下设施布置图。

5.8.4　挖掘工作结束后，申请人和批准人（或其授权人）在现场验收合格后，双方签字关闭挖掘作业许可证。

（五）典型的"三违"行为

（1）不办理挖掘作业许可手续，擅自进行作业。

（2）对地下管道、线路的走向、埋深不清楚，擅自进行挖掘作业。

（3）支护和放坡不合适、作业机械选择不正确、作业场所的机动车道和人行道未设路障等安全防护措施落实不到位，实施作业。

（4）涉及其他危险作业时，未同时办理相关许可票证。

（六）典型事故案例

违章挖掘作业，挖穿丙烯管道引起爆炸，案例分析如下：

（1）事故经过：2010年7月28日10时11分左右，某工程公司在平整拆迁土地过程中，挖掘机挖穿了地下丙烯管道，丙烯泄漏后遇到明火发生爆燃，造成13人死亡，120人住院治疗。

（2）主要原因：挖掘前，未辨识出可能危及挖掘区域内的风险；未办理作业许可票；违规组织实施拆除工程；属地单位同施工方的安全交底不清晰，且对管辖区域内的野蛮施工未加制止等。

（3）事故教训：挖掘作业前，应先辨识风险；按规定办理作业许可票；施工方与属地单位安全交底要清晰。

八、起重/吊装作业

（一）主要风险

（1）因吊装机具未检查，索具和卡具破损，导致的重物坠落。

（2）因吊装区域围护未完好，导致人员伤害。

（3）因吊车支腿未按要求支撑，支腿倾斜造成车辆倾倒，起吊物高空坠落。

（4）因起吊前未认真检查吊点，不合理的吊点导致被吊物重心偏移，引起高空坠物。

（5）因作业人员未持有操作证、操作证过期，或在现场不正确的指挥，导致被吊物件高空坠落。

（6）因过早松钩，导致被吊件倾斜倒塌。

（二）监督内容

（1）检查起重吊装作业专项施工方案是否按规定进行审核、审批。

（2）检查起重吊装所用设备（机具）是否符合作业性质要求，并经检测检验合格。

（3）检查起重吊装设备（机具）各机构、零部件是否齐全，安全装置是否灵敏可靠，钢丝绳、地锚、索具等是否相互匹配，机械性能是否完好。

（4）检查吊装作业许可审批办理。

（5）检查起重吊装作业人员是否持证上岗，劳动防护用品是否穿戴整齐。

（6）检查起重吊装作业现场警戒隔离设置、人员安全站位，专人实施监护。

（7）检查起重吊装作业严格执行安全操作规程及相关安全标准。

（三）主要监督依据

《中华人民共和国安全生产法》（中华人民共和国主席令第 13 号〔2014〕）；

《建设工程安全生产管理条例》（中华人民共和国国务院令第 393 号）；

《危险性较大的分部分项工程安全管理规定》（中华人民共和国住建部令第 37 号〔2018〕）

《建筑起重机械安全监督管理规定》（中华人民共和国建设部令第 166 号〔2008〕）；

GB/T 6067.1—2010《起重机械安全规程 第 1 部分：总则》；

GB 50656—2011《施工企业安全生产管理规范》；

JGJ 276—2012《建筑施工起重吊装安全技术规范》；

JGJ 46—2005《施工现场临时用电安全技术规范》；

Q/SY 08238—2018《工作前安全分析管理规范》；

Q/SY 08248—2018《移动式起重机吊装作业安全管理规范》。

（四）监督控制要点

（1）监督检查起重吊装作业前专项施工方案审核、审批。

> 监督依据标准：《危险性较大的分部分项工程安全管理规定》（中华人民共和国住建部令第 37 号〔2018〕）、GB/T 6067.1—2010《起重机械安全规程 第 1 部分：总则》、JGJ 276—2012《建筑施工起重吊装安全技术规范》、Q/SY 08248—2018《移动式起重机吊装作业安全管理规范》。
>
> 《危险性较大的分部分项工程安全管理规定》（中华人民共和国住建部令第 37 号〔2018〕）：
>
> 第十条　施工单位应当在危大工程施工前组织工程技术人员编制专项施工方案。
>
> 实行施工总承包的，专项施工方案应当由施工总承包单位组织编制。危大工程实行分包的，专项施工方案可以由相关专业分包单位组织编制。
>
> 附件一　危险性较大的分部分项工程范围

三、起重吊装及起重机械安装拆卸工程

（一）采用非常规起重设备、方法，且单件起吊重量在10kN及以上的起重吊装工程。

（二）采用起重机械进行安装的工程。

（三）起重机械安装和拆卸工程。

附件二 超过一定规模的危险性较大的分部分项工程范围

三、起重吊装及起重机械安装拆卸工程

（一）采用非常规起重设备、方法，且单件起吊重量在100kN及以上的起重吊装工程。

（二）起重量300kN及以上，或搭设总高度200m以上，或搭设基础标高在200m及以上的起重机械安装和拆卸工程。

GB/T 6067.1—2010《起重机械安全规程 第1部分：总则》：

11.2 起重作业计划

所有起重作业计划应保证安全操作并充分考虑到各种危险因素。计划应由有经验的主管人员制定。如果是重复或例行操作，这个计划仅需首次制定就可以，然后进行周期性的复查以保证没有改变的因素。

计划应包括如下：

a）载荷的特征和起吊方法；

b）起重机应保证载荷与起重机结构之间保持符合有关规定的作业空间；

c）确定起重机起吊的载荷质量时，应包括起吊装置的质量；

d）起重机和载荷在整个作业中的位置；

e）起重机作业地点应考虑可能的危险因素、实际的作业空间环境和地面或基础的适用性；

f）起重机所需要的安装和拆卸；

g）当作业地点存在或出现不适宜作业的环境情况时，应停止作业。

14 起重机械的选用

所需各种类型起重机械的性能和形式在满足其工作要求的同时，还应满足安全要求。

选用起重机械应考虑下列内容：

a）载荷的质量、规格和特点；

b）工作速度、工作半径、跨度、起升高度和工作区域；

c）整机工作级别、结构件工作级别、机构工作级别；

d）起重机械的工作时间或永久安装的起重机械的预期工作寿命；

e）场地和环境条件（温度、湿度、海拔、腐蚀性、易燃易爆等）或现有建筑物形成的障碍；

f）起重机的通道、安装、运行、操作和拆卸所占用的空间；

g）其他特殊操作要求或强制性规定。

JGJ 276—2012《建筑施工起重吊装安全技术规范》：

3.0.1 必须编制吊装作业施工组织设计，并应充分考虑施工现场的环境、道路、架空电线等情况。作业前应进行技术交底；作业中，未经技术负责人批准，不得随意更改。

Q/SY 08248—2018《移动式起重机吊装作业安全管理规范》：

5.4.3.2 较复杂的吊装作业还应编制吊装作业计划（HSE作业计划书）。

5.4.4 关键性吊装作业。

符合下列条件之一的，应视为关键性吊装作业。

——货物载荷达到额定起重能力的75%。

——货物需要一台以上的起重机联合起吊的。

——吊臂和货物与管线、设备或输电线路的距离小于规定的安全距离。

——吊臂越过障碍物起吊，操作员无法目视且仅靠指挥信号操作。

——起吊偏离制造厂家的要求，如吊臂的组成与说明书中吊臂的组合不同；使用的吊臂长度超过说明书中的规定等。

（2）督促检查施工单位按照制订的起重吊装专项方案开展工作前安全分析，并对所有作业人员进行安全技术、措施交底，并确定作业岗位人员分工，明确职责及相互协作配合要求。

监督依据标准：《危险性较大的分部分项工程安全管理规定》（中华人民共和国住建部令第37号〔2018〕）、JGJ 276—2012《建筑施工起重吊装安全技术规范》、Q/SY 08238—2018《工作前安全分析管理规范》。

《危险性较大的分部分项工程安全管理规定》（中华人民共和国住建部令第37号〔2018〕）：

第十五条 专项方案实施前，编制人员或项目技术负责人应当向现场管理人员和作业人员进行安全技术交底。

JGJ 276—2012《建筑施工起重吊装安全技术规范》：

3.0.1 必须编制吊装作业施工组织设计，并应充分考虑施工现场的环境、道路、架空电线等情况。作业前应进行技术交底；作业中，未经技术负责人批准，不得随意更改。

3.0.2 参加起重吊装的人员应经过严格培训，取得培训合格证后，方可上岗。

Q/SY 08238—2018《工作前安全分析管理规范》:

5.3.3 工作前安全分析小组识别该工作任务关键环节的危险因素,并填写工作前安全分析表。识别危害因素时应充分考虑人员、设备、材料、环境、方法五个方面和正常、异常、紧急三种状态。

5.3.4 对存在潜在危害的关键活动或重要步骤进行风险评价。根据判别标准确定初始风险等级和风险能否接受。

5.3.5 工作前安全分析小组应对识别出的每个风险制定控制措施,将风险降低到可以接受的范围。在选择风险控制措施时,应考虑控制措施的优先顺序。

5.4.2 作业前应召开班前会,进行有效的沟通。

(3)检查起重机械经有相应资质的检验检测机构监督检验合格,相关单位联合验收合格,办理的使用登记备案标志置于或者附着于该设备的显著位置。

监督依据标准:《建设工程安全生产管理条例》(中华人民共和国国务院令第393号)、《建筑起重机械安全监督管理规定》(中华人民共和国建设部令第166号〔2008〕)、Q/SY 08248—2018《移动式起重机吊装作业安全管理规范》。

《建设工程安全生产管理条例》(中华人民共和国国务院令第393号):

第十八条 施工起重机械和整体提升脚手架、模板等自升式架设设施的使用达到国家规定的检验检测期限的,必须经具有专业资质的检验检测机构检测。经检测不合格的,不得继续使用。

第三十五条 《特种设备安全监察条例》规定的施工起重机械,在验收前应当经有相应资质的检验检测机构监督检验合格。

《建筑起重机械安全监督管理规定》(中华人民共和国建设部令第166号〔2008〕):

第十七条 使用单位应当自建筑起重机械安装验收合格之日起30日内,将建筑起重机械安装验收资料、建筑起重机械安全管理制度、特种作业人员名单等,向工程所在地县级以上地方人民政府建设主管部门办理建筑起重机械使用登记。登记标志置于或者附着于该设备的显著位置。

Q/SY 08248—2018《移动式起重机吊装作业安全管理规范》:

5.3.7 在起重机的明显位置应有金属铭牌。铭牌的内容包括起重机名称、型号、额定起重能力、制造厂名、出厂日期及其他内容。起重机拥有单位应建立起重机及专用辅具的设备技术信息档案,主要包括下列内容:

——起重机出厂技术文件,如产品合格证、图纸、质量证明书、安装和使用说明书、特种设备检验合格证等。

5.4.1 起重机类型选择。

作业前,吊装作业单位应根据作业性质选择起重机的类型,优先顺序如下:

——液压操纵伸缩臂轮胎式起重机。

——液压操纵固定臂轮胎式起重机(或履带式起重机)。

——摩擦牵引或机械操纵固定臂轮胎式起重机。

在某些工作场合也可使用衍架吊臂起重机,但在选择摩擦牵引或机械操纵的衍架吊臂起重机之前,应进行风险评估。

（4）检查起重吊装设备、吊具、吊钩、安全防护设施的完好性。

监督依据标准:《建设工程安全生产管理条例》(中华人民共和国国务院令第393号)、《建筑起重机械安全监督管理规定》(中华人民共和国建设部令第166号〔2008〕)、GB/T 6067.1—2010《起重机械安全规程 第1部分:总则》、JGJ 276—2012《建筑施工起重吊装安全技术规范》、Q/SY 08248—2018《移动式起重机吊装作业安全管理规范》。

《建设工程安全生产管理条例》(中华人民共和国国务院令第393号):

第三十四条 施工单位采购、租赁的安全防护用具、机械设备、施工机具及配件,应当具有生产(制造)许可证、产品合格证,并在进入施工现场前进行查验。

施工现场的安全防护用具、机械设备、施工机具及配件必须由专人管理,定期进行检查、维修和保养,建立相应的资料档案,并按照国家有关规定及时报废。

《建筑起重机械安全监督管理规定》(中华人民共和国建设部令第166号〔2008〕):

第十九条 使用单位应当对在用的建筑起重机械及其安全保护装置、吊具、索具等进行经常性和定期的检查、维护和保养,并做好记录。

GB/T 6067.1—2010《起重机械安全规程 第1部分:总则》:

4.1 起重机械各机构的构成与布置,均应满足使用需要,保证安全可靠。

4.2.1.5 钢丝绳端部的固定和连接应符合如下要求:

a）用绳夹连接时,应满足表1的要求,同时应保证连接强度不小于钢丝绳最小破断拉力的85%。

表1 钢丝绳夹连接时的安全要求

钢丝绳公称直径/mm	≤19	19～32	32～38	38～44	44～60
钢丝绳夹最少数量/组	3	4	5	6	7

注:钢丝绳夹夹座应在受力绳头一边;每两个钢丝绳夹的间距应不小于钢丝绳直径的6倍。

b）用编结连接时，编结长度不应小于钢丝绳直径的 15 倍，并且不小于 300mm。连接强度不应小于钢丝绳最小破断拉力的 75%。

4.2.4.1　钢丝绳在卷筒上应能按顺序整齐排列。只缠绕一层钢丝绳的卷筒，应作出绳槽。用于多层缠绕的卷筒，应采用适用的排绳装置或便于钢丝绳自动转层缠绕的凸缘导板结构等措施。

4.2.4.2　多层缠绕的卷筒，应有防止钢丝绳从卷筒端部滑落的凸缘。当钢丝绳全部缠绕在卷筒后，凸缘应超出最外面一层钢丝绳，超出的高度不应小于钢丝绳直径的 1.5 倍（对塔式起重机是钢丝绳直径的 2 倍）。

4.2.4.3　卷筒上钢丝绳尾端的固定装置，应安全可靠并有防松或自紧的性能。如果钢丝绳尾端用压板固定，固定强度不应低于钢丝绳最小破断拉力的 80%，且至少应有两个相互分开的压板夹紧，并用螺栓将压板可靠固定。

4.2.5.1　滑轮应有防止钢丝绳脱出绳槽的装置或结构。在滑轮罩的侧板和圆弧顶板等处与滑轮本体的间隙不应超过钢丝绳公称直径的 0.5 倍。

4.2.6.1　动力驱动的起重机，其起升、变幅、运行、回转机构都应装可靠的制动装置（液压缸驱动的除外）；当机构要求具有载荷支持作用时，应装设机械常闭式制动器。在运行、回转机构的传动装置中有自锁环节的特殊场合，如能确保不发生超过许用应力的运动或自锁失效，也可以不用制动器。

8.8.7　对于安装在野外且相对周围地面处在较高位置的起重机，应考虑避免雷击对其高位部件和人员造成损坏和伤害，特别是如下情况：

—— 易遭雷击的结构件（例如：臂架的支承缆索）；

—— 连接大部件之间的滚动轴承和车轮（例如：支承回转大轴承，运行车轮轴承）；

—— 为保证人身安全起重机运行轨道应可靠接地。

8.8.8　对于保护接零系统，起重机械的重复接地或防雷接地的接地电阻不大于 10Ω。对于保护接地系统的接地电阻不大于 4Ω。

9.2.2　运行行程限位器

起重机和起重小车（悬挂型电动葫芦运行小车除外），应在每个运行方向装设运行行程限位器，在达到设计规定的极限位置时自动切断前进方向的动力源。

9.2.3.1　对动力驱动的动臂变幅的起重机（液压变幅除外），应在臂架俯仰行程的极限位置处设臂架低位置和高位置的幅度限位器。

9.2.3.2　对采用移动小车变幅的塔式起重机，应装设幅度限位装置以防止可移动的起重小车快速达到其最大幅度或最小幅度处。

9.2.6　回转限位

需要限制回转范围时，回转机构应装设回转角度限位器。

9.2.9　防碰撞装置

当两台或两台以上的起重机械或起重小车运行在同一轨道上时,应装设防碰撞装置。

9.2.10　缓冲器及端部止挡

在轨道上运行的起重机的运行机构、起重小车的运行机构及起重机的变幅机构等均应装设缓冲器或缓冲装置。

9.3.1　起重量限制器

对于动力驱动的 1t 及以上无倾覆危险的起重机械应装设起重量限制器。对于有倾覆危险的且在一定的幅度变化范围内额定起重量不变化的起重机械也应装设起重量限制器。

9.3.2　起重力矩限制器

额定起重量随工作幅度变化的起重机,应装设起重力矩限制器。

9.4.2　防倾翻安全钩

起重吊钩装在主梁一侧的单主梁起重机、有抗震要求的起重机及其他有类似防止起重小车发生倾翻要求的起重机,应装设防倾翻安全钩。

9.6.7　防护罩

在正常工作或维修时,为防止异物进入或防止其运行对人员可能造成危险的零部件,应设有保护装置。起重机上外露的、有可能伤人的运动零部件,如开式齿轮、联轴器、传动轴、链轮、链条、传动带、皮带轮等,均应装设防护罩 / 栏。

在露天工作的起重机上的电气设备应采取防雨措施。

JGJ 276—2012《建筑施工起重吊装安全技术规范》:

3.0.3　作业前,应检查起重吊装所使用的起重机滑轮、吊索、卡环和地锚等,应确保其完好,符合安全要求。

3.0.9　起吊前,应对起重机钢丝绳及连接部位和索具设备进行检查。

Q/SY 08248—2018《移动式起重机吊装作业安全管理规范》:

5.1.2　使用前起重机各项性能均应检查合格。吊装作业应遵循制造厂家规定的最大负荷能力,以及最大吊臂长度限定要求。

5.2.1.1　设备技术人员、起重机司机在下列情况下应对起重机进行使用前的外观检查:

——新购置的。

——大修、改造后。

——移动到另一个现场。

——连续使用时间在 1 个月以上。

（5）检查起重吊装作业司机、司索、指挥等人员持证，以及劳保穿戴。

监督依据标准：《中华人民共和国安全生产法》（中华人民共和国主席令第 13 号〔2014〕）、《建设工程安全生产管理条例》（中华人民共和国国务院令第 393 号）、《建筑起重机械安全监督管理规定》（中华人民共和国建设部令第 166 号〔2008〕）、GB 50656—2011《施工企业安全生产管理规范》、JGJ 276—2012《建筑施工起重吊装安全技术规范》。

《中华人民共和国安全生产法》（中华人民共和国主席令第 13 号〔2014〕）：

第四十二条　生产经营单位必须为从业人员提供符合国家标准或者行业标准的劳动防护用品，并监督、教育从业人员按照使用规则佩戴、使用。

《建设工程安全生产管理条例》（中华人民共和国国务院令第 393 号）：

第二十五条　垂直运输机械作业人员、安装拆卸工、爆破作业人员、起重信号工、登高架设作业人员等特种作业人员，必须按照国家有关规定经过专门的安全作业培训，并取得特种作业操作资格证书后，方可上岗作业。

《建筑起重机械安全监督管理规定》（中华人民共和国建设部令第 166 号〔2008〕）：

第二十五条　建筑起重机械安装拆卸工、起重信号工、起重司机、司索工等特种作业人员应当经建设主管部门考核合格，并取得特种作业操作资格证书后，方可上岗作业。特种作业人员的特种作业操作资格证书由国务院建设主管部门规定统一的样式。

GB 50656—2011《施工企业安全生产管理规范》：

7.0.7　企业的下列人员上岗前还应满足下列要求：

1　企业主要负责人、项目负责人和专职安全生产管理人员必须经安全生产知识和管理能力考核合格，依法取得安全生产考核合格证书；

2　企业的技术和相关管理人员必须具备与岗位相适应的安全管理知识和能力，依法取得必要的岗位资格证书；

3　特种作业人员必须经安全技术理论和操作技能考核合格，依法取得建筑施工特种作业人员操作资格证书。

JGJ 276—2012《建筑施工起重吊装安全技术规范》：

3.0.4　起重作业人员必须穿防滑鞋、戴安全帽，高处作业应佩挂安全带，并应系挂可靠和严格遵守高挂低用。

4.1.2　起重机司机应持证上岗，严禁非驾驶人员驾驶、操作起重机。

（6）检查起重吊装作业许可办理以及安全措施落实。

监督依据标准：GB/T 6067.1—2010《起重机械安全规程　第 1 部分：总则》、JGJ 276—2012《建筑施工起重吊装安全技术规范》、Q/SY 08248—2018《移动式起重机吊装作业安全管理规范》。

GB/T 6067.1—2010《起重机械安全规程 第1部分：总则》：

10.1.4 应在起重机的合适位置或工作区域设有明显可见的文字安全警示标志，如"起升物品下方严禁站人""臂架下方严禁停留""作业半径内注意安全""未经许可不得入内"等。在起重机的危险部位，应有安全标志和危险图形符号。安全标志的颜色，应符合 GB 2893 的规定。

JGJ 276—2012《建筑施工起重吊装安全技术规范》：

3.0.5 吊装作业区四周应设置明显标志，严禁非操作人员入内。夜间施工必须有足够的照明。

Q/SY 08248—2018《移动式起重机吊装作业安全管理规范》：

5.1.1 移动式起重机吊装作业实行作业许可管理，吊装前需办理吊装作业许可证。

5.1.6 起重机吊臂回转范围内应采用警戒带或其他方式隔离，无关人员不得进入该区域内。

5.4.3.1 进入作业区域之前，应对基础地面及地下土层承载力进行评估。在正式开始吊装作业前，司机应巡视工作场所，确认支腿是否垫枕木，发现问题应及时整改。

5.4.3.4 起重机吊臂回转范围内应采用警戒带或其他方式隔离，无关人员不得进入该区域内。

5.6.1 许可证申请：任何非固定场所的临时吊装作业都应办理吊装作业许可证。许可证的申请应由吊装作业负责人办理，申请前应准备好相关作业许可证以及以下相关资料：

——风险评估结果（工作安全分析）。

——吊装作业计划或关键性吊装作业计划（HSE作业计划书）。

——起重机外观检查结果、钢丝绳和吊钩检查结果。

——相关安全培训记录。

5.7.3 起重指挥人员：——接受专业技术培训及考核，持证上岗。

5.7.4 司索人员（起重工）：——接受专业技术培训及考核，持证上岗。

（7）检查起重吊装作业过程是否符合要求。

① 检查起重吊装过程中使用的专用吊索、吊具，固定牢靠，操作平稳，防止磕碰及吊索滑落。

监督依据标准：JGJ 276—2012《建筑施工起重吊装安全技术规范》、Q/SY 08248—2018《移动式起重机吊装作业安全管理规范》。

JGJ 276—2012《建筑施工起重吊装安全技术规范》：

3.0.8 绑扎所用的吊索、卡环、绳扣等的规格应按计算确定。

3.0.9 起吊前,应对起重机钢丝绳及连接部位和索具设备进行检查。

4.1.3 起重机在每班开始作业时,应先试吊,确认制动器灵敏可靠后,方可进行作业。作业时不得擅自离岗和保养机车。

Q/SY 08248—2018《移动式起重机吊装作业安全管理规范》:

5.7.4 司索人员(起重工):

——接受专业技术培训和考核,持证上岗。

——测算货物质量与起重机额定起吊质量是否相符,根据货物的质量、体积和形状等情况选择合适的吊具与吊索。

——检查吊具、吊索与货物的捆绑或吊挂情况。

②监督施工作业人员,严禁在吊物下方及吊臂旋转范围内停留或走动。

监督依据标准:JGJ 276—2012《建筑施工起重吊装安全技术规范》、Q/SY 08248—2018《移动式起重机吊装作业安全管理规范》。

JGJ 276—2012《建筑施工起重吊装安全技术规范》:

3.0.5 吊装作业区四周应设置明显标志,严禁非操作人员入内。夜间施工必须有足够的照明。

3.0.21 严禁在吊起的构件上行走或站立,不得用起重机载运人员,不得在构件上堆放或悬挂零星物件。

3.0.23 严禁在已吊起的构件下面或起重臂下旋转范围内作业或行走。

Q/SY 08248—2018《移动式起重机吊装作业安全管理规范》:

5.3.6 起重机处于工作状态时,不应进行维护、修理及人工润滑。停机维护时应采取下列安全预防措施:

——起重机应转移到安全区域,将吊臂下降至支架上,在吊臂无法下降的情况下,应尽可能将吊钩滑轮组下降至地面,否则应将吊钩滑轮组机械固定。

——将所有控制器置于空挡位置并关闭开关,锁定启动器,取下点火钥匙。

——安装或拆卸吊臂时,应将吊臂垫实或固定牢靠,严禁人员在吊臂上下方停留或通过。

——手、脚、衣服应远离齿轮、绳索、绳鼓和滑轮组。

——不应用手穿钢丝绳,应使用木棒或铁棍排绳。

——在重新启动前,应安装好防护装置和面板,并通知周围人员撤离至安全位置。

——凡2m以上的高处维修作业,应采取防坠落措施。

——其他。

5.4.3.4 起重机吊臂回转范围内应采用警戒带或其他方式隔离,无关人员不得进入该区域内。

5.4.3.7 任何人员不得在悬挂的货物下工作、站立、行走,不得随同货物或起重机械升降。

③检查督促起重吊装作业人员严格执行有关安全操作规程。

监督依据标准:GB/T 6067.1—2010《起重机械安全规程 第1部分:总则》、JGJ 276—2012《建筑施工起重吊装安全技术规范》、Q/SY 08248—2018《移动式起重机吊装作业安全管理规范》。

GB/T 6067.1—2010《起重机械安全规程 第1部分:总则》:

17.2.1 载荷在吊运前应通过各种方式确认起吊载荷的质量。同时,为了保证起吊的稳定性,应通过各种方式确认起吊载荷质心,确立质心后,应调整起升装置,选择合适的起升系挂位置,保证载荷起升时均匀平衡,没有倾覆的趋势。

17.3.1 在多台起重机械的联合起升操作中,由于起重机械之间的相互运动可能产生作用于起重机械、物品和吊索具上的附加载荷,而这些附加载荷的监控是困难的。因此,只有在物品的尺寸、性能、质量或物品所需要的运动由单台起重机械无法操作时才使用多台起重机械操作。

JGJ 276—2012《建筑施工起重吊装安全技术规范》:

3.0.13 吊装大、重、新结构构件和采用新的吊装工艺时,应先进行试吊,确认无问题后,方可正式起吊。

3.0.14 大雨天、雾天、大雪天及六级以上大风天等恶劣天气应停止吊装作业。雨雪过后作业前,应先试吊,确认制动器灵敏可靠后方可进行作业。

3.0.15 吊起的构件应确保在起重机吊杆顶的正下方,严禁采用斜拉、斜吊,严禁起吊埋于地下或黏结在地面上的构件。

3.0.16 起重机靠近架空输电线路作业或在架空输电线路下行走时,必须与架空输电线始终保持不小于国家现行标准《施工现场临时用电安全技术规范》(JGJ46)规定的安全距离。当需要在小于规定的安全距离范围内进行作业时,必须采取严格的安全保护措施,并应经供电部门审查批准。

3.0.17 采用双机抬吊时,宜选用同类型或性能相近的起重机,负载分配应合理,单机载荷不得超过额定起重量的80%。两机应协调起吊和就位,起吊的速度应平稳缓慢。

3.0.18 严禁超载吊装和起吊重量不明的重大构件和设备。

3.0.25 高处作业所使用的工具和零配件等,必须放在工具袋(盒)内,严防掉落,并严禁上下抛掷。

3.0.26 吊装中的焊接作业应选择合理的焊接工艺,避免发生过大的变形,冬季焊接应有焊前预热(包括焊条预热)措施,焊接时应有防风防水措施,焊后应有保温措施。

3.0.29 高处安装中的电、气焊作业,应严格采取安全防火措施,在作业处下面周围10m范围内不得有人。

3.0.30 对起吊物进行移动、吊升、停止、安装时的全过程应用旗语或通用手势信号进行指挥,信号不明不得起动,上下相互协调联系应采用对讲机。

4.1.5 自行式起重机的使用应符合下列规定:

1 起重机工作时的停放位置应与沟渠、基坑保持安全距离。且作业时不得停放在斜坡上进行。

2 作业前应将支腿全部伸出,并支垫牢固。调整支腿应在无载荷时进行,并将起重臂全部缩回转至正前或正后,方可调整。作业过程中发现支腿沉陷或其他不正常情况时,应立即放下吊物,进行调整后,方可继续作业。

4 工作时起重臂的最大和最小仰角不得超过其额定值,如无相应资料时,最大仰角不得超过78°,最小仰角不得小于45°。

7 汽车式起重机进行吊装作业时,行走驾驶室内不得有人,吊物不得超越驾驶室上方,并严禁带载行驶。

4.1.6 塔式起重机的使用应符合国家现行标准《塔式起重机安全规程》GB 5144、《建筑施工塔式起重机安装、使用、拆卸安全技术规程》JGJ 196及《建筑机械使用安全技术规程》JGJ 33中的相关规定。

4.4.3 倒链(手动葫芦)的使用应符合下列规定:

1 使用前应进行检查,倒链的吊钩、链条、轮轴、链盘等应无锈蚀、裂纹、损伤,传动部分应灵活正常,否则严禁使用。

2 起吊构件至起重链条受力后,应仔细检查,确保齿轮啮合良好,自锁装置有效后,方可继续作业。

3 在-10℃以下时,起重量不得超过其额定起重值的一半,其他情况下,不得超过其额定起重值。

4 应均匀和缓地拉动链条,并应与轮盘方向一致。不得斜向曳动,应防止跳链、掉槽、卡链现象发生。

5 倒链起重量或起吊构件的重量不明时,只可一人拉动链条,如一人拉不动应查明原因,严禁两人或多人一齐猛拉。

6 齿轮部分应经常加油润滑,棘爪、棘爪弹簧和棘轮应经常检查,严防制动失灵。

7 倒链使用完毕后应拆卸清洗干净,并上好润滑油,装好后套上塑料罩挂好,妥善保管。

4.4.6 千斤顶的使用应符合下列规定:

1 使用前后应拆洗干净,损坏和不符合要求的零件应予以更换,安装好后应检查各部配件运转是否灵活,对油压千斤顶还应检查阀门、活塞、皮碗是否完好,油液是否干净,稠度是否符合要求,若在负温情况下使用时,油液应不变稠、不结冻。

2 选择千斤顶,应符合下列规定:

1)千斤顶的额定起重量应大于起重构件的重量,起升高度应满足要求,其最小高度应与安装净空相适应。

2)采用多台千斤顶联合顶升时,应选用同一型号的千斤顶,每台的额定起重量不得小于所分担构件重量的 1.2 倍。

3)千斤顶应放在平整坚实的地面上,底座下应垫枕木或钢板,以加大承压面积,防止千斤顶下陷或歪斜。与被顶升构件的光滑面接触时,应加垫硬木板,严防滑落。

4)设顶处必须是坚实部位,载荷的传力中心应与千斤顶轴线一致,严禁载荷偏斜。

5)顶升时,应先轻微顶起后停住,检查千斤顶承力、地基、垫木、枕木垛是否正常,如有异常或千斤顶歪斜,应及时处理后方可继续工作。

6)顶升过程中,不得随意加长千斤顶手柄或强力硬压,每次顶升高度不得超过活塞上的标志,且顶升高度不得超过螺丝杆丝扣或活塞总高度的 3/4。

7)构件顶起后,应随起随搭枕木垛和加设临时短木块,其短木块与构件间的距离应随时保持在 50mm 以内,严防千斤顶突然倾倒或回油。

Q/SY 08248—2018《移动式起重机吊装作业安全管理规范》:

5.1.3 禁止起吊超载、质量不清的货物和埋置物件。在大雪、暴雨、大雾等恶劣天气及风力达到六级时应停止起吊作业,并卸下货物,收回吊臂。

5.1.4 任何情况下,严禁起重机带载行走;无论何人发出紧急停车信号,都应立即停车。

5.1.5 在可能产生易燃易爆、有毒有害气体的环境中工作时,应进行气体检测。

④ 在架空输电线路附近吊装作业时,检查确认被吊物或吊臂与电线或用电设施之间水平或垂直距离符合安全用电要求,不能满足吊装安全时要求施工单位停电后再进行作业。

监督依据标准：JGJ 46—2005《施工现场临时用电安全技术规范》、Q/SY 08248—2018《移动式起重机吊装作业安全管理规范》。

JGJ 46—2005《施工现场临时用电安全技术规范》：

4.1.4　起重机严禁越过无防护设施的外电架空线路作业。在外电架空线路附近吊装时，起重机的任何部位或被吊物边缘在最大偏斜时与架空线路边线的最小安全距离应符合表 4.1.4 规定。

表 4.1.4　起重机与架空线路边线的最小安全距离

电压（KV）　安全距离（m）	<1	10	35	110	220	330	500
沿垂直方向	1.5	3.0	4.0	5.0	6.0	7.0	8.5
沿水平方向	1.5	2.0	3.5	4.0	6.0	7.0	8.5

Q/SY 08248—2018《移动式起重机吊装作业安全管理规范》：

5.4.3.3　需在电力线路附近使用起重机时，起重机与电力线路的安全距离应符合相关标准。在没有明确告知的情况下，所有电线电缆均应视为带电电缆。必要时应制定关键性吊装计划并严格实施。

⑤ 监督检查起重吊装过程，不准任何人随同吊装设备升降。

监督依据标准：Q/SY 08248—2018《移动式起重机吊装作业安全管理规范》。

5.4.3.7　任何人员不得在悬挂的货物下工作、站立、行走，不得随同货物或起重机械升降。

⑥ 监督起重吊装过程，当起重机械如发生故障或异常情况，督促作业人员立即停止吊装作业并将吊物放下。

监督依据标准：GB/T 6067.1—2010《起重机械安全规程　第 1 部分：总则》、Q/SY 08248—2018《移动式起重机吊装作业安全管理规范》。

GB/T 6067.1—2010《起重机械安全规程　第 1 部分：总则》：

4.2.2.3　当使用条件或操作方法会导致重物意外脱钩时，应采用防脱绳带闭锁装置的吊钩；当吊钩起升过程中有被其他物品钩住的危险时，应采用安全吊钩或采取其他有效措施。

15.3.4　如果起重机械触碰了带电电线或电缆，应采取下列措施：

a）司机室内的人员不要离开；

b）警告所有其他人员远离起重机械，不要触碰起重机械、绳索或物品的任何部分；

c）在没有任何人接近起重机械的情况下，司机应尝试独立地开动起重机械直到动力电线或电缆与起重机械脱离；

d）如果起重机械不能开动，司机应留在驾驶室内。设法立即通知供电部门。在未确认处于安全状态之前，不要采取任何行动；

e）如果由于触电引起的火灾或者一些其他因素，应离开司机室，要尽可能跳离起重机械，人体部位不要同时接触起重机械和地面；

f）应立刻通知对工程负有相关责任的工程师，或现场有关的管理人员。在获取帮助之前，应有人留在起重机附近，以警告危险情况。

Q/SY 08248—2018《移动式起重机吊装作业安全管理规范》：

5.4.2.4 如果起重机遭受了异常应力或载荷的冲击，或吊臂出现异常振动、抖动等，在重新投入使用前，应由专业机构进行彻底的检查和修理。

5.4.3.8 在下列情况下，司机不得离开操作室：

——货物处于悬吊状态。

——操作手柄未复位。

——手刹未处于制动状态。

——起重机未熄火关闭。

——门锁未锁好。

（8）检查起重吊装作业结束后，是否符合安全要求。

监督依据标准：JGJ 276—2012《建筑施工起重吊装安全技术规范》。

3.0.28 永久固定的连接，应经过严格检查，并确保无误后，方可拆除临时固定工具。

4.1.5 自行式起重机的使用应符合下列规定：

11 作业完毕或下班前，应按规定将操作杆置于空挡位置，起重臂全部缩回原位，转至顺风方向，并降至40°～60°之间，收紧钢丝绳，挂好吊钩或将吊钩落地，然后将各制动器和保险装置固定，关闭发动机，驾驶室加锁后，方可离开。冬季还应将水箱、水套中的水放尽。

（五）典型"三违"行为

（1）起重吊装作业无施工方案或与方案现场不符。

（2）作业前未进行安全技术措施交底。

（3）未取得特种作业操作证进行相关操作。

（4）危险作业时，监护措施未落实、未设置警戒区域或未挂警示牌。

（5）攀登吊运中物件，以及在吊物，吊臂下行走或逗留。

（6）不确认吊具、吊链完好状况就指挥吊运。

（7）起重机吊钩未设有防止吊重意外脱钩的闭锁装置或装置失效。

（8）不办理吊装作业许可手续，擅自进行作业。

（9）吊装作业时，起吊物品捆绑不牢或不平衡、吊钩保险未锁定、未系导向绳。

（10）吊装作业过程中吊车司机擅自离岗。

（六）典型事故案例

起重作业未采取防护措施，钢管坠落伤人，案例分析如下：

（1）事故经过：2000 年 11 月 3 日，某市乙烯裂解炉施工现场，某起重班指挥 30t 塔吊吊装 F 型炉管，因吊点选择在管段中心线以下，同时未采取防滑措施，造成起吊后钢丝绳滑动，管段急速下沉 900mm，在强大外力作用下，使钢丝绳在卡环处断裂，钢管坠落。将刚从裂解炉直爬梯下到地面准备换氩气的电焊工付某挤压致伤。

（2）主要原因：起重工违反吊装规定，选择吊点在管段中心线以下时并未采取防滑措施，致使钢丝绳在卡环处断裂，吊装时未设置警戒区，监护不到位。

（3）事故教训：严格遵守吊装作业管理规定；作业人员要有安全意识。

九、手持电动工具作业

（一）主要风险

（1）因手持式电动工具的选购、使用、检查和维修不符合规定，导致机械伤害、触电。

（2）因手持式电动工具的负荷线未按其计算负荷选用无接头的橡皮护套铜芯软电缆，不符合国家相关标准要求，导致机械伤害、触电。

（3）因电缆芯线数未根据负荷及其控制电器的相数和线数确定，导致触电。

（4）未按现行标准规范要求装设隔离开关或具有可见分断点的断路器，以及控制装置。正、反向运转控制装置中的控制电器未采用接触器，导致触电。

（5）空气湿度小于 75% 的一般场所用 I 类或 II 类手持式电动工具时，其金属外壳与 PE 线的连接点不符合要求；除塑料外壳 II 类工具外，相关开关箱中漏电保护器的额定漏电动作电流及额定漏电动作时间不符合要求；其负荷线插头不具备专用的保护触头。所用插座和插头在结构上不一致，导致触电。

（6）在潮湿场所或金属构架上操作时，未选用 II 类或由安全隔离变压器供电的 III 类手持式电动工具。金属外壳 II 类手持式电动工具使用时，不符合要求；其开关箱和控制箱未设置在作业场所外面，导致触电。

（二）监督内容

（1）确认使用的安全条件,正确选择和使用手持电动工具。

（2）检查人员资质、能力及现场作业行为。

（3）检查手持式电动工具应具备的安全防护要求。

（4）检查手持电动工具操作规程的制订及现场执行情况。

（5）检查使用单位对手持式电动工具的日常检查与维护保养情况。

（6）检查手持电动工具使用环境及其他注意事项。

（三）主要监督依据

GB/T 3787—2017《手持式电动工具的管理、使用、检查和维修安全技术规程》;

GB/T 3883.1—2014《手持式、可移式电动工具和园林工具的安全 第1部分:通用要求》;

GB/T 4208—2017《外壳防护等级》;

Q/SY 1368—2011《电动气动工具安全管理规范》。

（四）监督控制要点

（1）确认使用的安全条件,正确选择和使用手持电动工具:

——监督选用的手持电动工具是否满足作业环境要求;

——监督易燃易爆区使用手持电动工具是否履行动火作业许可审批。

监督依据标准:GB/T 3883.1—2014《手持式、可移式电动工具和园林工具的安全 第1部分:通用要求》、GB/T 3787—2017《手持式电动工具的管理、使用、检查和维修安全技术规程》、Q/SY 1368—2011《电动气动工具安全管理规范》。

GB/T 3883.1—2014《手持式、可移式电动工具和园林工具的安全 第1部分:通用要求》:

7.1 工具按防电击保护分类应属于下列中的某一类:Ⅰ类、Ⅱ类、Ⅲ类。

8.14.1.1 电动工具通用安全警告

a）工作场地的安全

2）不要在易爆环境,如有易燃液体、气体或粉尘的环境下操作电动工具。电动工具产生的火花会点燃粉尘或气体。

GB/T 3787—2017《手持式电动工具的管理、使用、检查和维修安全技术规程》:

5.2 工具应用场合划分为:

a）一般作业场所,可使用Ⅱ类工具;

b）在潮湿场所或金属构架上等导电性能良好的作业场所,应使用Ⅱ类或Ⅲ类工具。

---

c）在锅炉、金属容器、管道内等作业场所,应使用Ⅲ类工具或在电气线路中装设额定剩余动作电流不大于 30mA 的剩余电流动作保护器的Ⅱ类工具。

5.3　使用条件

c）在湿热、雨雪等作业环境,应使用具有相应防护等级的工具。

Q/SY 1368—2011《电动气动工具安全管理规范》:

5.1.6　不宜在易燃易爆区使用电动气动工具。特殊情况下使用时,必须采取可靠的安全控制措施,并履行动火作业许可审批,具体执行 Q/SY 08240—2018《作业许可管理规范》。

（2）检查人员资质、能力及现场作业行为:

——检查管理、使用和维修人员是否接受相关的教育、培训,是否具有相应的能力;

——检查现场作业人员是否按规定要求穿戴劳动防护用品;

——检查现场操作的人机物法环是否存在异常或不符合现象。

监督依据标准: Q/SY 1368—2011《电动气动工具安全管理规范》、GB/T 3787—2017《手持式电动工具的管理、使用、检查和维修安全技术规程》、GB/T 3883.1—2014《手持式、可移式电动工具和园林工具的安全　第 1 部分:通用要求》。

Q/SY 1368—2011《电动气动工具安全管理规范》:

5.1.1　电动气动工具的管理、使用和维修人员应进行有关的安全教育和培训,并经考核合格。

5.2.1　操作人员应正确穿戴个人劳动防护用品。

5.2.2　在作业可能产生火花时,操作者应穿戴阻燃防护服。

5.2.3　在使用电动气动工具时,操作者应佩戴护目镜和听力、面部、呼吸防护用品。

5.2.4　在作业区域内存在粉尘、噪声时,应采取通风除尘、降噪声或个体防护措施。

5.2.5　作业时振动强度超过 GB 10434《作业场所局部振动卫生标准》规定的时,应采取相应的防护措施,如戴防振手套、减少作业时间或采取轮换作业方式等。

5.2.6　对使用电动气动工具可能产生飞溅、冲击、触电等危害的区域应进行隔离防护,如设防护板、围栏或防护屏等。

GB/T 3787—2017《手持式电动工具的管理、使用、检查和维修安全技术规程》:

5.1　一般规定包括:

a）工具在使用前,操作者应认真阅读产品使用说明书和安全操作规程,详细了解工具的性能和掌握正确使用的方法;

f）使用前,操作者应采取必要的防护措施。

GB/T 3883.1—2014《手持式、可移式电动工具和园林工具的安全 第1部分：通用要求》：

8.14.1.1 电动工具通用安全警告

c）人身安全

1）保持警觉，当操作电动工具时关注所从事的操作并保持清醒。当你感到疲倦，或在有药物、酒精或治疗反应时，不要操作电动工具。在操作电动工具时瞬间的疏忽会导致严重人身伤害。

3）防止意外起动。确保开关在连接电源和/或电池包、拿起或搬运工具时处于关断位置。手指放在开关上搬运工具或开关处于接通时通电会导致危险。

4）在电动工具接通之前，拿掉所有调节钥匙或扳手。遗留在电动工具旋转零件上的扳手或钥匙会导致人身伤害。

5）手不要过分伸展、时刻注意立足点和身体平衡。这样在意外情况下能更好地控制电动工具。

7）如果提供了与排屑、集尘设备连接用的装置，要确保它们连接完好且使用得当。使用这些装置可减少尘屑引起的危险。

（3）检查手持式电动工具应具备的安全防护要求：

——检查外壳防护强度和防水要求是否符合标准要求；

——检查漏电保护、绝缘防护设施、电缆防护等触电防护要求是否符合标准要求；

——检查防护罩等机械防护设备设施及其附件是否符合标准要求。

监督依据标准：GB/T 3883.1—2014《手持式、可移式电动工具和园林工具的安全 第1部分：通用要求》、GB/T 4208—2017《外壳防护等级》、GB/T 3787—2017《手持式电动工具的管理、使用、检查和维修安全技术规程》、Q/SY 1368—2011《电动气动工具安全管理规范》。

GB/T 3883.1—2014《手持式、可移式电动工具和园林工具的安全 第1部分：通用要求》：

7.2 工具应按照GB/T 4208《外壳防护等级》规定具有恰当的防止有害进水的防护等级。

8.14.1.1 电动工具通用安全警告

b）电气安全

1）电动工具插头必须与插座相配。绝不能以任何方式改装插头。需接地的电动工具不能使用任何转换插头。未经改装的插头和相配的插座将降低电击风险。

2）避免人体接触接地表面,如管道、散热片和冰箱。如果你身体接触地表面会增加电击危险。

3）不得将电动工具暴露在雨中或潮湿环境中。水进入电动工具将增加电机危险。

4）不得滥用软线。绝不能用软线搬运、拉动电动工具或拔出其插头。使软线远离热源、油、锐边或运动部件。受损或缠绕的软线会增加电击危险。

5）当在户外使用电动工具时,使用适合户外使用的延长线。适合户外使用的电线将降低电击风险。

6）如果无法避免在潮湿环境中操作电动工具,应使用剩余电流装置(RCD)保护的电源。RCD 的使用可降低电击风险。

9　防止触及带电零件的保护

9.1　工具应构造和包封得足以防止意外接触带电零件。

10.1　工具应能在使用中可能出现的所有正常电压下起动。

24.12　操作时电源线会弯曲的工具,其软电缆或软线应使用绝缘材料制成的软线护套加以保护,防止在工具进线孔处过度弯曲。

26.1　Ⅰ类工具的那些在绝缘一旦失效时可能带电的易触及零件,应永久性地和可靠地连接到工具内的接地端子或接地导线接头上,或接到工具进线座的接地触头上。

Ⅱ类工具和Ⅲ类工具不得有接地装置。

GB/T 4208—2017《外壳防护等级》:

14.3　接受条件

一般来说,如果进水,应不足以影响设备的正常操作或破坏安全性;水不积聚在可能导致沿爬电距离引起漏电起痕的绝缘部件上;水不进入带电部分,或进入不允许在潮湿状态下运行的绕组;水不积聚在电缆头附近或进入电缆。

GB/T 3787—2017《手持式电动工具的管理、使用、检查和维修安全技术规程》:

5.1　一般规定

b）Ⅰ类工具电源线中的绿/黄双色线在任何情况下只能用作保护接地线(PE);

c）工具的电源线不得任意接长或拆换。当电源离工具操作点距离较远而电源线长度不够时,应采用耦合器进行联接;

d）工具的危险运动零、部件的防护装置(如防护罩、盖等)不得任意拆卸。

5.4　插头和插座

a）工具电源线上的插头不得任意拆除或调换;

b）工具的插头、插座应按规定正确接线,插头、插座中的保护接地极在任何情况下只能单独连接保护接地线(PE)。严禁在插头、插座内用导线直接将保护接地极与工作中性线连接起来。

GB/T 3883.1—2014《手持式、可移式电动工具和园林工具的安全 第1部分：通用要求》：

19.1 只要适合于工具的使用及工作方式，工具的运动部件和其他危险零件就应安置或包封得能提供防止人身伤害的足够保护。

保护外壳、罩盖、护罩和类似物应具有足够机械强度，以满足其规定的用途，并且不借助工具就不能拆下。

20.1 工具应具有足够的机械强度，应构造得使其能承受正常使用中预计可能出现得粗率操作。

21.22 提供防止电击、防水或防止触及运动部件所需防护等级的不可拆卸零件应以可靠的方式固定，并应能承受出现的机械应力。

用来固定这类零件的快速扣紧装置应有明显的锁定位置。在可能要拆下的零件上使用的快速扣紧装置，其紧固性能应不会劣化。

（4）检查手持电动工具操作规程的制订及现场执行情况：

——监督对手持电动工具操作是否制订操作规程；

——监督作业过程是否按操作规程进行操作。

监督依据标准：Q/SY 1368—2011《电动气动工具安全管理规范》。

5.1.3 应依据本标准和产品说明书制定实施电动气动工具操作规程。

5.1.5 禁止移除、改造电动气动工具原设计中的任何开关、按钮和安全装置。

5.1.8 所有使用外接电源的交流电动工具应安装漏电保护器等保护装置。

5.3.2 禁止使用存在缺陷和经检查不合格的电动气动工具。

5.3.3 接通电动工具电源前，应进行检查，确保其插头和插座规格相符，开关处于关闭位置。在开启电动工具前，应拔掉调位键的钥匙或扳手。

5.3.5 操作者应站在安全、适合的位置，严格按照操作规程操作。

5.3.6 禁止在电动气动工具放倒或移动时启动电动气动工具。

5.3.7 电动气动工具在未使用或完成作业后应断开电源、气源。

5.3.8 应避免电动气动工具长时间空载运转，防止飞脱伤人。

5.3.9 更换部件时应关闭电源、气源，待转动部件完全停止转动后方可进行。

5.3.10 关闭电动气动工具时，应在其转动部件完全停止运转之后方可放下。

5.3.12 禁止将电动气动工具或敞开的空气软管指向任何人。

（5）检查使用单位对手持式电动工具的日常检查与维护保养情况：

——使用前/后，按照检查表逐项对手持式电动工具进行外观检查；

——定期对工具开展日常检查、外观检查和绝缘电阻检测；

——特定的时节或环境，对工具开展针对性检查及维护保养。

监督依据标准：GB/T 3787—2017《手持式电动工具的管理、使用、检查和维修安全技术规程》、GB/T 3883.1—2014《手持式、可移式电动工具和园林工具的安全　第 1 部分：通用要求》。

GB/T 3787—2017《手持式电动工具的管理、使用、检查和维修安全技术规程》：

6.1　工具在发出或收回时，保管人员应进行一次日常检查；在使用前，使用者应进行日常检查。

6.2　工具的日常检查至少应包括以下项目：

a）是否有产品认证标志及定期检查合格标志；

b）外壳、手柄是否有裂缝或破损；

c）保护接地线（PE）联接是否完好无损；

d）电源线是否完好无损；

e）电源插头是否完整无损；

f）电源开关有无缺损、破裂，其动作是否正常、灵活；

g）机械防护装置是否完好；

h）工具转动部分是否转动灵活、轻快，有无阻滞现象；

i）电气保护装置是否良好。

6.3　工具的定期检查要求：

a）工具使用单位必须有专职人员进行定期检查，参见附录 A。

b）每年至少检查一次。

c）在湿热和常有温度变化的地区或使用条件恶劣的地方还应相应缩短检查周期。

d）在梅雨季节前应及时进行检查。

e）工具的定期检查项目除日常检查内容以外，还必须测量工具的绝缘电阻。

f）经定期检查合格的工具，应在工具的适当部位，粘贴检查"合格"标识。

6.4　长期搁置不用的工具，在使用前应测量绝缘电阻。

6.5　工具如有绝缘损坏，电源线护套破裂、保护接地线（PE）脱落、插头插座裂开或有损于安全的机械损伤等故障时，应立即进行修理。在未修复前，不得继续使用。

GB/T 3883.1—2014《手持式、可移式电动工具和园林工具的安全　第 1 部分：通用要求》：

8.14.1.1 电动工具通用安全警告

---

d）电动工具使用和注意事项

5）维护电动工具及其附件。检查运动件是否调整到位或卡住，检查零件破损情况和影响电动工具运行的其他状况。如有损坏，应在使用前修理好电动工具。许多事故是由维护不良的电动工具引发的。

6）保持切削刀具锋利和清洁。维护良好地有锋利切削刃的刀具不易卡住而且容易控制。

（6）检查使用环境及其他注意事项：

——检查工具工作场地的安全情况；

——检查工具的标识完好情况；

——检查工具操作过程中的其他注意事项。

监督依据标准：GB/T 3883.1—2014《手持式、可移动式电动工具和园林工具的安全 第1部分：通用要求》

8.12 安全说明、说明书和安全警告等标志应易于辨认和耐久。符号应当使用与背景对比度大的颜色、纹理或凸起，使得符号提供的信息或说明从（500±50）mm处以正常视力的肉眼能清晰可见。

8.14.1.1 电动工具通用安全警告

a）工作场地的安全

1）保持工作场地清洁和明亮。杂乱和黑暗的场地会引发事故。

3）操作电动工具时，远离儿童和旁观者。注意力不集中会使你失去对工具的控制。

d）电动工具使用和注意事项

1）不要勉强使用电动工具，根据用途使用适当的电动工具。选用合适的按照额定值设计的电动工具会使你工作更有效、更安全。

2）如果开关不能接通或关断工具电源，则不能使用该电动工具。不能通过开关来控制的电动工具是危险的且必须进行修理。

3）在进行任何调节、更换附件或贮存电动工具之前，必须从电源上拔掉插头和/或卸下电池包（如可拆卸）。这种防护性的安全措施降低了电动工具意外起动的风险。

4）将闲置不用的电动工具贮存在儿童所及范围之外，并且不允许不熟悉电动工具和不了解说明的人操作电动工具。电动工具在未经培训的使用者手中是危险的。

7）按照使用说明书，并考虑作业条件和要进行的作业来选择电动工具、附件和工具的刀头等。将电动工具用于那些与其用途不符的操作可能会导致危险情况。

（五）典型的"三违"行为

（1）现场选用手持式电动工具不符合操作环境特殊要求的。

（2）防火防爆区域未办理作业许可直接作业的。

（3）作业人员未按作业环境需要穿戴劳动防护用品的。

（4）手持电动工具未经定期检查或经检查不合格，尚在使用的。

（5）现场未按要求设置漏电保护和触电防护设备设施的。

（六）典型事故案例

违章使用手持电动工具，电动砂轮机漏电导致触电，案例分析如下：

（1）事故经过：2004年8月27日下午，在某隧道施工工地，该工程施工单位某公司向某商行所租赁的拖式混凝土泵的随机操作维修工蒋某一人在泵旁，用手持式电动砂轮机进行维修工作。该员工工作中穿拖鞋，适逢阴雨天，地面非常潮湿，工作期间因需要取其他工具，随手将手持式电动砂轮机放置在潮湿的地表，取回工具后继续使用电动砂轮机，结果因电动砂轮机漏电导致触电倒下且未能脱离电源，经法医鉴定是意外电击死亡。

（2）主要原因：手持式电动工具选用不符合使用环境要求；施工单位将现场电源由TN-S系统三项五线电缆违规改接为三相四线电缆，至泵车时已没有保护接零线，当时手持式电动砂轮机电源插头所插入的插座中没有PE保护线，且未安装漏电保护器；作业人员未按要求佩戴防触电劳动防护用品等。

（3）事故教训：手持式电动工具选用应符合使用环境要求；施工单位现场电源线应符合相关规定，并需要安装漏电保护器；现场作业人员应按要求佩戴防触电劳动防护用品。

十、含硫化氢场所作业

（一）主要风险

（1）因作业人员不掌握硫化氢防护器具使用方法，导致人员中毒、窒息。

（2）因未建立警企联动机制，未按要求落实厂区人防、物防、技防措施，导致人为破坏。

（3）因危化品、废液储存不当，未制订储存程序并监督实施，未建立危化品MSDS（化学品安全技术说明书），未按照分类、按量、相似归类、单独收集法进行收集分类，未委托有资质的部门对废液进行集中处理，导致的环境污染。

（4）因硫化氢气体泄漏聚集，未按要求配备固定、便携式气体监测仪，定期对气体检测仪进行检测，含硫化氢场所未配备强制通风装置，现场未张贴硫化氢警示标识及硫化氢职业危害告知卡及场所监测公示，未配备预防硫化氢中毒专用防护用具并落实定期检测，导致人员中毒、窒息。

（二）监督内容

（1）监督硫化氢作业环境的危险性告知。

（2）作业场所安全检测、防护设施配备到位。

（3）安全防护设备使用正确。

（4）相关作业人员保护措施、培训到位，持证上岗。

（5）硫化氢作业环境有限空间实施许可管理。

（6）可能产生硫化氢的厂、站安全防护管理措施落实到位。

（7）危险废弃物处理正确。

（8）应急预案全面准确。

（三）主要监督依据

AQ 2012—2007《石油天然气安全规程》。

（四）监督控制要点

（1）作业场所安全检测、防护设施配备到位。

① 工作环境中硫化氢浓度有可能超过 $15mg/m^3$（10ppm）或二氧化硫浓度有可能超过 $5.4mg/m^3$（2ppm），应配备有个人防护装备；

② 油气生产和气体加工中的固定硫化氢监测系统可靠完好；

③ 便携式监测装置按需配备到位；

④ 风向标设置正确：

——在油气生产和天然气加工装置场地上，正确设置风向标；

——风向标置于人员在现场作业或进入现场时容易看见的地方；

——夜光显示标志明显。

（2）相关作业人员保护措施、培训到位，持证上岗。

> 监督依据标准：AQ 2012—2007《石油天然气安全规程》。
>
> 4.5.1 在含硫化氢的油气田进行施工作业和油气生产前，所有生产作业人员包括现场监督人员应接受硫化氢防护的培训，培训应包括课堂培训和现场培训，由有资质的培训机构进行，培训时间应达到相应要求。应对临时人员和其他非定期派遣人员进行硫化氢防护知识的教育。

（3）可能产生硫化氢的厂、站安全防护管理措施落实到位。

> 监督依据标准：AQ 2012—2007《石油天然气安全规程》。
>
> 4.5.3 含硫化氢环境中生产作业时应配备防护装备，符合以下要求：

——在钻井过程,试油(气)、修井及井下作业过程,以及集输站、水处理站、天然气净化厂等含硫化氢作业环境应配备正压式空气呼吸器及与其匹配的空气压缩机;

——配备的硫化氢防护装置应落实人员管理,并处于备用状态;

——进行检修和抢险作业时,应携带硫化氢监测仪和正压式空气呼吸器。

4.5.5 在含硫化氢环境中钻井、井下作业和油气生产及气体处理作业使用的材料及设备,应与硫化氢条件相适应。

4.5.9 含硫化氢油气生产和气体处理作业,应符合以下安全要求:

——作业人员进入有泄漏的油气井站区、低凹区、污水区及其他硫化氢易于积聚的区域时,以及进入天然气净化厂的脱硫、再生、硫回收、排污放空区进行检修和抢险时,应携带正压式空气呼吸器。

(五)典型"三违"行为

(1)作业前,未制订硫化氢危险区域作业方案或措施。

(2)作业人员无证上岗。

(3)检测仪器未定期校验。

(4)进入硫化氢危险区域未佩戴个人防护装备、未进行气体检测。

(六)典型事故案例

"5·16"硫化氢中毒事件,案例分析如下:

(1)事故经过:5月16日中午12时左右,某污水处理厂张某等3位职工来到马路上,先后打开了6只窨井盖抽取污水,下午1时半左右,张某等4位外地民工到达现场准备下井作业。2时左右,井内污水抽至露管口,民工张某自己用绳子绑住腰部,没有佩戴防毒面具先下井作业,下井后张某用榔头、凿子等敲凿管道内的石块,这时一块砖块被敲落,管道内的污水冲了出来。民工杨某在井口上守望,发现张某靠在井壁不动了,觉得情况有异,便想拉张某出井,但这时绑在张某身上的绳子已经松开,无法拉张某出井。杨某便在不采取任何个人防护措施的情况下下井救人,也即刻昏倒在井内。在井上的程某等另外两名民工看到这一情况后,立即用绳子系住自己的腰部下井救人,先将杨某救出,程某再次下井救人时,由于没有佩戴防毒面具自己也昏倒在井内。这时污水厂职工张某见状系绳下井,先后将程某和张某救出井外,此时自己也昏倒在路边。在场的其他职工将4人急送医院抢救,第一个下井作业的民工张某已不治身亡,另3名工人出现脑水肿等病危症状,诊断为急性重度硫化氢中毒,经医院抢救脱险。

(2)主要原因:操作人员违章作业,没有佩戴防护设施;没有对窨井内的情况进行检查,没有采取强制通风、有害气体检测等手段进行预防;现场没有具有相应知识的管理和技术人员指挥清理窨井作业,安全监督不到位。

(3)事故教训:操作人员下井前,应首先对作业环境进行强制通风,有害气体检测。安全监督人员应在现场进行全程监督。作业人员应穿戴好防护用品。

十一、拆除作业

(一)主要风险

(1)因登高作业未系安全带,梯子未紧固,导致高处坠落、人员伤亡。

(2)因作业前未切断电源,未使用绝缘工具,导致人员触电。

(3)因零部件拆卸后固定不牢,或者抛、摔、扔拆卸完的零部件,导致物体打击伤害。

(4)因零部件捆扎不牢,起重绳索不牢固,违反操作规程和安全禁令,起重作业导致人员伤害和财产损失。

(5)因易燃易爆物料未清理干净或转换不彻底;作业中隔离措施不到位,引起易燃物泄漏,导致火灾爆炸。

(6)因有毒有害物料泄漏,防护措施未落实,导致人员中毒窒息。

(7)因拆除设备过程中造成危化品泄漏,油污大量流出,导致环境污染。

(二)监督内容

(1)检查拆除施工单位安全资质及特种作业人员资质。

(2)作业前,督促施工单位对作业现场进行风险辨识,制订事故应急救援预案和安全措施。

(3)督促施工单位检查拆除作业场地是否有足够的承载力。

(4)在易燃易爆场所进行拆除作业时,督促施工单位设置消防通道,配备足够的灭火器材。

(5)督促施工单位对作业人员进行入场培训和书面安全技术交底。

(6)检查施工单位是否在拆除施工现场划定危险区域,并派专人监管。

(7)拆除作业前,督促施工单位对地下的各类管线及水、电、气的检查井、污水井采取相应的标识及保护措施。

(8)监督施工单位按正确的顺序进行拆除作业。

(9)检查拆除过程中是否采取文明施工措施。

(三)主要监督依据

JGJ 147—2016《建筑拆除工程安全技术规范》;

JGJ 146—2013《建设工程施工现场环境与卫生标准》。

(四)监督控制要点

(1)检查拆除施工单位安全资质及特种作业人员资质;检查施工单位是否编制施工组织设计或安全专项施工方案,并经审批合格。

> 监督依据标准:JGJ 147—2016《建筑拆除工程安全技术规范》。
>
> 3.0.1 拆除工程施工前,应签订施工合同和安全生产管理协议。
>
> 3.0.2 拆除工程施工前,应编制施工组织设计、安全专项施工方案和生产安全事故应急预案。
>
> 3.0.3 对危险性较大的拆除工程专项施工方案,应按相关规定组织专家论证。
>
> 6.0.1 拆除工程施工组织设计和安全专项施工方案,应经审批后实施;当施工过程中发生变更情况时,应履行相应的审批和论证程序。

(2)拆除工程施工前,督促施工单位对作业现场进行风险辨识,制订事故应急救援预案和安全措施;督促施工单位办理拆除作业所需的各种作业票证,检查施工单位是否进行拆除作业安全技术交底,是否对作业人员进行岗前安全教育。

> 监督依据标准:JGJ 147—2016《建筑拆除工程安全技术规范》。
>
> 3.0.4 拆除工程施工应按有关规定配备专职安全生产管理人员,对各项安全技术措施进行监督、检查。
>
> 3.0.5 拆除工程施工作业前,应对拟拆除物的实际状况、周边环境、防护措施、人员清场、施工机具及人员培训教育情况等进行检查;施工作业中,应根据作业环境变化及时调整安全防护措施,随时检查作业机具状况及物料堆放情况;施工作业后,应对场地的安全状况及环境保护措施进行检查。
>
> 4.0.2 拆除工程施工前,应进行现场勘查,调查了解地上、地下建筑物及设施和毗邻建筑物、构筑物等分布情况。
>
> 6.0.2 拆除工程施工前,应对作业人员进行岗前安全教育和培训,考核合格后方可上岗作业。
>
> 6.0.3 拆除工程施工前,必须对施工作业人员进行书面安全技术交底,且应有记录并签字确认。
>
> 6.0.16 拆除工程施工应建立安全技术档案,应包括下列主要内容:
>
> 1 拆除工程施工合同及安全生产管理协议;
>
> 2 拆除工程施工组织设计、安全专项施工方案和生产安全事故应急预案;

> 3　安全技术交底及记录；
>
> 4　脚手架及安全防护设施检查验收记录；
>
> 5　劳务分包合同及安全生产管理协议；
>
> 6　机械租赁合同及安全生产管理协议；
>
> 7　安全教育和培训记录。

（3）督促施工单位检查供机械设备使用的场地是否有足够的承载力，严禁机械设备超载作业或任意扩大使用范围。

> 监督依据标准：JGJ 147—2016《建筑拆除工程安全技术规范》。
>
> 5.2.1　对拆除施工使用的机械设备，应符合施工组织设计要求，严禁超载作业或任意扩大使用范围。供机械设备停放、作业的场地必须保证足够的承载力。

（4）检查施工单位是否在拆除施工现场划定危险区域，设置警戒线和相关的安全标志，并派专人监管。

> 监督依据标准：JGJ 147—2016《建筑拆除工程安全技术规范》。
>
> 4.0.3　对拆除工程施工的区域，应设置硬质封闭围挡及安全警示标志，严禁无关人员进入施工区域。
>
> 4.0.6　当拟拆除物与毗邻建筑及道路的安全距离不能满足要求时，必须采取相应的安全防护措施。
>
> 6.0.4　拆除工程施工必须按施工组织设计、安全专项施工方案实施；在拆除施工现场划定危险区域，设置警戒线和相关的安全警示标志，并应由专人监护。

（5）检查建设单位是否组织对影响拆除工程安全施工的各种管线、设施和树木进行切断、迁移。

> 监督依据标准：JGJ 147—2016《建筑拆除工程安全技术规范》。
>
> 4.0.4　拆除工程施工前，应对影响施工的管线、设施和树木等进行迁移工作。需保留的管线、设施和树木应采取相应的防护措施。
>
> 4.0.5　拆除工程施工作业前，必须对影响作业的管线、设施和树木的挪移或防护措施等进行复查，确认安全后方可施工。

（6）在拆除管道及容器时，检查生产单位是否提前将设备、管道内的物料倒空、吹扫置换合格，同时督促施工单位查清设备、管道内残留物的性质，并采取有效措施。

监督依据标准：JGJ 147—2016《建筑拆除工程安全技术规范》。

5.1.7 当拆除管道或容器时，必须查清残留物的性质，并应采取相应措施，方可进行拆除施工。

6.0.13 对管道或容器进行切割作业前，应检查并确认管道或容器内无可燃气体或爆炸性粉尘等残留物。

（7）督促施工单位对人工拆除施工作业面的孔洞采取相应的防护措施。

监督依据标准：JGJ 147—2016《建筑拆除工程安全技术规范》。

5.1.9 对人工拆除施工作业面的孔洞，应采取防护措施。

（8）监督施工单位先拆除非承重结构，再拆除承重结构。检查拆除建筑的栏杆、楼梯、楼板等构件是否与建筑结构整体拆除进度相配合。

监督依据标准：JGJ 147—2016《建筑拆除工程安全技术规范》。

3.0.6 拆除工程施工应先切断电源、水源和气源，再拆除设备管线设施及主体结构；主体结构拆除宜先拆除非承重结构及附属设施，再拆除承重结构。

3.0.9 对局部拆除影响结构安全的，应先加固后再拆除。

5.1.1 人工拆除施工应从上至下逐层拆除，并应分段进行，不得垂直交叉作业。当框架结构采用人工拆除施工时，应按楼板、次梁、主梁、结构柱的顺序依次进行。

5.1.4 当拆除建筑的栏杆、楼梯、楼板等构件时，应与建筑结构整体拆除进度相配合，不得先行拆除。建筑的承重梁柱，应在其所承载的全部构件拆除后，再进行拆除。

5.2.2 当采用机械拆除建筑时，应从上至下逐层拆除，并应分段进行；应先拆除非承重结构，再拆除承重结构。

5.2.8 当拆除桥梁时，应先拆除桥面系及附属结构，再拆除主体。

（9）在拆除地下构筑物时，督促施工单位做好断电及隔离保护措施，遇有不明物体时，督促施工单位向有关部门报告，待处理完毕后方允许其继续作业。

监督依据标准：JGJ 147—2016《建筑拆除工程安全技术规范》。

3.0.10 拆除地下物，应采取保证基坑边坡及周边建筑物、构筑物的安全与稳定的措施。

3.0.11 拆除工程作业中，发现不明物体应停止施工，并应采取相应的应急措施，保护现场，及时向有关部门报告。

（10）在六级以上（含六级）强风、大雨、大雪等恶劣天气情况下,责令施工单位立即停止拆除作业。

> 监督依据标准:JGJ 147—2016《建筑拆除工程安全技术规范》。
>
> 6.0.8 当遇大风、大雪、大雾或六级及以上风力等影响施工安全的恶劣天气时,严禁进行露天拆除作业。

（11）检查拆除过程中是否有防止扬尘和降低噪声的保护措施。

> 监督依据标准:JGJ 147—2016《建筑拆除工程安全技术规范》、JGJ 146—2013《建设工程施工现场环境与卫生标准》。
>
> JGJ 147—2016《建筑拆除工程安全技术规范》:
>
> 7.0.4 拆除工程施工,应采取控制扬尘和降低噪声的措施。
>
> JGJ 146—2013《建设工程施工现场环境与卫生标准》:
>
> 4.2.3 拆除建筑物或构筑物时,应采用隔离、洒水等降噪、降尘措施,并应及时清理废弃物。

（五）典型"三违"行为

（1）垂直上下同时进行拆除作业。

（2）向下抛掷拆除物。

（3）人工拆除建筑墙体时,采用掏掘或推倒的方法。

（4）机械拆除作业中,机械同时回转、行走。

（六）典型事故案例

拆除旧罐时未化验罐内残液,罐内残液排放着火,案例分析如下:

（1）事故经过:某单位脱硫工程现场欲拆除一闲置20多年的旧罐,承包商施工人员发现罐内有部分残液,进行了就近排放,下午3时左右残液突然着火,燃烧约10min后,消防队将火扑灭。

（2）主要原因:管理上存在漏洞,属地单位没有强制对罐内残液分析化验后排放。

（3）事故教训:细化管理流程,重点对罐内残液进行化验分析。

十二、交叉作业

（一）主要风险

（1）因作业人员未经过专业技术培训或考试不合格,导致无证上岗。

（2）因作业中的安全标志、工具、仪表、电气设施和各种设备,在作业前未经检查确认,导致设备设施盲目投入使用。

（3）因在作业中,发现安全技术设施有缺陷和隐患时,未及时解决,最终导致设备损害或人员伤亡。

（4）因防护棚搭设与拆除时,未设置警戒区,未派专人监护,或上下同时拆除,造成人员伤害。

（5）钢模板、脚手架等拆除时,下方有作业人员操作,造成高处落物。

（6）由于上方施工可能坠落物件或处于起重机把杆回转范围之内的通道,在其受影响的范围内,未搭设顶部能防止穿透的双层防护廊,造成物体坠落或人员伤亡。

（二）监督内容

（1）检查施工双方是否签订协议并明确各自的职责,落实安全措施。

（2）检查进入交叉作业现场的作业人员是否正确使用个人劳动防护用具。

（3）检查垂直交叉作业施工层间是否搭设严密、牢固的防护隔离设施。

（4）检查交叉作业场所的安全通道是否畅通,是否设围挡或悬挂警告标志。

（三）主要监督依据

《中华人民共和国安全生产法》(中华人民共和国主席令第 13 号〔2014〕);

GB 50484—2008《石油化工建设工程施工安全技术规范》;

GB/T 12801—2008《生产过程安全卫生要求总则》;

JGJ 80—2016《建筑施工高处作业安全技术规范》;

SY/T 6444—2018《石油工程建设施工安全规范》;

Q/SY 08240—2018《作业许可管理规范》;

JGJ 147—2016《建筑拆除工程安全技术规范》。

（四）监督控制要点

（1）检查施工双方是否签订协议并明确各自的职责,落实安全措施。

> 监督依据标准:《中华人民共和国安全生产法》(中华人民共和国主席令第 13 号〔2014〕)。
>
> 第四十五条　两个以上生产经营单位在同一作业区域内进行生产经营活动,可能危及对方生产安全的,应当签订安全生产管理协议,明确各自的安全生产管理职责和应当采取的安全措施,并指定专职安全生产管理人员进行安全检查与协调。

（2）检查进入交叉作业现场的作业人员是否正确使用个人劳动防护用具。

监督依据标准：GB/T 12801—2008《生产过程安全卫生要求总则》。

6.2.1 企业应当按照 GB 11651 和国家颁发的劳动防护用品配备标准以及有关规定，为从业人员配备劳动防护用品。

6.2.2 企业为从业人员提供的劳动防护用品，应符合国家标准或行业标准，不得超过使用期限。

6.2.3 企业应当督促、教育从业人员正确佩戴和使用劳动防护用品。

6.2.4 从业人员在作业过程中，应按照安全生产规章制度和劳动防护用品使用规则，正确佩戴和使用劳动防护用品，未按规定佩戴和使用劳动防护用品的，不得上岗作业。

（3）检查石油化工装置施工多工种交叉作业时，是否采取可靠的隔离、防护设施，是否办理相关作业许可票证。

监督依据标准：GB 50484—2008《石油化工建设工程施工安全技术规范》、Q/SY 08240—2018《作业许可管理规范》、SY/T 6444—2018《石油工程建设施工安全规范》。

GB 50484—2008《石油化工建设工程施工安全技术规范》：

3.5.8 高处作业下方的通道应搭设防护棚，多工种垂直交叉作业，相互之间存在危害的，应在上下层之间设置安全防护层。

Q/SY 08240—2018《作业许可管理规范》：

5.1.2 如果工作中包含下列工作，还应同时办理专项作业许可证：

——进入受限空间；

——挖掘作业；

——高处作业；

——移动式吊装作业；

——管线打开；

——临时用电；

——动火作业。

SY/T 6444—2018《石油工程建设施工安全规范》：

5.10.8 在容器内进行多层作业时，应在两层作业区间增加隔离设施。

（4）检查建筑施工支模、砌筑、粉刷等各工种在交叉作业中在同一垂直方向上下是否同时操作，如有同时操作立即要求施工单位设置安全防护层。

监督依据标准：JGJ 80—2016《建筑施工高处作业安全技术规范》。

7.1.2 交叉作业时，坠落半径内应设置安全防护棚或安全防护网等安全隔离措施。当尚未设置安全隔离措施时，应设置警戒隔离区，人员严禁进入隔离区。

7.1.7 对不搭设脚手架和设置安全防护棚时的交叉作业，应设置安全防护网，当在多层、高层建筑外立面施工时，应在二层及每隔四层设一道固定的安全防护网，同时设一道随施工高度提升的安全防护网。

（5）检查建筑结构施工自二层起，作业人员进出的通道口上方、危险警戒区内的建（构）筑物出、入口、地面通道及机械操作场所是否搭设安全防护棚，高度超过24m以上的交叉作业是否设双层防护。

监督依据标准：GB 50484—2008《石油化工建设工程施工安全技术规范》、JGJ 80—2016《建筑施工高处作业安全技术规范》、SY/T 6444—2018《石油工程建设施工安全规范》。

GB 50484—2008《石油化工建设工程施工安全技术规范》：

7.9.6 危险警戒区内的建（构）筑物出、入口、地面通道及机械操作场所，应搭设安全防护棚。滑模工程进行立体交叉作业时，上下层工作面间应搭设隔离防护棚。

JGJ 80—2016《建筑施工高处作业安全技术规范》：

7.1.3 处于起重机臂架回转范围内的通道，应搭设安全防护棚。

7.1.4 施工现场人员进出的通道口，应搭设安全防护棚。

7.1.5 不得在安全防护棚顶堆放物料。

7.2.1 安全防护棚搭设应符合下列规定：

1 当安全防护棚为非机动车辆通行时，棚底至地面高度不应小于3m；当安全防护棚为机动车辆通行时，棚底至地面高度不应小于4m。

2 当建筑物高度大于24m并采用木质板搭设时，应搭设双层安全防护棚。两层防护的间距不应小于700mm，安全防护棚的高度不应小于4m。

SY/T 6444—2018《石油工程建设施工安全规范》：

5.9.7 高处作业下方的通道应搭设防护棚，分层作业时，中间应使用隔离设施。交叉作业时，下层作业的位置应处于坠落半径之外，坠落半径应符合JGJ 80《建筑施工高处作业安全技术规范》的规定，模板、脚手架等拆除作业应适当增大坠落半径。

（6）检查石油化工装置施工高处作业用火时是否与防腐喷涂作业同时进行垂直交叉作业。

监督依据标准：GB 50484—2008《石油化工建设工程施工安全技术规范》。

3.3.11 高处作业用火时不得与防腐喷涂作业进行垂直交叉作业。

（7）检查人工拆除建筑物作业时是否存在垂直交叉作业，如有，应立即停止施工单位作业。

监督依据标准：JGJ 147—2016《建筑拆除工程安全技术规范》。

3.0.7 拆除工程施工不得立体交叉作业。

5.1.1 人工拆除施工应从上至下逐层拆除，并应分段进行，不得垂直交叉作业。

（五）典型"三违"行为

（1）高处作业用火时与防腐喷涂作业同时垂直交义进行。

（2）塔吊作业半径下方的机械操作场所未搭设安全防护棚。

（六）典型事故案例

违章交叉作业，漆罐掉落砸在管工头上，案例分析如下：

（1）事故经过：2014年10月3日上午，某采油厂采油作业二大队新井装抽连流程施工现场，三名动火作业人员在井口焊流程，其中一名焊工未佩戴安全帽。与此同时，装抽工人在抽油机游梁上作业，突然一个手喷漆罐掉落，砸在其中一名佩戴安全帽的管工头上，无人员伤亡，无财产损失。

（2）主要原因：现场监护监督人员失职；交叉作业未进行安全交底；登高作业使用工具材料未采取防掉落措施等。

（3）事故教训：现场监督人员对作业过程应全程监督；交叉作业前应做好安全交底；登高作业中，防护用具应齐全。

十三、断路作业

（一）主要风险

（1）因在断路路口未设置交通挡杆、断路标识，未给来往车辆提示绕行线路，导致交通事故。

（2）因作业期间，未指定相关安全措施或安全措施落实不到位，导致交通事故或人员伤害。

（3）因作业结束后，现场清理不彻底，阻碍交通，导致交通事故。

（4）因未按《断路作业证》的内容进行断路作业，擅自涂改、转借或变更作业内容、扩大作业范围或转移作业部位等，或者不能在规定的时间内完成断路作业且未重新办理作业许可审批,造成事故。

(二)监督内容

(1)检查建设单位断路作业安全措施制订和作业许可办理情况。

(2)规定时间内未完成断路作业时,督促断路申请单位重新办理《作业证》。

(3)检查用于断路作业的工具、材料是否正确摆放。

(4)检查道路作业警示灯是否为防爆灯具,遇雨、雪或雾天是否正常开启。

(5)检查断路申请单位是否根据作业内容编制相应的事故应急处置预案。

(6)断路作业结束后,督促作业单位清理现场,撤除交通警示设施。

(三)主要监督依据

GB 30871—2014《化学品生产单位特殊作业安全规范》;

AQ 3024—2008《化学品生产单位断路作业安全规范》。

(四)监督控制要点

(1)检查建设单位断路作业是否制订安全措施,是否办理《断路安全作业证》。

> 监督依据标准:AQ 3024—2008《化学品生产单位断路作业安全规范》。
>
> 4.1 进行断路作业应制定周密的安全措施,并办理《断路安全作业证》(以下简称《作业证》),方可作业。
>
> 4.2 《作业证》由断路申请单位负责办理。
>
> 4.3 断路申请单位负责管理作业现场。

(2)检查建设单位在《作业证》规定时间内未完成断路作业,或是发生作业内容变更时是否重新办理《作业证》。

> 监督依据标准:AQ 3024—2008《化学品生产单位断路作业安全规范》。
>
> 4.5 在《作业证》规定的时间内未完成断路作业时,由断路申请单位重新办理《作业证》。
>
> 6.1.6 变更作业内容,扩大作业范围,应重新办理《作业证》。

(3)检查用于断路作业的工具、材料是否放置在作业区内,或其他不影响正常交通的场所。

> 监督依据标准:AQ 3024—2008《化学品生产单位断路作业安全规范》。
>
> 6.1.4 用于道路作业的工件、材料应放置在作业区内或其他不影响正常交通的场所。

（4）检查断路作业单位是否在断路的路口和相关道路上设置交通警示标志或交通警示设施。

监督依据标准：GB 30871—2014《化学品生产单位特殊作业安全规范》、AQ 3024—2008《化学品生产单位断路作业安全规范》。

GB 30871—2014《化学品生产单位特殊作业安全规范》：

12　断路作业

12.2　作业单位应根据需要在断路的路口和相关道路上设置交通警示标志，在作业区附近设置路栏、道路作业警示灯、导向标等交通警示设施。

AQ 3024—2008《化学品生产单位断路作业安全规范》：

6.2　作业交通警示

6.2.1　断路作业单位应根据需要在作业区相关道路上设置作业标志、限速标志、距离辅助标志等交通警示标志，以确保作业期间的交通安全。

（5）检查道路作业警示灯是否为防爆灯具并采用安全电压。

监督依据标准：GB 30871—2014《化学品生产单位特殊作业安全规范》、AQ 3024—2008《化学品生产单位断路作业安全规范》。

AQ 3023—2008《化学品生产单位动土作业安全规范》：

12　断路作业

12.4　在夜间或雨、雪、雾天进行作业应设置道路作业警示灯，警示灯设置要求如下：

a）采用安全电压。

AQ 3024—2008《化学品生产单位断路作业安全规范》：

6.2　作业交通警示

6.2.6　警示灯应防爆并采用安全电压。

（6）检查道路作业警示灯遇雨、雪或雾天是否正常开启，并能发出自150 m以外清晰可见的连续、闪烁或旋转的红光。

监督依据标准：GB 30871—2014《化学品生产单位特殊作业安全规范》。

12　断路作业

12.4　在夜间或雨、雪、雾天进行作业应设置道路作业警示灯，警示灯设置要求如下：

d）应能发出至少自150m以外清晰可见的连续、闪烁或旋转的红光。

（7）检查断路申请单位是否根据作业内容会同断路作业单位编制相应的事故应急处置预案，挖开的路面是否做好临时应急车道。

> 监督依据标准：AQ 3024—2008《化学品生产单位断路作业安全规范》。
>
> 6.3 应急救援
>
> 6.3.1 断路申请单位应根据作业内容会同作业单位编制相应的事故应急措施，并配备有关器材。
>
> 6.3.2 动土挖开的路面宜做好临时应急措施，保证消防车的通行。

（8）断路作业结束后，检查作业单位是否撤除作业区、路口设置的路栏、道路作业警示灯、导向标等交通警示设施。

> 监督依据标准：GB 30871—2014《化学品生产单位特殊作业安全规范》、AQ 3024—2008《化学品生产单位断路作业安全规范》。
>
> GB 30871—2014《化学品生产单位特殊作业安全规范》：
>
> 12.5 断路作业结束后，作业单位应清理现场，撤除作业区、路口设置的路栏、道路作业警示灯、导向标等交通警示设施。申请断路单位应检查核实，并报告有关部门恢复交通。
>
> AQ 3024—2008《化学品生产单位断路作业安全规范》：
>
> 6.4 恢复正常交通
>
> 断路作业结束，应迅速清理现场，尽快恢复正常交通。

（五）典型"三违"行为

（1）未办理《作业证》进行断路作业。

（2）变更作业内容，扩大作业范围时，未重新办理《作业证》。

（3）涂改《作业证》。

（4）未按规定设置交通警示设施。

（六）典型事故案例

断路作业缺少警示标识，引发事故，案例分析如下：

（1）事故经过：2009年4月28日上午10时，23岁孙某骑车经过西潼高速涵洞通道时，不慎连人带车滑落进深坑，后送镇卫生院，经抢救无效身亡。

（2）主要原因：事发现场为西潼高速涵洞通道一处施工点，由于事发前现场缺少安全警示和防护设施，造成了事故的发生。

（3）事故教训：施工路段应按照《中华人民共和国道路交通安全法》设置相应的警示标

识和防护措施。

十四、设备检维修

（一）主要风险

（1）因不按规定要求办理设备检修安全作业证，导致无证施工。

（2）因未对检修现场周围易燃物、障碍物等进行清理，导致火灾或爆炸。

（3）因作业人员未穿戴好防护用品，防毒面具佩戴不当，导致中毒、窒息。

（4）因在设备内切割作业后切割物件落下，温度高，导致人员烫伤、灼烧或引起火灾。

（5）因高处作业不系安全带，导致高处坠落。

（6）因设备内作业，扳手等工具放置不稳或者把持不牢，导致脱落伤人。

（7）因电焊机接线不规范，导致触电或着火事故。

（8）因拆除设备人孔螺栓等配件，不按规定放置，导致高空坠落伤人。

（9）因作业过程中出现危险品泄漏或人员站位不适，导致人员伤亡。

（二）监督内容

（1）检查非常规设备检修作业前的准备工作，包括检修方案、技术交底等。

（2）检查检维修人员安全教育情况和特种作业人员持证上岗情况。

（3）监督生产与检修双方对设备状态交接情况。

（4）监督作业人员严格履行作业许可审批程序。

（5）督促现场设立相应的安全警示标志。

（6）督促作业人员按规定正确使用劳动防护用品。

（7）督促属地及施工方对各个作业点（面）全程实施安全监护。

（8）监督作业人员严格按照施工方案组织施工。

（9）监督作业人员严格执行操作规程及相关标准。

（三）主要依据

AQ 2046—2012《石油行业安全生产标准化 工程建设施工实施规范》；

AQ 3026—2008《化学品生产单位设备检修作业安全规范》；

AQ/T 3048—2013《化工企业劳动防护用品选用及配备》；

GB/T 12801—2008《生产过程安全卫生要求总则》。

（四）监督控制要点

（1）非常规检维修作业前监督施工单位制订施工方案，进行安全、技术措施交底，指定专人负责检修作业过程的具体安全工作。

> 监督依据标准：AQ 3026—2008《化学品生产单位设备检修作业安全规范》。
>
> 3.1 设备检修 equipment repair
>
> 为了保持和恢复设备、设施规定的性能而采取的技术措施，包括检测和修理。
>
> 4.3 根据设备检修项目的要求，检修施工单位应制定设备检修方案，检修方案应经设备使用单位审核。检修方案中应有安全技术措施，并明确检修项目安全负责人。检修施工单位应指定专人负责整个检修作业过程的具体安全工作。
>
> 4.6 检修项目负责人应组织检修作业人员到现场进行检修方案交底。

（2）检查施工前检维修人员安全教育培训情况。

> 监督依据标准：AQ 3026—2008《化学品生产单位设备检修作业安全规范》。
>
> 4.4 检修前，设备使用单位应对参加检修作业的人员进行安全教育，安全教育主要包括以下内容：
>
> 4.4.1 有关检修作业的安全规章制度。
>
> 4.4.2 检修作业现场和检修过程中存在的危险因素和可能出现的问题及相应对策。
>
> 4.4.3 检修过程中所使用的个体防护器具的使用方法及使用注意事项。
>
> 4.4.4 相关事故案例和经验、教训。

（3）检查特种作业人员资格。

> 监督依据标准：AQ 2046—2012《石油行业安全生产标准化 工程建设施工实施规范》、AQ 3026—2008《化学品生产单位设备检修作业安全规范》。
>
> AQ 2046—2012《石油行业安全生产标准化 工程建设施工实施规范》：
>
> 5.4.4.2 施工单位应按安全培训计划安排岗位员工进行培训，取得国家、行业要求的下列有效证书：
>
> 电焊工、气焊工、电工、架子工、锅炉工、司索、指挥、起重机械操作等应取得特种作业人员资格证书。
>
> AQ 3026—2008《化学品生产单位设备检修作业安全规范》：
>
> 5.2 检修作业人员应遵守本工种安全技术操作规程。
>
> 5.3 从事特种作业的检修人员应持有特种作业操作证。

（4）检查施工单位检修前检修组织、检修人员、检修安全措施、检修物资落实情况。

> 监督依据标准：AQ 3026—2008《化学品生产单位设备检修作业安全规范》。
>
> 4.7 检修前施工单位要做到检修组织落实、检修人员落实和检修安全措施落实。

4.12 应对检修作业使用的脚手架、起重机械、电气焊用具、手持电动工具等各种工器具进行检查;手持式、移动式电气工器具应配有漏电保护装置。凡不符合作业安全要求的工器具不得使用。

4.14 对检修作业使用的气体防护器材、消防器材、通信设备、照明设备等应安排专人检查,并保证完好。

4.15 对检修现场的梯子、栏杆、平台、箅子板、盖板等进行检查,确保安全。

4.16 对有腐蚀性介质的检修场所应备有人员应急用冲洗水源和相应防护用品。

4.18 应将检修现场影响检修安全的物品清理干净。

4.19 应检查、清理检修现场的消防通道、行车通道,保证畅通。

4.20 需夜间检修的作业场所,应设满足要求的照明装置。

4.21 检修场所涉及的放射源,应事先采取相应的处置措施,使其处于安全状态。

(5)监督设备由生产交接检修界面按规定执行落实情况。

监督依据标准:AQ 3026—2008《化学品生产单位设备检修作业安全规范》。

4.10 设备使用单位负责设备的隔绝、清洗、置换,合格后交出。

4.11 检修项目负责人应与设备使用单位负责人共同检查,确认设备、工艺处理等满足检修安全要求。

4.13 对检修设备上的电器电源,应采取可靠的断电措施,确认无电后在电源开关处设置安全警示标牌或加锁。

(6)监督作业人员严格履行作业许可及相关票证审批程序。

监督依据标准:AQ 3026—2008《化学品生产单位设备检修作业安全规范》。

4.8 当设备检修涉及高处、动火、动土、断路、吊装、抽堵盲板、受限空间等作业时,须按 AQ 3025—2008《化学品生产单位高处作业安全规范》、AQ 3022—2008《化学品生产单位动火作业安全规范》、AQ 3023—2008《化学品生产单位动土作业安全规范》、AQ 3024—2008《化学品生产单位断路作业安全规范》、AQ 3021—2008《化学品生产单位吊装作业安全规范》、AQ 3027—2008《化学品生产单位盲板抽堵作业安全规范》和 AQ 3028—2008《化学品生产单位受限空间作业安全规范》的规定执行。

(7)监督作业过程中属地与施工方监护人员配备与监护是否按规定要求执行。

监督依据标准:AQ 3026—2008《化学品生产单位设备检修作业安全规范》。

5.6 夜间检修作业及特殊天气的检修作业,须安排专人进行监护。

（8）检查检修现场安全警示标志设置情况。

> 监督依据标准：AQ 3026—2008《化学品生产单位设备检修作业安全规范》。
>
> 4.5　检修现场应根据 GB 2894 的规定设立相应的安全标志。
>
> 4.17　对检修现场存在的可能危及安全的坑、井、沟、孔洞等应采取有效防护措施，设置警告标志，夜间应设警示灯。
>
> 5.5　从事放射性物质的检修作业时，应通知现场有关操作、检修人员避让，确认好安全防护间距，按照国家有关规定设置明显的警示标志，并设专人监护。

（9）监督施工方确保所有检维修人员按规定正确使用劳动防护用品。

> 监督依据标准：GB/T 12801—2008《生产过程安全卫生要求总则》、AQ 3026—2008《化学品生产单位设备检修作业安全规范》、AQ/T 3048—2013《化工企业劳动防护用品选用及配备》。
>
> GB/T 12801—2008《生产过程安全卫生要求总则》：
>
> 6.2.1　企业应当按照 GB/T 11651《个体防护装备选用规范》和国家颁发的劳动防护用品配备标准以及有关规定，为从业人员配备劳动防护用品。
>
> 6.2.2　企业为从业人员提供的劳动防护用品，应符合国家标准或行业标准，不得超过使用期限。
>
> 6.2.3　企业应当督促、教育从业人员正确佩戴和使用劳动防护用品。
>
> 6.2.4　从业人员在作业过程中，应按照安全生产规章制度和劳动防护用品使用规则，正确佩戴和使用劳动防护用品，未按规定佩戴和使用劳动防护用品的，不得上岗作业。
>
> AQ 3026—2008《化学品生产单位设备检修作业安全规范》：
>
> 5.1　参加检修作业的人员应按规定正确穿戴劳动保护用品。
>
> AQ/T 3048—2013《化工企业劳动防护用品选用及配备》：
>
> 6.5　劳动防护用品应在有效期内使用，对已不能起到有效防护作用的劳动防护用品应及时更换；禁止使用过期和报废的劳动防护用品。

（10）作业过程中涉及管线/设备打开、吊装、高处、搭拆脚手架、动火、挖掘、有限空间、临时用电等作业参照以上非常规作业执行。

（11）监督检修零件的清洗、摆放及废物处理情况。

（12）监督检维修过程中设备或管线法兰联接与紧固是否符合安全要求。

（13）监督检维修过程中属地与作业人员作业协调与联系按规定执行情况。

监督依据标准：AQ 3026—2008《化学品生产单位设备检修作业安全规范》。

5.7　当生产装置出现异常情况可能危及检修人员安全时，设备使用单位应立即通知检修人员停止作业，迅速撤离作业场所。经处理，异常情况排除且确认安全后，检修人员方可恢复作业。

（14）监督检修结束后设备由检修交生产界面按规定执行落实情况。

监督依据标准：AQ 3026—2008《化学品生产单位设备检修作业安全规范》。

6.1　因检修需要而拆移的盖板、算子板、扶手、栏杆、防护罩等安全设施应恢复其安全使用功能。

6.2　检修所用的工器具、脚手架、临时电源、临时照明设备等应及时撤离现场。

6.3　检修完工后所留下的废料、杂物、垃圾、油污等应清理干净。

（五）典型的"三违"行为

（1）代签作业票证。

（2）私自使用易燃品清洗物品、擦拭设备。

（3）在作业设备内、外投掷工具及器材。

（4）擅自拆除、挪用安全防护设施、设备、器材。

（5）站在阀门手轮上作业或攀登。

（6）在有物料泄漏的情况下，用非防爆工具紧固螺栓。

（7）以关闭阀门取代盲板隔离。

（8）在脚手架上乱拉电线。

（六）典型事故案例

设备、仪表工不熟悉系统擅拆阀门造成安全事故，案例分析如下：

（1）事故经过：2009 年 11 月 12 日，山东省淄博市某化工厂一脱砷反应器操作人员工作时，发现仪表阀门无法调整反应器压力，便通知仪表工人到现场检修。仪表维修工贾某到现场后，没有询问工艺技术人员管道压力及内部物料性质，直接开排污阀检查，见无介质流出，怀疑是阀门堵塞，导致仪表失灵。于是贾某关闭了两侧导淋阀门，登上罐顶试图打开阀门法兰检查处理堵塞故障。法兰刚一打开便喷出大量氢气发生爆燃，来不及做准备的贾某被这突发状况惊吓到，从罐顶坠落摔成重伤。

（2）主要原因：仪表维修人员贾某在没有与技术人员沟通分析和确认故障的情况下，在不熟悉工艺流程、没有通知技术总工或车间主任的情况下，根据自己经验，贸然擅自打开带压阀门法兰，导致管内氢气外泄，遇热发生爆燃，导致事故发生。

（3）事故教训：作业人员要严格遵守操作规程。

第三章 安全管理基础知识

安全管理是为实现企业安全目标而进行的有关决策、计划、组织和控制等方面的活动，主要运用现代安全管理原理、方法和手段，分析和研究各种不安全因素，从技术、组织和管理采取有力的措施，解决和消除各种不安全因素，防止事故的发生。

第一节　HSE 体系管理知识

一、体系运行

健康、安全与环境管理体系是组织管理体系的一部分，用于制定和实施组织的健康、安全与环境方针并管理其业务相关的健康、安全与环境风险，包括组织结构、策划活动（例如风险评价、目标建立等）、职责、惯例、程序、过程和资源。

（一）HSE 管理体系基本原理

HSE 管理体系的基本原理是戴明管理模式。该模式将管理过程分为"计划（PLAN）—实施（DO）—检查（CHECK）—改进（ACTION）"四个相互联系的环节的循环，即 PDCA 循环模式。HSE 管理体系遵循该模式，并将所有管理要素贯穿在这四个环节中。计划（PLAN）是对管理体系总体规划，包括确定企业的方针、目标和领导承诺，识别管理体系运行的相关活动或过程，识别企业应遵守的有关 HSE 法律、法规，并规定活动或过程的实施程序和作业方法等。实施（DO）是建立组织机构，明确和落实各级人员的 HSE 职责、权限及其相互关系，配备必要的资源，包括人力、物力资源等，并按照计划所规定的程序加以实施，保证所有活动在受控状态下进行。检查（CHECK）是为了确保计划行动的有效实施，需要对计划实施效果进行检查，发现问题，及时采取措施修正消除可能产生的行为偏差。改进（ACTION）是针对管理活动实践中所发现的缺陷、不足，或根据变化的内外部条件，不断进行管理活动调整、完善，实现 HSE 管理体的持续改进，不断提高 HSE 管理水平。各阶段内部也遵循 PDCA 循环，共同促进整个系统的不断向前发展，不断提高 HSE 管理绩效。

（二）集团公司 HSE 管理体系发展

1996 年 9 月，原中国石油天然气总公司对 ISO/CD 14690《石油天然气工业健康、安全与环境管理体系》标准进行同等转化,形成了 SY/T 6276—1997《石油天然气工业健康、安全与环境管理体系》,并于 1997 年开始,在部分油田、炼化企业试点建立运行 HSE 管理体系,1999 年 12 月组建后的中国石油天然气集团公司(以下简称"集团公司")发布了《健康、安全和环境管理体系手册》,标志着集团公司 HSE 管理体系的全面推行。2001 年起,集团公司在部分企业基层现场试点推行 HSE"两书一表"、HSE 管理方案和 HSE 创优升级工作。2004 年,集团公司制定了 Q/CNPC 104.1—2004《健康、安全与环境管理体系规范》及相关系列标准。2007 年,集团公司发布 Q/SY 1002 系列标准,按照"简明、统一、规范、可操作"的原则,持续优化 HSE 规章制度建设,推行 HSE 管理体系量化审核、诊断评估,形成了具有中国石油特色的 HSE 管理体系建设和运行模式。

目前,全面推行的 HSE 管理体系已经成为集团公司建立长效安全环保机制和实施"建设国际化综合能源公司"发展战略的重要保障,HSE 管理休系也已经成为集团公司推行现代企业管理制度的重要内容。

(三)HSE 体系构成

目前集团公司 HSE 管理体系框架由 7 个一级要素和 26 个二级要素组成。要素设计是按 PDCA 的戴明模式建立的。既包括了体系标准所需要的一些共性要素,也包括了一些具有集团公司特色的个性要素。体系标准满足了集团公司各级组织健康、安全与环境管理建设的需要,既保持了继承性,又很好体现了兼容性。

领导和承诺:是 HSE 管理体系建立与实施的前提条件。各级最高管理者是建立实施 HSE 管理体系的第一责任人,应确保 HSE 管理责任的落实,并对持续改进 HSE 管理提供强有力的领导,履行承诺。

健康、安全与环境方针:是 HSE 管理体系建立和实施的总体原则。统一的 HSE 方针是各级组织的行动原则和指南。组织应依据 HSE 战略目标建立层层负责的 HSE 目标责任制。

策划:是 HSE 管理体系建立与实施的输入,包括 4 个要素:危害因素辨识、风险评价和控制措施的确定,法律法规和其他要求,目标和指标,方案。组织应制订 HSE 发展规划和年度计划,确定目标、指标,应对活动任务开展危害因素辨识、风险评价和风险控制策划,编制管理方案。

组织结构、职责、资源和文件:是 HSE 管理体系建立与实施的基础,包括 6 个要素:组织结构和职责,资源,能力、培训和意识,沟通、参与和协商,文件,文件控制。组织应建立合理的组织构架,促进员工广泛参与,确保资源合理配置,落实 HSE 职责,并实施文件化的管理。

实施和运行:是 HSE 管理体系实施的关键,包括 10 个要素:设施完整性、承包方和(或)供应方、顾客和产品、社区和公共关系、作业许可、职业健康、清洁生产、运行控制、变更管理、应急准备和响应。组织在运行的所有环节,贯彻 HSE 方针,履行 HSE 责任,有效实施

HSE 风险管理；控制设施、人员、过程（工艺）等变更风险；承包方和（或）供应方的 HSE 管理应满足组织的要求。

检查与纠正措施：是 HSE 管理体系有效运行的保障，包括 6 个要素：绩效测量和监视，合规性评价，不符合、纠正措施和预防措施，事故、事件管理，记录控制，内部审核。组织应开展健康、安全、环境监测和检查活动，定期组织内部审核，及时对发现的不符合内容采取纠正措施。

管理评审：是推进 HSE 管理体系持续改进的动力。组织的最高管理者应定期对体系运行的适宜性、充分性、有效性进行评审，实现持续改进。

集团公司在其 HSE 政策的指导下，建立了一系列与每一要素相关联的绩效准则，它是形成良好企业 HSE 文化的需要，通过 HSE 管理绩效准则的成功实施促进 HSE 管理体系的持续改进。

（四）体系审核

"审核"是为获得审核证据，并对其进行客观的评价，以确定满足审核准则的程度所进行的系统的、独立的并形成文件的过程。集团公司全面推行 HSE 量化审核，强化正向激励，突出风险管控、过程管理和工作效果，通过量化审核综合反映企业 HSE 管理体系运行绩效和水平。

1. 审核形式与频次

集团公司 HSE 管理体系审核分为总部审核（含专业分公司审核）、企业审核等形式。集团公司 HSE 体系审核是以企业审核为主体，自上而下建立多层级、全覆盖、分专业、多方式的审核工作机制。总部审核由集团公司每年对所属企业开展两次全覆盖审核，其中至少一次量化审核。企业每年至少要完成一次覆盖领导层、机关部门和所有二级单位的审核。二级单位每年要对基层单位进行全覆盖审核。建设单位应对重点工程施工承包商开展 HSE 管理体系审核工作。

另外，企业结合实际或 HSE 管理体系建设工作要求，申请进行的第三方审核，如认证审核，一个认证周期 3 年，到期后应再认证，通过认证后每年应接受年度监督审核。

2. 审核要求

HSE 管理体系审核应结合年度安全环保重点工作安排、有关事故情况等，确定每一次审核的重点内容。突出关键装置、要害部位、重要业务流程，重点对安全环保责任落实、安全环保风险防控等内容进行审核。体系审核策划和部署应符合 Q/SY 1002.3《健康、安全与环境管理体系 第 3 部分：审核指南》要求，HSE 管理体系审核工作程序包括审核准备和现场实施两个阶段。审核准备包括编制方案、组建审核组、完善检查表、开展集中培训等内容；现场实施包括召开首次会议、实施审核、审核组内部沟通、编写审核报告、召开末次会议等环节。

现场审核过程中,审核人员应结合审核目的、时间安排等,合理确定审核抽样,采取人员访谈、查阅资料、现场观察、模拟测试、应急演练等方式开展审核工作。对审核发现的现场问题,审核组应分级分类列出清单。特别是对严重性问题、普遍性问题和重复性问题,要认真追溯和查找管理原因。

审核工作结束后,审核组织方应及时对审核发现问题进行汇总、统计,并上传或录入HSE信息系统。对审核发现的严重问题,要挂牌督办、限期整改。受审核单位应及时整改销项审核发现问题,并将有关信息录入HSE信息系统。并要从制度标准、教育培训、责任落实、监督考核等方面查找和分析问题产生的深层次原因,举一反三、完善制度,消除隐患、系统整改。

二、两书一表

(一)"两书一表"介绍

"两书一表"即HSE作业指导书、HSE作业计划书和HSE现场检查表。"两书一表"是个工具名称,企业在应用中可结合专业实际进行调整(如增加"岗位操作卡""应急操作卡"等内容)。因此,"两书一表"是对HSE作业指导书、HSE作业计划书和HSE现场检查表,以及引申出的"一书一表""两书一表一卡""两书一卡"等管理工具的统称。

HSE作业指导书简称作业指导书,是规范基层组织岗位员工常规操作行为的工作指南,是对专业常规HSE风险的管理,是与基层组织岗位员工操作行为相关的作业文件的总称。

HSE作业计划书简称作业计划书,在对项目危害因素全面识别的基础上,重点评估和控制项目主要风险及作业指导书未覆盖的新增危害(特别是当人员、环境、工艺、技术、设备设施等发生变化时而产生的危害),制订风险削减和控制措施,形成针对基层员工特定作业活动的风险控制方案,用于对项目中主要风险的强化管理和新增风险的系统管理,应针对具体的项目编制。

HSE现场检查表简称现场检查表,是针对岗位巡回检查路线和主要检查内容的表格化体现,是为使岗位员工能系统地发现和处理作业现场的隐患(主要用于设备设施的不安全状态的检查)而建立的岗位日常检查和记录工具。

(二)"两书一表"主要内容和使用

1.HSE作业指导书

(1)主要内容:

HSE作业指导书主要由以下内容组成:

① 岗位任职条件；

② 岗位职责；

③ 岗位操作规程；

④ 巡回检查及主要检查内容；

⑤ 应急处置程序。

（2）编制要求：

作业指导书的适用对象是岗位员工，应按照具体岗位进行编制。指导书编制应在单位生产（技术）部门的牵头组织下，由人事、企管法规、生产、技术、设备、工艺、标准及安全环保等相关职能部门有关专家及基层岗位员工共同组成编制组进行编制。编制完成后，应由业务主管领导牵头，组织有关部门进行评审和审核把关，并由业务主管领导批准后发布实施。作业指导书应定期进行评审和修订，可通过开展"工作循环分析"对操作规程、应急处置程序等进行修改完善，确保指导书在规范基层员工操作行为上具有唯一性和权威性。

（3）使用要求：

作业指导书应印发到岗位员工，并妥善保管，确保岗位员工能及时查阅。作业指导书的培训和掌握程度应作为员工上岗的条件之一，指导书内容应作为员工日常自学的重要内容。作业指导书在修订、换版时予以回收，并发放新版的作业指导书。

2. HSE 作业计划书

（1）主要内容：

作业计划书主要由以下内容组成：

① 项目概况、作业现场及周边情况；

② 人员能力及设备状况；

③ 项目新增危害因素辨识与主要风险提示；

④ 风险控制措施；

⑤ 应急预案。

（2）编制要求：

作业计划书应针对具体的项目编制，适用对象是具体工程项目管理人员、项目作业人员。编制工作应在基层组织主要负责人（队长、项目经理）主持下，组织生产技术人员、班组长、关键岗位员工及安全员共同进行，并在项目开工前编制完成，作为项目开工的必要条件之一。

（3）使用要求：

作业计划书应在项目作业前对所涉及的基层组织负责人及相关方进行发放，并由基层组织进行培训,针对主要风险、控制措施及应急程序对作业人员进行安全交底。培训、交底应作为项目开工的必要条件之一。作业计划书应在整个项目结束后予以回收,作为项目竣工资料的一部分予以保存。

3. HSE 现场检查表

(1)主要内容:

HSE 现场检查表主要由以下内容组成:

① 检查范围(项);

② 检查内容;

③ 检查标准(依据);

④ 判定(检查结果)。

(2)编制要求:

作业指导书所覆盖的岗位,均应编制配套的现场检查表。现场检查表应与作业指导书同步编制,由作业指导书的编制组负责编制。应将岗位员工使用或管理的设施设备、工器具以及作业现场(工作面)等内容作为现场检查表的重要内容。检查范围(项)尽量避免检查路线重复交叉,对关键装置和重点部位可要求进行确认检查。现场检查表的审核和批准与作业指导书要求一致,评审和修订与作业指导书同步进行。

(3)使用要求:

现场检查表应结合作业指导书进行培训和应用。岗位员工在交接班时、日常工作中应用现场检查表对属地管理范围内的设备设施、工器具以及施工作业现场进行巡回检查。现场检查表的发放与回收按照作业指导书要求执行。

(三)"两书一表"的监督检查

"两书一表"的执行情况应作为日常 HSE 监督检查的重要内容。检查内容包括:

(1)编制内容是否符合标准要求。

(2)作业计划书是否在施工之前完成编制。

(3)是否及时组织培训和交底。

(4)所制订的安全措施是否落实等。

三、基层站队 HSE 标准化建设

为进一步深入实施安全环保基础性工程,深化 HSE 管理体系建设,坚持重心下移,切实将 HSE 管理的先进理念和制度要求融入业务流程,解决基层 HSE 工作与日常生产作业活动相脱节的现象,根治现场"低老坏"和习惯性违章,结合国家安全生产标准化工作要求和企业基层工作实际,集团公司从 2015 年起,全面启动基层站队(车间、库、所)HSE 标准化建设工作。

（一）总体思路

立足基层,以强化风险管控为核心,以提升执行力为重点,以标准规范为依据,以达标考核为手段,总部推动引导,企业组织实施,基层对标建设,员工积极参与,建立实施基层站队 HSE 标准化建设达标工作机制,推进基层安全环保工作持续改进。

（二）遵循原则

1. 继承融合,优化提升

基层站队 HSE 标准化建设是对现有基层 HSE 工作的再总结、再完善、再提升,应与企业现行"三标"建设、"五型班组"建设、安全生产标准化专业达标和岗位达标等工作相融合,避免工作重复、内容矛盾。

2. 突出重点,简便易行

紧密围绕生产作业活动风险识别、管控和应急处置工作主线,确定重点内容,突出专业要求,明确建设标准,严格达标考核,做到标准简洁明了、操作简便易行。

3. 激励引导,持续改进

强化正向激励和示范引领,加大资源投入,加强服务指导,营造浓厚氛围,鼓励员工积极参与,推动基层对标建设,持续改进提升。

（三）基本内容

1. 管理合规

基层站队突出风险管控重点,运用安全检查表、JSA、安全经验分享等方法,识别风险,排查隐患,做到风险隐患有数、事件上报分享、防范措施完善;落实"一岗双责",明晰目标责任,强化激励约束,加强属地管理,做到领导率先示范、员工积极参与;强化岗位培训,完善培训矩阵,开展能力评估,积极沟通交流,规范班组活动,做到员工能岗匹配、合格上岗;依法合规管理,充分依据制度、标准和规程,结合基层实际,优化工作流程,严格规范执行。

2. 操作规范

基层站队完善常规作业操作规程,强化操作技能培训,严格操作纪律检查考核,做到操作规范无误、运行平稳受控、污染排放达标、记录准确完整;严格非常规作业许可管理,规范办理作业票证,强化承包商作业过程监管,安全措施落实到位;落实岗位交接班制,建立岗位巡检、日检、周检制度,严格劳动纪律检查考核,杜绝违章行为;各类工艺技术资料齐全完整,开工、停工等操作变动及其他工艺技术变更履行审批程序,变更风险受控;各类突发事件应急预案和处置程序完善,应急物资完备,定期培训演练,员工熟知熟练。

3. 设备完好

基层站队按标准配备齐全各类 HSE 设施和生产作业设备,做到质量合格、规程完善、资料完整;严格装置和设备投用前安全检查确认,做到检查标准完善、检查程序明确、检查合格投用;开展设备润滑、防腐保养和状态检测,强化特种设备和职业卫生防护、安全防护、安全检测、消防应急、污染物处理等设施管理;落实检修计划,消除故障隐患,做到维护到位、检修及时、运行完好、完整可靠;落实设备变更审批制度,及时停用和淘汰报废设备,设备变更风险得到有效管控。

4. 场地整洁

基层站队生产作业场地和装置区域布局合理,办公操作区域、生产作业区域、生活后勤区域的方向位置、区域布局、安全间距符合标准要求;装置和场地内的设备设施、工艺管线和作业区域的目视化标识齐全醒目;现场人员劳保着装规范,内外部人员区别标识;现场风险警示告知,作业场地通风、照明满足要求;固体废弃物分类存放,标识清晰,危险废弃物合法处置;作业场地环境整洁卫生,各类工器具和物品定置摆放、分类存放、标识清晰。

(四)基层 HSE 标准化站队建设标准内容框架

HSE 标准化站队建设标准包含管理要求和硬件要求两方面内容。在管理要求中明确了15 个主题事项,在硬件要求中明确了 3 个方面建设内容。

1. 管理要求

15 个主题事项包括:风险管理、责任落实、目标指标、能力培训、沟通协商、设备设施管理、生产运行、承包方管理、作业许可、职业健康、环保管理、变更管理、应急管理、事故事件、检查改进。

2. 现场设备设施

3 个方面建设内容包括健康安全环保设施、生产作业设备设施、生产作业场地环境。

对于标准确定的每一个事项,都要依据有关法规、制度、标准,明确建设要求及加分、扣分标准,逐项量化考核评审,根据考核得分确定是否达标及达标等级。

对于不同专业领域,上述管理活动要求和现场设备设施两个方面的建设标准既有共性内容,也有特性差异,特别是现场设备设施方面的建设标准专业特性更突出,对其内容框架和具体要求既不能面面俱到,过于细化,也不能遗漏关键。

(五)达标考核

1. 基层申报

基层单位依据本专业领域基层站队 HSE 标准化建设标准,开展达标建设,自评达到标准后,向企业提出达标考核申请。凡是有关事故或事件指标超过上级下达控制指标的基层站队,则不具备达标申报资格。

2. 企业考评

企业制定考评标准,组织安全、环保、生产、技术、设备等方面人员,组成专家考评组,采取量化打分方式,对提出申报的基层站队 HSE 标准化建设情况进行考核评审,根据考评结果确定是否达标。

3. 达标管理

通过企业考评的基层站队,由企业公告和授牌,给予适当奖励,并每三年考评确认一次。对于特别优秀的基层站队,由企业向集团公司提出考评申请,集团公司组织抽查验证,通过后由集团公司统一公告。凡是事故或事件超过控制指标的基层站队,取消 HSE 标准化建设达标站队称号。

四、基层日常检查

基层日常检查是发现隐患、识别存在及潜在的危险,对危害源实施监控,最终采取纠正措施、堵塞漏洞,提升 HSE 管理水平的必要手段。

(一)检查方式和要求

1. 岗位安全检查

岗位安全检查由当班岗位人员按照本岗位巡回检查路线、检查项点、检查内容,认真细致地检查。岗位的安全检查应在上岗前、岗中、作业完毕后进行检查。

2. 基层单位检查

基层单位安全检查由基层单位分管领导或主管部门组织,相关部门人员参加;基层单位安全检查应每月至少组织一次。班组安全检查由班组长组织,班组成员参加;班组每班至少组织一次安全检查。

检查要求包括但不限于以下方面:

(1)检查人员应按照检查表的内容进行检查。

(2)检查人员着装应符合现场安全要求。

(3)检查人员应熟知现场安全管理要求、风险点源等。

(4)检查人员应使用符合现场安全技术要求的仪器和工器具进行检查。

(5)各级组织应结合季节变化、环境风险以及具体施工特点等情况,开展各类安全专项检查。

检查内容包括但不限于以下内容:

（1）基础资料：

① 安全生产责任制的落实情况；

② HSE 管理相关文件、制度；

③ 教育培训及人员能力评价；

④ 危害因素识别、风险控制措施的制订；

⑤ 应急预案的编制、培训、演练、评估，应急物资的储备；

⑥ 安全技术措施的交底与实施；

⑦ 安全例会的开展，安全检查的频次、内容和问题的整改、关闭等。

（2）现场管理：

① 个人劳动防护用品和使用情况；

② 作业人员持证上岗及操作规程的执行情况；

③ 设备设施的完整性；

④ 目视化管理与实施；

⑤ 交通及消防管理；

⑥ 环境管理；

⑦ 现场施工作业管理。

（二）现场安全隐患的整改与验证

在检查中发现的现场安全隐患，由存在问题的岗位人员负责立即整改，对岗位人员整改困难或需基层队负责整改的，由基层队落实整改人员和措施，限期进行整改。非检查时间发现的问题同样应立即整改并做好记录。发现的问题需由上级予以落实整改的，基层队应及时报告相关业务部门落实整改措施和方案并进行整改。

对于立即整改完成的安全隐患，由检查人员负责验证并将相关内容记录在检查表中。不能立即整改的安全隐患，在未完成整改之前应制订防范措施，在整改完成后，可由检查人员再次现场验证并记录相关内容。

第二节 双重预防机制建设

双重预防工作机制是指风险分级管控和隐患排查治理，它是 HSE 管理体系中"预防为主"思想的具体体现，它将风险管控的关口前移，即为了有效遏制事故发生，要将安全风险管控挺在隐患前面，将隐患排查治理挺在事故前面。

一、双重预防机制目的

构建风险分级管控与隐患排查治理体系，目的是要实现事故的双重预防性工作机制，是

"基于风险"的过程安全管理理念的具体事件，是实现事故"关口前移"的有效手段。前者要求企业落实主体责任，后者要求企业落实主体责任的基础上督导和监管。二者是上下承接关系，前者是源头，是预防事故的第一道防线，后者是预防事故的末端治理。构建双重预防体系是企业责任主体的有效手段，能够有效破解当前安全生产工作的诸多瓶颈。

二、集团公司双重预防机制工作开展情况

2013 年 4 月，集团公司提出构成重大影响的安全八大风险和可能引发重大环保事故的六项因素，出台《关于切实抓好安全环保风险防控能力提升工作的通知》（中油安〔2013〕147 号）。

2014 年 5 月 13 日，集团公司召开风险管理研讨会，全面试点生产安全风险防控工作，出台《生产安全风险防控管理办法》（中油安〔2014〕445 号），修订完善《安全环保事故隐患管理办法》（中油安〔2015〕297 号）。

2015 年 8 月，集团公司在总结试点工作经验的基础上，发布了 Q/SY 1805—2015《生产安全风险防控导则》，对各企业如何开展双重预防工作指明了方向，明确了要求。

2016 年 6 月，集团公司下发《关于切实做好标本兼治遏制重特大事故的通知》（安委办〔2016〕20 号），同年 9 月，在集团公司基层站队 HSE 标准化建设推进会上，进一步明确了集团公司"十三五"风险防控总体原则是"识别危害、控制风险、消除隐患，努力减少亡人事故"。

2014 年，集团公司组织 10 家企业，开展了钻井、测井、物探、采油、修井、集输、炼油、化工、天然气管道、油库和加油站等 11 个专业的生产安全风险防控试点工作。2016 年底，完成模板编制阶段性研究工作，并增加城市燃气和井下作业风险防控试点工作。2017 年，集团公司 2 家企业（渤海钻探第四钻井工程分公司、吉林油田扶余采油厂）作为国家双重预防机制建设试点，集团公司下发通知并明确了要求。

三、企业如何开展双重预防工作

各企业应按照集团公司出台的《生产安全风险防控导则》和《安全环保事故隐患管理办法》等相关制度和要求，结合地方政府要求，开展双重预防工作机制建设工作。重点从风险分级防控和隐患排查治理两个方面入手。

（一）风险分级防控

风险分级防控是指在危害因素辨识和风险评估的基础上，预先采取措施消除或者控制生产安全风险的过程。按照集团公司双重预防工作机制建设和《生产安全风险防控导则》要求，各企业风险分级防控主要从生产作业活动和生产管理活动两个方面入手，系统对生产

安全进行危害辨识、风险评估和控制,进而明确企业、二级单位、车间(站队)、基层岗位的生产安全风险防控重点,落实各级生产安全风险防控责任,建立健全生产安全风险防控机制。

1.生产作业活动风险管控

生产作业活动是班组、岗位员工为完成日常生产任务进行的全部操作活动。生产作业活动风险管控以基层作业活动为研究对象,按照信息资料收集、生产作业活动分解、危害辨识、风险分析评估、风险控制措施制订和完善等步骤开展工作,并最终将风险控制措施落实到岗位"五位一体"(员工岗位职责、作业规程、检查表、应急处置卡、岗位培训矩阵)。

1)信息资料收集

信息资料收集是开展生产作业活动风险防控的基础工作。信息资料收集内容主要包括:基层组织结构、基层岗位设置及岗位职责要求、基层属地区域划分、相关工艺流程、主要设备设施、操作规程、安全检查表、应急处置预案和应急处置卡等、相关事故和事件案例、危害因素辨识和风险分析情况、风险评估或安全评价报告等。

2)生产作业活动分解

首先,辨识现场存在的所有生产作业活动;其次,将生产作业活动划分为管理单元;再次,将管理单元划分为具体的操作项目,通过对操作项目和操作步骤的分解、设备设施的拆分来进行。

(1)操作项目分解:

① 对管理单元中的工作任务进行细分,分解成相对独立的工作任务,即操作项目。

② 对每个操作项目进一步细分,最后分解成进行危害因素辨识的一系列连续的基本操作步骤。

(2)设备设施拆分:

① 梳理现场所有设备设施,确定拆分设备设施(包括生产工具)的清单;

② 对每台(套)设备设施,根据设备设施说明书、结构图、操作规程或技术标准等,按顺序对设备设施每个部分逐项分析、进行拆分,最后拆分成进行危害因素辨识的关键部件,各个关键部件应相互独立。

3)危害辨识

生产作业活动危害辨识可以按照物的因素、人的因素、环境因素和管理因素进行分类。

班组、岗位员工宜采用经验法和头脑风暴法;安全管理人员或技术人员参与危害辨识时,常规生产作业活动宜采用工作前安全分析法;非常规作业活动(包括临时作业等)宜按照作业许可要求,采用工作前安全分析法开展步骤危害辨识;设备设施宜采用安全检查表法。

4)风险分析与评估

风险分析与评估是针对已经确定的操作步骤、设备设施关键部件存在的危害进行风险分析和评估的过程,以确定应采取何种风险控制措施,以及评估目前的控制措施是否有效。

风险分析与评估可采用定性和定量两种评估方式,或者他们的组合,基层单位建议采用经验法、头脑风暴法等定性分析方法;安全管理人员或技术人员可采用 RAM 法、LEC 法等。

5)制订和完善风险控制措施

针对评估结果,应制订新的风险控制措施,或对目前的控制措施提出修订意见,并最终将风险控制措施纳入操作规程、安全检查表、岗位应急处置程序、岗位培训矩阵和岗位责任"五位一体"风险管控体系。

2. 生产管理活动风险管控

生产管理活动是指企业、二级单位和车间(站队)等管理层级的各职能部门,在生产经营过程中按流程所开展的业务活动。生产管理活动风险管控以各管理层级各职能部门的主要业务活动为研究对象,按照信息资料收集、生产管理活动分解、风险分析与评估、风险控制措施制订与完善等步骤开展,并最终将风险控制措施落实到部门(基层站队)职责、岗位职责以及相关管理制度中。

1)信息资料收集

信息资料收集是开展生产管理活动风险防控的基础工作。信息资料收集内容主要包括:企业和所属单位组织结构、部门管理岗位设置及岗位职责要求、适用的法律法规、标准规范、规章制度要求、危害因素辨识和风险分析情况、风险防控措施制订和落实等情况以及应急响应预案、救援预案、相关事故、事件案例、风险评估或安全评价报告等。

2)生产管理活动分解

首先,组织各部门(主要为规划计划、人事培训、生产组织、工艺技术、设备设施、物资采购、工程建设、安全环保等)梳理本部门所有生产管理活动,建立管理活动清单;其次,对所有管理活动进行管理模块(或管理环节)的划分,建立每个管理活动的流程图(如设备管理可大致划分为选型、招标、购置、安装、投运、检维修、事故处理等)。

3)风险分析与评估

风险分析与评估是针对生产管理活动已经划分的管理环节进行风险分析和评估,以确定应采取何种风险控制措施以及评估目前的控制措施是否有效。

风险分析与评估无论采用定性或定量分析,都必须考虑部门与部门间的横向联系,以及企业部门与单位部门、基层管理间的纵向关系,要避免管理活动存在管理空白或管理职责不清的交叉现象。

4)制订和完善风险控制措施

针对评估结果,应制订新的风险控制措施,或对目前的控制措施提出修订意见,并最终将风险控制措施纳入部门(基层站队)职责、岗位职责、部门管理制度、基层站队建设标准、各级应急预案(处置预案、响应预案、救援预案等)中。

3.风险评估与"红橙黄蓝"四色图

按照国家和地方政府要求,企业风险评估后应对风险进行分级,分级宜采用"红橙黄蓝"四色法,其中,红色风险最高,蓝色风险最低。为此:

(1)企业应制订风险评价标准或风险判定准则,以确定风险等级的划分,并与国家生产安全风险"红橙黄蓝"四色相对应。

(2)按照地方政府要求,规划出本企业、各单位以及现场的风险四色图,绘制安全风险分布电子图,并将重大风险监测监控数据接入信息化平台。

4.风险防控方案

企业、二级单位、基层车间(站队)在风险评估基础上,确定不同层级的"红橙黄蓝"风险四色图。原则上,对确定为红色的风险均应编制风险防控方案,按照集团公司《企业级生产安全风险防控方案编制工作指南》,目前仅要求企业建立生产安全专项风险防控方案。

企业级生产安全风险是指通过对二级单位风险评估结果进行分析,结合生产作业活动所涉及的业务、重点队种,确定的本企业重点防控的生产安全风险,包括设备设施存在的固有风险、生产作业过程中存在的可预见风险和自然环境存在的潜在风险等。

企业级风险防控方案是以实施分级防控、落实直线责任为目标,通过方案制订、实施、效果评价和持续改进,实现对企业重大生产安全风险全过程、动态化、重预防的管理。

(二)隐患排查治理

隐患是生产安全风险防控措施在实际落实中存在的失效或弱化现象,隐患的存在为事故的发生提供了可能性,因此,隐患必须得到及时排查与治理。

《集团公司安全环保事故隐患管理办法》明确的生产安全事故隐患,是指不符合安全生产法律、法规、规章、标准、规程和安全生产管理制度的规定,或者因其他因素在生产经营活动中存在可能导致事故发生或者导致事故后果扩大的物的危险状态、人的不安全行为和管理上的缺陷。隐患按照整改难易及可能造成后果的严重性,分为一般事故隐患和重大事故隐患。

隐患的排查与治理通常包括隐患排查、隐患评估、隐患治理、隐患排查与治理的信息化建设等环节。

1.隐患排查与评估

隐患排查,即查找生产作业活动和生产管理活动中风险防控措施存在失效、弱化、缺陷和不足的过程。

企业要研究解决谁来排查隐患、怎么排查隐患、排查的频次,以及如何处置隐患等管理环节,通常情况下,隐患的排查有以下形式:

（1）岗位的自查、巡查，重点针对物的状态、人的行为、施工现场环境等。

（2）班组的排查，重点针对物的状态、人的行为、施工作业环境等。

（3）车间、站队的排查，重点针对物的状态、人的行为、施工作业环境等。

（4）业务管理部门的排查，重点针对业务管理流程风险。

（5）二级单位及企业级的排查，重点针对物的状态、人的行为、施工作业环境、管理缺陷等。

（6）专门机构的排查（如防雷避电检测、特种设备检测等），重点针对专业风险。

所有排查出的隐患，要按照隐患评估结果进行分级登记，建立事故隐患信息档案。

2. 隐患治理与销项

隐患治理就是指消除或控制隐患的活动或过程。包括对排查出的事故隐患按照职责分工明确整改责任，制订整改计划、落实整改资金、实施监控治理和复查验收的全过程。

隐患实行分级治理，由隐患发生单位确定治理责任人，通常情况下，隐患可采取岗位纠正、班组治理、车间（站队）治理、业务部门治理、单位或公司治理等方式，如确认无能力实施治理，则应向上一级申请实施治理。

无论实施哪级治理，都应对查出的隐患做到责任、措施、资金、时限和预案"五到位"，对重大事故隐患应严格落实"分级负责、领导督办、跟踪问效、治理销项"制度。

3. 隐患排查与治理的其他注意事项

（1）应完善隐患排查管理流程，建立企业自查、自改、自报事故隐患的信息系统。

（2）应建立健全事故隐患治理的管理流程，实现隐患排查、登记、评估、治理、报告、销项等闭环管理。

（3）应明确隐患排查的频次，并与日常管理、专项检查、监督检查、HSE 体系审核等工作相结合。

（4）对发现的安全环保事故隐患应组织治理，对不能立即治理的事故隐患，应制订和落实事故隐患监控措施，并告知岗位人员和相关人员在紧急情况下采取的应急措施。

（5）应考虑地方政府要求，实现隐患排查治理相关信息的电子信息化，并与地方政府实现系统对接和信息互通。

第三节　一岗双责

"一岗双责"就是管工作管安全，管业务管安全。即一个岗位不仅要完成本职范围内的业务职责，同时要承担业务职责范围内的安全生产责任。坚持"一岗双责"是企业发展的必然要求，是促进企业安全生产和安全发展的重要抓手。

一、法律法规和制度依据

《中华人民共和国安全生产法》中规定：

生产经营单位的安全生产管理机构以及安全生产管理人员履行下列职责：

（1）组织或者参与拟订本单位安全生产规章制度、操作规程和生产安全事故应急救援预案。

（2）组织或者参与本单位安全生产教育和培训，如实记录安全生产教育和培训情况。

（3）督促落实本单位重大危险源的安全管理措施。

（4）组织或者参与本单位应急救援演练。

（5）检查本单位的安全生产状况，及时排查生产安全事故隐患，提出改进安全生产管理的建议。

（6）制止和纠正违章指挥、强令冒险作业、违反操作规程的行为。

（7）督促落实本单位安全生产整改措施。

2013年7月18日，习近平总书记在中央政治局第28次常委会上指出各级党委和政府要增强责任意识。落实安全生产责任制，要落实行业主管部门直接监管、安全监管部门综合监管、地方政府属地监管，坚持管行业必须管安全，管业务必须管安全，管生产必须管安全，而且要党政同责、一岗双责、齐抓共管。2017年10月10日，国务院安委会办公室下发了《关于全面加强企业全员安全生产责任制工作的通知》（安委办〔2017〕29号），要求企业主要负责人负责建立、健全企业的全员安全生产责任制。企业要按照《安全生产法》《职业病防治法》等法律法规规定，结合企业自身实际，明确从主要负责人到一线从业人员（含劳务派遣人员、实习学生等）的安全生产责任、责任范围和考核标准。安全生产责任制应覆盖本企业所有组织和岗位，其责任内容、范围、考核标准要简明扼要、清晰明确、便于操作、适时更新。

集团公司在2014年下发了《总部安全生产与环境保护管理职责规定》（中油安〔2014〕14号）和《安全生产和环境保护责任制管理办法》（中油安〔2014〕13号）。2018年集团公司又重新修订了《总部安全生产与环境保护管理职责规定》（中油质安〔2018〕339号），并且集团公司HSE（安全生产）委员会下发了(关于印发《安全生产责任清单编制工作指导意见》的通知)（安委〔2018〕8号），明确了安全生产责任清单的内容，确保企业岗位安全生产责任制有效落实。要求各单位应做到：

（1）结合业务实际，制定所有岗位的安全环保责任制，责任内容、责任范围、考核标准应简明扼要、清晰明确、便于操作、适时更新。

（2）在适当位置对全员安全环保责任制进行长期公示。公示的内容主要包括本单位所有岗位的安全环保责任、安全环保责任范围、安全环保责任考核标准等。

（3）将本单位全员安全环保责任制培训工作纳入年度培训计划并组织实施，如实记录安全环保责任制培训情况，使岗位人员能够清楚理解并熟练掌握其安全环保职责。

（4）每年应对岗位人员安全环保履职能力进行评价；对于不胜任的人员，应及时进行培训或岗位调整。

（5）通过签订安全环保责任书，开展安全环保述职、HSE管理体系审核和安全环保专项检查等方式，加强对安全环保责任制建立健全和执行情况的监督检查。

（6）每年应至少一次组织对安全环保责任制的建立健全和执行落实情况进行考核；对没有建立或安全环保责任制不健全以及未执行落实到位的，按照集团公司有关规定追究责任；因不履行安全环保职责造成安全环保事故或不良后果的给予责任人行政处分；涉嫌犯罪的，移送司法机关处理。

二、安全环保职责内容要求

（1）各级主要领导是本单位安全环保工作的第一责任人，对建立健全和落实安全环保责任制负主要领导责任；业务分管领导按照"管工作管安全环保"的原则，对建立健全和落实分管业务范围内的安全环保责任制负直接管理领导责任；分管安全环保工作的领导对建立健全和落实安全环保责任制负综合管理领导责任。

（2）各级管理部门应认真履行直线责任，对建立健全和落实本部门安全环保责任制负管理责任。

（3）各级领导和管理人员应按照"一岗双责"的原则，建立安全环保责任制。

（4）操作、服务岗位可将安全环保职责融入岗位职责，明晰其岗位操作和属地区域的安全环保职责。

（5）安全环保责任制应做到上下配套、层层分解、逐级衔接，形成完整的安全环保责任体系。

（6）安全环保责任制应根据岗位职责，明确写明负责、组织、协调、参与以及监督检查等安全环保职责的具体内容和要求；安全环保责任制内容应简洁明了，可操作性强。

三、落实一岗双责工作措施要求

集团公司要求所属企业全面开展安全生产责任清单制度，是岗位安全生产责任制的进一步深化，是推动岗位安全生产责任落实的重要抓手，是集团公司深化企业安全生产责任制建设的一项重要工作部署，有利于解决业务领域安全生产责任落实不到位的问题，有利于减少因管理责任不落实造成的生产安全事故及隐患，对解决企业安全生产责任传导不力问题，以及各级领导和部门对安全工作不肯管、不敢管、不会管和不善管等问题有重要现实意义。

（一）完善岗位安全生产职责

企业应结合与业务相关的法律法规、标准规范以及集团公司、专业公司和企业管理制度，梳理分析法律法规、标准规范和管理制度规定的具体职能职责要求，进一步健全完善各级领导、部门各类岗位人员的安全生产职责，包括法定或通用安全生产职责、业务安全风险管控职责。要将安全生产职责分解到每一级领导和职能部门的每一个管理岗位，做到领导岗位、管理岗位全覆盖，所有生产经营范围及管理过程全覆盖，上下衔接清晰，同级分界明确。岗位安全生产职责应考虑自身业务职责、相关业务赋予的职责、落实重点工作任务的职责等要求。

（二）结合安全生产职责编制责任清单

企业要以岗位安全生产职责为基础，对各业务的每一项安全生产职责进行细化分解，列出落实该项安全生产职责的具体工作任务，明确每一项工作任务的工作标准和可追溯的工作结果，分级分类编制岗位安全生产责任清单。

（三）安全生产责任清单的评审及修订

企业应将各级岗位的安全生产清单纳入 HSE 管理体系进行管理，不断修订完善。原则上，安全生产清单应随企业安全生产责任制文件每三年至少组织评审并修订一次。当相关法律法规、标准规范要求发生重大变化，企业组织机构、业务范围、生产工艺技术等发生重大变化时，要及时对责任清单进行修订。当重点工作任务、岗位职责发生变化，或者发生生产安全事故事件时，应结合风险评估结果或者事故事件教训，及时对责任清单进行补充完善，补充完善的内容应形成有效的书面文件。

四、安全环保履职考评

集团公司在 2014 年 12 月 18 日下发了《员工安全环保履职考评管理办法》（中油安〔2014〕482 号），对规范开展员工安全环保履职考评工作，强化落实全员安全环保职责做出了具体要求。

（一）基本概念

安全环保履职考评包括安全环保履职考核和安全环保履职能力评估。安全环保履职考核，是指对员工在岗期间履行安全环保职责情况进行测评，测评结果纳入业绩考核内容。安全环保履职能力评估，是指对员工是否具备相应岗位所要求的安全环保能力进行评估，评估结果作为上岗考察依据。

（二）安全环保履职考评的范围与职责

安全环保履职考评按领导人员和一般员工两类人员分别组织。领导人员是指按照管理层级由本级组织直接管理的干部,一般员工指各级一般管理人员、专业技术人员和操作服务人员。

各级安全环保部门负责为安全环保履职考评工作提供培训辅导和技术支持,并参与考核、评估工作。

各级管理部门负责对本部门一般管理人员、专业技术人员进行安全环保履职考核及履职能力评估;基层单位负责对操作服务人员进行安全环保履职考核及履职能力评估。

所有员工应认真履行岗位安全环保职责,并接受安全环保履职考核及履职能力评估。

(三)安全环保履职考核要求

安全环保履职考核主要是对员工的安全环保工作绩效和工作表现等方面情况进行综合评价。

安全环保履职考核原则上以年度为考核周期,岗位变化时必须履行考核。必要时,可根据员工所在岗位性质及层级,组织月度、季度、半年考核。各岗位安全环保履职考核的项目应围绕年度 HSE 目标指标和工作计划安排,依据员工岗位安全环保职责,逐级分解确定。考核的项目应突出管理特点和岗位性质,按结果类和过程类分别设定合理、易量化的考核指标,形成岗位 HSE 责任书或安全环保履职考核表。

一般员工安全环保履职考核遵循以下程序和方法,具体如下:

(1)成立考核小组,明确职责和分工。

(2)编制考核方案。

(3)被考核人收集履职情况信息资料,并填写自评成绩。

(4)查阅被考核员工事故、违章等记录。

(5)直线领导根据被考核员工平时工作表现及相关记录进行考核评分,将考核结果提交考核小组。

(6)汇总考核结果,报人事部门审核兑现。

(四)安全环保履职能力评估要求

一般员工新入厂、转岗和重新上岗前,应依据新岗位的安全环保能力要求进行培训,并进行入职前安全环保履职能力评估。

安全环保履职能力评估内容应突出岗位特点,依据岗位职责和风险防控等要求分专业、分层级确定。一般员工的安全环保履职能力评估内容包括 HSE 表现、HSE 技能、业务技能和应急处置能力等方面。鼓励以拟入职岗位的 HSE 培训矩阵作为员工安全环保履职能力评估的标准。安全环保履职能力评估可采用日常表现与现场考察、知识测试及员工感知度调查等定性评价与定量打分相结合的方式开展。

一般员工安全环保履职能力评估可按照以下程序和方法进行：

（1）成立评估小组，明确责任和分工。

（2）制订评估实施方案。

（3）向被评估员工告知相关评估事宜。

（4）依据拟入职岗位的安全环保能力要求制定评估标准。

（5）采取观察、访谈、沟通、笔试、口试、实际或模拟操作、网上答题等方式开展能力评估。

（6）查阅被评估员工事故、违章等记录。

（7）评估结果分析，对被评估人员进行综合评价。

（8）直线评估人员对被评估人员进行反馈。

（五）安全环保履职考评结果与应用

安全环保履职考核结果分为杰出、优秀、良好、一般、较差五个档次，并按绩效合同约定纳入员工综合绩效考核。安全环保履职考核结果应用包括绩效奖金兑现、职级升降、岗位调整、岗位退出、培训发展等。安全环保履职考核结果为"一般"和"较差"的人员，应进行培训、通报批评或诫勉谈话。

安全环保履职能力评估结果分为杰出、优秀、良好、一般、较差五个档次。安全环保履职能力评估结果为"一般"和"较差"的拟提拔或调整人员，不得调整或提拔任用。评估结果为"较差"的员工不得上岗或转岗。不合格人员需接受再培训和学习，评估合格后方能调整、提拔任用或上岗。安全环保履职能力评估发现的改进项，由被评估人制订切实可行的措施和计划予以改进，直线领导对下属的改进实施情况进行跟踪与督导。

第四节 安全生产教育培训

安全生产工作历来强调"安全第一、预防为主、综合治理"的方针，确保安全生产的关键之一是强化职工安全教育培训。对职工进行必要的安全教育培训，是让职工了解和掌握安全法律法规，提高职工安全技术素质，增强职工安全意识的主要途径，是保证安全生产，做好安全工作的基础。安全教育培训工作可以有效地遏止事故，通过灌输各种各样的安全意识，逐渐在人的大脑中形成概念，才能对外界生产环境做出安全或不安全的正确判断，通过安全教育培训工作完成"要我安全"到"我要安全"，最终到"我会安全"质的转变。

一、安全生产教育培训要求

《中华人民共和国安全生产法》（中华人民共和国主席令第 13 号〔2014〕）第二十五条

规定:生产经营单位应当对从业人员进行安全生产教育和培训,保证从业人员具备必要的安全生产知识,熟悉有关的安全生产规章制度和安全操作规程,掌握本岗位的安全操作技能,了解事故应急处理措施,知悉自身在安全生产方面的权利和义务。未经安全生产教育和培训合格的从业人员,不得上岗作业。

原国家安全生产监督管理总局的《安全生产培训管理办法》(2015年5月29日总局第80号令修正)明确规定:生产经营单位应当建立安全培训管理制度,保障从业人员安全培训所需经费,对从业人员进行与其所从事岗位相应的安全教育培训;从业人员调整工作岗位或者采用新工艺、新技术、新设备、新材料的,应当对其进行专门的安全教育和培训。未经安全教育和培训合格的从业人员,不得上岗作业。生产经营单位使用被派遣劳动者的,应当将被派遣劳动者纳入本单位从业人员统一管理,对被派遣劳动者进行岗位安全操作规程和安全操作技能的教育和培训。劳务派遣单位应当对被派遣劳动者进行必要的安全生产教育和培训。生产经营单位接收中等职业学校、高等学校学生实习的,应当对实习学生进行相应的安全生产教育和培训,提供必要的劳动防护用品。学校应当协助生产经营单位对实习学生进行安全生产教育和培训。

原国家安全生产监督管理总局的《生产经营单位安全培训规定》(2015年5月29日总局第80号令修正),对安全培训工作做了如下规定:

(1)生产经营单位主要负责人和安全生产管理人员初次安全培训时间不得少于32学时。每年再培训时间不得少于12学时。煤矿、非煤矿山、危险化学品、烟花爆竹、金属冶炼等生产经营单位主要负责人和安全生产管理人员初次安全培训时间不得少于48学时,每年再培训时间不得少于16学时。

(2)煤矿、非煤矿山、危险化学品、烟花爆竹、金属冶炼等生产经营单位必须对新上岗的临时工、合同工、劳务工、轮换工、协议工等进行强制性安全培训,保证其具备本岗位安全操作、自救互救以及应急处置所需的知识和技能后,方能安排上岗作业。

(3)生产经营单位新上岗的从业人员,岗前安全培训时间不得少于24学时。煤矿、非煤矿山、危险化学品、烟花爆竹、金属冶炼等生产经营单位新上岗的从业人员安全培训时间不得少于72学时,每年再培训的时间不得少于20学时。

2018年,集团有限公司重新修订《HSE培训管理办法》(人事〔2018〕68号),对HSE培训工作做了如下规定:

(1)企业各级、各类员工必须接受与所从事岗位业务相关的HSE培训,经培训考核合格方可上岗,并应定期进行HSE再培训。国家法律法规、地方政府和集团公司要求必须持证上岗的员工,应当按有关规定培训取证。未经HSE培训合格的从业人员,不得上岗作业。

① 油气勘探开发、炼油化工、油气储运销售、工程建设等高风险行业生产经营单位的新入厂员工,应经过厂、车间(队)、班组三级入厂安全生产教育培训,时间不得少于 72 学时。其他单位的新入厂员工,岗前安全培训时间不得少于 24 学时。对于新招的危险工艺操作岗位人员,除按照规定进行 HSE 培训外,还应在师傅带领下实习至少 2 个月,并经考核或鉴定合格后方可独立上岗作业;

② 特种作业及特种设备操作人员应当按照国家有关规定经过专门的安全技术培训,并参加政府考核发证机关授权的考试机构组织的考试,考核合格,取得《特种作业操作证》后,方可从事特种作业或特种设备作业,并按照规定进行复审。离开特种作业岗位 6 个月以上的特种作业人员,应当重新进行实际操作考试,经确认合格后方可上岗作业;

③ 员工在本企业内调整工作岗位或离岗一年以上重新上岗时,应当重新接受车间(站队)和班组级的安全培训;

④ 采用新工艺、新技术、新材料或者使用新设备时,相关员工应重新进行有针对性的 HSE 及相关技术、技能培训;

⑤ 班组长每年接受安全培训的时间不得少于 24 学时;

⑥ 建设单位应对承包商项目的主要负责人、分管安全生产负责人、安全管理机构负责人进行专项 HSE 培训。承包商、劳务派遣人员、实习人员、外来人员以及其他临时进入的人员,应根据需要进行入厂(场)前的 HSE 培训。

(2)HSE 培训内容主要包括:

① 国家安全环保方针、政策、法律法规、规章及标准,集团公司 HSE 规章制度及相关标准,企业 HSE 有关规定;

② HSE 管理基本知识、HSE 技术、HSE 专业知识;

③ 重大危险源管理、重大事故防范、应急管理和救援组织以及事故调查处理的有关规定;

④ 职业危害及其预防措施、先进的安全环保管理经验,典型事故和案例分析;

⑤ 员工个人岗位安全职责、工作环境和危险因素识别防控、应急处置技能等;

⑥ 其他需要培训的内容。

(3)HSE 培训应按照需求分析、计划制订、组织实施、效果评估等流程实施。各企业应将 HSE 培训的组织实施与业务培训、上岗培训等各类培训充分结合。

① 企业应当识别分析各岗位的 HSE 培训需求,编制基层岗位 HSE 培训矩阵,建立员工上岗安全履职能力标准,开展员工安全环保履职能力评估;

② 各级直线领导应当依据岗位 HSE 培训矩阵及培训需求分析,有计划组织下属员工参加 HSE 培训;

③ HSE 培训应综合运用集中培训、脱产学习、应急演练、岗位练兵、安全经验分享等多种方式组织开展,要充分利用现代信息技术手段,创新 HSE 培训模式,提升 HSE 培训质量和效益;

④ HSE 培训应进行全过程跟踪,开展培训效果评估,并制订相应的改进措施,持续完善HSE 培训工作机制。

2018 年,集团公司重新修订《安全生产管理规定》(中油质安〔2018〕340 号),对安全生产教育培训工作做了如下规定:

(1)企业应当建立有关安全生产教育培训管理制度,将安全生产教育培训计划纳入本单位教育培训计划进行统筹管理,采取多种措施保障培训资源。

(2)企业应当对员工进行安全生产教育和培训,保证员工具备必要的安全生产知识,熟悉有关的安全生产规章制度和操作规程,掌握本岗位的安全操作技能和事故应急处置技能,知悉自身在安全生产方面的权利和义务。企业应当按照有关规定定期对员工开展安全生产再培训,未经安全生产教育和培训合格的员工不得上岗作业。

(3)企业各级主要领导、分管安全领导、安全管理和监督人员应当具备与本单位所从事的生产经营活动相适应的安全生产知识和管理能力。涉及非煤矿山、危险化学品等行业的企业各级主要领导、分管安全领导、安全管理和监督人员,自任职之日起六个月内,必须经地方人民政府有关部门对其安全生产知识和管理能力考核合格。特种作业人员、特种设备作业人员应当按照国家有关规定经专门的安全作业培训,取得相应资格,方可上岗作业,并按照规定进行复审。

(4)企业安全总监、安全副总监、主管安全的处级干部、安全管理人员、安全监督人员等应当按照集团公司 HSE 培训管理规定参加培训,并考核合格。

(5)企业应当根据需要,对使用的承包商和劳务派遣工、接收的实习学生、进入作业场所的其他外来人员实施安全培训。

① 对承包商项目的主要负责人、分管安全生产负责人、安全生产管理部门负责人进行专项安全培训,对承包商参加项目的所有员工进行入厂(场)施工作业前的安全培训,考核合格后,方可参与项目施工作业;

② 将劳务派遣工纳入本单位从业人员统一管理,对劳务派遣工进行岗位操作规程和安全操作技能的培训;

③ 对接收的中等职业学校、高等学校实习学生进行相应的安全培训;

④ 对进入作业场所的其他外来人员进行安全培训。

(6)企业应当按照有关规定对新入厂员工开展厂、车间(队)、班组"三级安全培训教育",对转岗工人开展车间(队)、班组安全教育。

（7）企业应当建立安全生产教育和培训档案，如实记录安全生产教育和培训的时间、内容、参加人员以及考核结果等情况。

二、基层岗位 HSE 培训矩阵

2012 年，集团公司颁布了 Q/SY 1519—2012《基层岗位 HSE 培训矩阵编写指南》，对培训矩阵的定义、职责、程序等内容进行了统一规范，整体推动了基层岗位 HSE 培训矩阵在中国石油的全面实施。

（一）HSE 培训需求调查分析

（1）开展法律法规、标准规范、规章制度调查，防范基层岗位 HSE 培训法律法规风险。法律法规、标注规范、规章制度调查应包括但不限于以下内容：

① 国家、地方政府有关安全生产、环境保护、职业病防治的法律法规；

② 集团公司有关健康安全与环境和员工教育培训规章制度、企业标准规范；

③ 本企业有关健康安全与环境和员工教育培训规章制度、标准规范。

（2）岗位管理单元调查，根据岗位分工结合岗位职责，梳理岗位及与岗位具有关联的工作流程、设备设施，建立岗位管理单元清单。

（3）开展岗位操作项目调查，确认岗位所有操作项目。岗位操作项目调查一般可按照以下方法进行：

① 将管理单元划分为最基本的操作项目，各操作项目应保持相对独立完整、不重叠和交叉，能辨识操作风险并实施控制；

② 将梳理的操作项目——列于管理单元之下，并结合岗位职责确认，将管理单元汇总形成岗位操作项目需求清单。

（4）开展岗位操作风险调查，辨识岗位操作中的危害因素，评估风险。岗位操作风险调查应包括但不限于以下内容：

① 作业场所（现场）和设备设施可能存在的风险；

② 安全防护和尘毒、噪声、辐射控制等，以及环境保护装置和设施可能存在的风险；

③ 不规范操作可能带来的风险；

④ 天气、季节变化可能产生的风险；

⑤ 与相关方（包括承包商、供应商、外来人员、社区等）、周边环境的相互影响与风险；

⑥ 应急设施及应急处置方面可能存在的风险；

⑦ 其他应关注的风险。

（5）企业开展 HSE 培训还应充分考虑生产经营特点，安全环保工作绩效，未来发展目标，员工基础条件、现有能力和个人愿景等因素。

（6）企业应根据调查结果，结合岗位设置和操作项目，确定培训需求。

（二）设定 HSE 培训内容

（1）企业应依据 HSE 培训需求调查分析结果,汇总、确定岗位员工需要接受的 HSE 培训内容。

（2）岗位 HSE 培训内容设定应考虑按以下四个方面进行分类:

① 通用安全知识,包括安全用电和用火常识、危害因素辨识知识、本专业典型事故案例等;

② 岗位基本操作技能,包括员工所在岗位各操作项目的操作规程、操作风险、应急处置等;

③ 生产受控管理流程,包括作业许可、变更管理、上锁挂牌、承包商管理等;

④ HSE 知识、方法与工具,包括属地管理、行为安全观察与沟通、目视化管理、工作前安全分析等。

（三）设定 HSE 培训要求

（1）基层岗位 HSE 培训矩阵中的培训要求包括培训课时、培训周期、培训方式、培训效果、培训师资。

（2）培训课时可根据培训内容多少、接受难易程度、需要达到的效果合理确定。

（3）企业应按照不同的要求合理确定复习培训的周期,新入场、调换工种、转岗、复工等岗位员工 HSE 培训应满足上岗要求。

（4）培训方式可按照下列基本原则确定:

① 需要动手操作的项目,以实际操作培训为主,课堂讲授与现场演练相结合;

② 属于理念性的内容,以课堂授课和会议告知为主。

（5）培训效果分为"了解""掌握""掌握并能培训他人"三种,并按照以下方法进行确定:

① 属于理念性或与本岗位操作无直接关系的培训内容,培训效果可确定为"了解",如工作外 HSE 知识、事故案例等;

② 属于本岗位直接操作的项目,要求经过培训后必须达到熟知或能够独立操作的培训内容,应确定为"掌握",如本岗位操作技能的所有培训内容;

③ 对于一般基层岗位员工只要求"了解"或"掌握"的培训内容,要求班组长必须"掌握",并且"能够培训他人",以保障其具有履行对本班组成员进行 HSE 培训的直线责任能力。

（四）建立 HSE 培训矩阵

（1）企业应按照 Q/SY 08234—2018《HSE 培训管理规范》的要求,将岗位名称、培训内容、掌握程度、培训周期、培训效果、培训方式、培训师资等内容填入矩阵表格,形成基层岗位 HSE 培训矩阵。

（2）基层岗位 HSE 培训矩阵可用于指导基层组织编制培训计划、培训实施、培训效果评估及员工 HSE 能力评估。

（3）定期应对基层岗位 HSE 培训矩阵进行审定，当基层组织结构、生产业务、岗位职责和操作项目发生变化时，应及时对岗位 HSE 培训矩阵进行更新。

总之，做好员工的安全教育培训，提高安全意识、增强安全责任，是避免和减少各类事故的前提和基础；同时也是保证企业安全生产，降低事故频率，实现安全生产目标的重要措施。任何生产经营单位，在任何时候，都必须持之以恒抓好安全生产培训教育工作，这不仅是企业"安全"的需要，"效益"的需要，更是企业"生存发展"的需要。

第五节　承包商管理

随着集团公司市场化进程的不断推进，外部承包商已经进入集团公司各个生产领域，且数量庞大，人员技能、素质与安全生产的要求有较大差距，因承包商各方面原因导致的事故屡有发生，非法转包、违法分包、违规挂靠、施工队伍与中标队伍及人员不一致、使用无资质或超资质范围队伍、施工队伍设备设施和人员不满足安全生产要求、管理制度不健全或落实不到位等问题依然存在。目前，钻探总包、分包业务越来越多，承包商使用的类型也越来越多，因此，必须把承包商管理作为我们风险管控的重点来抓，要进一步加强承包商管理，依法合规优选承包商，遏制违法违规行为的发生。

《中华人民共和国安全生产法》（中华人民共和国主席令第 13 号〔2014〕）中规定：生产经营单位不得将生产经营项目、场所、设备发包或者出租给不具备安全生产条件或者相应资质的单位或者个人。生产经营项目、场所发包或者出租给其他单位的，生产经营单位应当与承包单位、承租单位签订专门的安全生产管理协议，或者在承包合同、租赁合同中约定各自的安全生产管理职责；生产经营单位对承包单位、承租单位的安全生产工作统一协调、管理，定期进行安全检查，发现安全问题的，应当及时督促整改。

《非煤矿山外包工程安全管理暂行办法》（2013 年国家安全监管总局令第 62 号发布，2015 年国家安全监管总局令第 78 号修正）第三条规定：非煤矿山外包工程的安全生产，由发包单位负主体责任，承包单位对其施工现场的安全生产负责。外包工程有多个承包单位的，发包单位应当对多个承包单位的安全生产工作实施统一协调、管理，定期进行安全检查，发现安全问题的，应当及时督促整改。

2015 年 9 月，集团公司发布了《承包商安全管理禁令》（中油安〔2015〕359 号）并明确规定：

（1）严禁建设单位免除或转移自身安全生产责任。

（2）严禁使用无资质、超资质等级或范围、套牌的承包商。

（3）严禁违法发包、转包、违法分包、挂靠等违法行为。

（4）严禁未经危害识别和现场培训开展作业。

（5）严禁无证从事特种作业、无票从事危险作业。

对于违反禁令的，按照"谁发包、谁监管""谁用工、谁负责"的原则，严肃追究有关人员责任。发生事故的，按照集团公司有关规定进行升级调查和处理，对建设单位和承包商"一事双查"，对违纪违规问题移交纪检监察部门"一案双查"，并追究有关领导责任。

2017年4月，集团公司下发了《关于进一步加强承包商施工作业安全准入管理的意见》（中油办〔2017〕109号），明确了承包商准入管理的主要任务、指导原则、工作目标、工作措施和工作要求。旨在建立健全承包商施工作业安全准入制度，规范承包商施工作业前能力准入评估、施工作业过程中安全监督和竣工后绩效评价。实现建立承包商施工作业安全准入长效机制，将承包商HSE管理纳入企业HSE管理体系，执行统一的HSE标准，实现施工作业过程全方位监管，有效预防和遏制承包商事故的目标。

2018年2月，集团公司下发的《关于加强生产安全六项较大风险管控的通知》（安委办〔2018〕12号）明确，将承包商管不住的风险列为生产安全六项较大风险之一，集团公司从2018年起，在总部HSE体系审核、安全专项督查等工作中将六项较大风险纳入重要内容，明确防控措施及检查落实要求。对管理不到位、履责不到位的相关责任人和有关领导干部及管理人员采取通报批评、约谈、责令检查或行政处分等方式进行问责。

2018年9月，集团公司下发的《关于强化外部承包商监管的通知》（中油质安〔2018〕366号）明确要求，一是强制外部施工人员培训取证；二是强化施工现场门禁管理；三是强化施工过程全时段监督；四是强化承包商事故责任追究；五是强化外部承包商"黑名单"制度执行。要按照"谁准入谁负责、谁使用谁负责、谁的属地谁负责"的要求，严格承包商各环节管理，强化承包商施工现场监管，落实承包商"黑名单"制度，承包商培训符合集团公司培训大纲要求，从根本上堵塞承包商管理漏洞。

2013年11月，集团公司发布的《承包商安全监督管理办法》（中油安〔2013〕483号），内容包括总则、机构与职责、承包商准入的安全监督管理、承包商选择的安全监督管理、承包商使用的安全监督管理、承包商评价的安全监督管理和考核与奖惩等。其核心内容就是要求严把承包商的单位资质关、HSE业绩关、队伍素质关、施工监督关和现场管理关。

一、承包商准入评估阶段安全监督管理

承包商施工作业前能力准入评估是指建设单位在承包商施工队伍入厂（场）前对其参与施工作业人员资质能力、设备设施安全性能、安全组织架构及管理制度进行的审查评估，防止不符合要求的承包商施工队伍和人员进入现场作业。承包商施工作业前能力准入评估按照"谁主管、谁负责"的原则。集团公司对承包商施工作业前能力准入评估实施分类和分

级管理,根据项目规模、复杂程度和风险大小,结合集团公司投资管理有关规定,将项目划分为工程技术服务项目、工程建设服务项目和检维修服务项目,所有参加施工的外部承包商队伍施工作业前必须签订工程项目 HSE 承诺书。

集团公司实行承包商准入安全资质审查制度,建设单位安全管理部门应对进入本单位市场的承包商进行安全资质审查,安全资质审查不合格的承包商禁止办理准入。安全资质审查主要内容包括安全生产许可证、安全监督管理机构设置、HSE 或者职业健康安全管理体系、安全生产资源保障和主要负责人、项目负责人、安全监督管理人员、特种作业人员安全资格证书,以及近三年安全生产业绩证明等有关资料。建设单位准入管理部门应建立承包商安全业绩记录,按照有关程序清退不合格承包商,定期公布合格承包商名录。

二、承包商培训阶段安全监督管理

建设单位应在合同中约定,承包商根据建设(工程)项目安全施工的需要,编制有针对性的安全教育培训计划,入厂(场)前对参加项目的所有员工进行有关安全生产法律、法规、规章、标准和建设单位有关规定的培训,重点培训项目执行的规章制度和标准、HSE 作业计划书、安全技术措施和应急预案等内容,并将培训和考试记录报送建设单位备案。

建设单位对承包商员工离开工作区域 6 个月以上、调整工作岗位、工艺和设备变更、作业环境变化或者承包商采用新工艺、新技术、新材料、新设备的,应要求承包商对其进行专门的安全教育和培训。经建设单位考核合格后,方可上岗作业。

建设单位应对承包商项目的主要负责人、分管安全生产负责人、安全管理机构负责人进行专项安全培训,考核合格后,方可参与项目施工作业。

建设单位应对承包商参加项目的所有员工进行入厂(场)施工作业前的安全教育,考核合格后,发给入厂(场)许可证,并为承包商提供相应的安全标准和要求。

入厂(场)安全教育开始前,建设单位应审查承包商参加安全教育人员的职业健康证明和安全生产责任险,合格后才能参加安全教育。

三、承包商施工阶段安全监督管理

建设单位应对承包商作业过程进行安全监管,按照集团公司安全监督管理有关规定,结合项目规模和风险程度向建设(工程)项目派驻安全监督人员。建设单位选择的工程监理、派驻的工程监督应按照规定履行对建设(工程)项目承包商的安全监督管理职责。

建设单位安全监督人员主要监督下列事项:

(1)审查施工、工程监理、工程监督等有关单位资质、人员资格、安全生产(HSE)合同、安全生产规章制度建立和安全组织机构设立、安全监管人员配备等情况。

（2）检查项目安全技术措施和 HSE"两书一表"，人员安全培训、施工设备、安全设施、技术交底、开工证明和基本安全生产条件、作业环境等。

（3）检查现场施工过程中安全技术措施落实、规章制度与操作规程执行、作业许可办理、计划与人员变更等情况。

（4）检查有关单位事故隐患整改、违章行为查处、安全生产施工保护费用使用、安全事故（事件）报告及处理等情况。

（5）其他需要监督的内容。

承包商员工存在下列情形之一的，由建设单位项目管理部门按照有关规定清出施工现场，并收回入厂（场）许可证：

（1）未按规定佩戴劳动防护用品和用具的。

（2）未按规定持有效资格证上岗操作的。

（3）在易燃易爆禁烟区域内吸烟或携带火种进入禁烟区、禁火区及重点防火区的。

（4）在易燃易爆区域接打手机的。

（5）机动车辆未经批准进入爆炸危险区域的。

（6）私自使用易燃品清洗物品、擦拭设备的。

（7）违反操作规程操作的。

（8）脱岗、睡岗和酒后上岗的。

（9）未对动火、进入有限空间、挖掘、高处作业、吊装、管线打开、临时用电及其他危险作业进行风险辨识的。

（10）无票证从事动火、进入有限空间、挖掘、高处作业、吊装、管线打开、临时用电及其他危险作业的。

（11）未进行可燃、有毒有害气体、氧含量分析，擅自动火、进入有限空间作业的。

（12）危险作业时间、地点、人员发生变更，未履行变更手续的。

（13）擅自拆除、挪用安全防护设施、设备、器材的。

（14）擅自动用未经检查、验收、移交或者查封的设备的。

（15）违反规定运输民爆物品、放射源和危险化学品。

（16）未正确履行安全职责，对生产过程中发现的事故隐患、危险情况不报告、不采取有效措施积极处理的。

（17）按有关要求应履行监护职责而未履行监护职责，或者履行监护职责不到位的。

（18）未对已发生的事故采取有效处置措施，致使事故扩大或者发生次生事故的。

（19）违章指挥、强令他人违章作业的、代签作业票证的。

（20）其他违反安全生产规定应清出施工现场的行为。

四、承包商评价安全监督管理

建设单位应建立承包商安全绩效评估制度,组织开展承包商选择阶段的安全能力评估、使用阶段的日常安全工作评估、项目结束后的安全绩效综合评估。建设单位开展承包商业绩评价时应进行安全绩效评估。建设单位应根据合同约定,对承包商日常安全工作进行检查,定期评估,并将评估结果及时通报承包商。对于日常安全工作中的不合格项,责令承包商限期整改。

承包商存在下列情形之一的,由承包商准入审批单位按照有关规定予以清退,取消准入资格,并及时向有关部门和单位公布承包商安全业绩情况及生产安全事故情况:

（1）提供虚假安全资质材料和信息,骗取准入资格的。

（2）现场管理混乱、隐患不及时治理,不能保证生产安全的。

（3）违反国家有关法律、法规、规章、标准及集团公司有关规定,拒不服从管理的。

（4）承包商安全绩效评估结果为不合格的。

（5）发生一般 A 级及以上工业生产安全责任事故的。

如建设（工程）项目实行总承包的,建设单位对总承包单位的安全生产负有监管责任,总承包单位对施工现场的安全生产负总责。总承包单位应承担对分包单位的安全监管职责,对分包单位实行全过程安全监管,并对分包单位的安全生产承担连带责任。

第六节　特种设备

随着集团公司各项业务的不断发展,特种设备数量也在不断增加,除特种设备本身所具有的危险性以外,迅速增长的数量因素及多样的使用环境因素也使得特种设备安全形势更加复杂。特种设备因使用管理不当而造成的事故占事故总量的 70%,加强使用环节的安全管理是特种设备安全管理工作的重中之重。特别是《特种设备安全法》颁布实施后,管理逐步由政府监管转变为强调企业安全生产主体责任。这就要求各个企业要以"三落实、两有证、一检验、一预案"（落实管理机构、落实管理制度、落实管理人员,特种设备有使用登记证、作业人员有特种设备作业人员证,特种设备定期检验,特种设备事故应急专项预案）为基础,严格依法管理。

为了加强特种设备安全工作,预防特种设备事故,保障人身和财产安全,我国于 2013 年 6 月 29 日第十二届全国人民代表大会常务委员会第三次会议通过,《中华人民共和国特种设备安全法》,自 2014 年 1 月 1 日起施行。国家市场监督管理总局（原国家质量监督检验检疫总局）依据该法,于 2017 年 1 月 16 日颁布,2017 年 8 月 1 日起施行了 TSG 08—2017《特种设备使用管理规则》,进一步明确了特种设备使用单位的责任,整合了八大类特种设备使用管理的基本要求,统一了特种设备使用登记程序,是一部特种设备使用管理的综合规范。

集团公司根据《中华人民共和国特种设备安全法》修订完善了《特种设备安全管理办法》(中油安〔2013〕459号),于2013年11月4日发布,自2014年1月1日起施行,该办法对特种设备的安全管理要求、特种设备安全监督检查、特种设备事故管理方面等进行了进一步明确和要求。

为切实抓好特种设备安全监管工作,有效预防特种设备事故发生,集团公司在2015年6月16日又下发了《关于进一步加强特种设备安全监管的通知》(安全〔2015〕193号),要求对于未列入国家特种设备目录的危险性较大的加热炉、电脱水器、灰罐、常压锅炉等设备,要参照特种设备管理。特别是国家新的《特种设备目录》施行后,汽车吊、随车吊、轻小型起重机等因不重复监管原因已不再列入特种设备目录,但其使用风险依然存在,各企业必须明确管理部门,认真落实建档、检验、培训、检查等日常管理要求。

一、特种设备安全工作遵循原则

(1)安全第一、预防为主、节能环保、综合治理。
(2)统一领导、分级负责、直线责任、属地管理。

二、特种设备的种类

特种设备依据其主要工作特点分为承压类特种设备和机电类特种设备。《特种设备目录》(质检总局2014年第114号)中规定的特种设备目录如下:

锅炉、压力容器、压力管道、压力管道元件、电梯、起重机械、客运索道、大型游乐设施、场(厂)内专用机动车辆和安全附件等,其中安全附件包括安全阀、爆破片装置、紧急切断阀和气瓶阀门等。

(一)承压类特种设备

承压类特种设备是指承载一定压力的密闭设备或管状设备,包括锅炉、压力容器(含气瓶)、压力管道。

1. 锅炉

锅炉是指利用各种燃料、电或者其他能源,将所盛装的液体加热到一定的参数,并通过对外输出介质的形式提供热能的设备,其范围规定为设计正常水位容积大于或者等于30L,且额定蒸汽压力大于或者等于0.1MPa(表压)的承压蒸汽锅炉;出口水压大于或者等于0.1MPa(表压),且额定功率大于或者等于0.1MW的承压热水锅炉;额定功率大于或者等于0.1MW的有机热载体锅炉。

2. 压力容器

压力容器是指盛装气体或者液体,承载一定压力的密闭设备,其范围规定为最高工作压力大于或者等于 0.1MPa (表压)的气体、液化气体和最高工作温度高于或者等于标准沸点的液体、容积大于或者等于 30L 且内直径(非圆形截面指截面内边界最大几何尺寸)大于或者等于 150mm 的固定式容器和移动式容器;盛装公称工作压力大于或者等于 0.2MPa (表压),且压力与容积的乘积大于或者等于 1.0MPa·L 的气体、液化气体和标准沸点等于或者低于 60℃液体的气瓶;氧舱。

3. 压力管道

压力管道是指利用一定的压力,用于输送气体或者液体的管状设备,其范围规定为最高工作压力大于或者等于 0.1MPa (表压),介质为气体、液化气体、蒸汽或者可燃、易爆、有毒、有腐蚀性、最高工作温度高于或者等于标准沸点的液体,且公称直径大于或者等于 50mm 的管道。公称直径小于 150mm,且其最高工作压力小于 1.6MPa (表压)的输送无毒、不可燃、无腐蚀性气体的管道和设备本体所属管道除外。其中,石油天然气管道的安全监督管理还应按照《安全生产法》《石油天然气管道保护法》等法律法规实施。

(二)机电类特种设备

机电类特种设备是指必须由电力牵引或驱动的设备,包括电梯、起重机械、客运索道、大型游乐设施、场(厂)内专用机动车辆。

1. 电梯

电梯是指动力驱动,利用沿刚性导轨运行的箱体或者沿固定线路运行的梯级(踏步),进行升降或者平行运送人、货物的机电设备,包括载人(货)电梯、自动扶梯、自动人行道等。非公共场所安装且仅供单一家庭使用的电梯除外。

2. 起重机械

起重机械是指用于垂直升降或者垂直升降并水平移动重物的机电设备,其范围规定为额定起重量大于或者等于 0.5t 的升降机;额定起重量大于或者等于 3t (或额定起重力矩大于或者等于 40t·m 的塔式起重机,或生产率大于或者等于 300t/h 的装卸桥),且提升高度大于或者等于 2m 的起重机;层数大于或者等于 2 层的机械式停车设备。

3. 客运索道

客运索道是指动力驱动,利用柔性绳索牵引箱体等运载工具运送人员的机电设备,包括客运架空索道、客运缆车、客运拖牵索道等。非公用客运索道和专用于单位内部通勤的客运索道除外。

4. 大型游乐设施

大型游乐设施是指用于经营目的,承载乘客游乐的设施,其范围规定为设计最大运行线速度大于或者等于2m/s,或者运行高度距地面高于或者等于2m的载人大型游乐设施。用于体育运动、文艺演出和非经营活动的大型游乐设施除外。

5. 场(厂)内专用机动车辆

场(厂)内专用机动车辆是指除道路交通、农用车辆以外仅在工厂厂区、旅游景区、游乐场所等特定区域使用的专用机动车辆。

三、职责与内容

企业安全监督机构负责对下属单位执行国家有关特种设备安全监督管理的法律、法规、规章、安全技术规范、标准和集团公司、本企业有关规定进行现场监督检查。

监督检查内容包括:

(1)特种设备管理,主要包括特种设备管理部门及人员设置、特种设备管理规章制度建立与执行、安全生产责任制落实和特种设备作业人员安全培训,以及风险管理等情况。

(2)安全生产条件,主要包括安全防护设施和安全附件齐全完好情况、设备维修保养情况,以及作业环境满足安全生产要求等情况。

(3)安全生产活动,主要包括现场生产组织、作业许可与变更手续办理,以及特种设备作业人员持证上岗等情况。

(4)安全应急准备,主要包括应急组织建立、特种设备专项应急预案的制修订、应急物资储备、应急培训和应急演练开展等情况。

(5)其他需要监督的内容。

特种设备使用单位应按照本企业的有关规定,建立健全岗位责任、隐患治理、应急救援等安全管理制度,制订操作规程,建立完善安全技术档案,对特种设备安全管理人员、检测人员和作业人员进行安全教育和技术培训,对特种设备进行经常性维护保养和定期自行检查,整改特种设备存在的隐患和问题,制订事故应急专项预案,并定期进行培训与演练。

四、特种设备一般规定

(1)起重机械安装拆卸工、起重信号工、起重司机、司索等特种作业人员应经省级建设主管部门或者其委托的考核发证机构考核合格,取得特种作业操作资格证书后方可上岗作业。对于首次取得资格证书的人员,在其正式上岗前安排不少于3个月且在有资质人员监护下的实习操作,并每年参加不少于24h的年度安全教育培训或者继续教育。

(2)作业人员在作业中应严格执行安全技术规范、操作规程和有关规章制度,发现事故隐患或者其他不安全因素,立即采取措施,并向现场安全管理人员和单位负责人报告。作业人员有权拒绝使用未经定期检验或者检验不合格的特种设备。

五、特种设备安全使用规定

(1)在设备投入使用前或者投入使用后三十日内办理使用登记,取得使用登记证书;建筑起重机械安装验收合格之日起三十日内,应到工程所在地县级以上地方人民政府建设主管部门办理使用登记。登记标志应置于该设备的显著位置。

(2)锅炉应按要求进行锅炉水(介)质处理,并进行定期检验。锅炉清洗过程应接受监督检验。

(3)电梯使用单位应委托电梯制造单位或者依法取得许可的安装、改造、修理单位承担电梯的维护保养工作,至少每半个月进行一次清洁、润滑、调整和检查。将电梯的安全使用说明、安全注意事项和警示标志置于易于被人员注意的显著位置。

(4)建立岗位责任、隐患治理、应急救援等安全管理制度,并明确使用管理要求,主要内容包括:特种设备采购、安装、注册登记、维护保养、日常检查、定期检验、改造、修理、停用报废、安全技术档案、教育培训、安全资金投入、事故报告与处理等。

(5)建立健全特种设备操作规程,明确安全操作要求,至少包括以下内容:

① 设备操作工艺参数(最高工作压力、最高或者最低工作温度、最大起重量、介质等);

② 设备操作方法(开车、停车操作程序和注意事项等);

③ 设备运行中应重点检查的项目和部位,运行中可能出现的异常情况和纠正预防措施,以及紧急情况的应急处置措施和报告程序等;

④ 设备停用及日常维护保养方法。

(6)企业应分级建立特种设备管理台账,使用单位应建立健全安全技术档案。安全技术档案应包括以下内容:

① 设备的设计文件、产品质量合格证明、安装及使用维护保养说明、监督检验证明等相关技术资料和文件;

② 设备的定期检验和定期自行检查记录;

③ 设备的日常使用状况记录;

④ 设备及其附属仪器仪表的维护保养记录;

⑤ 设备的运行故障和事故记录。

(7)安全管理人员应对设备使用状况进行经常性检查,发现问题应立即处理;情况紧急时,可以决定停止使用并及时报告本单位有关负责人。

(8)设备出现故障或者发生异常情况,应对其进行全面检查,消除事故隐患后,方可继续使用。

（9）制订事故应急专项预案，并定期进行培训及演练。

（10）压力容器、压力管道发生爆炸或者泄漏，在抢险救援时应区分介质特性，严格按照预案规定程序处理，防止次生事故。

（11）承租单位应租用取得许可生产、按要求进行维护保养并经检验合格的特种设备，禁止租用国家明令淘汰和已经报废的特种设备。

气瓶使用单位应租用已取得气瓶充装许可单位提供的符合要求的气瓶，并严格按照规定正确使用、运输、储存气瓶。

（12）应确保设备使用环境符合规定，设备的使用应具有规定的安全距离、安全防护措施。与设备安全相关的建筑物、附属设施，应符合有关法律、行政法规的规定。

（13）现场安全警示标识齐全，设备与管理台账一致，并及时将使用登记、检验检测、停用报废等信息录入集团公司 HSE 信息系统。

（14）设备停用后，应在显著位置设置停用标识。长期停用的应在卸载后，切断动力，隔断物料，定期进行维护保养。

六、特种设备检验、检查要求

（1）制订特种设备年度检验计划，在检验合格有效期届满前 1 个月向检验机构提出定期检验要求，并提供相关资料和必要的检验条件。

（2）空气呼吸器应每月至少检查一次，每年进行一次定期技术检测；气瓶应按规定要求进行检验，使用过程中发现异常情况应提前检验，库存或者停用时间超过一个检验周期时，启用前应进行检验。

（3）对在用特种设备的安全附件、安全保护装置进行定期校验、检修，并做出记录。

（4）设备管理部门应每半年至少组织一次特种设备管理情况检查，使用单位应每月至少对在用特种设备进行一次自查，并做出记录。

第七节　作业许可

作为石油企业，由于生产作业种类繁多，点多面广的施工特点所在，涉及的高危作业及非常规作业也比较多，使得集团公司安全生产形势依然严峻。为有效控制生产过程中的作业风险，实施作业许可是风险管理手段和管理制度，同时也是提高企业安全管理水平的必要措施和需要。

一、基本要求

《作业许可管理规定》（安全〔2009〕552 号）中要求：作业许可是指在从事高危作业（如

进入受限空间、动火、挖掘、高处作业、移动式起重机吊装、临时用电、管线打开等）及缺乏工作程序(规程)的非常规作业等之前,为保证作业安全,必须取得授权许可方可实施作业的一种管理制度。凡需办理许可的作业,必须实行作业许可管理,否则,不得组织作业。

Q/SY 1805—2015《生产安全风险防控导则》中要求:非常规作业活动负责人应按作业许可规定组织危害因素辨识、风险分析与风险评估,必要时邀请相关方人员参加。动火、进入受限空间、动土、高处、临时用电等作业,严格实施作业许可管理,按照申请、批准、实施、延期、关闭等流程,落实作业过程中各项风险控制措施。Q/SY 08240—2018《作业许可管理规范》也对作业许可的范围、申请、风险评估、安全措施、书面审查、现场核查、审批、取消、延期和关闭等管理要求进行了进一步明确。

作业许可管理主要针对非常规作业和高危作业。它遵循"一事一议(工作前安全分析)、一事一案(工作方案或施工方案)、一事一批(作业许可审批)"的原则。非常规作业是指临时性的、缺乏程序规定的和承包商作业的活动,包括未列入日常维护计划的和无程序指导的维修作业,偏离安全标准、规则和程序要求的作业,以及交叉作业等。高危作业是指从事高空、高压、易燃、易爆、剧毒、放射性等对作业人员产生高度危害的作业,包括进入受限空间作业、挖掘作业、高处作业、移动式起重机吊装作业、管线打开作业、临时用电作业和动火作业等。这些高危作业还应同时办理专项作业许可证。分别按照《中国石油天然气集团公司进入受限空间作业安全管理办法》(安全〔2014〕86号)、Q/SY 08247—2018《挖掘作业安全管理规范》、《中国石油天然气集团公司高处作业安全管理办法》(安全〔2015〕37号)、Q/SY 08248—2018《移动式起重机吊装作业安全管理规范》、Q/SY 08243—2018《管线打开安全管理规范》、《中国石油天然气集团公司临时用电作业安全管理办法》(安全〔2015〕37号)、《中国石油天然气集团公司动火作业安全管理办法》(安全〔2014〕86号)的要求执行。

二、作业许可管理流程

(一)作业申请

(1)作业前申请人应提出申请,填写作业许可证,同时提供以下相关资料:

①作业许可证;

②作业内容说明;

③相关附图,如作业环境示意图、工艺流程示意图、平面置示意图等;

④风险评估(如工作前安全分析);

⑤安全措施或安全工作方案。

风险评估应由作业方和属地共同完成,评估的内容应包括工作步骤、存在风险及相应控制措施等,必要时制订安全工作方案。对于一份作业许可证项下的多种类型作业,可统筹考虑作业类型、作业内容、交叉作业界面、工作时间等各方面因素,统一进行风险评估。

（2）作业申请人负责填写作业许可证，并向批准人提出工作申请。作业申请人应是作业单位现场负责人，如项目经理、作业单位负责人、现场作业负责人或区域负责人。

（3）作业申请人应实地参与作业许可所涵盖的工作，否则作业许可不能得到批准。当作业许可涉及多个负责人时，则被涉及的负责人均应在申请表内签字。

（二）作业批准

1. 书面审查

收到申请人的作业许可申请后，批准人应组织申请人和作业涉及相关方人员，集中对许可证中提出的安全措施、工作方法进行书面审查，并记录审查结论。书面审查的内容包括：

（1）确认作业的详细内容。

（2）确认申请人所有的相关支持文件（风险评估、安全工作方案、作业人员资质、作业区域相关示意图等）。

（3）确认所涉及的其他相关规范遵循情况。

（4）确认作业前后应采取的安全措施，包括应急措施。

（5）分析、评估周围环境或相邻区域间的相互影响。

（6）确认许可证期限及延期次数。

（7）其他。

2. 现场核查

书面审查通过后，所有参加书面审查的人员均应到许可证上所涉及的工作区域实地检查，确认各项安全措施的落实情况。现场审查包括但不限于：

（1）与作业有关的设备、工具、材料等。

（2）现场作业人员资质及能力情况。

（3）系统隔离、置换、吹扫、检测情况。

（4）个人防护装备的配备情况。

（5）安全消防设施的配备，应急措施的落实情况。

（6）培训、沟通情况。

（7）安全工作方案中提出的其他安全措施落实情况。

（8）确认安全设施的提供方，并确认安全设施的完好性。

3. 许可证审批

（1）根据作业初始风险的大小，由有权提供、调配、协调风险控制资源的直线管理人员或其授权人审批作业许可证。批准人通常应是企业主管领导、业务主管、区域（作业区、车间、站、队、库）负责人、项目负责人等。

（2）书面审查和现场核查通过之后，批准人或其授权人、申请人和受影响的相关各方均应在作业许可证上签字。

（3）许可证的有效期限一般不超过一个班次。如果在书面审查和现场核查过程中，经确认需要更多的时间进行作业，应根据作业性质、作业风险、作业时间，经相关各方协商一致确定作业许可证有效期限和延期次数。

（4）如书面审查或现场核查未通过，对查出的问题应记录在案，申请人应重新提交一份带有对该问题解决方案的作业许可申请。

（5）作业人员、监护人员等现场关键人员变更时，应经过批准人和申请人的批准。

（三）作业实施

（1）开工前，作业负责人和监控人员进行现场检查。

（2）许可证和相关证据放置在工作现场。

（3）施工开始前，进行班组安全会议，交代施工风险、防范措施、安全条件等。

（4）监控人现场监控作业进行，发现隐患立即停止作业。

（5）施工需要暂停时，工作执行负责人填写暂停原因和期限，签字并上报。

（6）未完成就终止，工作执行负责人需提请注销作业许可。

（四）作业许可证取消

（1）当发生下列任何一种情况时，生产单位和作业单位都有责任立即终止作业，取消（相关）作业许可证，并告知批准人许可证被取消的原因，若要继续作业应重新办理许可证。

① 作业环境和条件发生变化；

② 作业许可证规定的作业内容发生改变；

③ 实际作业与规范的要求发生重大偏离；

④ 发现有可能发生立即危及生命的违章行为；

⑤ 现场作业人员发现重大安全隐患；

⑥ 事故状态下。

（2）当正在进行的工作出现紧急情况或已发出紧急撤离信号时，所有的许可证立即失效。重新作业应办理新的作业许可证。

（3）风险评估和安全措施只适用于特定区域的系统、设备和指定的时间段，如果工作时间超出许可证有效时限或工作地点改变，风险评估失去其效力，应停止作业，重新办理作业许可证。

（4）许可证一旦被取消即作废，如再开始工作，需要重新申请作业许可证。取消作业应由提出人和批准人在许可证第一联上签字。

（五）作业许可证延期

（1）如果在许可证有效期内没有完成工作，申请人可申请延期。

（2）申请人、批准人及相关方应重新核查工作区域，确认所有安全措施仍然有效，作业条件未发生变化。若有新的安全要求（如夜间工作的照明）也应在申请上注明。在新的安全要求都落实以后，申请人和批准人方可在作业许可证上签字延期。

（3）许可证未经批准人和申请人签字，不得延期。

（4）在规定的延期次数内没有完成作业，需重新申请办理作业许可证。

（六）作业许可证关闭

作业完成后，申请人与批准人或其授权人在现场验收合格后，双方签字后方可关闭作业许可证。需要确认：

（1）现场没有遗留任何安全隐患。

（2）现场已恢复到正常状态。

（3）验收合格。

三、作业许可证管理

（1）作业许可证一式四联。许可证应编号，编号由许可证批准人填写。

① 第一联：悬挂在作业现场；

② 第二联：张贴在控制室或公开处以示沟通，让现场所有有关人员了解现场正在进行的作业位置和内容；

③ 第三联：送交相关方，以示沟通；

④ 第四联：保留在批准人处。

（2）作业许可证分发后，不得再作任何修改。工作完成后，许可证第一联由申请人、批准方签字关闭后交批准方存档。许可证存档并保存一年（包括已取消作废的许可证）。

（3）在工作实施期间，申请人应时刻持有有效的作业许可证的第一联，并将作业许可证第一联、附带的其他专项作业许可证第一联和安全工作方案放置于工作现场的醒目处。

（4）当同一工作有多个施工单位参与时，每个施工单位都应有一份作业许可证（或复印件）。当工作需要中断（正常工作间的休息除外）和工作已超过许可证规定的时间限制时，许可证第一联应交回批准方保留。

四、升级管理要求

《安全生产管理规定》（中油质安〔2018〕340号）中明确要求：企业应当执行作业许可制度，严格管控高危和非常规作业，对节假日和重要敏感时段进行的高危和非常规作业实施升级管理,作业现场应当安排专门人员进行现场监管,应急措施及应急准备就绪,确保操作规程的遵守和安全措施的落实。

《关于对关键地区、关键时段、关键部位生产安全升级管理的通知》(安委办〔2017〕24号)中要求:对于重点区域的施工作业要升级管理,对于汛期、重大节假日和敏感时期的风险作业活动要升级管理,对于关键生产作业环节要升级管理。各单位要针对确定的关键管控单位、关键管控业务、关键管控环节、关键管控的操作岗位以及关键管控的操作程序等,制订具体的升级管控要求,明确升级审批、升级监督、升级检查和升级防范的有关具体内容,确定升级管控责任清单和管控措施,并严格落实、严格执行。

《关于强化关键风险领域"四条红线"管控严肃追究有关责任事故的通知》(中油质安〔2017〕475号)要求:严禁在重要敏感时段和节假日期间安排高危作业,风险施工作业必须严格执行升级管理要求。节假日和重要敏感时段生产方案不做变更,必须进行的风险作业要升级审批,严格现场确认和领导现场指挥。

作业许可本身不能保证作业的安全,只是对作业之前和作业过程中必须严格遵守的规则及满足的条件做出规定。作为基层作业现场,应严格按照作业许可管理要求去实施,以达到有效风险管控的目的。

第八节　变更管理

企业如果在生产运行、检维修、开停工等过程中产生变更,或者关键岗位人员产生变动,往往会由于变更而引发事故。为防范因变更引发的事故发生,集团公司推行了变更管理制度,以确保变更全过程符合HSE运行控制标准。变更管理包括人员变更、工艺和设备变更等内容。

《生产安全风险防控管理办法》(中油安〔2014〕445号)中要求:当作业环境、作业内容、作业人员发生变更,或者工艺技术、设备设施等发生变更时,应当重新进行危害因素辨识。Q/SY 1805—2015《生产安全风险防控导则》中明确要求:车间(站队)应在发生变更时,及时组织重新进行危害因素辨识,更新生产作业活动危害因素清单,变更包括但不限于以下情况:

a)相关法律法规、标准规范要求发生变化时。

b)在作业环境、作业内容、作业人员、工艺技术、设备设施等发生变更时。

工艺和设备变更风险管理,应按照变更范围和类型,落实变更申请、审批、实施及验证。针对设备、人员、工艺等变更可能带来的风险进行管理,应严格落实变更中各项生产安全风险的控制措施。

一、人员变更

人员变更指的是基层现场生产安全关键岗位人员的变更,各单位应根据风险控制的要求组织对关键岗位进行辨识,并建立关键岗位清单。关键岗位包括:危害分析结果认定的高风险作业岗位;国家法规规定的特种作业岗位;行业规范及集团公司相关规定确认的关键岗位;从事关键设备操作、检测、检维修的岗位;实施风险管理和危害分析的岗位;审批许可作业的岗位等。

(一)人员变更的通用管理要求

(1)变更只能在不影响安全生产的前提下实施。

(2)应确保上(替)岗人员具备该岗位最低限度的知识、技能和经验,保证生产安全。

(3)员工在从事新岗位工作之前,均需接受与本岗位相关知识培训,考评合格后方能独立上岗。

(4)人员变更应履行相应的审批手续。

(二)变更过程控制

(1)员工上(替)岗前,岗位直接领导应根据培训档案和岗位所需的最低要求,评估其是否满足岗位培训及技能需要。

(2)根据评估结果,岗位直接领导组织对上(替)岗人员进行相应的培训。

(3)员工完成培训后,由指定人员对其进行考评。考评方式可以是提问、考试、现场模拟操作等;高风险作业项目的考评必须包括现场模拟操作演示或演练。

(4)上(替)岗员工考评不合格,需要重新进行培训,考评合格,经批准后方可正式上岗。

(5)与承包商签订的服务合同中,应要求承包商关键人员变更须得到甲方单位批准。

(三)记录和存档

人员变更涉及的文件,均须及时归档,包括人员变更的审批信息;发生岗位变更员工的个人信息;变更过程中的培训及考评信息;确保满足岗位最低要求所采取的其他措施的信息。

二、工艺设备变更

工艺设备变更是指涉及工艺技术、设备设施、工艺参数等超出现有设计范围的改变(如压力等级改变、压力报警值改变等)。集团公司的 Q/SY 08237—2018《工艺和设备变更管理规范》对工艺设备的变更范围、变更申请、审批、变更实施、变更结束等管理要求进行了进一步明确。

(一)变更管理范围

(1)生产能力的改变。

(2)物料的改变(包括成分比例的变化)。

（3）化学药剂和催化剂的改变。

（4）设备、设施负荷的改变。

（5）工艺设备设计依据的改变。

（6）设备和工具的改变或改进。

（7）工艺参数的改变（如温度、流量、压力等）。

（8）安全报警设定值的改变。

（9）仪表控制系统及逻辑的改变。

（10）软件系统的改变。

（11）安全装置及安全联锁的改变。

（12）非标准的（或临时性的）维修。

（13）操作规程的改变。

（14）试验及测试操作。

（15）设备、原材料供货商的改变。

（16）运输路线的改变。

（17）装置布局改变。

（18）产品质量改变。

（19）设计和安装过程的改变。

（20）其他。

（二）变更管理流程

1. 变更应实施分类管理

基本类型包括工艺设备变更、微小变更和同类替换。工艺设备变更是指涉及工艺技术、设备设施、工艺参数等超出现有设计范围的改变（如压力等级改变、压力报警值改变等）。微小变更是指影响较小，不造成任何工艺参数、设计参数等的改变，但又不是同类替换的变更，即"在现有设计范围内的改变"。同类替换是指符合原设计规格的更换。微小变更和工艺设备变更管理执行变更管理流程，同类替换不执行变更管理流程。

2. 变更申请、审批

（1）变更申请人应初步判断变更类型、影响因素、范围等情况，按分类做好实施变更前的各项准备工作，提出变更申请。

（2）变更需考虑对健康安全和环境的影响，确认是否需要工艺危害分析。对需要做工艺危害分析的，分析结果应经过审核批准。

①健康安全方面：考虑工艺设备、原材料、操作、环境的变更对健康、安全的影响；

②环境方面：考虑气体、废液、废弃物排放的变化，对人员、环境的影响。

（3）变更实施分级管理：

① 变更审批权限：根据变更影响范围的大小、所需调配资源的多少决定；

② 变更的批准：满足所有相关工艺安全管理要求的情况下，由批准人或授权批准人批准。

（4）变更申请审批内容：

① 变更目的；

② 变更涉及的相关技术资料；

③ 变更内容；

④ 健康安全环境的影响（确定是否需要工艺危害分析，如需要，应提交符合工艺危害分析管理要求且经批准的工艺危害分析报告）；

⑤ 涉及操作规程修改的，审批时应提交修改后的操作规程；

⑥ 对人员培训和沟通的要求；

⑦ 变更的限制条件（如时间期限、物料数量等）；

⑧ 强制性批准和授权要求。

3. 变更实施

（1）严格按照变更审批确定的内容和范围实施，并对变更过程实施跟踪。

（2）变更实施若涉及作业许可的，应按照要求办理作业许可证。

（3）变更实施若涉及启动前安全检查，按照要求进行检查。

（4）应确保变更涉及的所有工艺安全相关资料及操作规程都得到审查、修改或更新。

（5）变更的工艺、设备在运行前，应对影响或涉及的相关人员进行培训或沟通。必要时，针对变更制订培训计划，培训内容包括变更目的、作用、程序、变更内容，变更中可能的风险和影响，以及同类事故案例。变更涉及的人员包括：

① 变更所在区域的人员；

② 变更管理涉及的人员；

③ 承包商、供应商人员；

④ 外来人员；

⑤ 相邻装置（单位）或社区的人员；

⑥ 其他相关的人员。

（6）变更所在区域或单位应建立变更工作文件、记录。典型的工作文件、记录包括变更管理程序、变更申请审批表、风险评估记录、变更登记表、工艺设备变更结项报告。

4. 变更结束

变更实施完成后，应对变更进行验证，提交工艺设备变更结项报告，并完成以下工作：

（1）所有与变更相关的工艺技术信息已更新。

（2）规定期限的变更，期满后应恢复变更前状况。

（3）试验结果已记录在案。

（4）确认变更结果。

（5）变更实施过程的相关文件归档。

第九节　职业健康管理

职业健康也称职业卫生，它是对工作场所内产生或存在的职业性有害因素及其健康损害进行识别、评估、预测和控制的一门科学。其目的是预防和保护劳动者免受职业性有害因素所致的健康影响和危险，使工作适应劳动者，促进和保障劳动者在职业活动中身心健康和社会福利。

集团公司为了预防、控制和消除职业病危害，保护员工健康，依据《中华人民共和国职业病防治法》等有关法律法规，陆续发布或修订完善了《职业卫生管理办法》（中油安〔2016〕192号）、《职业健康监护管理规定》（质安〔2017〕68号）、《工作场所职业病危害因素检测管理规定》（质安〔2017〕68号）、《职业卫生档案管理规定》（质安〔2018〕302号）、《职业健康工作考核细则》（质安字〔2005〕81号）、《建设项目职业病防护设施"三同时"管理规定》（质安〔2017〕243号）、《职业病危害告知与警示管理规定》（中油安〔2015〕121号）和《放射性污染防治管理规定》（中油安〔2012〕54号），同时也陆续发布了Q/SY 178—2009《员工个人劳动防护用品管理及配备规定》、Q/SY 1306—2010《野外施工职业健康管理规范》、Q/SY 1307—2010《野外施工营地卫生和饮食卫生规范》、Q/SY 1369—2011《野外施工传染病预防控制规范》等企业标准，为职业健康管理工作明确了具体要求。

企业应对员工进行上岗前的职业卫生培训和在岗期间的定期职业卫生培训，职业卫生培训可与岗位员工技能培训紧密结合。上岗前培训考核合格的员工，方可安排从事接触职业病危害的作业。

一、工作场所与管理要求

工作场所应符合防尘、防毒、防暑、防寒、防噪声与振动、防电离辐射等要求，并做到：

（1）生产布局合理，有害作业与无害作业分开。

（2）工作场所与生活场所分开。

（3）有与职业病防治工作相适应的有效防护设施。

（4）职业病危害因素强度或浓度符合国家职业卫生标准。

（5）有配套的更衣间、洗浴间、孕妇休息间等卫生设施。

（6）设备、工具、用具等设施符合保护员工生理、心理健康的要求。

（7）符合国家法律法规和职业卫生标准的其他规定。

（一）作业现场设施要求

企业应对产生职业病危害的工作场所配备齐全、有效的职业病防护设施、应急救援设施，并进行经常性的维护、检修和保养，定期检测其性能和效果，确保其处于正常状态，不得擅自拆除或者停止使用。在施工作业过程中，有专人负责定时检测职业病危害因素强度或浓度，及时记录检测情况。

在可能产生职业病危害的作业场所，应在作业场所入口处设立职业病危害公告栏，告知该场所产生职业病危害的种类、接触限值、危害后果、预防措施、求助救援电话等内容。产生职业病危害的所有区域、设备，应在醒目位置悬挂与职业病危害因素相符合的职业病危害警示标识，提醒员工注意自身防护。职业病危害警示标识包括禁止标识、警告标识、指令标识、提示标识和警戒线，其样式、尺寸、颜色、图形、文字、符号应符合《职业病危害告知与警示管理规定》（中油安〔2015〕121号）等有关规定要求。

（二）劳动防护用品管理要求

劳动防护用品是生产经营单位为员工配备的，使其在劳动过程中免遭或者减轻事故伤害及职业危害的个人防护装备。企业为员工提供的职业病防护用品应符合国家职业卫生标准，并督促、指导培训员工正确佩戴、使用，并组织对职业病防护用品进行经常性的维护、保养，确保防护用品有效，不得使用已失效的职业病防护用品。

1. 劳动防护用品种类

劳动防护用品分为特种劳动防护用品和一般劳动防护用品两类。

特种劳动防护用品包括：安全帽、过滤式防毒面具、简易式防尘口罩（不包括纱布口罩）、复式防尘口罩、正压式空气呼吸器、电焊面罩、护目镜、降噪声护具、防静电工作服、防酸碱工作服、防水作业服、阻燃防护服、绝缘（耐油、耐酸）手套、绝缘（耐油、耐酸）鞋、防静电鞋、安全鞋（靴）、安全带（含差速式自动控制器与缓冲器）、安全网、安全绳和经劳动部门在特种劳动防护用品目录中确定的其他特殊防品。一般防护用品指是除特种劳动防护用品外的其他防护用品。

2. 劳动防护用品配备

劳动防护用品的配备，可依照 Q/SY 178—2009《员工个人劳动防护用品管理及配备规定》和企业相关规定执行。

（1）企业为上岗员工第一次配发护品时，工服、工鞋应同时配备两套，以便替换使用。

（2）对工种变化的员工，依据员工个人劳动防护用品配备标准按现岗位标准配备。

（3）离岗达到六个月的员工，应停止配备护品。

（4）因公造成报废的防护用品，如井喷、抢险、救火、自然灾害、放射性物质污染等特殊原因,由安全管理部门审批,物资供应部门应予以补发。

（5）施工现场应配备足够的集体应急防护用品（如安全网、救生衣、正压呼吸器等），以满足员工防护所需。

（6）对安全性能要求较高、正常工作时一般不容易损耗的护品,应按护品使用标准（规定）强制检验或报废。

3. 劳动防护用品使用与报废

相关个人防护用品使用按照 Q/SY 08515.1—2017《个人防护管理规范 第1部分:防坠落用具》、Q/SY 08515.2—2017《个人防护管理规范 第2部分:呼吸用品》、Q/SY 08515.3—2017《个人防护管理规范 第3部分:眼护具》等标准要求执行。

（1）员工按规定领取护品,上岗工作时必须按规定正确穿（佩）戴护品,不准穿（佩）戴达到报废期限、破损或变形,影响护品防护功能的护品。

（2）临时工,外来务工人员,参观、学习、实习人员等要按照规定穿（佩）戴护品。

（3）被放射性物质污染的护品,按照国家有关规定,统一处理。

（4）劳动防护用品符合下列情况之一时予以报废:

① 破损或变形,影响护品防护功能时;

② 达到报废期限时。

二、职业健康检查管理

员工健康检查一般分为职业健康检查、女工专项检查和一般健康检查三类,职业健康检查是指依据法律规定对接触职业病危害因素作业或对健康有特殊要求的作业人员进行的健康检查;女工专项检查是指依据相关规定对从业女职工进行的健康检查;一般健康检查是指企业规定的身体健康检查。

企业应依照有关要求,委托具有职业健康检查资格的医疗卫生机构,对接触职业病危害作业的员工组织上岗前、在岗期间、离岗时和应急的职业健康检查:

（1）对拟从事接触职业病危害作业的新录用员工（包括转岗到该作业岗位的员工）,以及拟从事有特殊健康要求作业（如高处作业、电工作业、高原作业等）的员工应进行上岗前的职业健康检查。

（2）根据员工所接触的职业病危害因素,定期安排员工进行在岗期间的职业健康检查。

（3）企业应根据 GBZ 188《职业健康监护技术规范》规定的特殊工种,对从事特殊工种作业的员工,进行相应职业健康检查。

（4）对从事高低温特殊作业环境、出海作业的员工,企业应根据其作业环境、气候条件、当地疾病流行状况等因素,在规定的检查项目中,相应增加特定检查项目。

（5）出现下列情况之一的,企业应立即组织有关人员进行应急健康检查:

① 当发生急性职业病危害事故时,根据事故处理要求,对遭受或者可能遭受职业病危害的员工;

② 从事可能产生职业性传染病作业的员工,在疫情流行期或近期密切接触传染源者;

③ 接触职业病危害因素的员工在作业过程中出现与所接触职业病危害因素相关的不适应症状的。

（6）对准备脱离所从事的职业病危害作业或者岗位的员工,企业应提前以书面方式告知员工做离岗职业健康检查,告知上应明确体检内容、体检时间等相关项目,并做好记录。在员工离岗前30日内应进行离岗时的职业健康检查。员工离岗前90日内的在岗期间的职业健康检查可以视为离岗时的职业健康检查。对未进行离岗时职业健康检查的员工,企业不得解除或者终止与其订立的劳动合同。

（7）企业应及时将职业健康检查结果及其建议,以书面形式如实告知员工;对职业健康检查中发现的职业禁忌证、疑似职业病或职业病,应及时以书面方式告知员工本人,受检本人签字后记入个人健康监护档案。

（8）企业根据职业健康检查报告的结果、建议,采取以下措施:

① 对有职业禁忌的员工,调离或者暂时脱离原工作岗位;

② 对健康损害可能与所从事的职业相关的员工,进行妥善安置,包括调换工种和岗位、医学观察、诊断、治疗和疗养等一系列措施;

③ 对需要复查的人员,应根据复查要求增加相应的检查项目,并按照职业健康检查机构要求的时间安排复查和医学观察;

④ 对疑似职业病病人,按照建议安排其进行医学观察或者职业病诊断;在疑似职业病病人诊断或者医学观察期间,不得解除或者终止与其订立的劳动合同。

（9）同一工作场所、连续新发生职业病（职业中毒）或者两例以上疑似职业病（职业中毒）的,应及时组织对相关员工接触的工作场所、岗位存在的职业病危害进行调查评估,及时进行整改或治理。

（10）不得安排未经上岗前职业健康检查的人员从事接触职业病危害因素的作业,不得安排有职业禁忌的人员从事所禁忌的作业,不得安排孕期、哺乳期女职工从事对本人和胎儿、婴儿有危害的作业。

三、野外施工营地及饮食卫生要求

部分企业的生产施工现场多在野外,为便于管理,实行的是营区集中住宿和就餐,所以营地和饮食卫生管理工作对于确保员工休息、饮食安全等具有重要的意义。

（一）营地设置及布局要求

（1）营地设置应选择地势平坦、干燥、向阳的开阔地，并考虑洪水、泥石流、滑坡、雷击等自然灾害的影响，具有防御大风、沙尘暴的条件。

（2）避开有毒有害场所，避开自然疫源地。

（3）远离野生动物栖息、活动区。如不可避免地在蛇、鼠密度较大区域选择营地，营房应架空 50cm 以上。

（4）从上风侧起，营地布局依次为厨房、宿舍、卫生间与垃圾点，其中室外露天厕所、垃圾点与厨房、宿舍间距不低于 30m。

（5）具有处理垃圾的相应措施，各宿舍均应设置垃圾桶，营房区设置垃圾贮存容器。

（6）发配电站或发电房设在距离居住区 50m 以外。

（7）营地周围建有通畅的雨水排水设施，营地内不存有积水。

（8）宿舍室温夏季不高于 28℃，冬季采暖温度不低于 16℃。

（9）宿舍室内保证通风，每日通风不低于 30min。

（10）宿舍内噪声强度应低于 55dB（A 声级）。

（11）厨房应设有食品储存库、加工间、餐厅等场所。

（12）厨房配备相应的消毒、盥洗、照明、通排风、防腐、防尘、防蝇、防鼠、洗涤、污水排放、存放处理垃圾和废弃物的设施。

（13）营地应设置风向标，应急报警装置、应急灯，规划出应急撤离通道、"紧急集合点"，并定期组织应急撤离演练。

（二）营地和饮食卫生要求

（1）营地区域应定期进行清扫、洒水，清除杂草，卫生间定期清扫与消毒。

（2）定期清除垃圾，夏季垃圾应当日清除，冬季可 2～3 天清除一次。

（3）定期开展灭鼠、灭蚊蝇、灭蟑螂工作。

（4）食品加工人员应持健康证上岗，凡患有痢疾、伤害、病毒性肝炎等消化道传染病（包括病原携带者）、活动性肺结核、化脓性或者渗出性皮肤病以及其他有碍食品卫生的疾病的，不得从事食品管理或食品加工工作。

（5）食品加工流程合理，防止待加工食品与直接入口食品、原料与成品交叉污染，避免食品接触有毒物、不洁物。

（6）餐具、饮具和盛放直接入口食品的容器按规定进行消毒，传染病患者饮食用具消毒并单独存放加以标识。

（7）食品加工人员应经常保持个人卫生，加工食品时，必须将手洗净，穿戴清洁的工作衣、帽。

（8）不得在储存间加工食品。

（9）不得采购危害人体健康、超过食品安全标准限量、腐败变质、不洁、感官性异常、超过保质期的食品和未经检疫检验或不合格的肉类及其制品。

（10）贮水设施在冬、春、秋季每3个月清洗、消毒一次，夏季1个月清洗、消毒一次。

（11）使用的水源水质应符合国家规定的卫生标准要求，生活饮用水要保证消毒，可采用含氯制剂（漂白粉、漂白粉精片等）进行消毒，水质含游离性余氯不低于 0.05mg/L。

（12）天然水源生活饮用水必须经过沉淀、过滤、消毒、煮沸方可饮用。

四、常用急救常识

作业现场一旦发生事故伤害或人员突发危险性急症时，由于不能及时得到有效的医疗救助，可能会影响伤病员的生命。对现场作业人员进行急救培训使其掌握急救技能，以便伤员在得到专业医护人员治疗之前，最大限度地保证并延长伤病员生命，减少伤亡。

（一）止血

1. 加压包扎止血法

适于全身各部位出血，此法是用棉花、纱布等做成软垫放在伤口上，再用绷带或三角巾等加压包扎达到止血目的，包扎后抬高患肢，然后固定即可。

2. 指压止血法

用拇指压住出血的血管上方（近心端），使血管被压闭住，以断血流。

1）颈总动脉压迫止血法

常用在头、颈部大出血而采用其他止血方法无效时使用。方法是在气管外侧，胸锁乳深肌前缘，将伤侧颈动脉向后压于第五颈椎上。

2）颞动脉压迫止血法

用于头顶及颞部动脉出血。方法是用拇指或食指在耳前正对下颌关节处用力压迫。

3）锁骨下动脉压迫止血法

用于腋窝、肩部及上肢出血。方法是用拇指在锁骨上凹摸到动脉跳动处，其余四指放在病人颈后，以拇指向下内方压向第一肋骨。

4）肱动脉压迫止血法

用于手、前臂及上臂下部的出血。方法是在病人上臂的前面或后面，用拇指或四指压迫上臂内侧动脉血管。

5）颌外动脉压迫止血法

用于肋部及颜面部的出血。用拇指或食指在下颌角前约半寸处，将动脉血管压于下颌骨上。

3. 止血带止血法

止血带止血法只有在万不得已时方可使用,此法作用可靠。但因完全阻断了受伤肢体的血流,如使用不妥可致肢体坏死,甚至危及生命。

止血带可选用弹力橡皮管或三角巾、布带等。上止血带后要标明标记,写明结扎时间。

(二)包扎

包扎可起到保护创面、固定敷料、防止污染和止血、止痛作用,有利于伤口早期愈合。一般使用绷带、三角巾、尼龙网套等包扎材料。

1. 绷带包扎法

1)环形包扎法

伤口用无菌敷料覆盖绷带加压绕肢体环行缠绕。

2)螺旋包扎法

先在伤口上敷料,用绷带在伤口上方的远心端绕两圈,然后从远心端绕向近心端,每绕一圈盖住前一圈的 1/3～1/2 成螺旋状。

3)"8"字形法

手和关节处伤口用"8"字绷带包扎。包扎时先从非关节处缠绕两圈,然后经关节"8"形缠绕。

2. 三角巾包扎法(适用于身体的任何部位)

1)头部包扎法

将三角巾的底边折约两指宽,放于前额齐眉处,顶角由后盖在头上,三角巾的两底角经两耳上方拉向后部交叉并压住顶角再绕回前额打结,顶角拉紧掖入头后部的交叉处内。

2)面具式包扎法

先在三角巾顶角打结,结头下垂,提起左右两角,形成面具样,再将三角巾顶角结兜起下颌,罩于头面,底边拉向脑后,左右底角提起并拉紧交叉压住底边,再绕至前额打结。

3)单肩包扎法

将三角巾折叠成燕尾式,燕尾夹角约 90° 放于肩上,燕尾夹角对准颈部,燕尾底边两角包绕上臂上部并打结,再拉紧两燕尾角,分别经胸、背部,拉到对侧腋下打结。

4)双肩包扎法

使两燕尾角等大,燕尾夹角约 120°,夹角朝上对准颈后正中,燕尾披在双肩上,两燕尾角过肩由前后包肩到腋下与燕尾底边相遇打结。

5)胸(背)部包扎法

把燕尾巾放在胸前,夹角约 100° 对准胸骨上凹,两燕尾角过肩于背后,再将燕尾底边角系带,围绕在背后相遇时打结。然后将一燕尾角系带并拉紧绕横带后上提,与另一燕尾角打结。

6)腹部包扎法

把三角巾叠成燕尾式,夹角约 60° 朝下对准外侧裤线,大片在前压向后的小片,并盖于腹部,底边围绕大腿根打结。

3. 尼龙网套包扎法

尼龙网套有良好的弹性,使用方便。头部及手指不容易包扎的部位可用尼龙网套。

(三)心肺复苏术(CPR)

心肺复苏术是指在心跳和呼吸骤停后,合并使用人工呼吸及胸外按压来进行急救的一种技术(简称"CPR")。在正常室温下,心脏骤停 3s 后,人会因缺氧感到头晕;10~20s 后,人会意识丧失;30~45s 后,瞳孔会散大;1min 后,呼吸停止,大小便失禁;4min 后,脑细胞出现不可逆转损害。大量数据显示,心跳停止 4min 内进行心肺复苏,救活率可达到 50%,这就是世界公认的"黄金抢救 4 分钟"。

1. 心肺复苏术的步骤

1)人工呼吸(无呼吸有脉搏)步骤

(1)判断意识:确认现场环境安全后,轻拍患者的双肩后靠近患者耳旁呼叫:"喂,你怎么了!"如果患者没反应就要准备急救。让周围的其他人拨打 120,并拿自动体外除颤器(AED)后(如现场有),回现场协助抢救。

(2)摆体位:摆放为仰卧位放在地面或质地较硬的平面上,注意千万不可以放在沙发、草坪及软质的东西上。

(3)清除异物:淤泥、假牙、口香糖等异物。

(4)打开气道:使伤病员下颌经耳垂连线与地面呈 90°。

(5)人工呼吸(无呼吸)原则:迅速、有效。

人工呼吸是急救中最常用而又简便有效的急救方法,它是在呼吸停止的情况下利用人工方法使肺脏进行呼吸,让机体能继续得到氧气和呼出的二氧化碳,以维持重要器官的机能。

① 判断有无呼吸可根据视、听、觉来判断。观察患者胸部的起伏,建议以报千位数的方式(比如:1001、1002、1003、1004……),以确保判断准确;

② 人工呼吸的方法及注意事项:口对口人工呼吸仍然是最有效的现场人工呼吸法。方法有口对口、口对鼻。

2）胸外心脏按压术

原则：准确、有效判断有无心跳。可在环状软骨与胸锁乳突肌间,用食指及中指触摸颈总动脉。

（1）按压位置：两乳头连线中点或胸骨上 2/3 与下 1/3 的交界处。

（2）救护人员姿势：抢救者的上半身前倾,两肩位于双手的正上方。两臂伸直,垂直向下用力,借助于自身上半身的体重和肩、臂部肌肉的力进行挤压。

（3）按压深度：使胸骨下陷 5～6cm,用力均匀,不可过猛。按压后要放松,按压与放松时间相等,放松时,手掌不要离开胸壁。

（4）按压速度：每分钟 100～120 次(下压与放松时间大致相等)。

3）人工呼吸和胸外按压协调进行要求

采用每做 30 次胸外按压,再做 2 次人工呼吸为一组的方式循环交替进行。

2. 心肺复苏终止的指标

患者呼吸已有效恢复;有专业人员接手承担复苏或其他人员接替抢救。

第十节　事故事件报告与分析

安全第一,预防为主。人们已经认识到,事故的发生是有规律的,绝大多数的事故是可以预防的。对以往发生的事故和未遂事件进行系统分析,吸取教训,同时制订可靠的预防和控制措施,采取积极的"事前管理"是防止类似事故(事件)再次发生的有效手段,也是现场安全监督工作的核心内容。

一、事件报告与分析

生产安全事件是指在生产经营活动中发生的严重程度未达到《集团公司生产安全事故管理办法》所规定事故等级的人身伤害、健康损害或经济损失等情况。

为鼓励员工及时报告生产经营活动中的生产安全事件,进一步预防和避免生产安全事故,集团公司在 2013 年修订下发了《生产安全事件管理办法》(安全〔 2013 〕 387 号)。生产安全事件管理遵循的是坚持实事求是、预防为主、全员参与、直线责任和属地管理的原则。任何生产安全事件都应报告和统计分析。

（一）生产安全事件分类和分级

1. 生产安全事件分类

生产安全事件分为工业生产安全事件、道路交通事件、火灾事件和其他事件四类。

（1）工业生产安全事件：指在生产场所内从事生产经营活动过程中发生的造成企业员

工和企业外人员轻伤以下或直接经济损失小于1000元的情况。

（2）道路交通事件：指企业车辆在道路上因过错或者意外造成的人员轻伤以下或直接经济损失小于1000元的情况。

（3）火灾事件：指在企业生产、办公以及生产辅助场所发生的意外燃烧或燃爆现象，造成人员轻伤以下或直接经济损失小于1000元的情况。

（4）其他事件：指上述三类事件以外的，造成人员轻伤以下或直接经济损失小于1000元的情况。

2.生产安全事件分级

生产安全事件分为限工事件、医疗处置事件、急救箱事件、经济损失事件和未遂事件五级。

（1）限工事件：指人员受伤后下一工作日仍能工作，但不能在整个班次完成所在岗位全部工作，或临时转岗后可在整个班次完成所转岗位全部工作的情况。

（2）医疗处置事件：指人员受伤需要专业医护人员进行治疗，且不影响下一班次工作的情况。

（3）急救箱事件：指人员受伤仅需一般性处理，不需要专业医护人员进行治疗，且不影响下一班次工作的情况。

（4）经济损失事件：指没有造成人员伤害，但导致直接经济损失小于1000元的情况。

（5）未遂事件：指已经发生但没有造成人员伤害或直接经济损失的情况。

（二）生产安全事件报告和统计分析要求

发生生产安全事件，当事人或有关人员应视现场实际情况及时处置，防止事件扩大，并立即向属地主管报告。

班组岗位应对发生的生产安全事件进行分析，填写《生产安全事件报告单》（格式见附录），原因分析可参考《生产安全事件原因综合分析表》（格式见附录）。二级单位或车间（站队）应组织对《生产安全事件报告单》进行审核确认。生产安全事件发生后，二级单位或车间（站队）应在5个工作日内将事件信息录入HSE信息系统，需整改验证的应在整改工作完成后及时补录。企业应定期对上报的生产安全事件进行综合统计分析，研究事件发生规律，提出预防措施。

生产安全事件发生后，二级单位或车间（站队）应制订并落实纠正和预防措施，告知员工和相关方。企业应对及时发现和报告事件的单位和个人进行奖励，对隐瞒生产安全事件的单位和个人进行处罚。对不认真组织分析生产安全事件和落实整改措施的各级管理人员应进行处罚。

二、事故报告与分析

为规范生产安全事故的管理工作,及时、准确地报告、调查、处理和统计事故,根据《中华人民共和国安全生产法》(中华人民共和国主席令第 13 号〔2014〕)、《生产安全事故报告和调查处理条例》(中华人民共和国国务院令第 493 号)等法律法规,集团公司修订《安全生产管理规定》(中油质安〔2018〕340 号)、《生产安全事故管理办法》(中油质安〔2018〕418 号)等规章制度,对事故事件管理工作提出了具体要求。

(一)生产安全事故分类

生产安全事故:指在生产经营活动中发生的造成人身伤亡或者直接经济损失的事故,包括工业生产安全事故和道路交通事故。

(1)工业生产安全事故:指在企业内发生的,或者企业在属地外进行生产经营活动过程中发生的,或者因所管辖的设备设施原因导致的事故。

(2)道路交通事故:指企业在生产经营活动中所管理的自有或者租赁的机动车在道路上发生的交通事故。

具体事故类型见附录。

(二)事故分级

根据生产安全事故造成的人员伤亡或者直接经济损失,将事故分为以下等级:

(1)特别重大生产安全事故:指造成 30 人以上死亡,或者 100 人以上重伤(包括急性工业中毒,下同),或者 1 亿元以上直接经济损失的事故。

(2)重大生产安全事故:指造成 10 人以上 30 人以下死亡,或者 50 人以上 100 人以下重伤,或者 5000 万元以上 1 亿元以下直接经济损失的事故。

(3)较大生产安全事故:指造成 3 人以上 10 人以下死亡,或者 10 人以上 50 人以下重伤,或者 1000 万元以上 5000 万元以下直接经济损失的事故。

(4)一般生产安全事故:指造成 3 人以下死亡,或者 10 人以下重伤,或者 1000 万元以下直接经济损失的事故。具体细分为三级:

① 一般 A 级生产安全事故:指造成 3 人以下死亡,或者 3 人以上 10 人以下重伤,或者 10 人以上轻伤,或者 100 万元以上 1000 万元以下直接经济损失的事故;

② 一般 B 级生产安全事故:指造成 3 人以下重伤,或者 3 人以上 10 人以下轻伤,或者 10 万元以上 100 万元以下直接经济损失的事故;

③ 一般 C 级生产安全事故:指造成 3 人以下轻伤,或者 1000 元以上 10 万元以下直接经济损失的事故。

以上所称的"以上"包括本数,所称的"以下"不包括本数。

（三）事故报告

（1）发生事故后，事故单位应第一时间报告事故信息。

① 一般 C 级、B 级工业生产安全事故和一般 A 级及以下道路交通事故，在事故发生后 1 个工作日内，由企业事故单位录入 HSE 信息系统进行报告；

② 一般 A 级工业生产安全事故以及危险化学品运输车辆着火爆炸事故，由企业在事故发生后 1h 之内以电话方式报告集团公司质量安全环保部及相关专业公司，随后以事故快报书面报告；

③ 较大及以上生产安全事故以及需要升级管理的事故，由企业在事故发生后 30min 之内，向集团公司总值班室（应急协调办公室）电话报告、1h 内以事故快报书面报告，同时抄报质量安全环保部、思想政治工作部、专业公司。

敏感时间发生的生产安全事故信息报送按照集团公司突发事件信息报送规定实行升级管理。

（2）集团公司内部承包商发生的工业生产安全事故，由建设单位和内部承包商分别报告；集团公司外部承包商发生的工业生产安全事故，由建设单位负责报告。

（3）工业生产安全事故发生后，企业应向事故发生地县级以上人民政府的有关部门报告。道路交通事故发生后，企业应向事故发生地公安机关交通管理部门报告。

（4）一般 A 级及以上生产安全事故书面报告应包括以下内容：

① 事故发生单位概况；

② 事故发生的时间、地点、事故现场及周边环境情况；

③ 事故的简要经过；

④ 事故已经造成的伤亡人数、失踪人数和初步估计的直接经济损失；

⑤ 已经采取的措施；

⑥ 媒体关注情况及舆情；

⑦ 其他应报告的情况。

（5）生产安全事故情况发生变化的，企业应及时续报，续报采用书面的形式，主要内容包括：

① 人员伤亡、救治和善后处置情况；

② 现场处置和生产恢复情况；

③ 舆情监测和媒体沟通情况；

④ 次生灾害及处置情况；

⑤ 其他应续报的情况。

工业生产安全事故伤亡人数自事故发生之日起 30 日内发生变化的，或者道路交通事故、因火灾造成的工业生产安全事故伤亡人数 7 日内发生变化的,企业应及时补报。

（6）突发事件报告及事故信息披露另有规定的,按照集团公司有关规定执行。

（四）事故应急

（1）生产安全事故发生后,事故单位应立即启动应急预案,控制危险源,防止事故扩大,减少人员伤亡和财产损失,避免造成次生事故及灾害。

（2）发生生产安全事故的单位应根据事故应急救援需要划定警戒区域,配合当地政府有关部门及时疏散和安置事故可能影响的周边居民和群众,劝离与救援无关的人员,对现场周边及有关区域实行交通疏导。

（3）发生生产安全事故的单位应妥善保护事故现场以及相关证据,拍摄、收集并保存事故现场影像资料,任何单位和个人不得破坏事故现场、毁灭有关证据。

因抢救人员、防止事故扩大以及疏通交通等原因,需要移动事故现场物件的,应做出标志、绘出现场简图并做出书面记录,妥善保存现场重要痕迹、物证。

（4）事故应急处置完成后,企业应对恢复生产过程中的生产安全风险进行评估,制订落实风险防控措施,防止事故再次发生。

（五）事故调查

（1）企业应积极配合当地人民政府和集团公司事故内部调查组开展的事故调查工作,应针对事故原因分析,制订并落实相应的防范措施。

（2）生产安全事故内部调查组应履行下列职责:

① 查明事故发生的经过、原因、人员伤亡情况及直接经济损失;

② 认定事故的性质和事故责任;

③ 提出对事故责任单位和人员的处理建议;

④ 总结事故教训,提出防范和整改措施建议;

⑤ 提交事故调查报告。

（3）事故内部调查组有权向有关单位和个人了解事故有关情况,并要求其提供相关文件、资料,有关单位和个人不得拒绝。

（4）事故内部调查报告应包括下列内容:

① 事故相关单位概况;

② 事故发生经过和事故救援情况;

③ 事故造成的人员伤亡等;

④ 事故发生的原因和事故性质;

⑤ 事故责任的认定及对相关责任人的处理建议;

⑥ 事故防范和整改措施。

事故内部调查组成员应在事故调查报告上签名。

（六）事故处理

（1）生产安全事故应按照事故原因未查明不放过，责任人员未处理不放过，整改措施未落实不放过，有关人员未受到教育不放过的"四不放过"原则进行处理。

（2）企业应认真吸取生产安全事故教训，落实防范和整改措施，防止类似事故再次发生。防范和整改措施的落实情况应接受工会和员工的监督。

（3）对事故责任人员的处理不得低于政府批复的事故调查报告和集团公司事故内部调查报告的处理建议。

（七）事故统计

（1）生产安全事故应进行统计，事故信息应在事故发生后 1 个工作日内录入 HSE 信息系统。

工业生产安全事故统计按照集团公司百万工时统计管理相关规定执行，道路交通事故按照集团公司百万公里统计管理相关规定执行。

（2）企业应对生产安全事故进行分析，举一反三，汲取事故教训，采取预防措施，防止类似事故发生。

（3）生产安全事故处理结案后，企业应建立事故档案，并分级保存。

① 一般 C 级和 B 级生产安全事故，由发生事故的企业二级单位建立档案并保存；

② 一般 A 级及以上生产安全事故，由发生事故的企业建立档案并保存。

（4）一般 A 级及以上生产安全事故档案应包括以下内容：

① 事故内部调查报告；

② 地方政府批复的事故调查报告；

③ 对事故责任单位和责任人的处理文件。

一般 C 级、B 级事故档案，参照一般 A 级及以上事故档案建档保存。

第四章 安全技术与办法

第一节 机械安全

一、机械设备的危险部位及防护对策

(一)机械设备的危险部位

机械设备可造成碰撞、夹击、剪切、卷入等多种伤害。其主要危险部位如下：

(1)旋转部件和成切线运动部件间的咬合处,如动力传输皮带和皮带轮、链条和链轮、齿条和齿轮等。

(2)旋转的轴,包括连接器、心轴、卡盘、丝杠和杆等。

(3)旋转的凸块和孔处,含有凸块或空洞的旋转部件是很危险的,如风扇叶、凸轮、飞轮等。

(4)对向旋转部件的咬合处,如齿轮、混合辊等。

(5)旋转部件和固定部件的咬合处,如辐条手轮或飞轮和机床床身、旋转搅拌机和无防护开口外壳搅拌装置等。

(6)接近类型,如锻锤的锤体、动力压力机的滑枕等。

(7)通过类型,如金属刨床的工作台及其床身、剪切机的刀刃等。

(8)单向滑动部件,如带锯边缘的齿、砂带磨光机的研磨颗粒、凸式运动带等。

(9)旋转部件与滑动之间,如某些平板印刷机面上的机构、纺织机床等。

(二)机械传动机构安全防护对策

1.安全技术措施

安全技术措施分为直接安全技术措施、间接安全技术措施和指导性安全技术措施三类。

直接安全技术措施是在设计机器时,考虑消除机器本身的不安全因素。间接安全技术措施是在机械设备上采用和安装各种安全防护装置,克服在使用过程中产生不安全因素。指导性安全技术措施是制定机器安装、使用、维修的安全规定及设置标志,以提示或指导操作程序,从而保证作业安全。

2. 传动装备的保护

（1）齿轮传动的安全保护（必须安装全封闭的防护装置）：

机器外部绝不允许有裸露的啮合齿轮，齿轮传动机构没有防护罩不得使用。防护装置的材料可用钢板或铸造箱体，并保证在机器运行过程中不发生振动。

（2）皮带传动机械的防护：

皮带防护罩与皮带的距离不应小于50mm。一般传动机构离地面2m以下，应设防护罩。但在下列3种情况下，即使在2m以上也应加以防护：皮带轮中心距的距离在3m以上；皮带宽度在15cm以上；皮带回转的速度在9m/min以上。

（3）联轴器等的安全防护：

联轴器上突出的螺钉、销、键等均可能给人们带来伤害。根本的办法就是加防护罩，最常见的是"Ω"型防护罩。

二、机械伤害类型及预防对策

（一）机械行业主要伤害类型

在机械行业，存在以下主要伤害：

（1）物体打击：指物体在重力或其他外力的作用下产生运动，打击人体而造成人身伤亡事故。不包括主体机械设备、车辆、起重机械、坍塌等引发的物体打击。

（2）车辆伤害：指企业机动车辆在行驶中引起的人体坠落和物体倒塌、飞落、挤压造成的伤亡事故。不包括起重提升、牵引车辆和车辆停驶时发生的事故。

（3）机械伤害：指机械设备运动（静止）部件、工具、加工件直接与人体接触引起的挤压、碰撞、冲击、剪切、卷入、绞绕、甩出、切割、切断、刺扎等伤害。不包括车辆、起重机械引起的伤害。

（4）起重伤害：指各种起重作业（包括起重机的安装、检修、试验）中发生的挤压、坠落、物体（吊具、吊重物）打击等。

（5）触电：包括各种设备、设施的触电、电工作业时触电，雷击等。

（6）灼烫：指火焰烧伤、高温物体烫伤、化学灼伤（酸、碱、盐、有机物引起的体内外的灼伤）、物理灼伤（光、放射性物质引起的体内外的灼伤）。不包括电灼伤和火灾引起的烧伤。

（7）火灾：包括火灾造成的烧伤和死亡。

（8）高处坠落：指在高处作业中发生坠落造成的伤害事故。不包括触电坠落事故。

（9）坍塌：指物体在外力或重力作用下，超过自身的强度极限或因结构稳定性破坏而造成的事故，如挖沟时的土石塌方、脚手架坍塌、堆置物倒塌、建筑物坍塌等。不包括矿山冒顶片帮和车辆、起重机械、爆破引起的坍塌。

（10）火药爆炸：指火药、炸药及其制品在生产、加工、运输、储存中发生的爆炸事故。

（11）化学性爆炸：指可燃气体、粉尘等与空气混合形成爆炸混合物，接触引爆源时发生的爆炸事故(包括气体分解、喷雾爆炸等)。

（12）物理性爆炸：包括锅炉爆炸、容器超压爆炸等。

（13）中毒和窒息：包括中毒。缺氧窒息、中毒性窒息。

（14）其他伤害：指除上述以外的伤害,如摔、扭、挫、擦等伤害。

（二）机械伤害预防对策措施

1. 实现机械本质安全

（1）消除产生危险的原因。

（2）减少或消除接触机器的危险部件的次数。

（3）使人们难以接近机器的危险部位或提供安全装置,使得接近也不导致伤害。

（4）提供保护装置或个人防护装备。

2. 保护操作者和有关人员的安全

（1）通过培训,提高人们辨别危险的能力。

（2）通过对机器的重新设计,使危险部位更加醒目,或者使用警示标志。

（3）通过培训,提高避免伤害的能力。

（4）采取必要的行动增强避免伤害的自觉性。

（三）通用机械安全设施的技术要求

1. 机械安全防护装置的一般要求

（1）安全防护装置应结构简单、布局合理,不得有锐利的边缘和突缘。

（2）安全防护装置应具有足够的可靠性,在规定的寿命期限内有足够的强度、刚度、稳定性和耐久性、耐腐蚀性、抗疲劳性,以确保安全。

（3）安全防护装置应与设备运转联锁,保证安全防护装置未起作用之前,设备不得运转。

（4）光电式、感应式等安全防护装置应设置自身出现故障的报警装置。

（5）紧急停车开关应保证瞬时动作时能终止设备的一切运动;对有惯性运动的设备,紧急停车开关应与制动器或离合器联锁,以保证迅速终止运行;紧急停车开关的形状应区别于一般开关,颜色为红色;紧急停车开关的布置应保证操作人员易于触及,且不发生危险;设备由紧急停止开关停止运行后,必须按启动顺序重新启动才能运转。

2. 设备安全防护罩的技术要求

（1）只要操作人员可能触及的传动部件,在防护罩没闭合前,传动部件就不能运转。

（2）采用固定防护罩时,操作工触及不到运转中的活动部件。

（3）防护罩与活动部件间有足够的间隙,避免防护罩和活动部件之间的任何接触。

（4）防护罩应牢固地固定在设备或基础上,拆卸、调节时必须使用工具。

（5）开启式防护罩打开时或一部分失灵时,应使活动部件不能运转或运转中的部件停止运动。

（6）使用的防护罩不允许给生产场所带来新的危险。

（7）不影响操作,在正常操作或维护保养时不需拆卸护罩。

（8）防护罩必须坚固可靠,以避免与活动部件接触造成损坏和工件飞脱造成伤害。

（9）防护罩一般不准脚踏和站立,必须做成平台或阶梯时,应能承受 1500N 的垂直力,并采取防滑措施。

3. 机械设备安全防护网的技术要求

防护罩应尽量采用封闭结构,当现场要采用结构时,应满足 GB/T 8196—2018《机械安全　防护装置　固定式和活动式防护装置的设计与制造一般要求》对不同网眼开口尺寸的安全距离的规定,见表 4-1。

表 4-1　不同网眼开口的安全距离

防护人体通过部位	网眼开口宽度 （直径及边长或椭圆形孔短轴尺寸） mm	安全距离 mm
手指尖	<6.5	≥35
手指	<12.5	≥92
手掌（不含第一掌指关节）	<20	≥135
上肢	<47	≥460
足尖	<76（罩底部与所站面间隙）	150

第二节　电气安全

电能已成为现代化建设中最普遍使用的能源,在生产和生活中得到了广泛的应用。但是在电力的生产、配送、使用过程,以及电力设备的安装、运行、检修过程中,会因线路或设备故障、人员违章行为或自然因素等原因酿成触电事故、设备事故或电气火灾爆炸事故,导致人员伤亡、线路或设备损毁,造成重大的经济财产损失。从实际发生的事故中可以看到,70% 以上的事故都与人为过失有关,有的是不懂得电气安全知识或不掌握安全操作技能,有的是忽视安全,麻痹大意或冒险蛮干、违章作业。因此,必须高度重视电气安全问题,采取各种有效的技术措施和管理措施,防止电气事故,保障安全用电。

一、触电事故

触电事故是由电能以电流的形式作用于人体造成的事故,分为电击和电伤。

（一）电击

电击是指电流通过人体内部，对体内器官造成的伤害。人受电击后，可能会出现肌肉抽搐、昏厥、呼吸停止或心跳停止等现象；严重时，甚至危及生命。大部分触电死亡事故都是电击造成的，通常说的触电事故基本上是对电击而言的。按照发生电击时电气设备的状态，可分为直接接触电击和间接接触电击。按照人体触及带电体的方式和电流通过人体的途径触电可分为单相触电、两相触电和跨步电压触电。

（1）单相触电：当人体直接触碰带电设备或线路中的一相时，电流通过人体流入大地，这种触电现象称为单相触电。在高压系统中，人体虽没有直接触碰高压带电体，但由于安全距离不足而引起高压放电，造成的触电事故也属于单相触电。触电事故中大部分属于单相触电。一般情况下，接地电网的单相触电危险性比不接地的电网的危险性大。

（2）两相触电：人体同时接触带电设备或线路中的两相导体时，电流从一相导体通过人体流入另一相导体，这种触电现象称两相触电。两相触电危险性较单相触电大，因为当发生两相触电时，加在人体上的电压由相电压变为线电压，这时会加大对人体的伤害。

（3）跨步电压触电：当电气设备发生接地故障，接地电流通过接地体向大地流散，若人在接地短路点周围行走，其两脚之间的电位差，就是跨步电压。由跨步电压引起的人体触电，就是跨步电压触电。跨步电压的形成范围：500V以下的低压系统，在距接地点10m以内；1000V以上的高压系统，在距接地点20m以内。发生跨步电压触电时，应将两脚并拢，并用单脚跳出危险区。应防止跌倒，避免造成二次触电。

（二）电伤

电伤是由电流的热效应、化学效应或者机械效应直接造成的伤害，电伤会在人体表面留下明显伤痕，有电烧伤、电烙伤、皮肤金属化、机械性损伤和电光性眼炎。造成电伤的电流通常都比较大。

（1）电烧伤：电流的热效应造成的伤害，分为电流灼伤和电弧烧伤。

（2）电烙印：在人体与带电体接触的部位留下的永久性斑痕。

（3）皮肤金属化：高温电弧作用下，熔化、蒸发的金属微粒渗入表皮，使皮肤粗糙而张紧的伤害。

（4）机械性损伤：由于电流对人体的作用使得中枢神经反射和肌肉强烈收缩，导致机体组织断裂、骨折等伤害。

（5）电光性眼炎：发生弧光放电时，由红外线、可见光、紫外线对眼睛造成的伤害。

二、电流对人体的伤害

电流对人体伤害的大小与以下因素有关：

（一）通过人体电流的大小

通过人体的电流越大，人体的生理反应越明显，感觉越强烈。按照通过人体电流的大小，人体的反应状态不同，可以将电流分为感知电流、摆脱电流和室颤电流。

（1）感知电流：在一定概率下，电流通过人体时能引起任何感觉的最小电流。一般不会对人体造成伤害，但当电流增大时，引起人体反应变大，可能导致高处作业过程中的坠落等二次事故。成年男性感知电流值约为 1.1mA，最小为 0.5mA；成年女性约为 0.7mA。

（2）摆脱电流：手握带电体的人能自行摆脱带电体的最大电流。成人男性平均摆脱电流约为 16mA，成年女性平均摆脱电流约为 10.5mA。

（3）室颤电流：较短时间内，能引起心室颤动的最小电流。电流引起心室颤动而造成血液循环停止，是电击致死的主要原因。人的室颤电流约为 50mA。

（二）通过人体的持续时间

通电时间越长，越容易引起心室颤动，造成危害越大。这是因为：

（1）随着通电时间增加，能量积累增加，一般认为通电时间与电流的乘积大于 50mA·s 时就有生命危险。

（2）通电时间增加，人体电阻因出汗而下降，导致人体电流进一步增加。

（3）心脏在易损期对电流是最敏感的，最容易受到损害，发生心室颤动而导致心跳停止。如果触电时间大于一个心跳周期，则发生心室颤动的机会加大，电击的危害加大。

因此，通过人体的电流越大，时间越长，电击伤害造成的危害越大。通过人体电流的大小与通电埋单的长短是电击事故严重程度的基本决定因素。

（三）电流途径

电流通过人体的途径不同，造成的伤害也不同。电流对心脏的危害性最大。所以最危险的路径是电流从左手到前胸，其次是右手到前胸。

（四）电流种类

直流电和交流电均可使人触电。相同条件下，直流电比交流电对人体的危害小。

三、触电事故发生的原因及一般规律

（一）触电事故的主要原因

（1）缺乏安全用电常识。

（2）违章作业。

（3）设备不合格。

（4）设备年久失修。

（二）触电事故发生的规律

多年统计资料表明，触电事故具有以下规律：

（1）触电事故季节性明显；事故多发于第二、三季度且 6～9 月份较为集中。主要原因：一是天气火热，人体出汗电阻降低。二是多雨，潮湿，电气绝缘性能降低容易漏电。

（2）低压设备触电事故多。

（3）单相触电事故多。

（4）电气连接部位触电事故多。

（5）使用携带式、移动式电气设备和手持电动工具造成的触电事故多。

（6）误操作触电事故多。

（7）电气布线不良发生的触电事故多。

四、触电事故的预防

（一）触电事故预防概述

预防触电事故的措施主要有电气安全组织措施和电气安全技术措施两个方面。

电气安全组织措施主要是建立健全并严格执行电气安全规章制度和操作规程，进行电气安全培训，进行定期和不定期的电器安全检查。发现问题必须整改或采取其他安全措施等。

电气安全技术措施主要是隔离防护、绝缘、保护接地、保护接零、等电位连接、漏电保护装置、隔离变压器、采用安全电压和安全工具及个体防护等。

（二）直接接触电击的预防

（1）用遮拦和外护物预防，防止人体触及带电体。

（2）绝缘。

（3）安全电压。

（4）漏电保护装置。

（三）间接接触电击的预防

（1）设置自动切断电源装置。

（2）采用双重绝缘或加强绝缘的电器。

（3）采用接地或接零保护。

（4）采用安全电压。

（5）实行电气隔离。

五、触电事故现场救护

（一）触电急救的要点

触电急救的第一步是使触电者迅速脱离电源，第二步是现场救护。

（二）脱离电源的方法

（1）脱离低压电源的方法：可用五个字简单概括，即"拉""切""挑""拽"和"垫"。

拉：就近拉开电源开关、拔出插头或瓷插熔断器。

切：当电源开关、插座或熔断器离现场较远时，可用带有绝缘柄的利器切断电源线。

挑：导线搭落在触电者身上或压在身下，可用干燥的木棒、竹竿等挑开。

拽：救护人员可戴上手套或在手上包缠干燥的衣物等绝缘物品拖拽触电者，使之脱离电源。

垫：如果触电者由于痉挛，手指紧握导线，或导线缠在身上，可先用干燥的木板塞进触电者身上，使其与地得到绝缘，然后再采取其他办法切断电源。

（2）脱离高压电源的方法：立即电话通知有关供电部门拉闸断电；戴上绝缘手套，穿上绝缘鞋，使用相应电压等级的绝缘工具拉开开关。

六、施工作业现场临时用电的安全检查

（一）保护接地

保护接地是指将电气设备不带电的金属外壳与接地极之间做可靠的电气连接（图 4-1）。它的作用是当电气设备的金属外壳带电时，如果人体触及此外壳时，由于人体的电阻远大于接地体电阻，则大部分电流经接地体流入大地，流经人体的电流很小。这时只要适当控制接地电阻（一般不大于 4Ω），就可减少触电事故的发生。但是在 TT 供电系统中，这种保护方式的设备外壳电压对人体来说还是相当危险的。因此这种保护方式只适用于 TT 供电系统的施工现场，按规定保护接地的电阻不大于 4Ω。

图 4-1　保护接地

（二）保护接零

在电源中性点直接接地的低压电力系统中,将用电设备的金属外壳与供电系统中的零线或专用零线直接做电气连接,称为保护接零。它的作用是当电气设备的金属外壳带电时,短路电流经零线而成闭合电路,使其变成单相短路故障,因零线的阻抗很小,所以短路电流很大,一般大于额定电流的几倍甚至几十倍,这样大的单相短路将使保护装置迅速且准确地动作,切断事故电源,保证人身安全。其供电系统为接零保护系统,即 TN 系统。保护零线是否与工作零线分开,可将 TN 供电系统划分为 TN-C、TN-S 和 TN-C-S 三种供电系统。

1. TN-C 供电系统

它的工作零线兼做接零保护线,这种供电系统就是平常所说的三相四线制(图 4-2)。但是如果三相负荷不平衡时,零线上有不平衡电流,所以保护线所连接的电气设备金属外壳有一定电位。如果中性线断线,则保护接零的漏电设备外壳带电。因此这种供电系统存在一定的缺点。

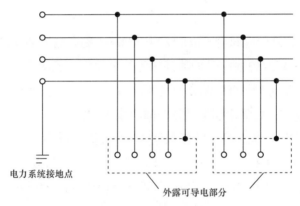

图 4-2　TN-C 供电系统

2. TN-S 供电系统

它是把工作零线 N 和专用保护线 PE,在供电电源处严格分开的供电系统,也称三相五线制。它的优点是专用保护线上无电流,此线专门承接故障电流,确保其保护装置动作。应特别指出,PE 线不许断线。在供电末端应将 PE 线做重复接地。

3. TN-C-S 供电系统

在建筑施工现场如果与外单位共用一台变压器或本施工现场变压器中性点没有接出 PE 线,是三相四线制供电,而施工现场必须采用专用保护线 PE 时,可在施工现场总箱中零线做重复接地后引出一根专用 PE 线,这种系统就称为 TN-C-S 供电系统。施工时应注意:除了总箱处外,其他各处均不得把 N 线和 PE 线连接,PE 线上不允许安装开关和熔断器,也不得把大地兼做 PE 线。PE 线也不得进入漏电保护器,因为线路末端的漏电保护器动作,会使前级漏电保护器动作。

不管采用保护接地还是保护接零,必须注意:在同一系统中不允许对一部分设备采取接地,对另一部分采取接零。因为在同一系统中,如果有的设备采取接地,有的设备采取接零,则当采取接地的设备发生碰壳时,零线电位将升高,而使所有接零的设备外壳都带上危险的电压。

(三)施工现场的总配电箱和开关箱

依据 JGJ 46—2005《施工现场临时用电安全技术规范》,施工现场的总配电箱和开关箱应至少设置两级漏电保护器,且两级漏电保护器的额定漏电动作电流和额定漏电动作时间应合理配合,使之具有分级保护的功能。

(1)开关箱中必须设置漏电保护器,施工现场所有用电设备,除作保护接零外,必须在设备负荷线的首端处安装漏电保护器。

(2)漏电保护器应装设在配电箱电源隔离开关的负荷侧和开关箱电源隔离开关的负荷侧。

(3)漏电保护器的选择应符合 GB/T 6829—2008《剩余电流动作保护电器(RCD)的一般要求》的要求,开关箱内的漏电保护器其额定漏电动作电流应不大于 30mA,额定漏电动作时间应小于 0.1s。在潮湿和有腐蚀介质场所的漏电保护器应采用防溅型产品。其额定漏电动作电流应不大于 15mA,额定漏电动作时间应小于 0.1s。

(4)安全电压。安全电压指不戴任何防护设备,接触时对人体各部位不造成任何损害的电压。GB/T 3805—2008《特低电压(ELV)限值》中规定,安全电压值的等级有 42V、36V、24V、12V、6V 五种。同时还规定:当电气设备采用了超过 24V 的电压时,必须采取防直接接触带电体的保护措施。

(四)电气设备的设置

(1)配电系统应设置室内总配电屏和室外分配电箱或设置室外总配电箱和分配电箱,实行分级配电。

(2)动力配电箱与照明配电箱宜分别设置,如合置在同一配电箱内,动力线路和照明线路应分路设置,照明线路接线宜接在动力开关的上侧。

(3)开关箱应由末级分配电箱配电。开关箱内应一机一闸,每台用电设备应有自己的开关箱,严禁用一个开关电器直接控制两台及以上的用电设备。

(4)总配电箱应装设在靠近电源的地方,分配电箱应装设在用电设备或负荷相对集中的地区。分配电箱与开关箱的距离不得超过 30m,开关箱与其控制的固定式用电设备的水平距离不宜超过 3m。

（5）配电箱、开关箱应装设在干燥、通风及常温场所。不得装设在有严重损伤作用的瓦斯、烟气、蒸汽、液体及其他有害介质中；也不得装设在易受外来固体物撞击、强烈振动、液体浸溅及热源烘烤的场所。

（6）使用手持电动工具应满足如下安全要求：

① 设备外观完好，标牌清晰，各种保护罩（板）齐全。

② 在一般作业场所，应使用Ⅱ类工具；若使用Ⅰ类工具时，应装设额定漏电动作电流不大于 15mA、动作时间不大于 0.1s 的漏电保护器。

③ 在潮湿作业场所或金属构架上等导电性能良好的作业场所，应使用Ⅱ类或Ⅲ类工具。

④ 在狭窄场所，如锅炉、金属管道、受限空间内，应使用Ⅲ类工具。

⑤ Ⅲ类工具的安全隔离变压器，Ⅱ类工具的漏电保护器及Ⅱ类、Ⅲ类工具的控制箱和电源联接器等应放在容器外或作业点处，同时应有人监护（表 4-2）。

表 4-2 Ⅰ类、Ⅱ类、Ⅲ类设备区分标准

测试部位	绝缘电阻，MΩ
Ⅰ类电气设备带电部位与外壳间	2
Ⅱ类电气设备带电部位与外壳间	7
Ⅲ类电气设备带电部位与外壳间	10

⑥ 必须严格按操作规程使用移动式电气设备和手持电动工具，使用过程中需要移动或停止工作、人员离去或突然停电时，必须断开电源开关或拔掉电源插头。

（7）电气设备的安装：

① 配电箱内的电器应首先安装在金属或非木质的绝缘电器安装板上，然后整体紧固在配电箱箱体内，金属板与配电箱体应做电气连接。

② 配电箱、开关箱内的各种电器应按规定的位置紧固在安装板上，不得歪斜和松动；并且电器设备之间、设备与板四周的距离应符合有关工艺标准的要求。

③ 配电箱、开关箱内的工作零线应通过接线端子板连接，并应与保护零线接线端子板分设。

④ 配电箱、开关箱内的连接线应采用绝缘导线，导线的型号及截面应严格执行临时用电图纸的标示截面。各种仪表之间的连接线应使用截面不小于 $2.5mm^2$ 的绝缘铜芯导线，导线接头不得松动，不得有外露带电部分。

（8）电气设备的操作与维修人员必须符合以下要求：

① 施工现场内临时用电的施工和维修必须由经过培训后取得上岗证书的专业电工完成。

② 用电人员应做到：

——掌握安全用电的基本知识和所用设备的性能。

——使用设备前必须按规定穿戴和配备好相应的劳动防护用品,并检查电气装置和保护设施是否完好。严禁设备带"病"运转。

——停用的设备必须拉闸断电,锁好开关箱。

——负责保护所用设备的负荷线、保护零线和开关箱。发现问题,及时报告解决。

——搬迁或移动用电设备,必须经电工切断电源并作妥善处理后进行。

(9)电气设备的使用与维护:

① 配电箱(盘)、开关箱装设应端正、牢固。固定式配电箱(盘)、开关箱的中心点与地面的垂直距离应为 1.4～1.6m。移动式配电箱(盘)、开关箱应装设在坚固、稳定的支架上。其中心点与地面的垂直距离宜为 0.8～1.6m。施工现场的所有配电箱、开关箱应每月进行一次检查和维修。检查、维修人员必须是专业电工。工作时必须穿戴好绝缘用品,必须使用电工绝缘工具。

② 检查、维修配电箱、开关箱时,必须将其前一级相应的电源开关分闸断电,并悬挂停电标志牌,严禁带电作业。

③ 配电箱内盘面上应标明各回路的名称、用途、同时要做出分路标记。

④ 总配电箱、分配电箱的箱门应配锁,配电箱和开关箱应指定专人负责。施工现场停止作业 1h 以上时,应将动力开关箱上锁。

⑤ 各种电气箱内不允许放置任何杂物,并应保持清洁。箱内不得挂接其他临时用电设备。

⑥ 熔断器的熔体更换时,严禁用不符合原规格的熔体代替。

(10)施工现场的电缆线路:

① 电缆线路应采用穿管埋地或沿墙、电杆架空敷设,严禁沿地面明设。

② 电缆在室外直接埋地敷设的深度应不小于 0.7m,并应在电缆上下各均匀铺设不小于 50mm 厚的细砂,然后覆盖砖等硬质保护层。

③ 临时电缆沿墙或电杆敷设时应用绝缘子固定,严禁使用金属裸线绑扎。固定点间的距离应保证橡皮电缆能承受自重所带的荷重。临时电缆的最大弧垂距地面不得小于 2.5m,穿越机动车道不低于 5m。

④ 电缆的接头应牢固、可靠,绝缘包扎后的接头不能降低原来的绝缘强度,并不得承受张力。

⑤ 在穿越建筑物、构筑物、道路、易受机械损伤、介质腐蚀场所及引出地面从 2m 高到地下 0.2m 处,必须加设防护套管,防护套管内径不应小于电缆外径的 1.5 倍。

⑥ 埋地电缆的接头应设在地面上的接线盒内,接线盒应能防水、防尘、防机械损伤,并应远离易燃、易爆、易腐蚀场所,临时用电线路经过有高温、振动、腐蚀、积水、防爆区域及机械损伤等区域时,不得有接头,并应采取相应的保护措施。

第三节 防火防爆

一、基本知识

(一)燃烧的定义

燃烧是指物质与氧化剂之间的放热反应,它通常同时释放出火焰或可见光。

(二)火灾的定义

火灾是指在时间和空间上失去控制的燃烧所造成的灾害。

(三)燃烧和火灾发生的必要条件

同时具备氧化剂(助燃物)、可燃物、点火源,即火的三要素。在火灾防治中,阻断三要素的任何一个要素就可以扑灭火灾。

(1)可燃物:凡是能与空气中的氧或其他氧化剂起化学反应的物质称为可燃物。可燃物按其物理状态分为气体、液体和固体。

(2)助燃物:主要为空气或氧气。

(3)点火源:点火源主要是热能,如明火、高温物体、电热能等。

在某种情况下,虽然具备了燃烧的三个必要条件,但由于可燃物质的数量不够,氧气不足或者火源的热量不够,燃烧也不能发生。因此,燃烧要具备以下的充分条件:一定的浓度,一定的含氧量,一定的着火能量。

(四)爆炸及其分类

爆炸是物质系统的一种极为迅速的物理的或化学的能量释放或转化过程,是系统蕴藏的或瞬间形成的大量能量在有限的体积和极短的时间内,骤然释放或转化的现象。

一般来说,爆炸现象具有以下特征:(1)爆炸过程高速进行。(2)爆炸点附近压力急剧升高,多数爆炸伴有温度升高。(3)发出或大或小的响声。(4)周围介质发生震动或邻近的物质遭到破坏。最主要的特征为爆炸点及其周围压力急剧升高。

爆炸可分为三类:物理爆炸、化学爆炸、核爆炸。

二、火灾的分类

(1)参照(GB/T 4968—2008)《火灾分类》,根据可燃物的类型和燃烧特性,火灾可分为六类:

① A类火灾:指固体物质火灾,这种物质通常具有有机物质,一般在燃烧时能产生灼热

灰烬,如木材、棉、毛、麻、纸等火灾等;

② B 类火灾:指液体火灾和可熔化的固体物质火灾,如汽油、煤油、柴油、原油、甲醇、乙醇、沥青、石蜡等;

③ C 类火灾:指气体火灾,如煤气、天然气、甲烷、丙烷等;

④ D 类火灾:指金属火灾,如钾、钠、镁、钛等合金火灾;

⑤ E 类火灾:指带电火灾,是物体带电燃烧的火灾,如发电机、电缆、家用电器等;

⑥ F 类火灾:指烹饪器具内烹饪物火灾,如动植物油脂等。

(2)按火灾后果分类:

按照一次火灾事故造成的人员伤亡、受灾户数和财产直接损失金额,火灾划分为 3 类。

① 具有以下情况之一的为特大火灾:死亡 10 人以上(含本数;下同);重伤 20 人以上;死亡、重伤 20 人以上;受灾户数 50 户以上;烧毁财物损失 100 万元以上。

② 具有以下情况之一的为重大火灾:死亡 3 人以上;重伤 10 人以上;死亡、重伤 10 人以上;受灾户 30 户以上;烧毁财产损失 30 万元以上。

③ 不具有前两项情形的燃烧事故,为一般火灾。

三、消防设施与器材

《中华人民共和国消防法》中规定,消防设施是指火灾自动报警系统、自动灭火系统、消火栓系统、可提式灭火器系统、灭火器防烟排烟系统以及应急广播和应急照明、安全疏散设施等。消防器材是指灭火器等移动灭火器材和工具。

(一)消防设施

1.火灾自动报警系统

自动消防系统应包括探测、报警、联动、灭火、减灾等功能。

消防系统中有三种控制方式:自动控制、联动控制、手动控制。

火灾自动报警系统是由触发装置、火灾报警装置、火灾警报装置和电源等部分组成的通报火灾发生的全套设备。

火灾自动报警系统是一种保护生命与财产安全的技术设施。理论上讲,除某些特殊场所,如生产和储存火药、炸药、弹药、火工品等场所外,其余场所应都能适用。

2.自动灭火系统

(1)水灭火系统:

水灭火系统包括室内外消火栓系统、自动喷水系统、水幕和水喷雾灭火系统。

(2)气体灭火系统:

以气体作为灭火介质的灭火系统称为气体灭火系统。气体灭火系统的使用范围是由气体灭火剂的灭火性质决定的。灭火剂应具有的特性是：化学稳定性好、耐储存、腐蚀性小、不导电、毒性低、蒸发后不留痕迹,适用于扑救多种类型火灾。

（3）泡沫灭火系统：

泡沫灭火系统指空气机械泡沫系统。发泡倍数在 20 倍以下的称为低倍数,发泡倍数在 21～200 倍之间的称为中倍数泡沫,发泡数在 201～1000 倍之间的称为高倍数泡沫。

3. 防排烟系统

火灾产生的烟气是十分有害的。防排烟系统能改善着火地点的环境,使建筑内的人员能安全撤离现场,使消防人员能迅速靠近火源,用最短的时间抢救濒危的生命,用最小的灭火剂在损失最小的情况下将火扑灭。

排烟有自然排烟和机械排烟两种形式。

4. 火灾应急广播与警报装置

火灾警报装置(包括警铃、警笛、警灯等)是发生火灾时向人们发出警告的装置。火灾应急广播能及时向人们通报火灾,指导人们安全、迅速地疏散。火灾事故广播和警报装置按要求设置是非常必要的。

（二）消防器材

消防器材主要包括灭火器、火灾探测器等。

1. 清水灭火器

清水灭火器充装的是清洁的水,并加入适量的添加剂,采用储气瓶加压的方式,利用二氧化碳钢瓶中的气体作动力,将灭火剂喷射到着火物上,达到灭火的目的。适用于 A 类火灾。

2. 泡沫灭火器

泡沫灭火器包括化学泡沫灭火器和空气泡沫灭火器两种,分别是通过筒内酸性溶液与碱性溶液混合后发生化学反应或借助气体压力,喷射出泡沫覆盖在燃烧物的表面上,隔绝空气起到窒息灭火的作用。适合扑救脂类、石油产品等 B 类火灾以及木材等 A 类物质的初起火灾,但不能扑救 B 类水溶性火灾,也不能扑救带电设备及 C 类和 D 类火灾。

3. 酸碱灭火器

酸碱灭火器是一种内部装有 65% 的工业硫酸和碳酸氢钠的水溶液作为灭火剂的灭火器。适用于扑救 A 类物质的初起火灾。

4. 二氧化碳灭火器

二氧化碳灭火器是利用其内部充装的液态二氧化碳的蒸气压将二氧化碳喷出灭火的一种灭火器具,其通过降低氧气含量,造成燃烧区窒息而灭火。适用于扑救 600V 以下带电电器、贵重设备、图书档案、精密仪器仪表的初起火灾,以及一般可燃液体的火灾。

5. 干粉灭火器

干粉灭火器以液态二氧化碳或氮气作动力,将灭火器内干粉灭火剂喷出进行灭火,主要通过抑制作用灭火。

6. 火灾探测器

火灾探测器的基本功能是对烟雾、温度、火焰和燃烧气体等火灾参量做出有效反应,通过敏感元件,将表征火灾参量的物理量转化为电信号,传送到火灾报警控制器。主要包括感光式火灾探测器、感烟式火灾探测器、感温式火灾探测器、复合式火灾探测器和可燃气体火灾探测器等。

四、防火防爆技术

(一)火灾爆炸预防基本原则

1. 防火基本原则

根据火灾发展过程的特点,应采取如下基本技术措施:

(1)以不燃溶剂代替可燃溶剂。

(2)密闭或负压操作。

(3)通风除尘。

(4)惰性气体保护。

(5)采用耐火建筑材料。

(6)严格控制火源。

(7)阻止火焰的蔓延。

(8)抑制火灾可能发展的规模。

(9)组织训练消防队伍和配备相应消防器材。

2. 防爆基本原则

防爆基本原则是根据对爆炸过程特点的分析采取相应的措施,防止第一过程的出现,控制第二过程的发展,削弱第三过程的危害。主要采取以下措施:

(1)防止爆炸性混合物的形成。

(2)严格控制火源。

(3)及时泄出燃爆开始时的压力。

(4)切断爆炸传播途径。

(5)减弱爆炸压力和冲击波对人员、设备和建筑的损坏。

(6)检测报警。

(二)点火源及其控制

消除火源是防火和防爆的最基本措施,控制着火源对防止火灾和爆炸事故的发生具有极其重要的意义。常见的火源有:

(1)明火:明火是指敞开的火焰、火星和火花等,如生产过程中的加热用火,维修焊接用火及其他火源是导致火灾爆炸的常见原因。

(2)摩擦和撞击:摩擦和撞击往往是可燃气体、蒸气和粉尘、爆炸物品等着火爆炸的根源之一。

(3)电气设备:电气设备或线路出现危险温度、电火花和电弧时,就成为引起可燃气体、蒸气和粉尘着火、爆炸的一个主要着火源。

(4)静电放电:静电放电极易产生静电火花,在具有可燃液体或气体的作业场所,易引发火灾爆炸事故。

(三)爆炸控制

防止爆炸的一般原则:一是控制混合气体的可燃物含量在爆炸极限以下;二是使用惰性气体取代空气;三是使氧气浓度处于其极限值以下。主要采用以下办法:

1. 惰性气体保护

在化工生产中,采取的惰性气体主要有氮气、二氧化碳、水蒸气、烟道气体等。

2. 系统密闭和正压操作

当设备内部充满易爆物质时,要采用正压操作,以防止外部空气渗入设备内。

3. 厂房通风

用通风的方法使可燃气体、蒸气或粉尘的浓度不至于达到危险的程度,一般应控制在爆炸下限的 1/5 以下。如果挥发物既有爆炸性又对人体有害,其浓度应同时控制满足《工业企业设计卫生标准》要求。

4. 以不燃溶剂代替可燃溶剂

常用的不燃溶剂有甲烷和乙烷的氯衍生物,如四氯化碳、三氯甲烷和三氯乙烷等。

5. 危险物品的储存

性质相互抵触的危险化学品如果储存不当,往往会酿成严重的事故。参见 GB 17914—2013《易燃易爆性商品储存养护技术条件》、GB 15603—1995《常用化学危险品贮存通则》。

6. 防止容器或室内爆炸的安全措施

防止容器或室内爆炸的安全措施包括:(1)抗爆容器。(2)房间泄压。(3)爆炸泄压。

7.爆炸抑制

爆炸抑制系统由能检测初始爆炸的传感器和压力式的灭火剂罐组成,灭火剂罐通过传感装置动作。

五、防火防爆安全装置及技术

（一）阻火及隔爆技术

阻火及隔爆是通过某些隔离措施防止外部火焰蹿入存有可燃爆炸物料的系统、设备、容器及管道内,或者阻止火焰在系统、设备、容器及管道内蔓延。按照机理,可分为机械隔爆和化学抑爆两类。

（1）机械隔爆有以下几类:

① 工业阻火器。工业阻火器分为机械阻火器、液封和料封阻火器。常用于阻止爆炸初期火焰的蔓延。一般装于管道中,形式最多,应用最广。

② 主、被动式隔爆装置。主、被动式隔爆装置只是在爆炸发生时才起作用,因此在不动作时流体介质的阻力小,有些隔爆装备甚至不会产生任何压力损失。

③ 其他阻火隔爆装置。包括单向阀、阻火阀门、火星熄灭器。

（2）化学抑爆。是在火焰传播显著加速的初期,通过喷洒抑爆剂来抑制爆炸的作用范围及猛烈程序的一种防爆技术。

（二）防爆泄压技术

生产系统内一旦发生爆炸或压力骤增时,可通过防爆泄压设施将超高压力释放出去,以减少巨大压力对设备、系统的破坏或者减少事故损失。防爆泄压装置主要有安全阀、爆破片、防爆门等。

六、及时、准确地报警

当发生火灾时,应视火势情况,在向周围人员报警的同时向消防队报警,同时还要向单位领导和有关部门报告。

（1）向周围人员报警:应尽量使周围人员明白什么地方着火和什么东西着火,是通知人们前来灭火,还是告诉人们紧急疏散。同时向灭火人员指明火点的位置,向需要疏散的人员指明疏散的通道和方向。

（2）向消防队报警:直接拨打119火警电话。拨通电话后,应沉着、冷静,要讲明发生火灾的单位、地点,靠近何处,什么东西着火,火势大小,是否有人被围困,有无爆炸危险物品,放射性物质等情况。还要讲清报警人姓名、单位和联系电话号码,并倾听消防队的询问,准确、简洁地给予回答。报警后,应立即派人到单位门口或交叉路口迎接消防车,并带领消防队迅速赶到火场。如消防队未到前火势扑灭,应及时向消防队说明火已扑灭。

七、电气设施防火防爆的一般规定

(一)一般要求

(1)当仅采用电源作为消防水泵房设备动力源时,应满足 GB 50052《供配电系统设计规范》所规定的一级负荷供电要求。

(2)消防水泵房及其配电室应设消防应急照明,照明可采用蓄电池作备用电源,其连续供电时间不应少于 30min。

(3)重要消防低压用电设备的供电应在最末一级配电装置或配电箱处实现自动切换。其配电线路宜采用耐火电缆。

(4)装置内的电缆沟应有防止可燃气体积聚或含有可燃液体的污水进入沟内的措施。电缆沟通入变配电所、控制室的墙洞处,应填实并密封。

(5)距散发比空气重的可燃气体设备 30m 以内的电缆沟、电缆隧道应采取防止可燃气体窜入和积聚的措施。

(6)在可能散发比空气重的甲类气体装置内的电缆应采用阻燃型材料,并宜架空敷设。

(7)可燃材料仓库内宜使用低温照明灯具,并应对灯具的发热部件采取隔热等防火措施,不应使用卤钨灯等高温照明灯具。配电箱及开关应设置在仓库外。

(8)粉尘环境中安装的插座开口的一面应朝下,且与垂直面的角度不应大于 60°。

(二)防雷

(1)工艺装置内建筑物、构筑物的防雷分类及防雷措施应按 GB 50057《建筑物防雷设计规范》的有关规定执行。

(2)工艺装置内露天布置的塔、容器等,当顶板厚度大于或等于 4mm 时,可不设避雷针、线保护,但必须设防雷接地。

(3)可燃气体、液化烃、可燃液体的钢罐必须设防雷接地,并应符合下列规定:

① 甲、乙类可燃液体地上固定顶罐,当顶板厚度小于 4mm 时,应装设避雷针、线,其保护范围应包括整个储罐;

② 丙类液体储罐可不设避雷针、线,但应设防感应雷接地;

③ 浮顶罐及内浮顶罐可不设避雷针、线,但应将浮顶与罐体用两根截面不小于 25mm² 的软铜线作电气连接;

④ 压力储罐不设避雷针、线,但应做接地。

(4)可燃液体储罐的温度、液位等测量装置应采用铠装电缆或钢管配线,电缆外皮或配线钢管与罐体应做电气连接。

（5）防雷接地装置的电阻要求应按 GB 50074《石油库设计规范》、GB 50057《建筑物防雷设计规范》的有关规定执行。

（三）静电接地

（1）对爆炸、火灾危险场所内可能产生静电危险的设备和管道，均应采取静电接地措施。

（2）在聚烯烃树脂处理系统、输送系统和料仓区应设置静电接地系统，不得出现不接地的孤立导体。

（3）可燃气体、液化烃、可燃液体、可燃固体的管道在下列部位应设静电接地设施：

① 进出装置或设施处；

② 爆炸危险场所的边界；

③ 管道泵及泵入口永久过滤器、缓冲器等。

（4）可燃液体、液化烃的装卸栈台和码头的管道、设备、建筑物、构筑物的金属构件和铁路钢轨等（用作阴极保护者除外），均应做电气连接并接地。

（5）汽车罐车、铁路罐车和装卸栈台应设静电专用接地线。

（6）每组专设的静电接地体的接地电阻值宜小于 100Ω。

（7）除第一类防雷系统的独立避雷针装置的接地体外，其他用途的接地体均可用静电接地。

（8）其他静电接地的设计，未做出规定的，应符合现行的有关标准、规范的规定。

八、动火作业的防火防爆要求

（一）基本要求

（1）动火作业实行作业许可，除在规定的场所外，在任何时间、地点进行动火作业，应办理动火作业许可证。

（2）动火作业前，应辨识危害因素，进行风险评估，采取安全措施，必要时编制安全工作方案。

（3）凡是没有办理动火作业许可证，没有落实安全措施或安全工作方案，未设现场动火监护人及安全工作方案有变动且未经批准的，禁止动火。

（4）在带有可燃、有毒介质的容器、设备和管线上不允许动火。确属生产需要应动火时，应制订可靠的安全工作方案及应急预案后方可动火。

（二）动火作业前准备

（1）动火施工区域应设置警戒，严禁与动火作业无关人员或车辆进入动火区域，必要时动火现场应配备消防车及医疗救护设备和器材。

（2）与动火点相连的管线应进行可靠的隔离、封堵或拆除处理。动火前应首先切断物料来源并加盲板或断开，经彻底吹扫、清洗、置换后，打开人孔，通风换气。

（3）与动火点直接相连的阀门应上锁挂牌；动火作业区域内的设备、设施须由生产单位人员操作。

（4）储存氧气的容器、管道、设备应与动火点隔绝，动火前置换，保证系统氧含量不大于23.5%。

（5）距离动火点30m内不准有液态烃或低闪点油品泄漏；半径15m内不准有其他可燃物泄漏和暴露；距动火点15m内所有的漏斗、排水口、各类井口、排气管、管道、地沟等应封严盖实。

（6）动火前，气体检测时间距动火时间不应超过30min。安全措施或安全工作方案中应规定动火过程中的气体检测时间和频次。

（7）动火作业前，应对作业区域或动火点可燃气体浓度进行检测，使用便携式可燃气体报警仪或其他类似手段进行分析时，被测的可燃气体或可燃液体蒸气浓度应小于其与空气混合爆炸下限的10%（LEL）。使用色谱分析等分析手段时，被测的可燃气体或可燃液体蒸气的爆炸下限大于或等于4%时，其被测浓度应小于0.5%（体积分数）；当被测的可燃气体或可燃液体蒸气的爆炸下限小于4%时，其被测浓度应小于0.2%（体积分数）。

（8）需要动火的反应器、塔、罐、容器、槽车、釜等设备和管线经清洗、置换和通风后，应检测可燃气体浓度，有毒、有害气体浓度，氧气的浓度，达到许可作业浓度才能进行动火作业。

（三）实施动火作业

（1）动火作业人员在动火点的上风作业，应位于避开油气流可能喷射和封堵物射出的方位。特殊情况，应采取围隔作业并控制火花飞溅。

（2）用气焊动火作业时，氧气瓶与乙炔气瓶的间隔不小于5m，且乙炔气瓶严禁卧放，两者与动火作业地点的距离不得小于10m，并不准在烈日下暴晒。

（3）高处动火应采取防止火花溅落措施，并应在火花可能溅落到的部位安排监护人。

（4）遇有五级以上（含五级）风不应进行室外高处动火作业，遇有六级以上（含六级）风应停止室外一切动火作业。

（5）进入受限空间的动火作业，应在受限空间内部物料除净后，采取蒸汽吹扫（或蒸煮）、氮气置换或用水冲洗等措施，并打开上、中、下部的人孔，形成空气对流或采用机械强制通风换气。

（6）受限空间的气体检测应包括可燃气体浓度，有毒、有害气体浓度，氧气浓度等，其可燃介质(包括爆炸性粉尘)含量应满足要求,氧含量 19.5%～23.5%,有毒有害气体含量应符合国家相关标准的规定。

(7)在埋地管线操作坑内进行动火作业的人员应系阻燃或不燃材料制成的安全绳。

(8)带压不置换动火作业是特殊危险动火作业,应严格控制。严禁在生产不稳定及设备、管道等腐蚀情况下进行带压不置换动火;严禁在含硫原料气管道等可能存在中毒危险环境下进行带压不置换动火。确需动火时,应采取可靠的安全措施、制度及应急预案。

(9)带压不置换动火作业中,由管道内泄漏出的可燃气体遇明火后形成的火焰,如无特殊危险,不宜将其扑灭。

第四节 防雷防静电

一、雷电的危害及防雷保护

雷电的破坏力是无法想象的,会给人类的财产及周边环境造成巨大的损失。油田已出现多起因静电造成的火灾和爆燃等事故。因此必须根据 GB/T 21431—2015《建筑物防雷装置检测技术规范》、GB/T 32937—2016《爆炸和火灾危险场所防雷装置检测技术规范》、Q/SY 08651—2018《防止静电、雷电和杂散电流引燃技术导则》等标准做好相应防雷防静电工作。

(一)雷电的危害

雷电具有电流值大、冲击性强、冲击电压高等特点,其特点与破坏性有紧密的关系。雷电的具体危害有火灾、爆炸、触电、设备设施损坏、大规模停电等。

(二)雷电的分类

(1)直击雷:是带电积云接近地面一定程度时,与地面目标之间的强烈放电。
(2)感应雷:也称雷电感应,分为静电雷和电磁感应雷。
(3)球雷:是雷电放电时形成的发红光、橙光、白光或其他颜色的光球。

(三)雷电的防护

(1)直击雷防护:
装设避雷针、避雷线、避雷网、避雷带是直击雷防护的主要措施。
防直击雷接闪器应符合以下规定(见 Q/SY 05268—2017《油气管道防雷防静电与接地技术规范》):应利用生产设备的金属实体作为防直击雷的接闪器。用作接闪器的生产设备应为整体封闭、焊接结构的金属静设备;转动设备不应用做接闪器。少于五根螺栓连接的法兰盘,其连接处设金属线跨接。露天装高的有爆炸危险的金属贮罐和工艺装置,当其壁厚不小于 4mm 时,一般不再装设接闪器,但必须接地;接地点不应少于两处,其间距不应大于 30m。

防直击雷引下线应符合以下规定:高大、耸立(坐地)的生产设备应利用其金属壳体作为引下线。生产设备通过框架或支架安置时,应优先利用金属框架作为引下线。大型设备、橇装设备等应至少使用两根引下线,引下线的间距不应大于 18m。工艺设备区金属管段或阀门接地引下线的间距不应大于 18m。引下线应以最短的路径直接引到接地体,应有足够的截面和厚度,并在地面以上加机械保护。

(2)二次放电保护:

防雷装置承受雷击时,其接闪器、引下线和接地装置呈现很高的冲击电压,可能击穿与邻近导体之间的绝缘,造成二次放电。为防止二次放电,不论空气中或地下,都必须保证接闪器、引下线和接地装置与邻近导体之间有足够的安全距离。在任何情况下,第一类防雷建筑物防止二次放电的最小距离不得小于 3m,第二类防雷建筑物防止二次放电的最小距离不得小于 2m。不能满足要求时应予以跨接。

(3)感应雷防护:

雷电感应也能产生很高的冲击电压,在电力系统中应与其他过电压同样考虑。有爆炸和火灾危险的建筑物、重要的电力设施应考虑感应雷的防护。为了防止感应雷的危险,应将建筑物内不带电的金属设备、金属结构连成整体并予接地。为防止电磁感应,平行敷设的管道、构架、电缆相距不到 100mm 时,须用金属线跨接;跨接点之间的距离不应超过 30m;交叉相距不到 100mm 时,交叉处也应用金属线跨接。管道接头、弯头、阀门等连接处的过渡电阻大于 0.03Ω 时,连接处也应用金属线跨接。

(4)人身防雷:

雷暴时,由于带电积云直接对人体放电、雷电流入地产生对地电压,以及二次放电等都可能对人造成致命的电击。因此,应注意必要的人身防雷安全要求。

雷暴时,非工作时应尽量减少在户外或野外逗留;在户外或野外最好穿塑料等不浸水的雨衣;如有条件,可进入有宽大金属构架或有防雷设施的建筑物、船只或汽车内。

雷暴时,应尽量离开小山、小丘、隆起的小道,应尽量远离海滨、湖滨、河边、池塘旁,应尽量避开铁丝网、金属晒衣绳以及旗杆、烟囱、宝塔、孤独的树木,还应尽量远离没有防雷保护的小建筑物或其他设施。

雷暴时,在户内注意防止雷电侵入波的危险,应离开输电线路,以及与其相连的和重金属设备,以防止这些线路或设备对人体二次放电。

注意:仅仅拉开开关对防止雷击是起不了多大作用的。

雷雨天气,还应关闭门窗,以防止雷击造成危害。

二、静电的危害及防护

（一）静电的产生

静电是在宏观范围内暂时失去平衡的相对静止的正电荷和负电荷。静电现象是十分普遍的电现象。

容易产生静电的工艺过程：

（1）固体物质大面积的摩擦。

（2）固体物质的粉碎、研磨过程。

（3）在混合器中搅拌各种高电阻率物质。

（4）高电阻率液体在管道中高速流动，液体喷出航空器，液体注入容器。

（5）液化气体、压缩气体或高压蒸汽在管道中流动或由管口喷出。

（6）穿化纤衣服、高绝缘鞋的人员在操作、行走、起立时等。

（二）静电的特点及危害

静电的特点：

（1）静电电压高：

固体静电可达 200kV 以上，液体静电和粉体静电可达数万伏，气体和蒸汽静电可达 10kV 以上，人体静电也可达 10kV 以上。

（2）静电泄漏慢：

静电泄漏有两条途径：一条途径是绝缘体表面，另一条途径是绝缘体内部。

（3）有多种放电形式。

静电的危害：

工艺过程中产生的静电可能引起爆炸和火灾，也可能给人以电击，还可能妨碍生产。其中，爆炸和火灾是最大的危害和危险。

（三）静电防护措施

（1）环境危险程度控制：

静电引起爆炸和火灾的条件之一是有爆炸性混合物存在。为了防止静电引燃成灾，可采取取代易燃介质、降低爆炸性混合物的浓度、减少氧化剂含量等控制所在环境爆炸和火灾危险程度的措施。

（2）工艺控制：

工艺控制是从材料的选用、摩擦速度和流速的限制、静电松弛过程的增强、附加静电的消除等方面采取措施，限制和避免静电的产生和积累。

（3）接地：

接地的作用主要是消除导体上的静电。金属导体应直接接地。

为了防止火花放电,应将可能发生火花放电的间隙跨接连通起来,并予以接地,使其各部位与大地等电位。为了防止感应静电的危险,不仅产生静电的金属部分应接地,而且其他不相连接但邻近的金属部分也应接地。

（4）增湿：

为防止大量带电,相对湿度应达到 50% 以上；为了提高降低静电的效果,相对湿度应提高至 65%～70%；对于吸湿性很强的聚合材料,为了保证降低静电的效果,相对湿度应提高至 80%～90%。应注意,增湿的方法不宜用于消除高温环境里的绝缘体上的静电。

（5）抗静电添加剂：

抗静电添加剂是化学药剂,具有良好的导电性或较强的吸湿性。因此,在容易产生静电的高绝缘材料中加放抗静电添加剂之后,能降低材料的体积电阻率或表面电阻率,以加速静电的泄漏,消除静电危险。

（6）静电中和器：

静电中和器又叫静电消除器。静电中和器是能产生电子和离子的装置。由于产生了电子和离子,物料上的静电电荷得到异性电荷的中和,从而消除静电的危险。

第五节 常用工具方法

一、工作前安全分析

工作前安全分析是指事先或定期对某项工作任务进行危害识别、风险评价,并根据评价结果制订和实施相应的控制措施,达到最大限度消除或控制风险的方法。工作前安全分析应用于新的作业、非常规性（临时）的作业、承包商作业、改变现有的作业、评估现有的作业等作业活动。

工作前安全分析过程本身也是一个培训过程。对于需要办理作业许可证的作业活动,在作业前应获得相应的作业许可。

（一）工作任务初步审查

（1）现场作业人员均可提出需要进行工作前安全分析的工作任务。

（2）基层单位负责人对工作任务进行初步审查,确定工作任务内容,判断是否需要做工作前安全分析,制订工作前安全分析计划。

（3）若初步审查判断出的工作任务风险无法接受,则应停止该工作任务,或者重新设定工作任务内容。一般情况下,新工作任务（包括以前没做过工作前安全分析的工作任务）在开始前均应进行工作前安全分析,如果该工作任务是低风险活动,并由可胜任的人员完成,可不做工作前安全分析,但应对工作环境进行分析。

（4）以前做过分析或已有操作规程的工作任务可以不再进行工作前安全分析,但应审查以前工作前安全分析或操作规程是否有效,如果存在疑问,应重新进行工作前安全分析。

（5）紧急状态下的工作任务,如抢修、抢险等,执行应急预案。

（二）工作前安全分析步骤

（1）基层单位负责人指定工作前安全分析小组组长,组长选择熟悉工作前安全分析方法的管理、技术、安全、操作人员组成小组。小组成员应了解工作任务及所在区域环境、设备和相关的操作规程。

（2）工作前安全分析小组审查工作计划安排,分解工作任务,搜集相关信息,实地考察工作现场,核查以下内容:

① 以前此项工作任务中出现的健康、安全、环境问题和事故;

② 工作中是否使用新设备;

③ 工作环境、空间、照明、通风、出口和入口等;

④ 工作任务的关键环节;

⑤ 作业人员是否有足够的知识、技能;

⑥ 是否需要作业许可及作业许可的类型;

⑦ 是否有严重影响本工作安全的交叉作业;

⑧ 其他。

（3）工作前安全分析小组识别该工作任务关键环节的危害因素,并填写工作前安全分析表。识别危害因素时应充分考虑人员、设备、材料、环境、方法五个方面和正常、异常、紧急三种状态。

（4）对存在潜在危害的关键活动或重要步骤进行风险评价。根据判别标准确定初始风险等级和风险是否可接受。

（5）工作前安全分析小组应针对识别出的每个风险制订控制措施,将风险降低到可接受范围。在选择风险控制措施时,应考虑控制措施的优先顺序。

（6）制订出所有风险的控制措施后,还应确定以下问题:

① 是否全面、有效地制订了所有的控制措施;

② 对实施该项工作的人员还需要提出什么要求;

③ 风险是否能得到有效控制。

（7）在控制措施实施后,如果每个风险在可接受范围之内,并得到工作前安全分析小组成员的一致同意,方可进行作业前准备。

（三）风险沟通

作业前应召开班前会,进行有效沟通,确保:

（1）让参与此项工作的每一个人理解完成该工作任务所涉及的活动细节及相应的风险/控制措施和每个人的职责。

（2）参与此项工作的人员应进一步识别可能遗漏的危害因素。

（3）如果作业人员意见不一致，异议解决、达成一致后，方可作业。

（4）如果在实际工作中条件或者人员发生变化，或原先假设的条件不成立，则应对作业风险进行重新分析。

（四）现场监控

在实际工作中应严格落实控制措施，根据作业许可的要求，指派相应的负责人监视整个工作过程，特别要注意工作人员的变化和工作场所出现的新情况及未识别出的危害因素。任何人都有权利和责任停止他们认为不安全或者风险未得到有效控制的工作。

（五）总结与反馈

作业任务完成后，作业人员应进行总结，若发现工作前安全分析过程中的缺陷和不足，及时向工作前安全分析小组反馈。如果作业过程中出现新的隐患或发生未遂事件和事故，小组应审查工作前安全分析，重新进行工作前安全分析。根据作业过程中发生的各种情况，工作前安全分析小组提出完善该作业程序的建议。

二、安全目视化

依据《中国石油天然气集团公司安全目视化管理规范》（安全〔2009〕552号）规定，安全目视化管理是指通过安全色、标签、标牌等方式，明确人员的资质和身份、工器具和设备设施的使用状态，以及生产作业区域的危险状态的一种现场安全管理方法。目的是提示危险和方便现场管理。

（一）安全色、标签及标牌的使用要求

《中国石油天然气集团公司安全目视化管理规范》（安全〔2009〕552号）：

第六条 各种安全色、标签、标牌的使用应符合国家和行业有关规定和标准的要求。

第七条 安全色、标签、标牌的使用应考虑夜间环境，以满足需要。

第八条 用于喷涂、粘贴于设备设施上的安全色、标签、标牌等不能含有氯化物等腐蚀性物质。

第九条 安全色、标签、标牌等应定期检查，以保持整洁、清晰、完整，如有变色、褪色、脱落、残缺等情况时，须及时重涂或更换。

（二）安全目视化的要求

1. 人员目视化管理

《中国石油天然气集团公司安全目视化管理规范》（安全〔2009〕552号）：

第十条　企业内部员工进入生产作业场所，应按照有关规定统一着装。外来人员（承包商员工，参观、检查、学习等人员）进入生产作业场所，着装应符合生产作业场所的安全要求，并与内部员工有所区别。

第十一条　所有进入钻井、井下作业、炼化生产区域、油气集输站（场）、油气储存库区、油气净化厂等易燃易爆、有毒有害生产作业区域的人员，应佩戴入厂（场）证件。

第十二条　内部员工和外来人员的入厂（场）证件式样应不同，区别明显，易于辨别。

第十三条　特种作业人员应具有相应的特种作业资质，并经所在单位岗位安全培训合格，佩戴特种作业资格合格目视标签。标签应简单、醒目，不影响正常作业。

2. 工器具目视化管理

《中国石油天然气集团公司安全目视化管理规范》（安全〔2009〕552号）：

第十四条　压缩气瓶的外表面涂色以及有关警示标签应符合国家或行业有关标准的要求。同时，企业还应用标牌标明气瓶的状态（满瓶、空瓶、故障或使用中）。

第十五条　施工单位在安装、使用和拆除脚手架的作业过程中，应使用标牌标明脚手架是否处于完好可用、限制使用或禁用状态，限制使用时应注明限制使用条件。

第十六条　除压缩气瓶、脚手架以外的工器具，使用单位应定期检查，确认其完好，并在其明显位置粘贴检查合格的标签。检查不合格、超期未检及未贴标签的工器具不得使用。

第十七条　所有工器具，包括本规范定义之外的其他工器具，都应做到定置定位。

3. 设备设施目视化管理

《中国石油天然气集团公司安全目视化管理规范》（安全〔2009〕552号）：

第十八条　应在设备设施的明显部位标注名称及编号，对误操作可能造成严重危害的设备设施，应在旁边设置安全操作注意事项标牌。

第十九条　管线、阀门的着色应严格执行国家或行业的有关标准。同时，还应在工艺管线上标明介质名称和流向，在控制阀门上可悬挂含有工位号（编号）等基本信息的标签。

第二十条　应在仪表控制及指示装置上标注控制按钮、开关、显示仪的名称。厂房或控制室内用于照明、通风、报警等的电气按钮、开关都应标注控制对象。

第二十一条　对遥控和远程仪表控制系统,应在现场指示仪表上标识出实际参数控制范围,粘贴校验合格标签。远程仪表在现场应有显示工位号(编号)等基本信息的标签。

第二十二条　盛装危险化学品的器具应分类摆放,并设置标牌,标牌内容应参照危险化学品技术说明书确定,包括化学品名称、主要危害及安全注意事项等基本信息。

4. 生产作业区域目视化管理

《中国石油天然气集团公司安全目视化管理规范》(安全〔2009〕552号):

第二十三条　企业应使用红、黄指示线划分固定生产作业区域的不同危险状况。红色指示线警示有危险,未经许可禁止进入;黄色指示线提示有危险,进入时注意。

第二十四条　应按国家和行业标准的有关要求,对生产作业区域内的消防通道、逃生通道、紧急集合点设置明确的指示标识。

第二十五条　应根据施工作业现场的危险状况进行安全隔离。隔离分为警告性隔离、保护性隔离。

(一)警告性隔离适用于临时性施工、维修区域、安全隐患区域(如临时物品存放区域等)以及其他禁止人员随意进入的区域。实施警告性隔离时,应采用专用隔离带标识出隔离区域。未经许可不得入内。

(二)保护性隔离适用于容易造成人员坠落、有毒有害物质喷溅、路面施工以及其他防止人员随意进入的区域。实施保护性隔离时,应采用围栏、盖板等隔离措施且有醒目的标识。

第二十六条　专用隔离带和围栏应在夜间容易识别。隔离区域应尽量减少对外界的影响,对于有喷溅、喷洒的区域,应有足够的隔离空间。所有隔离设施应在危险消除后及时拆除。

第二十七条　生产作业现场长期使用的机具、车辆(包括厂内机动车、特种车辆)、消防器材、逃生和急救设施等,应根据需要放置在指定的位置,并做出标识(可在周围画线或以文字标识),标识应与其对应的物件相符,并易于辨别。

三、上锁挂牌

上锁挂牌是在检维修作业或其他作业过程中,为防止人员误操作导致危险能量和物料的意外释放而采取的一种对动力源、危险源进行锁定、挂牌的风险管控措施。按照 Q/SY 1421—2011《上锁挂牌管理规范》执行。

（一）基本要求

Q/SY 1421—2011《上锁挂牌管理规范》：

5.1 基本要求

5.1.1 在作业时，为避免设备设施或系统区域内蓄积危险能量或物料的意外释放，对所有危险能量和物料的隔离设施均应上锁挂牌。

5.1.2 作业前，参与作业的每一个人员都应确认隔离已到位并已上锁挂牌，并及时与相关人员进行沟通。整个作业期间（包括交接班），应始终保持上锁挂牌。

5.1.3 上锁挂牌应由操作人员和作业人员本人进行，并保证安全锁和标牌置于正确的位置上。特殊情形下，本人上锁有困难时，应在本人目视下由他人代为上锁。安全锁钥匙须由作业人员本人保管。

5.1.4 为确保作业安全，作业人员可要求增加额外的隔离、上锁挂牌。作业人员对隔离、上锁的有效性有怀疑时，可要求对所有的隔离点再做一次测试。

5.1.5 使用安全锁时，应随锁附上"危险，禁止操作"的警示标牌，上锁必挂牌。在特殊情况下，如特殊尺寸的阀或电源开关无法上锁时，经确认，并获得书面批准后，可只挂上警示标牌而不用上锁，但应采用其他辅助手段，达到与上锁相当的要求。

5.1.6 上锁挂牌后，应通过检测确认危险能量和物料已去除或已被隔离，否则所有危险能量和物料的来源都应认为是没有被消除的。对所有存在电气危害的，断电后应实施验电或放电接地检验。

5.1.7 隔离点的辨识、隔离及隔离方案制定等应由属地人员、作业人员或双方共同确认。

（二）上锁步骤

Q/SY 1421—2011《上锁挂牌管理规范》：

5.2 上锁步骤

5.2.1 辨识

作业前，为避免危险能量和物料意外释放可能导致的危害，应辨识作业区域内设备、系统或环境内所有的危险能量和物料的来源及类型，并确认有效隔离点。

5.2.2 隔离

根据辨识出的危险能量和物料及可能产生的危害,编制隔离方案,明确隔离方式、隔离点及上锁点清单。根据危险能量和物料性质及隔离方式选择相匹配的断开、隔离装置。隔离装置的选择应考虑以下内容:

——满足特殊需要的专用危险能量隔离装置。

——安装上锁装置的技术要求。

——按钮、选择开关和其他控制线路装置不能作为危险能量隔离装置。

——控制阀和电磁阀不能单独作为物料隔离装置;如果必须使用控制阀门和电磁阀进行隔离,应按 Q/SY 08243—2018《管线打开安全管理规范》的要求,制定专门的操作规程确保安全隔离。

——应采取措施防止因系统设计、配置或安装等原因,造成能量可能再积聚(如有高电容量的长电缆)。

——系统或设备包含贮存能量(如弹簧、飞轮、重力效应或电容器)时,应释放贮存的能量或使用组件阻塞。

——在复杂或高能电力系统中,应考虑安装防护性接地。

——可移动的动力设备(如燃油发动机、发动机驱动的设备)应采用可靠的方法(如去除电池、电缆、火花塞电线或相应措施)使其不能运转。

5.2.3 上锁

根据上锁点清单,对已完成隔离的隔离设施选择合适的安全锁、填写警示标牌,对上锁点上锁挂牌。考虑到电气工作的特殊危害性,应制定专门的上锁挂牌程序,具体上锁操作执行 5.4。

5.2.4 确认

上锁挂牌后要确认危险能量和物料已被隔离或去除。可通过以下方式确认:

——观察压力表、视镜或液面指示器,确认容器或管道等贮存的危险能量已被去除或阻塞。

——目视确认连接件已断开,转动设备已停止转动。

——对暴露于电气危险的工作任务,应检查电源导线已断开,所有上锁必须实物断开且经测试无电压存在。

——有条件进行试验的,应通过正常启动或其他非常规的运转方式对设备进行试验。在进行试验时,应屏蔽所有可能会阻止设备启动或移动的限制条件(如联锁)。对设备进行试验前,应清理该设备周围区域内的人员和设备。

（三）上锁方式

Q/SY 1421—2011《上锁挂牌管理规范》：

5.3.1　单个隔离点上锁

有两种形式：单人单个隔离点上锁和多人单个隔离点的上锁。

——单人作业单个隔离点上锁：操作人员和作业人员用各自个人锁对隔离点进行上锁挂牌。

——多人共同作业对单个隔离点的上锁有两种方式：所有作业人员和操作人员将个人锁锁在隔离点上；或者使用集体锁对隔离点上锁，集体锁钥匙放置于锁箱内，所有作业人员和操作人员个人锁上锁于锁箱。

5.3.2　多个隔离点上锁

用集体锁对所有隔离点进行上锁挂牌，集体锁钥匙放置于锁箱内，所有作业人员和操作人员用个人锁对锁箱进行上锁挂牌。

（四）电气上锁

Q/SY 1421—2011《上锁挂牌管理规范》：

5.4　电气上锁

5.4.1　对电气隔离点由电气专业人员上锁挂牌及测试，作业人员确认。

5.4.2　电气上锁应注意以下方面：

——主电源开关是电气驱动设备主要上锁点，附属的控制设备如现场启动/停止开关不可作为上锁点。

——若电压低于220V，拔掉电源插头可视为有效隔离，若插头不在作业人员视线范围内，应对插头上锁挂牌，以阻止他人误插。

——采用保险丝、继电器控制盘供电方式的回路，无法上锁时，应装上无保险丝的熔断器并加警示标牌。

——若必须在裸露的电气导线或组件上工作时，上一级电气开关应由电气专业人员断开或目视确认开关已断开，若无法目视开关状态时，可以将保险丝拿掉或测电压或拆线来替代。

——具有远程控制功能的用电设备，不能仅依靠现场的启动按钮来测试确认电源是否断开，远程控制端必须置于"就地"或"断开"状态并上锁挂牌。

（五）解锁

Q/SY 1421—2011《上锁挂牌管理规范》：

5.5.1 正常解锁。上锁者本人进行的解锁。具体要求如下：

——作业完成后，操作人员确认设备、系统符合运行要求，每个上锁挂牌的人员应亲自去解锁，他人不得替代。

——涉及多个作业人员的解锁，应在所有作业人员完成作业并解锁后，操作人员按照上锁清单逐一确认并解除集体锁及标牌。

5.5.2 非正常拆锁。上锁者本人不在场或没有解锁钥匙时，且其警示标牌或安全锁需要移去时的解锁。拆锁程序应满足以下两个条件之一：

a）与锁的所有人联系并取得其允许。

b）经操作单位和作业单位双方主管确认下述内容后方可拆锁：

——确知上锁的理由。

——确知目前工作状况。

——检查过相关设备。

——确知解除该锁及标牌是安全的。

——在该员工回到岗位，告知其本人。

（六）安全锁、标牌的管理

Q/SY 1421—2011《上锁挂牌管理规范》：

5.6 安全锁、标牌的管理

5.6.1 安全锁应明确以下信息：

——个人锁和钥匙归个人保管并标明使用人姓名，个人锁不得相互借用。

——集体锁应在锁箱的上锁清单上标明上锁的系统或设备名称、编号、日期、原因等信息，锁和钥匙应有唯一对应的编号；集体锁应集中保管，存放于便于取用的场所。

5.6.2 危险警示标牌的设计应与其他标牌有明显区别。警示标牌应包括标准化用语（如"危险，禁止操作"或"危险，未经授权不准去除"）。危险警示标牌应标明员工姓名、联系方式、上锁日期、隔离点及理由。危险警示标牌不能涂改，一次性使用，并满足上锁使用环境和期限的要求。

5.6.3 使用后的标牌应集中销毁，避免误用。危险警示标牌除了用于指明控制危险能量和物料的上锁挂牌隔离点外,不得用于任何其他目的。

5.6.4 如果保存有备用钥匙,应制定有备用钥匙控制程序,原则上备用钥匙只能在非正常拆锁时使用,其他任何时候,除备用钥匙保管人外,任何人都不能接触到备用钥匙。严禁私自配制备用钥匙。

5.6.5 上锁设施的选择除应适应上锁要求外,还应满足作业现场安全要求。

四、安全观察与沟通

安全观察与沟通是一种风险管控方法,通过观察与沟通,肯定员工的安全行为,纠正不安全行为,可以不断提高员工安全意识和技能,同时,通过分析观察与沟通的信息建立,可为管理人员提供管理决策,从而减少不安全行为和事故的发生。按照 Q/SY 08235—2018《行为安全观察与沟通管理规范》执行。

(一)基本要求

Q/SY 08235— 2018《行为安全观察与沟通管理规范》:

5.1 基本要求

5.1.1 行为安全观察与沟通的重点是观察和讨论员工在工作地点的行为及可能产生的后果。安全观察既要识别不安全行为,也要识别安全行为。

5.1.2 各级管理人员都应开展行为安全观察与沟通,不得由下属代替,行为安全观察与沟通分为有计划的和随机的。

5.1.3 观察到的所有不安全行为和状态都应立即采取行动,否则,是对不安全行为和状态的许可和默认。

5.1.4 安全观察不替代传统安全检查,其结果不作为处罚的依据,但以下两种情况应按处罚制度执行:

——可能造成严重后果的不安全行为;

——违反安全禁令的不安全行为,执行中油安〔2008〕58号文件的要求。

5.1.5 专职安全人员应定期、独立地执行日常行为安全观察与沟通,其观察结果应与行为安全观察与沟通人员的安全观察结果进行比较。

5.1.6 企业应鼓励全体员工在日常工作中依照本标准内容进行随机行为安全观察与沟通。

（二）行为安全观察与沟通计划

Q/SY 08235—2018《行为安全观察与沟通管理规范》：

5.2　行为安全观察与沟通计划

5.2.1　企业应制定行为安全观察与沟通计划，行为安全观察与沟通应覆盖所有区域和班次，并覆盖不同的作业时间段，如夜班作业、超时加班以及周末工作。

5.2.2　行为安全观察与沟通计划至少应包括以下内容：

——安全观察人员。

——安全观察的区域。

——按年度编制的行为安全观察与沟通日程安排表。

——行为安全观察与沟通报告的要求。

5.2.3　按计划进行的行为安全观察与沟通应规定频率和观察时限，观察时限应包括观察员工作业过程的时间以及观察者与员工就观察发现进行沟通讨论的时间。

5.2.4　制定行为安全观察与沟通计划时，可考虑不同岗位、不同区域的交叉行为安全观察与沟通，非本区域内人员进行行为安全观察与沟通时，应有本区域员工陪同。

5.2.5　各级管理人员负责执行其所属区域或部门的行为安全观察与沟通计划；分析行为安全观察与沟通报告结果；制定、执行并跟踪行为安全观察与沟通报告整改计划，并提供必要的资源。

5.2.6　HSE 部门负责汇总、统计、分析行为安全观察与沟通报告的信息和数据，向企业负责人、HSE 委员会和基层单位通报行为安全观察与沟通统计结果。行为安全观察与沟通统计、分析结果应成为企业 HSE 委员会工作报告内容之一。

（三）行为安全观察与沟通人员

Q/SY 08235—2018《行为安全观察与沟通管理规范》：

5.3　行为安全观察与沟通人员

5.3.1　有计划的行为安全观察与沟通应按小组执行，通常由企业内有直线领导关系的人员组成安全观察小组。企业各级管理人员和基层单位班组长都应参与有计划的行为安全观察与沟通。

5.3.2　每个安全观察小组的人员通常限制在 1~3 人，有计划的行为安全观察与沟通不宜由单人执行。随机的行为安全观察与沟通可由个人或多人执行。

（四）行为安全观察与沟通六步法

> Q/SY 08235—2018《行为安全观察与沟通管理规范》：
>
> 5.4 行为安全观察与沟通六步法
>
> 5.4.1 行为安全观察与沟通以六步法为基础,步骤包括:
>
> ——观察。现场观察员工的行为,决定如何接近员工,并安全地阻止不安全行为。
>
> ——表扬。对员工的安全行为进行表扬。
>
> ——讨论。与员工讨论观察到的不安全行为、状态和可能产生的后果,鼓励员工讨论更为安全的工作方式。
>
> ——沟通。就如何安全地工作与员工取得一致意见,并取得员工的承诺。
>
> ——启发。引导员工讨论工作地点的其他安全问题。
>
> ——感谢。对员工的配合表示感谢。
>
> 5.4.2 行为安全观察与沟通六步法的要求,包括:
>
> ——以请教而非教导的方式与员工平等的交流讨论安全和不安全行为,避免双方观点冲突,使员工接受安全的做法。
>
> ——说服并尽可能与员工在安全上取得共识,而不是使员工迫于纪律的约束或领导的压力做出承诺,避免员工被动执行。
>
> ——引导和启发员工思考更多的安全问题,提高员工的安全意识和技能。

（五）行为安全观察与沟通的内容

> Q/SY 08235—2018《行为安全观察与沟通管理规范》：
>
> 5.5 行为安全观察与沟通的内容
>
> 5.5.1 行为安全观察与沟通应重点关注可能引发伤害的行为,应综合参考以往的伤害调查、未遂事件调查以及安全观察的结果。
>
> 5.5.2 行为安全观察与沟通内容包括以下七个方面:
>
> ——员工的反应。员工在看到他们所在区域内有观察者时,他们是否改变自己的行为(从不安全到安全)。员工在被观察时,有时会做出反应,如改变身体姿势、调整个人防护装备、改用正确工具、抓住扶手、系上安全带等。这些反应通常表明员工知道正确的作业方法,只是由于某种原因没有采用。
>
> ——员工的位置。员工身体的位置是否有利于减少伤害发生的几率。
>
> ——个人防护装备。员工使用的个人防护装备是否合适,是否正确使用,个人防护装备是否处于良好状态。

——工具和设备。员工使用的工具是否合适,是否正确,工具是否处于良好状态,非标工具是否获得批准。

——程序。是否有操作程序,员工是否理解并遵守操作程序。

——人体工效学。办公室和作业环境是否符合人体工效学原则。

——整洁。作业场所是否整洁有序。

(六)行为安全观察与沟通报告

Q/SY 08235—2018《行为安全观察与沟通管理规范》:

5.5 行为安全观察与沟通报告

观察者应在行为安全观察与沟通过程中填写报告表。行为安全观察与沟通报告表中不得记录被观察人员的姓名。

(七)行为安全观察与沟通结果统计分析

Q/SY 08235—2018《行为安全观察与沟通管理规范》:

5.7 行为安全观察与沟通结果统计分析

5.7.1 有计划的行为安全观察与沟通结果都应进行统计分析。

5.7.2 统计分析包括:

——对所有的行为安全观察与沟通信息和数据进行分类统计。

——分析统计结果的变化趋势。

——根据统计结果和变化趋势提出安全工作的改进建议。

——利用专职安全人员的独立观察结果对安全观察统计结果进行对比分析,提出行为安全观察与沟通的改进建议。

5.7.3 HSE部门应定期公布统计分析结果,并为企业的安全管理决策提供依据和参考。

附 录

一、安全监督报告、报表

（一）安全监督日志

安全监督日志

项目名称	（小四、宋体）	天气	晴 （小四、宋体）	时间	××××-××-×× （小四、宋体）
施工单位	（小四、宋体）	检查班组	（小四、宋体）	记录人	（小四、宋体）
发现隐患	（小四、宋体）	整改隐患	（小四、宋体）	制止三违	（小四、宋体）
记录	目的地:(内容字体小四、宋体、行距 1.5 倍)属地主管 ×××,班组:内外部,累计覆盖 N 次。 (图片进行复制粘贴,不进行版式排列。图片大小 5cm×7cm,取消锁定纵横向比,图片与图片之间三个空格键) 验证内容:(内容字体小四、宋体、行距 1.5 倍) 评价:(内容字体小四、宋体、行距 1.5 倍)				
发现的隐患或违章	隐患 1:(内容字体小四、宋体、行距 1.5 倍) (图片进行复制粘贴,不进行版式排列。图片大小 5 cm×7cm,取消锁定纵横向比,图片与图片之间三个空格键)				
整改措施	整改措施:(内容字体小四、宋体、行距 1.5 倍)				

·424·

（二）监督周报

监督周报

填报日期：　　年　　月　　日　　月　第(　　)周

项目名称					作业单位		
监督现场检查情况							
本周检查次数		其中					其他	发现不符合

本周 HSE 工作情况：

监督签字：　　　　　年　　月　　日	实施单位领导签字：　　　年　　月　　日
备注：本周报监督与项目实施单位各持一份。	

保存部门：×× 监督站　　　　　　　　　　　　　　　　　　　保存期：三年

（三）监督备忘录

监督备忘录

编号：（××××-1）

工区名称	（小四、宋体）	日期	（小四、宋体）
施工单位	（小四、宋体）	作业班组	（小四、宋体）
检查部位	（小四、宋体）	现场人员	（小四、宋体）
情况描述	（内容字体小四、宋体、行距 1.5 倍） （图片进行复制粘贴，不进行版式排列。图片大小 5cm×7cm，取消锁定纵横向比，图片与图片之间三个空格键）		
处理意见	（内容字体小四、宋体、行距 1.5 倍） （图片进行复制粘贴，不进行版式排列。图片大小 5cm×7cm，取消锁定纵横向比，图片与图片之间三个空格键） 日期：××××-××-××		
	被检查单位负责人：		监督签字：
验收结果	（内容字体小四、宋体、行距 1.5 倍） 日期：（××××-××-××）		
被检查单位负责人：		监督签字：	

(四)现场检查表

现场检查表

检查人：　　　　　　被监督单位：　　　　　　　　日期：　　　　　　编号：

检查场所		现场负责人		
序号	检查内容	检查结果		检查结果处置
		符合	不符合	
备注：				

保存部门(或单位)：×××× 　　　　　　　　　　　　期限：××年

（五）违章（隐患）整改通知单

违章（隐患）整改通知单

编号：（××××-×）

作业单位	队（小四、宋体）		检查日期	××××-×-× （小四、宋体）
检查人员	（小四、宋体）	检查内容:（小四、宋体）		
被检查方	（签字） 　年　　月　　日			

隐患描述:（内容字体小四、宋体、行距 1.5 倍）

（图片进行复制粘贴,不进行版式排列。图片大小 5cm×7cm,取消锁定纵横向比,图片与图片之间三个空格键）

整改措施:

整改验证:（内容字体小四、宋体、行距 1.5 倍）

验证人：
　年　　月　　日

备注：

本表一式两份,驻队监督、项目施工单位各留一份。

（六）停工整改通知单

停工整改通知单

施工单位：　　　　　　　　　　　　　监理单位:(组)

项目名称		第 × × 号

致(项目经理)　　　　　　:

　　经查实,×××组在项目实施过程中,存在:

问题,影响了工程的正常安全实施。因此,贵单位组务必于　　　　　　年　月　日　　时起开始停止施工。

附:证明材料(内容字体四、宋体、行距 1.5 倍)

(图片进行复制粘贴,不进行版式排列。图片大小 5cm×7cm,取消锁定纵横向比,图片与图片之间三个空格键)

　

　

　

　

　

　

监督(签字)签发日期 :(宋体四号)

　

签收意见:(宋体四号)

　　　　　　　　　　　　　　　　　　　　项目负责人:

　　　　　　　　　　　　　　　　　　　　日　　期:

抄报:HSE 监理中心、经理部(分公司)　　　　　抄送:项目单位、监理中心督察组　　(宋体五号)

本表签字表一式三份,监理中心、驻队监督、项目施工单位各留一份。

（七）复工通知单

复工通知单

施工单位：　　　　　　　　　　　　　　监理单位:(组)(宋体四号)

项目名称		第　号
复工项目 范围	经　　　　　等监督对你单位第　　号停工整改通知单的整改情况现场检查审核,你单位(　　　　)组已按照生产安全要求全面进行了整改,经验证已整改合格,同意贵单位组复工生产。复工时间:　年　月　日　时起算。(宋体四、行距1.5)	
复工后应做的工作和注意事项:(宋体四、行距1.5)		
驻队监督及复工审核人(签字): 时间:　年　月　日　时		
施工单位收件人: 时间:　年　月　日　时		
抄报:HSE 监理中心、经理部(分公司) 抄送:项目单位、监理中心督察组		

（八）违章处罚通知单（员工）

违章处罚通知单

____公司____队（站）：

你单位（岗位）　　　同志，于　年　月　日时，在从事作业中，出现如下违章作业行为：　　　　　　　　　　　　，依据××公司《安全生产违章行为管理办法》，参照专业违章行为风险分级标准第　条　款之规定，罚款人民币　　元整（大写：千百拾元整），扣分。

签发人：

年　月　日

> 用工性质：合同化员工○市场化用工○社会化劳务用工○承包商人员○
> 工种工龄：一年以下○二到三年○四到五年○五年以上○
> 岗位分类：操作岗位○班组管理人员○基层管理人员○各级机关部门管理人员○外来人员○
> 违章性质：一般操作违章○严重操作违章○重大操作违章○一般管理违章○严重管理违章○重大管理违章○
> 违章行为：人员反应○人员位置○个人防护○工具与设备○程序与规程○作业环境○

（九）违章处罚通知单（单位）

违章处罚通知单

编号：_____

_____（单位）：

你单位因_____（事项或原因），违反了国家、企业安全生产关于_____的规定，处以罚款人民币_____元。请于____年____月____日到_____交纳处罚金。

如不按期交纳，将按有关规定加倍处罚。

特此通知。

被处罚单位负责人：

安全监督：

年　月　日

（十）周监督信息汇报表

周监督信息汇报表

编号：   年   月   日

安全监督（汇报人）：		被监督单位：	
队号：	井号：		井深：
区块：	当日工况：		
一周安全活动情况简述			
召开安全会议____次；安全检查____次；HSE 学习____次；STOP 卡____份。			
防喷演习____次；防 H_2S 演习____次；消防演习____次；人员急救演习____次； 防灾演习____次。			
其他安全活动：			
安全监督一周工作情况简述			
监督大型施工、特殊作业_____次；作业许可审批_____份；安全对话_____次。			
指令下达_____份_____条。 其中：基层队站_____份_____条，相关方_____份_____条。			
查处违章_____起。未遂事件_____起；上报事故_____起。			
查出不符合项总数：_____项；下达不符合项整改通知单_____份。			
其他：			
未整改（关闭）不符合内容、原因及控制措施：			
上周重点工作完成情况：			
本周重点工作要求记录：			
问题反映及工作建议：			

（十一）安全监督工作情况总结

安全监督工作情况总结

一、工作情况总结（好的经验做法、存在的问题及今后需要改进的方面）：
二、建议：
安全监督：
日　　期：

（十二）安全监督交接班记录

安全监督交接班记录

交班监督：＿＿＿＿＿＿＿＿＿ 接班监督：＿＿＿＿＿＿＿＿＿ 交接班日期：＿＿＿＿＿＿＿＿＿

一、现场安全监督管理工作简述：
二、重点提示内容：
三、未整改不符合项内容、原因及预防控制措施：
四、其他应交接事宜：

二、生产安全事件报告单

生产安全事件报告单

报告人：	报告时间：
发生单位或承包商名称：	
发生时间：	发生地点：
分析人员单位、姓名：	
事件经过描述：	
事件的性质：　限工□　　医疗□　　急救(箱)□　　经济损失□　　未遂□	

受伤人员基本信息(有人员受伤时填写)			
姓名：	性别：	电话：	出生日期：
工种：	从事目前岗位年限：		聘用日期：
受伤部位：		治疗情况简述：	

直接经济损失：
原因分析及措施：
审核意见：

日期：	事件单位负责人：

三、生产安全事件原因综合分析表

生产安全事件原因综合分析表

类别	项目	具体内容		存在此因素(√)
一、人的因素	（一）身体条件	指身体自身存在的且短时间内难以克服的固有缺陷或疾病		
		1. 视力缺陷	上岗前已存在	
			上岗后伤病所致	
			上岗后视力持续下降	
		2. 听力缺陷	上岗前已存在	
			上岗后伤病所致	
			上岗后听力持续下降	
		3. 其他感官缺陷	上岗前已存在	
			上岗后伤病所致	
		4. 肢体残疾	上岗前已存在	
			上岗后伤病所致	
		5. 呼吸功能衰退	原有伤病所致	
			上岗后伤病所致	
		6. 间歇发作且具有突发性质的身体疾病		
		7. 身材矮小		
		8. 力量不足		
		9. 学习能力低(智力障碍)	上岗前已存在	
			上岗后伤病所致	
		10. 对物质敏感		
		11. 因长期服用毒品、药物或酒精导致的能力下降		
		12. 其他因素		
	（二）身体状况	指身体因自身因素或外界环境因素导致的短期的或暂时性的不适、身体障碍或能力下降		
		1. 以前的伤病发作		
		2. 暂时性身体障碍		

类别	项目	具体内容		存在此因素(√)
一、人的因素	（二）身体状况	3.疲劳	因工作负荷过大	
			因缺乏休息	
			因感官超负荷	
		4.能力(体能、大脑反应速度及准确性)下降	因极限温度	
			因缺氧	
			因气压变化	
		5.血糖过低		
		6.因使用毒品、药物或酒精致使身体能力短期内或暂时性的下降		
		7.其他因素		
	（三）精神状态	指对事故的发生有着直接影响的意识、思维、情感、意志等心理活动		
		1.注意力不集中	其他问题分散了注意力	
			打闹、嬉戏	
			暴力行为	
			受到药物或酒精的影响	
			不熟悉环境且未收到警告／警示	
			不假思索的例行活动	
			其他	
		2.高度紧张、慌张、焦虑、恐惧等致使反应迟钝、判断失误或指挥不当		
		3.忘记正确的做法		
		4.情绪波动(生气、发怒、消极怠工、厌倦等)		
		5.遭受挫折		
		6.受到毒品、药物或酒精的影响		
		7.精神高度集中以致忽略了周围不安全因素		
		8.轻视工作或工作中漫不经心		
		9.其他		
	（四）行为	指导致事故发生的当事人、指挥者／管理者的行为		
		1.不当的操作	省时省力	
			避免脏、累或不适	

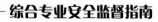 **综合专业安全监督指南**

续表

类别	项目	具体内容		存在此因素(√)
一、人的因素	(四)行为	1. 不当的操作	吸引注意	
			恶作剧	
		2. 操作过程出现偏差	作业时用力过度	
			作业或运动速度不当	
			举升不当	
			推拉不当	
			装载不当	
			其他操作偏差	
		3. 关键行为实施不力	正确的方式受到批评	
			不适当的同事压力	
			不适当的激励或处罚制度	
			不当的业绩反馈	
		4. 习惯性的错误做法		
		5. 冒险蛮干		
		6. 违章操作	个人违章	
			集体违章	
		7. 不采取安全防范措施而进行危险操作		
		8. 不听从指挥		
		9. 偷工减料		
		10. 擅自离岗		
		11. 擅自改变工作进程		
		12. 未经授权而操作设备		
		13. 未经许可进入危险区域		
		14. 指挥者违章指挥		
		15. 指挥者不当的指挥或暗示		
		16. 指挥者不当的激励或处罚		
		17. 误操作		
		18. 其他因素		

类别	项目	具体内容		存在此因素(√)
一、人的因素	（五）知识技能水平	指对事故的发生和危险危害因素的处置有着直接影响的知识技能水平		
		1. 缺乏对作业环境危险危害的认识		
		2. 没有识别出关键的安全行为要点		
		3. 技能掌握不够	技能基础知识掌握不够	
			技能实际操作训练不足	
			技能操作方法不正确	
		4. 技能实践不足		
		5. 其他因素		
	（六）工具、设备、车辆、材料的储存、堆放、使用	指工具、设备、车辆、材料的使用过程中人的不当行为		
		1. 设备使用不当		
		2. 工具使用不当		
		3. 车辆使用不当		
		4. 材料使用不当		
		5. 设备选择有误		
		6. 工具选择有误		
		7. 车辆选择有误		
		8. 材料选择有误		
		9. 明知设备有缺陷仍使用		
		10. 明知工具有缺陷仍使用		
		11. 明知车辆有缺陷仍使用		
		12. 明知材料有缺陷仍使用		
		13. 工具、设备、车辆、材料放置或停靠的位置不当		
		14. 工具、设备、车辆、材料储存、堆放或停靠的方式不正确		
		15. 工具、设备、车辆、材料的使用超出了其使用范围		
		16. 工具、设备、车辆、材料由未经培训合格的人员使用		
		17. 使用已报废或超出使用寿命期限的工具、设备、车辆、材料		
		18. 其他因素		

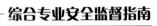

续表

类别	项目	具体内容	存在此因素(√)
一、人的因素	（七）安全防护技术、方法、设施的运用	指安全防护技术、方法、设施的运用过程中人的不当行为	
		1. 安全防护技术、方法运用不当	
		2. 安全防护设施使用不当	
		3. 个体防护用品使用不当	
		4. 个体防护用品选择不当	
		5. 未使用个体防护用品	
		6. 明知安全防护设施有缺陷仍使用	
		7. 明知个体防护用品有缺陷仍使用	
		8. 安全防护设施、个体防护用品放置位置不当	
		9. 安全防护设施、个体防护用品的使用超出了其使用范围	
		10. 安全防护设施、个体防护用品由未经培训合格的人员使用	
		11. 其他因素	
	（八）信息交流	1. 同事间横向沟通不够	
		2. 上下级间纵向沟通不够	
		3. 不同部门间沟通不够	
		4. 班组间沟通不够	
		5. 作业小组间沟通不足	
		6. 工作交接沟通不足	
		7. 沟通方式、方法不妥	
		8. 没有沟通工具或沟通工具不起作用	
		9. 信息没有被传达 / 被忘记	
		9. 信息没有被传达 / 人为故意	
		9. 信息没有被传达 / 设备、网络故障	
		10. 信息表达不准确	
		11. 指令不明确	
		12. 没有使用标准的专业术语	
		13. 没有"确认/重复"验证	
		14. 信息太长	
		15. 信息被干扰	
		16. 其他因素	

类别	项目	具体内容		存在此因素(√)
二、物（设备、材料、技术）的因素		指因设计、制造、施工、安装、维护、检修以及设备、材料自身原因所导致的各种事故原因		
	（一）保护系统	1. 防护或保护设施不足		
		2. 防护或保护设施缺失		
		3. 防护或保护设施存在缺陷或失效		
		4. 防护或保护设施被解除或拆除		
		5. 防护或保护设施设置不当	位置设置不当	
			参数设置不当	
		6. 个体防护用品不足		
		7. 个体防护用品缺失		
		8. 个体防护用品存在缺陷或失效		
		9. 个体防护用品配备不当		
		10. 报警不充分		
		11. 报警系统存在缺陷或失效		
		12. 报警被解除或报警系统被拆除		
		13. 报警系统设置不当	位置设置不当	
			参数设置不当	
		14. 无报警系统		
		15. 其他因素		
	（二）工具、设备及车辆	1. 设备有缺陷		
		2. 设备不够用		
		3. 设备未准备就绪		
		4. 设备故障		
		5. 工具有缺陷		
		6. 工具不够用		
		7. 工具未准备就绪		
		8. 工具故障		
		9. 车辆有缺陷		
		10. 车辆不符合使用要求		

综合专业安全监督指南

续表

类别	项目	具体内容		存在此因素(√)
二、物（设备、材料、技术）的因素	（二）工具、设备及车辆	11. 车辆未准备就绪		
		12. 车辆故障		
		13. 工具、设备、车辆超期服役		
		14. 工具和设备的不当,拆除或不当替代		
		15. 其他因素		
	（三）工程设计、制造、安装、试运行	1. 设计缺陷	设计基础或依据过时	
			设计基础或依据不正确	
			无设计基础或依据	
			凭经验设计或随意篡改设计基础	
			设计计算错误	
			未经核准的技术变更	
			设计成果未经独立的设计审查	
			设计有遗漏	
			技术不成熟	
			设备选型不对	
			设备部件标准或规格不合适	
			人机工程设计不完善	
			对潜在危险性评估不足	
			材料选用不当或设备选型不当	
			因资金原因删减安全投入或降低安全标准	
			其他因素	
		2. 制造缺陷	未执行或未严格执行设计文件	
			制造技术不成熟	
			制造工艺有缺陷	
			制造工艺未被严格执行	
			材质缺陷	
			焊接缺陷	
			其他因素	

类别	项目	具体内容		存在此因素(√)
二、物(设备、材料、技术)的因素	(三)工程设计、制造、安装、试运行	3.施工安装缺陷	施工安装设计图纸未被严格执行	
			施工安装工艺未被严格执行	
			施工监督不到位	
			施工安装工艺有缺陷	
			强力安装	
			设备未固定或安装不牢靠	
			焊接缺陷	
			其他因素	
		4.开工方案有缺陷		
		5.运行准备情况评估不充分		
		6.初期运行监督不到位		
		7.对新技术、新工艺、新装备不熟悉或不适应		
		8.其他因素		
三、环境因素	(一)工作质量受到外在不良环境的影响	1.火灾或爆炸		
		2.作业环境中存在有毒有害气体、蒸气或粉尘		
		3.噪声		
		4.辐射		
		5.极限温度		
		6.作业时自然环境恶劣	风沙	
			雨水	
			雷电	
			蚊虫	
			野兽	
			地形	
			地势	
		7.自然灾害		
		8.地面湿滑		
		9.高处作业		

类别	项目	具体内容		存在此因素(√)
三、环境因素	(一)工作质量受到外在不良环境的影响	10.维护运行中的带能量设备	机械装置	
			带电设备	
			压力设备	
			高温设备	
			装有危险物质的设备	
		11.其他因素		
	(二)工作环境自身存在不安全因素	1.拥挤或身体活动范围受到限制		
		2.照明不足或过度		
		3.通风不足		
		4.脏、乱		
		5.作业环境中有毒有害气体或蒸气浓度超标		
		6.设备厂房布局不合理		
		7.安全间距不足		
		8.疏散通道设置不合理		
		9.消防通道设置不合理		
		10.疏散指引标识缺失		
		11.疏散指引标识设置不合理		
		12.安全警示标志等安全信息缺失		
		13.安全警示标志等安全信息设置不合理		
		14.安全控制设施设置位置不合理,难于操作		
		15.作业位置不在监护的视野或触及范围内		
		16.其他因素		
四、管理因素	(一)知识传递和技能培训	1.知识传递不到位	教员资质不合格	
			培训设备不合格或数量不足	
			信息表达不清	
			信息被误解	
		2.没有记住培训内容	培训内容未能在工作中强化	
			再培训频度不够	

类别	项目	具体内容		存在此因素(√)
四、管理因素	（一）知识传递和技能培训	3.培训达不到要求	培训课程设计不当	
			新员工培训不够	
			新岗位培训不够	
			评价考核标准不能满足要求	
		4.未经培训		
		5.其他因素		
	（二）管理层的领导能力	1.职责矛盾	报告关系不清楚	
			报告关系矛盾	
			职责分工不清	
			职责分工矛盾	
			授权不当或不足	
		2.领导不力	无业绩考核评估标准	
			权责不对等	
			业绩反馈不足或不当	
			对专业技术掌握不够	
			对政策、规章、制度、标准、规程执行不力	
			能力不足	
		3.管理松懈	明知管理有漏洞而放任之	
			放任违章违纪行为而不制止／规章制度不落实	
			处罚力度太轻而不足以遏制违章违纪行为	
			缺乏监督检查	
		4.对作业场所存在的危险危害因素识别不充分		
		5.对作业场所存在的事故隐患排查不充分或者发现不及时		
		6.对作业场所存在的事故隐患不能及时整改或防范		
		7.作业组织不合理		
		8.频繁的人事变更或岗位变更		
		9.不当的人事安排或岗位安排		
		10.组织机构不健全		
		11.监管机制不健全		

续表

类别	项目	具体内容	存在此因素（√）
四、管理因素	（二）管理层的领导能力	12. 奖罚机制不健全	
		13. 责任制未建立或责任不明确	
		14. 国家有关安全法规得不到贯彻执行	
		15. 上级或企业自身的安全会议决定或精神得不到贯彻执行	
		16. 消极管理	
		17. 其他因素	
	（三）承包商的选择与监督	1. 没有进行承包商资格审查	
		2. 资格审查不充分	
		3. 承包商选择不妥	
		4. 使用未经批准的承包商	
		5. 没与承包商签订安全管理协议	
		6. 承包商进入危险区域作业前未对其进行安全技术交底	
		7. 未对承包商的安全技术措施进行审核	
		8. 缺乏作业监管	
		9. 监管不到位	
		10. 其他因素	
	（四）采购、材料处理和材料控制	1. 下错订单	
		2. 接收不符合订单要求的物件	
		3. 未经核准的订单变更	
		4. 未进行验收确认	
		5. 产品验收不严	
		6. 材料包装不妥	
		7. 材料搬运不当	
		8. 运输方式不妥	
		9. 材料储存不当	
		10. 材料装填不当	
		11. 材料过了保存期	

类别	项目	具体内容		存在此因素(√)
四、管理因素	（四）采购、材料处理和材料控制	12. 物料的危险危害性识别不充分		
		13. 废物处理不当		
		14. 其他因素		
	（五）设备维护保养和检修	1. 未按设备使用说明书进行维护保养		
		2. 无相应的检修规程或参考资料		
		3. 无检修经验或经验不足		
		4. 检维修质量差	评估不充分	
			计划不充分	
			技术不过关	
			与使用单位沟通不够	
			没有责任心	
			未严格执行检修规程	
		5. 未按检修计划进行定期检修		
		6. 无检修、维护计划		
		7. 检修过程缺少监护		
		8. 未与相关单位协调一致		
		9. 用工不当		
		10. 其他因素		
	（六）工作守则、政策、标准、规程（PSP）	1. 没有作业规程		
		2. 错误的作业规程		
		3. 过时的作业规程或其修订版本		
		4. 作业规程不完善	缺乏作业过程的安全分析	
			作业过程安全分析不充分	
			与工艺/设备设计、使用方没有充分协调	
			编制过程中没有一线员工参加	
			作业规程有缺项或漏洞	
			形式、内容不方便使用和操作	

类别	项目		具体内容	存在此因素(√)
四、管理因素	（六）工作守则、政策、标准、规程（PSP）	5. 作业规程传达不到位	没有分发到作业班组	
			语言表达难于理解	
			没有充分翻译组织成合适的语言	
			作业规程编制或修订完成后没有及时对员工进行培训	
		6. 作业规程实施不力	执行监督不力	
			岗位职责不清	
			员工技能与岗位要求不符	
			内容可操作性差	
			内容混淆不清	
			执行步骤繁杂	
			技术错误/步骤遗漏	
			执行过程中的参考项过多	
			奖罚措施不足	
			矫正措施不及时	
		7. 其他因素		

四、生产安全事故类型

A. 工业生产安全事故

序号	事故类型	类型说明
1	物体打击	物体在重力或其他外力作用下产生运动中打击人体造成的人身伤亡事故。**不包括因机械设备、车辆、起重机械、坍塌、压力容器爆炸飞出物等引发的物体打击事故**
2	车辆伤害	在单位管辖范围但不允许社会机动车通行的生产区域内，因机动车引起的人身伤亡事故。包括厂内机动车事故及专用铁路发生的机车事故。**不包括机动车在道路上发生的道路交通事故**
3	机械伤害	机械设备运动(静止)部件、工具、加工件直接与人体接触引起的夹击、碰撞、剪切、卷入、绞、碾、割、刺人等伤害。各类转动机械的外露传动部分(如齿轮、轴、履带等)和往复运动部分都有可能对人体造成机械伤害

序号	事故类型	类型说明
4	起重伤害	各种起重作业(包括起重机安装、检修、试验)活动中发生的挤压、坠落(吊具、吊重)、折臂、倾翻、倒塌等引起的对人的伤害。 起重作业包括:桥式起重机、龙门起重机、门座起重机、塔式起重机、悬臂起重机、桅杆起重机、铁路起重机、汽车吊、电动葫芦、千斤顶等作业。如:起重作业时,脱钩砸人,钢丝绳断裂抽人,移动吊物撞人,钢丝绳刮人,滑车碰人等伤害
5	触电	电流经过人体或带电体与人体之间发生放电而造成的人身伤害。包括雷击伤亡事故以及因触电导致的坠落事故。触电伤害主要形式分为电击和电伤两大类。电流通过人体内部器官,使人出现痉挛、呼吸窒息、心室纤维性颤动、心搏骤停甚至死亡。电流通过体表,对人体外部造成局部伤害,如电灼伤、金属溅伤、电烙印
6	高处坠落	在高处作业中发生坠落造成的伤亡事故(高处作业指距地面 2.0m 以上高度的作业)。包括临边作业高处坠落、洞口作业高处坠落、攀登作业高处坠落、悬空作业高处坠落、操作平台作业高处坠落、交叉作业高处坠落等。 **不包括触电坠落事故**
7	坍塌	物体在外力或重力作用下,超过自身的强度极限或因结构稳定性破坏而造成的陷落或倒塌事故,如加油站罩棚倒塌,挖沟时的土石塌方、脚手架坍塌、堆置物倒塌等。 **不包括因爆炸、爆破等导致的坍塌**
8	中毒和窒息	中毒:有毒物质通过不同途径进入人体内引起某些生理功能或组织器官受到急性健康损害的事故。 窒息:机体由于急性缺氧发生晕倒甚至死亡的事故。窒息分为内窒息和外窒息,生产环境中的严重缺氧可导致外窒息,吸入窒息性气体可致内窒息
9	灼烫	由于火焰烧伤、高温物体烫伤、化学灼伤(酸、碱及酸碱性物质引起的体内外灼伤)、物理灼伤(光、放射性物质引起的体内外灼伤)而引起的人身伤亡事故。 **不包括电灼伤和火灾引起的烧伤**
10	火灾和爆炸	凡在生产经营场所发生的失去控制并对财物和人身造成损害的燃烧现象为火灾;由于意外地发生了突发性大量能量的释放,并伴有强烈的冲击波、高温高压的事故称为爆炸事故,包括火药爆炸、压力容器爆炸、油气管道爆炸、锅炉爆炸等
11	井喷失控	井喷发生后,无法用常规方法和装备控制而出现地层流体(油、气、水)敞喷的现象
12	其他伤害	凡在生产经营场所发生的不属于上述伤害类型的其他伤害事故归结为其他伤害。如淹溺、扭伤、跌伤、冻伤、蛇兽咬伤、钉子扎伤等

B. 道路交通事故

序号	事故类型	类型说明
1	道路交通事故	在生产经营活动中机动车在道路上发生的人身伤亡及直接经济损失超过 1000 元的交通事故。 **不包括厂内机动车、私人机动车、乘坐公共交通工具发生的事故,以及厂内专用铁路上发生的事故**

五、法律法规标准目录

法律法规标准目录

序号	名称
	一、法律法规、部门规章
1	中华人民共和国石油天然气管道保护法(中华人民共和国主席令第 30 号〔2010〕)
2	中华人民共和国特种设备安全法(中华人民共和国主席令第 4 号〔2013〕)
3	中华人民共和国安全生产法(中华人民共和国主席令第 13 号〔2014〕)
4	中华人民共和国放射性污染防治法(中华人民共和国主席令第 6 号〔2003〕)
5	中华人民共和国环境保护法(中华人民共和国主席令第 9 号〔2014〕)
6	中华人民共和国职业病防治法(中华人民共和国主席令第 81 号〔2017〕)
7	中华人民共和国水污染防治法(中华人民共和国主席令第 70 号〔2017〕)
8	中华人民共和国大气污染防治法(中华人民共和国主席令第 31 号〔2015〕)
9	中华人民共和国内河避碰规则(2003 修订)
10	建设工程安全生产管理条例(中华人民共和国国务院令第 393 号〔2003〕)
11	中华人民共和国道路交通安全法实施条例(中华人民共和国国务院令第 687 号〔2017〕)
12	放射性同位素与射线装置安全和防护条例(中华人民共和国国务院令第 449 号〔2005〕)
13	特种设备安全监察条例(中华人民共和国国务院令第 549 号〔2009〕)
14	危险化学品安全管理条例(中华人民共和国国务院令第 591 号〔2011〕)
15	民用爆炸物品安全管理条例(中华人民共和国国务院令第 653 号〔2014〕)
16	城镇燃气管理条例(中华人民共和国国务院令第 666 号〔2016〕)
17	中华人民共和国防治船舶污染内河水域环境管理规定(中华人民共和国交通运输部令第 25 号〔2015〕)
18	港口危险货物安全管理规定(中华人民共和国交通运输部令第 27 号〔2017〕)
19	建设工程消防监督管理规定(中华人民共和国公安部令第 119 号〔2012〕)
20	危险性较大的分部分项工程安全管理规定(中华人民共和国住建部令第 37 号〔2018〕)
21	建筑起重机械安全监督管理规定(中华人民共和国建设部令第 166 号〔2008〕)
22	道路危险货物运输管理规定(中华人民共和国交通运输部令第 2 号〔2013〕)
23	道路旅客运输及客运站管理规定(中华人民共和国交通运输部令第 82 号〔2016〕)

续表

序号	名称
24	放射性同位素与射线装置安全许可管理办法(中华人民共和国环境保护部令第3号〔2008〕)
25	放射性同位素与射线装置安全和防护管理办法(中华人民共和国环境保护部令第18号〔2011〕)
26	放射工作人员职业健康管理办法(中华人民共和国卫生部令第55号〔2007〕)
27	化工(危险化学品)企业保障生产安全十条规定(安监总政法〔2017〕15号)
28	中国石油天然气股份有限公司预防硫化氢中毒事故管理暂行规定(石油质字〔2003〕30号)
29	中国石油天然气集团公司特种设备安全管理办法(中油安〔2013〕459号)
30	中国石油天然气集团公司动火作业安全管理办法(安全〔2014〕86号)
31	中国石油天然气集团公司进入受限空间作业安全管理办法(安全〔2014〕86号)
32	中国石油天然气集团公司高处作业安全管理办法(安全〔2015〕37号)
33	中国石油天然气集团公司临时用电作业安全管理办法(安全〔2015〕37号)
34	中国石油天然气集团公司安全生产应急管理办法(中油安〔2015〕175号)
35	中国石油天然气集团公司道路交通安全管理办法(中油安〔2015〕367号)
36	中国石油天然气集团公司消防安全管理办法(中油安〔2015〕367号)
37	中国石油天然气集团公司民用爆炸物品安全管理办法(中油质安〔2017〕52号)
38	中国石油天然气集团有限公司危险化学品安全监督管理办法(中油质安〔2018〕127号)
39	中国石油天然气股份有限公司销售分公司油库管理手册(2010)第077525号
40	中国石油销售公司加油站管理规范(2017年版)
41	中国石油天然气集团公司码头安全环保管理办法(中油安〔2016〕147号)
42	中国石油天然气集团公司计量管理办法(中油质字〔2001〕214号)
43	中国石油销售公司加油站管理规范操作部分(2017年版)
44	中国石油天然气集团公司油品储罐专业化和机械化清洗工作安排部署专项会议(2014年2月27日)
45	中国石油天然气集团公司安全目视化管理规范(安全〔2009〕552号)
	二、国家标准
1	GB/T 1576—2018《工业锅炉水质》
2	GB 2894—2008《安全标志及其使用导则》
3	GB/T 3787—2017《手持式电动工具的管理、使用、检查和维修安全技术规程》

续表

序号	名称
4	GB/T 3883.1—2014《手持式、可移式电动工具和园林工具的安全　第1部分：通用要求》
5	GB/T 4208—2017《外壳防护等级》
6	GB/T 5462—2015《工业盐》
7	GB 5842—2006《液化石油气钢瓶》
8	GB 6067.1—2010《起重机械安全规程　第1部分：总则》
9	GB 6095—2009《安全带》
10	GB 6246—2011《消防水带》
11	GB /T 8196—2013《机械安全　防护装置　固定式和活动式防护装置的设计与制造一般要求》
12	GB 8334—2011《液化石油气钢瓶定期检验与评定》
13	GB 11174—2011《液化石油气》
14	GB 11984—2008《氯气安全规程》
15	GB 12014—2009《防静电服》
16	GB 12158—2006《防止静电事故通用导则》
17	GB/T 12801—2008《生产过程安全卫生要求》
18	GB 13348—2009《液体石油产品静电安全规程》
19	GB 14193—2009《液化气体气瓶充装规定》
20	GB 15599—2009《石油与石油设施雷电安全规范》
21	GB 15603—1995《常用化学危险品贮存通则》
22	GB 16914—2012《燃气燃烧器具安全技术条件》
23	GB 18434—2001《油船油码头安全作业规程》
24	GB 18871—2002《电离辐射防护与辐射源安全基本标准》
25	GB 20031—2005《泡沫灭火系统及部件通用技术条件》
26	GB 20950—2007《储油库大气污染物排放标准》
27	GB 21146—2007《个体防护装备　职业鞋》
28	GB/T 21448—2008《埋地钢质管道阴极保护技术规范》
29	GB 25201—2010《建筑消防设施的维护管理》

序号	名称
30	GB 26148—2010《高压水射流清洗作业安全规范》
31	GB 26164.1—2010《电业安全工作规程 第1部分：热力和机械》
32	GB 26859—2011《电力安全工作规程 电力线路部分》
33	GB 26860—2011《电力安全工作规程 发电厂和变电站电气部分》
34	GB 26861—2011《电力安全工作规程 高压试验室部分》
35	GB 28263—2012《民用爆炸物品生产、销售企业安全管理规程》
36	GB/T 29639—2013《生产经营单位生产安全事故应急预案编制导则》
37	GB 30871—2014《化学品生产单位特殊作业安全规范》
38	GB 50016—2014《建筑设计防火规范》
39	GB 50028—2006《城镇燃气设计规范》
40	GB 50041—2008《锅炉房设计规范》
41	GB 50052—2009《供配电系统设计规范》
42	GB 50057—2010《建筑物防雷设计规范》
43	GB 50074—2014《石油库设计规范》
44	GB 50084—2017《自动喷水灭火系统设计规范》
45	GB 50089—2018《民用爆炸物品工程设计安全标准》
46	GB 50116—2013《火灾自动报警系统设计规范》
47	GB 50140—2005《建筑灭火器配置设计规范》
48	GB 50151—2010《泡沫灭火系统设计规范》
49	GB 50156—2012《汽车加油加气站设计与施工规范》
50	GB 50160—2008《石油化工企业设计防火规范标准》
51	GB 50166—2007《火灾自动报警系统施工及验收规范》
52	GB 50219—2014《水喷雾灭火系统技术规范》
53	GB 50242—2012《建筑给水排水及采暖工程施工质量验收规范》
54	GB 50261—2017《自动喷水灭火系统施工及验收规范》
55	GB 50281—2006《泡沫灭火系统施工及验收规范》

序号	名称
56	GB 50343—2012《建筑物电子信息系统防雷技术规范》
57	GB 50444—2008《建筑灭火器配置验收及检查规范》
58	GB 50484—2008《石油化工建设工程施工安全技术规范》
59	GB 50493—2009《石油化工可燃气体和有毒气体检测报警设计规范》
60	GB 50650—2011《石油化工装置防雷设计规范》
61	GB 50656—2011《施工企业安全生产管理规范》
62	GB 50819—2013《油气田集输管道施工规范》
63	GB 50974—2014《消防给水及消火栓系统技术规范》
64	GBZ 114—2006《密封放射源及密封 γ 放射源容器的放射卫生防护标准》
65	GBZ 117—2015《工业 X 射线探伤放射防护要求》
66	GBZ 118—2002《油(气)田非密封型放射源测井卫生防护标准》
67	GBZ 142—2002《油(气)田测井密封型放射源测井卫生防护标准》
	三、行业标准(AQ)
1	AQ 2012—2007《石油天然气安全规程》
2	AQ 2046—2012《石油行业安全生产标准化 工程建设施工实施规范》
3	AQ 3009—2007《危险场所电气防爆安全规程》
4	AQ 3010—2007《加油站作业安全规范》
5	AQ 3018—2008《危险化学品储罐区作业安全通则》
6	AQ 3022—2008《化学品生产单位动火作业安全规范》
7	AQ 3023—2008《化学品生产单位动火作业安全规范》
8	AQ 3024—2008《化学品生产单位断路作业安全规范》
9	AQ 3025—2008《化学品生产单位高处作业安全规范》
10	AQ 3026—2008《化学品生产单位设备检修作业安全规范》
11	AQ/T 3034—2010《化工企业工艺安全管理实施导则》
12	AQ/T 3042—2013《外浮顶原油储罐机械清洗安全作业要求》
13	AQ/T 3048—2013《化工企业劳动防护用品选用及配备》

序号	名称
四、行业标准（DL）	
1	DL/T 608—1996《200MW 级汽轮机运行导则》
2	DL/T 610—1996《200MW 级锅炉运行导则》
3	DL/T 1164—2012《汽轮发电机运行导则》
五、行业标准（GA）	
1	GA 503—2004《建筑消防设施检测技术规程》
2	GA 588—2012《消防产品现场检查判定规则》
3	GA 821—2009《消防水鹤》
六、城镇建设工程行业标准（CJJ）	
1	CJJ 33—2005《城镇燃气输配工程施工及验收规范》
2	CJJ 34—2010《城镇供热管网设计规范》
3	CJJ 51—2006《城镇燃气设施运行、保护和抢修安全技术规程》
4	CJJ 58—2009《城镇供水厂运行、维护及安全技术规程》
5	CJJ 60—2011《城镇污水处理厂运行、维护及安全技术规程》
6	CJJ 95—2013《城镇燃气埋地钢质管道腐蚀控制技术规程》
七、行业标准（JGJ）	
1	JGJ 16—2008《民用建筑电气设计规范》
2	JGJ 46—2005《施工现场临时用电安全技术规范 》
3	JGJ 80—2016《建筑施工高处作业安全技术规范》
4	JGJ 130—2011《建筑施工扣件式钢管脚手架安全技术规范》
5	JGJ 146—2013《建设工程施工现场环境与卫生标准》
6	JGJ 147—2016《建筑拆除工程安全技术规范》
7	JGJ 180—2009《建筑施工土石方工程安全技术规范》
8	JGJ 276—2012《建筑施工起重吊装安全技术规范》
八、行业标准（SY）	
1	SY 5131—2008《石油放射性测井辐射防护安全规程》

序号	名称
2	SY/T 5536—2016《原油管道运行规范》
3	SY/T 5726—2018《石油测井作业安全规范》
4	SY/T 5727—2014《井下作业安全规程》
5	SY 5857—2013《石油物探地震作业民用爆炸物品管理规范》
6	SY/T 5921—2017《立式圆筒形钢制焊接油罐操作维护修理规范》
7	SY/T 5985—2014《液化石油气安全规程》
8	SY/T 6137—2017《硫化氢环境天然气采集与处理安全规范》
9	SY/T 6186—2007《石油天然气管道安全规程》
10	SY/T 6277—2017《硫化氢环境人身防护规范》
11	SY/T 6444—2018《石油工程建设施工安全规范》
12	SY 6501—2010《浅海石油作业放射性及爆炸物品安全规程》
13	SY/T 6696—2014《储罐机械清洗作业规范》
14	SY/T 7354—2017《本安型人体静电消除器安全规范》
九、其他行业标准（TSG，SHS，SH，HG）	
1	TSG G7001—2015《锅炉监督检验规则》
2	TSG G7002—2015《锅炉定期检验规则》
3	SHS 07009—2004《系统维护》
4	SH/T 3521—2013《石油化工仪表工程施工技术规程》
5	HG/T 20511—2014《信号报警及联锁系统设计规范》
十、企业标准	
1	Q/SY 30—2007《天然气长输管道气质要求》
2	Q/SY 65.1—2014《油气管道安全生产检查规范　第1部分：通则》
3	Q/SY 65.2—2014《油气管道安全生产检查规范　第2部分：原油、成品油管道》
4	Q/SY 65.3—2010《油气管道安全生产检查规范　第3部分：天然气管道》
5	Q/SY 134—2012《石油化工管道安全标志色管理规范》
6	Q/SY 164—2007《汽车罐车成品油、液化石油气装卸作业安全规程》

序号	名称
7	Q/SY 165—2007《油罐人工清洗作业安全规程》
8	Q/SY 1059—2009《油气输送管道线路工程施工技术规范》
9	Q/SY 1175—2009《原油管道运行与控制原则》
10	Q/SY 1178—2014《成品油管道运行与控制原则》
11	Q/SY 1265—2010《输气管道环境及地质灾害风险评估方法》
12	Q/SY 1269—2013《油气场站管道在线检测技术规范》
13	Q/SY 1309—2010《铁路罐车成品油、液化石油气装卸作业安全规程》
14	Q/SY 1317—2010《油品采样测温绳技术条件及采样测温作业静电安全技术规程》
15	Q/SY 1357—2010《油气管道地面标识设置规范》
16	Q/SY 1368—2011《电动气动工具安全管理规范》
17	Q/SY 1420—2011《油气管道站场危险与可操作性分析指南》
18	Q/SY 1431—2011《防静电安全技术规范》
19	Q/SY 1601—2013《油气管道投产前安全检查规范》
20	Q/SY 1697—2014《销售企业成品油库设计管理规范》
21	Q/SY 1717—2014《本安型人体静电消除器技术条件》
22	Q/SY 1718.1—2014《外浮顶油罐防雷技术规范 第1部分：导则》
23	Q/SY 1775—2015《油气管道线路巡护规范》
24	Q/SY 1776—2015《地下水封石洞油库运行管理规范》
25	Q/SY 1777—2015《输油管道石油库油品泄漏环境风险防控技术规范》
26	Q/SY 1789—2015《销售企业成品油库操作规程编写规范》
27	Q/SY 1796—2015《成品油储罐机械清洗作业规范》
28	Q/SY 04001—2016《新建油库投用管理规范》
29	Q/SY 05028—2017《原油管道密闭输油工艺操作规程》
30	Q/SY 05064—2018《油气管道动火规范》
31	Q/SY 05093—2017《天然气管道检验规程》
32	Q/SY 05095—2017《油气管道储运设施受限空间作业安全规范》

续表

序号	名称
33	Q/SY 05096—2017《油气管道电气设备检修规程》
34	Q/SY 05152—2017《油气管道火灾和可燃气体自动报警系统运行维护规程》
35	Q/SY 05176—2018《原油管道工艺控制　通用技术规定》
36	Q/SY 05179—2018《成品油管道工艺控制　通用技术规定》
37	Q/SY 05268—2017《油气管道防雷防静电与接地技术规范》
38	Q/SY 05490—2017《油气管道安全防护规范》
39	Q/SY 06336—2018《石油库设计规范》
40	Q/SY 08124.1—2018《石油企业现场安全检查规范　第1部分：物探地震作业》
41	Q/SY 08124.4—2016《石油企业现场安全检查规范　第4部分：油田建设》
42	Q/SY 08124.7—2016《石油企业现场安全检查规范　第7部分：管道施工作业》
43	Q/SY 08124.13—2016《石油企业现场安全检查规范　第13部分：油品销售》
44	Q/SY 08234—2018《HSE培训管理规范》
45	Q/SY 08235—2018《行为安全观察与沟通管理规范》
46	Q/SY 08238—2018《工作前安全分析管理规范》
47	Q/SY 08240—2018《作业许可管理规范》
48	Q/SY 08243—2018《管线打开安全管理规范》
49	Q/SY 08246—2018《脚手架作业安全管理规范》
50	Q/SY 08247—2018《挖掘作业安全管理规范》
51	Q/SY 08248—2018《移动式起重机吊装作业安全管理规范》
52	Q/SY 08313—2016《物探作业民爆物品安全管理规范》
53	Q/SY 08524—2018《石油天然气管道工程安全监理规范》
54	Q/SY 12173—2018《矿区生活燃气供应服务规范》
55	Q/SY 12585—2018《矿区入户用气、用电安全检查规范》

参 考 文 献

［1］中国石油天然气集团公司安全环保与节能部编.HSE 管理体系基础知识.北京：石油工业出版社，
2012.

［2］郭书昌，刘喜福，等编.钻井工程安全手册.北京：石油工业出版社，2009.

［3］曹晓林主编.HSE 管理体系标准理解与实务.北京：石油工业出版社，2009.